高等职业教育
市政工程类专业教材

总主编◎杨转运

MUNICIPAL
ENGINEERING

国家教学资源库配套教材

结构设计原理

（第2版）

主编 曹梦强 侯 涛 副主编 樊 素 参编 贾 踊

重庆大学出版社

内容提要

本书根据高职高专人才培养要求，并参照市政工程技术和道路桥梁工程技术专业教学标准进行编写。书中主要围绕钢筋混凝土受弯构件、受压构件、受拉构件和受扭构件的承载力计算进行讲解，也对预应力混凝土结构的相关知识进行了介绍。

本书内容系统、实用，根据国家最新技术标准和设计规范编写，配有大量的试验视频和数字化资源，既可作为高等职业教育市政工程技术、道路桥梁工程技术、城市轨道交通工程技术、铁道工程技术等专业的教材，也可以作为从事相关工作的技术人员和管理人员的参考用书。

图书在版编目(CIP)数据

结构设计原理 / 曹梦强，侯涛主编. -- 2版. -- 重庆：重庆大学出版社，2022.8

高等职业教育市政工程类专业教材

ISBN 978-7-5689-2797-0

Ⅰ.①结… Ⅱ.①曹… ②侯… Ⅲ.①结构设计—高等职业教育—教材 Ⅳ.①TU318

中国版本图书馆CIP数据核字(2022)第127171号

高等职业教育市政工程类专业教材

结构设计原理

（第2版）

主　编　曹梦强　侯　涛

副主编　樊　素

策划编辑：范春青

责任编辑：范春青　陈　力　　版式设计：范春青

责任校对：刘志刚　　责任印制：赵　晟

*

重庆大学出版社出版发行

出版人：饶帮华

社址：重庆市沙坪坝区大学城西路21号

邮编：401331

电话：(023)88617190　88617185(中小学)

传真：(023)88617186　88617166

网址：http://www.cqup.com.cn

邮箱：fxk@cqup.com.cn（营销中心）

全国新华书店经销

重庆天旭印务有限责任公司印刷

*

开本：787mm×1092mm　1/16　印张：17　字数：426千

2021年8月第1版　2022年7月第2版　2022年7月第2次印刷

印数：2 001—5 000

ISBN 978-7-5689-2797-0　定价：49.80元

前言

本书根据高职高专人才培养要求及市政工程技术专业教学标准进行编写，并将复杂的理论知识进行简化，以满足高职高专学生的学习需求。书中主要围绕钢筋混凝土受弯构件、受压构件、受拉构件、受扭构件和预应力混凝土受弯构件进行讲解。

本书编写的主要依据为《城市桥梁设计规范》(CJJ 11—2011,2019 年版)、《公路桥涵设计通用规范》(JTG D60—2015)、《公路钢筋混凝土及预应力混凝土桥涵设计规范》(JTG 3362—2018)等相关规范、标准。

本书在编写过程中力求符合高职高专人才培养要求，体现高职高专教材的特点。采用国家及行业最新技术标准和技术规范，选编最新材料和工艺。理论部分注重讲清基本概念、基本原理和基本方法，对于较深的理论和复杂的公式推导将以数字化资源的方式呈现，以满足较高层次学生的学习需求。书中介绍了工程中实用的设计方法，并列举了较多的设计实例和工程案例。编写内容密切结合我国的工程实际和研究成果，力求文字简练、深入浅出。

本书绪论由中国建筑西南勘察设计研究院有限公司贾踊编写；第 1 章、第 2 章、第 4 章、第 5 章、第 6 章、第 7 章由四川建筑职业技术学院曹梦强编写；第 3 章由四川建筑职业技术学院侯涛、樊素共同编写；由曹梦强对全书进行统稿和审校。配套的数字资源及课件由结构设计原理教学团队共同完成，部分资源融入了思政元素。

为了引导学生对基本概念、基本内容的深入思考以及巩固提高，本书每章末均附有一定数量的思考题和练习题。思考题主要是名词解释和问答题，目的是让学生理解基本概念和原理；练习题主要是计算题，目的是让学生掌握简单构件的设计方法。

本书为地下与隧道工程技术专业资源库配套教材，团队在“智慧职教”平台建立了精品在线开放课程，以此提供免费、开放的助学和助教资源。学生可在“智慧职教”平台搜索“结构设计原理”，选择四川建筑职业技术学院杨转运教授作为主讲人的课程在线学习。

在本书编写过程中得到了市政工程类行指委的大力支持，以及四川建筑职业技术学院杨转运、肖川，重庆大学出版社范春青，重庆市设计院吴明生，重庆水务公用建设有限公司胡在军，四川建筑职业技术学院交通与市政工程系结构设计原理教学团队的指导和帮助，在此对以上人员致以衷心感谢。

鉴于编者水平及能力有限，书中不足和错误在所难免，恳请读者批评指正。

编　者

2021 年 5 月

目录

绪　论

知识目标

(1)了解结构与构件的区别、构件按照其受力特点的分类、结构按照建筑材料的分类；
(2)掌握钢筋混凝土结构的特点。

0.1　相关概念

本书主要讨论钢筋混凝土、预应力混凝土基本构件的受力性能、计算方法和构造设计，主要内容包括合理地选择构件截面尺寸及其联结方式，验算构件的承载力、稳定性、刚度和裂缝，为今后学习桥涵相关专业课程及工作奠定理论基础。

各种桥涵结构都是由基本构件构成的，例如桥面板、主梁、横梁、桥墩、桥台、基础等，它们都要承受各种外力(如车辆荷载、人群荷载、风荷载、自重等)，一般把构造物的承重骨架部分称为结构，而把组成结构的基本杆件称为构件，例如一座梁桥是由基础、桥墩(台)和主梁组成的承重骨架，故把它们整体称为结构，而单个基础、桥墩(台)和主梁则称为构件；人们生活中常见的框架结构就是由柱和梁组成的，而某一根柱或梁则称为构件。也可认为构件按照力学规则(如刚节点、铰节点、组合节点)联结起来后便成为结构。

构件根据其受力特点可分为受拉构件、受压构件、受弯构件和受扭构件，把这四类构件称为基本构件。在工程当中有些构件受力和变形都比较复杂，可以看成是这四类基本构件的组合。本门课程将围绕着这四类基本构件进行讲解。

在工程中，所有的结构和构件都是由建筑材料制作而成，根据所使用的建筑材料不同，结构又可以分为钢结构、圬工结构、木结构和混凝土结构。以钢材为主制作的结构称为钢结构；以砖、石、混凝土砌块等圬工材料制作的结构称为圬工结构，所谓的圬工材料是指抗压强度较高而抗拉强度较低的材料；以木材为主制作的结构称为木结构，由于木材资源匮乏并容易被虫蛀和腐蚀，在一般工程中已经不再使用；以混凝土为主制造的结构称为混凝土结构，混凝土结构根据所配钢筋种类的不同又可以分为3类。钢筋一般可以分为受力钢筋和构造钢筋两类：受力钢筋是指在设计中要承受应力(受拉或者受压)的钢筋，需要通过配筋计算确定；构造钢筋是指不需要通过配筋计算，不需要承受应力的钢筋。构造钢筋实际上是为了处理理论上算不清楚或者为了简化计算且通过工程经验或试验研究可行的一种配筋方法。混凝土结构的3种类型如下所述。

(1)素混凝土结构

素混凝土结构指没有配置钢筋或者只配置了构造钢筋的混凝土结构。

(2)钢筋混凝土结构

钢筋混凝土结构指配有受力钢筋的混凝土结构,当然也配有构造钢筋。

(3)预应力混凝土结构

预应力混凝土结构指配有预应力钢筋的混凝土结构,预应力混凝土结构中也配有构造钢筋,普遍应用于对抗裂性有要求的结构以及桥梁的主梁之中。

0.2 混凝土结构的特点及使用范围

混凝土结构配置不同的钢筋,便具有了不同的性质和破坏形态,从而具有不同的使用范围。

(1)素混凝土结构

由于素混凝土的抗拉强度远小于其抗压强度,并且容易开裂、破坏前没有明显的预兆,属于脆性破坏,因此素混凝土一般只适用于受压的部位,一般用作基础的垫层、室内外垫层、临时设施或临时道路地面的硬化,重力式桥墩(台)、挡土墙、道路护坡等。

(2)钢筋混凝土结构

钢筋混凝土结构是由钢筋和混凝土两种材料组成,钢筋是一种抗拉能力很高的材料,而混凝土的抗压强度较高、抗拉强度较低,根据构件的特点,合理地配置钢筋便可以形成承载能力较高,刚度较大的钢筋混凝土构件。

钢筋混凝土结构中所用的砂、石材料便于就地取材,且价格较为低廉,耐火性、耐久性和可模性均较好,刚度较大。所谓耐久性是指结构构件在正常使用和维护条件下,结构能够正常使用到规定的设计使用年限;可模性是指可以根据工程需要浇筑成各种几何形状。但是,钢筋混凝土结构也有自重较大、抗裂性能较差、修补困难等缺点。钢筋混凝土结构的应用范围极为广泛,例如桥梁、涵洞、隧道衬砌、挡土墙、路面、水工结构、房屋建筑等,由于钢筋混凝土结构抗裂性较差,正常使用条件下一般是带裂缝工作,故一般不能用于对抗渗性能有要求的结构。

(3)预应力混凝土结构

预应力混凝土结构是为了解决钢筋混凝土结构在使用阶段容易开裂而发展起来的一种结构,一般采用高强度钢筋和高强度混凝土,并在构件承受荷载之前预先对混凝土受拉区施加适当的压应力,因而在正常使用条件下,可以人为控制截面上不出现拉应力或者出现很小的拉应力,从而使构件不产生裂缝或者延缓裂缝的产生和发展。

由于预应力混凝土结构采用了高强度材料和预应力工艺,可以节省材料,减小截面尺寸,减轻结构自重,特别适用于由恒荷载控制的大跨度桥梁。预应力混凝土结构可以控制截面在正常使用阶段不出现拉应力,因此在腐蚀环境下可以保证钢筋不被侵蚀,可用于海洋工程和有防渗要求的结构。通过预应力技术可以将装配式构件形成整体结构,也是大跨度桥梁采用无支架施工的一种可靠手段(例如悬臂施工)。预应力混凝土结构由于高强度材料的单价高,施工工序多,要求有熟练的技术人员施工,较多的、严格的现场技术监督和检查。

0.3 混凝土结构设计的基本要求

桥涵结构应根据所在道路的使用任务、性质和将来的发展需要，遵循适用、经济、安全和美观的原则进行设计，也需要因地制宜、就地取材、便于施工和养护等原则，合理地选用适当的结构形式。由于混凝土材料的物理力学性能很复杂，再加上其他因素的影响，目前还没有建立起比较完整的强度理论，关于一些材料的强度和变形规律，在很大程度上是基于大量的试验资料分析给出的经验关系，因此构件的某些计算公式是根据试验研究和理论分析得到的半经验半理论公式，在学习和应用这些公式时，要正确理解公式的本质，注意公式的使用条件和适用范围。

在设计结构物时，应全面综合考虑，严格遵照有关技术标准和设计规范进行设计。本书中有关构件的设计原则、计算公式、计算方法及构造要求均参照《城市桥梁设计规范》（CJJ 11—2011，2019 版）、《公路桥涵设计通用规范》（JTG D60—2015）和《公路钢筋混凝土及预应力混凝土桥涵设计规范》（JTG 3362—2018）编写。但对于某些特殊的结构或创新结构，可参照国家批准的专门规范或有关的先进技术资料进行设计，同时还应进行必要的科学试验。

由于科学技术水平和工程实践经验是不断发展和累积的，设计规范也必然要进行不断的修改和增订。在学习本课程时，应掌握各种构件的受力性能、强度和变形的变化规律，能对设计条文有正确的理解，对计算方法能正确地应用，才能适应今后设计规范的发展，不断提高自身的设计水平。

第 1 章　钢筋混凝土结构的基本知识

知识目标

(1)掌握混凝土的各项强度指标及变形性能,了解混凝土的变形模量;
(2)掌握钢筋的强度指标及类别,熟悉钢筋的弹性模量;
(3)理解黏结破坏机理,掌握防止黏结破坏的措施;
(4)掌握钢筋和混凝土一起工作的机理。

1.1　混凝土

知识点

①混凝土的立方体抗压强度和轴心抗压强度;
②混凝土受压时的应力-应变曲线;
③混凝土的徐变和收缩特性。

钢筋混凝土是由钢筋和混凝土这两种不同力学性能的材料组成,要能够正确合理地进行钢筋混凝土结构设计,则必须了解钢筋和混凝土这两种材料的物理力学特性。本节先了解混凝土的物理力学特性。

1.1.1　混凝土的强度

混凝土的强度

1)混凝土立方体抗压强度 f_{cu}

我国现行国家标准《混凝土物理力学性能试验方法标准》(GB/T 50081—2019)规定:以每边边长为 150 mm 的立方体为标准试件,在温度为(20 ±5)℃的环境中静置一昼夜至两昼夜,然后编号、拆模后立即放入温度为(20 ±2)℃和相对湿度为 95% 以上的潮湿空气中养护 28 d,或在温度为(20 ±2)℃的不流动的 $Ca(OH)_2$ 饱和溶液中养护 28 d。标准养护室内的试件应放在支架上,彼此间隔 10 ~20 mm,试件表面应保持潮湿,并不得被水直接冲淋。

依照标准制作方法和标准试验方法测得的抗压强度值作为混凝土立方体抗压强度,用符号 f_{cu} 表示,通常以 MPa 为单位。简单地说就是采用标准制作方法制作的标准试件,在标准条件下养护以后通过标准试验方法测得的强度值。按照这样的规定,便可以排除不同制作方法、养护环境等因素的影响。

混凝土立方体抗压强度与试验方法有关。通常情况下,试验机承压板与试块之间将产生阻止试件侧向变形的摩阻力,阻碍了混凝土试块裂缝的发展,从而使试验值比真实值偏大,为

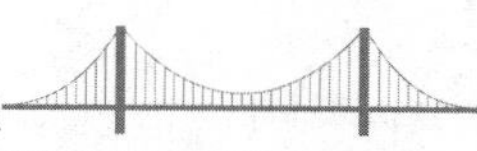

了减小摩阻力对试验值的影响,可在承压板与试块的接触面上涂润滑剂。我国规范采用的是不涂润滑剂的试验方法。不同工况下的立方体试件抗压强度情况如图1.1所示。

混凝土立方体抗压强度与试块尺寸有关。试验表明,立方体试块尺寸越小,摩阻力的影响就越大,混凝土强度的测定值就越大,反之则越小。在实际工程中也采用边长为200 mm和100 mm的混凝土立方体试块,通过试验统计分析,其立方体抗压强度可以分别乘以1.05和0.95的换算系数折算成边长为150 mm的混凝土立方体抗压强度。

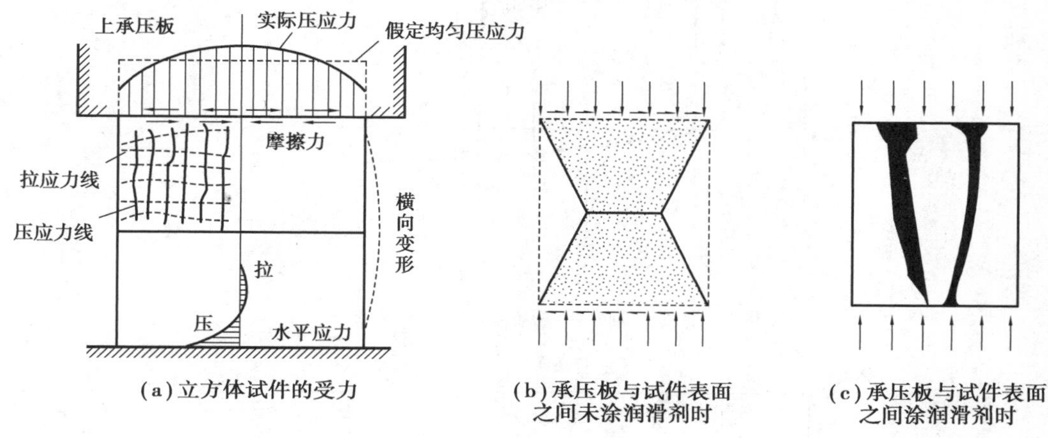

图1.1　立方体抗压强度试件

2)混凝土轴心抗压强度(棱柱体抗压强度)f_c

通常钢筋混凝土构件的长度要比其截面尺寸大很多,即多为长条形构件,因此棱柱体的受力状态更接近于实际构件中混凝土的受力情况。工程中通常用高宽比为3~4的棱柱体,按照与立方体试件相同条件下制作和试验方法测得的抗压强度值称为混凝土轴心抗压强度,用符号f_c表示,通常以MPa为单位。

试验表明,棱柱体试件的抗压强度较立方体抗压强度要低,棱柱体试件高度h与边长b之比越大,则强度越低,但随着h/b增大,其强度降低变得缓慢,最后趋于稳定。棱柱体抗压强度与h/b之间的关系如图1.2所示。我国现行国家标准《混凝土物理力学性能试验方法标准》(GB/T 50081—2019)规定:混凝土轴心抗压强度试验以150mm×150mm×300mm的试件为标准试件。

3)混凝土轴心抗拉强度f_t

混凝土的抗拉强度比抗压强度要小很多,一般只有同龄期混凝土抗压强度的1/18~1/8,试验发现,混凝土的抗拉强度会随混凝土等级的提高而提高,但其增加的速率远小于抗压强度,或者说混凝土的抗拉强度随混凝土等级提高并不显著。测定混凝土轴心抗拉强度的方法有两种。

(1)直接测定法

如图1.3所示,对两端预埋钢筋的长方体试件(钢筋应位于试件轴线上)施加拉力,试件破坏时的平均拉应力即为混凝土的轴心抗拉强度。用直接测定法测定混凝土的轴心抗拉强度须保证试件轴心受拉，否则会对试验测试结果的准确性有很大影响。由于混凝土内部结构不均匀，钢筋的预埋以及试件的安装都难以对中，而偏心所产生的偏心弯矩又对测试结果有很大的干扰，因此直接测定法在工程中应用较少。

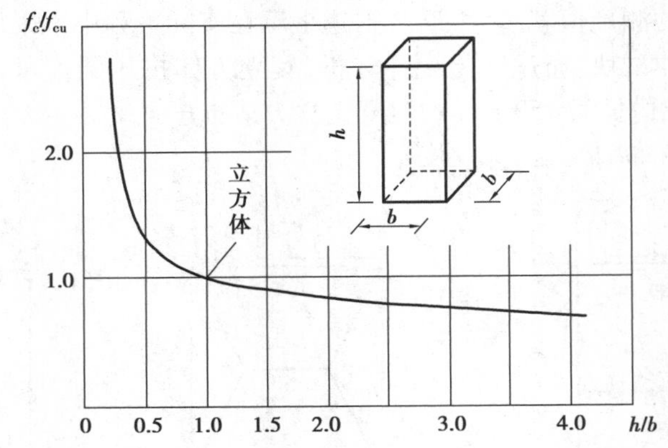

图 1.2　混凝土轴心抗压强度与 h/b 的关系

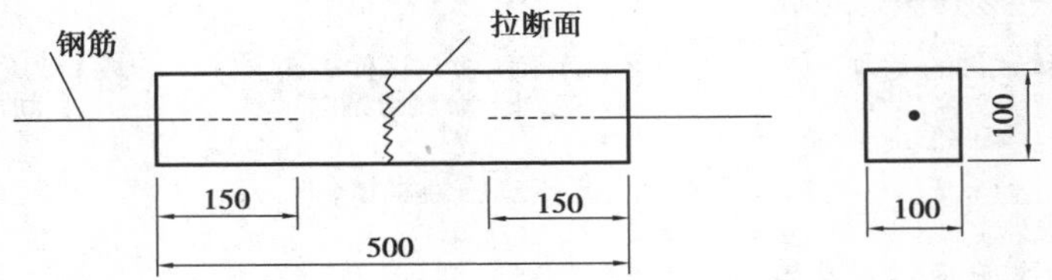

图 1.3　直接测定法试件(尺寸单位:mm)

(2)间接测定法

常用劈裂试验来进行间接测定，如图 1.4 所示，试件采用立方体或者圆柱体，试件平放在压力试验机上，并在承压板与试件之间放置垫条，通过垫条对试件中心面施加均匀的条形分布荷载，这样，除垫条附近外，在试件中间垂直面上就产生了拉应力，其方向与加载方向垂直，并且基本上是均匀的。当拉应力达到混凝土的抗拉强时，试件被劈裂成两半。我国现行国家标准《混凝土物理力学性能试验方法标准》(GB/T 50081—2019)和现行交通部标准《公路工程水泥及水泥混凝土试验规程》(JTG 3420—2020)均规定，采用边长为150mm 的立方体试块作为劈裂试验的标准试件，按照规定的试验方法便可以测定混凝土的劈裂抗拉强度。

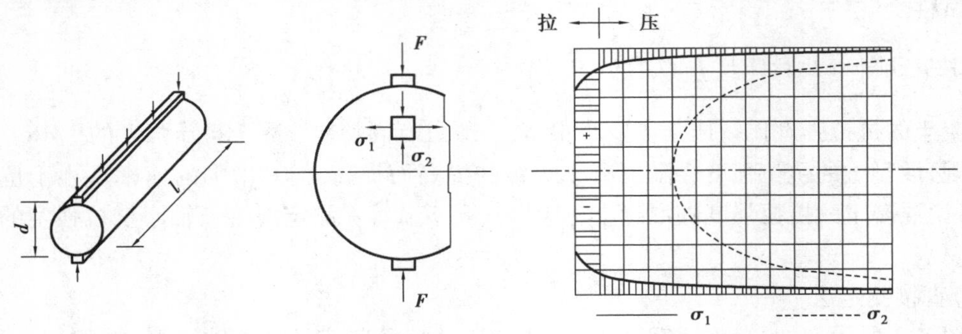

图 1.4　劈裂试验

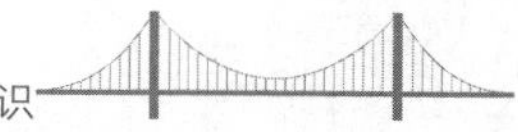

$$f_{ts}=\frac{2F}{\pi A}=0.637\ \frac{F}{A} \tag{1.1}$$

式中　f_{ts}——混凝土劈裂抗拉强度，MPa；

F——劈裂破坏时施加的力，N；

A——试件破裂面的面积，mm^2。

测得劈裂抗拉强度后，再乘以换算系数便可得到混凝土的轴心抗拉强度，即

$$f_t=0.9f_{ts} \tag{1.2}$$

4）混凝土强度标准值和设计值

在工程中，即便同一配合比拌制的混凝土制作的试件，同样的养护条件按照同样的试验方法在同一台试验机上进行试验，测得的强度值也不完全相同，我们把这种现象称为材料强度的变异性。为了在设计中合理取用材料强度值，《公路钢筋混凝土及预应力混凝土桥涵设计规范》（JTG 3362—2018）对材料强度的取值采用了标准值和设计值。

（1）混凝土强度标准值

材料强度的标准值是由标准试件按照标准试验方法经数理统计以概率论分布的 0.05 分位值确定的强度值，即其取值原则是在符合规定质量的材料强度实测值总体中，材料强度标准值应具有不小于 95% 的保证率。混凝土强度标准值是在混凝土立方体抗压强度 f_{cu} 中具有不小于 95% 保证率的强度值，称为混凝土立方体抗压强度标准值，用符号 $f_{cu,k}$ 表示，单位为 MPa。以同样的方法可以得到混凝土轴心抗压强度标准值和轴心抗拉强度标准值 $f_{c,k}$ 和 $f_{t,k}$。材料强度标准值也可以按式（1.3）进行计算：

$$f_k=f_m(1-1.645\delta_f) \tag{1.3}$$

式中　f_k——材料强度标准值；

f_m——材料强度的平均值；

δ_f——材料强度的变异系数。

根据混凝土立方体抗压强度标准值对混凝土进行等级划分，称为混凝土强度等级，并以字母“C”加数字表示，其中数字即为混凝土立方体抗压强度标准值 $f_{cu,k}$。《公路钢筋混凝土及预应力混凝土桥涵设计规范》（JTG 3362—2018）规定桥涵受力构件的混凝土强度等级有 12 级，分别为 C25、C30、C35、C40、C45、C50、C55、C60、C65、C70、C75、C80，即 C25 ~ C80 范围内以 5 MPa 进级。C50 以下称为普通强度混凝土，C50 及其以上称为高强度混凝土。例如 C30 混凝土，表示混凝土立方体抗压强度标准值 $f_{cu,k}=30$ MPa。

（2）混凝土强度设计值

材料强度的设计值是材料强度标准值除以材料性能分项系数以后的值，即强度设计值为：

$$f_d=\frac{f_k}{\gamma_f} \tag{1.4}$$

式中　f_d——材料强度设计值，MPa；

γ_f——材料性能分项系数。

在桥涵结构构件设计中常用到的混凝土强度有立方体抗压强度标准值 $f_{cu,k}$、轴心抗压强度标准值 f_{ck}、轴心抗压强度设计值 f_{cd}、轴心抗拉强度标准值 f_{tk}、轴心抗拉强度设计值 f_{td}。混

凝土的材料性能分项系数 γ_f 取 1.45。混凝土强度标准值和设计值见表 1.1。

表 1.1 混凝土强度标准值和设计值(MPa)

强度种类		符号	混凝土强度等级											
			C25	C30	C35	C40	C45	C50	C55	C60	C65	C70	C75	C80
强度标准值	轴心抗压	f_{ck}	16.7	20.1	23.4	26.8	29.6	32.4	35.5	38.5	41.5	44.5	47.4	50.2
	轴心抗拉	f_{tk}	1.78	2.01	2.20	2.40	2.51	2.65	2.74	2.85	2.93	3.00	3.05	3.10
强度设计值	轴心抗压	f_{cd}	11.5	13.8	16.1	18.4	20.5	22.4	24.4	26.5	28.5	30.5	32.4	34.6
	轴心抗拉	f_{td}	1.23	1.39	1.52	1.65	1.74	1.83	1.89	1.96	2.02	2.07	2.1	2.14

注:计算现浇钢筋混凝土轴心受压和偏心受压构件时,如截面的长边或直径小于 300 mm,表中混凝土强度设计值应乘以系数 0.8;当构件质量(混凝土成型、截面和轴线尺寸等)确有保证时,可不受此限。

5)复合应力状态下混凝土的强度

钢筋混凝土结构构件常受到轴力、弯矩、剪力和扭矩等内力的组合作用,因此混凝土多处于双向或者三向受力的状态,在复合应力状态下,混凝土的强度有明显的变化。

①在双向正应力状态下,混凝土强度的变化曲线如图 1.5 所示,从图中可以看出如下特点。

a. 当双向受压时(图中第Ⅲ象限),一向的混凝土抗压强度随着另一向压应力的增加而增大。

b. 当双向受拉时(图中第Ⅰ象限),实测的抗拉强度基本不变,即双向受拉时混凝土的抗拉强度接近于单向受拉时混凝土的抗拉强度。

c. 当一向受拉、另一向受压时(图中第Ⅱ、Ⅳ象限),混凝土的抗压或抗拉强度均低于混凝土单向受压或受拉时的强度。

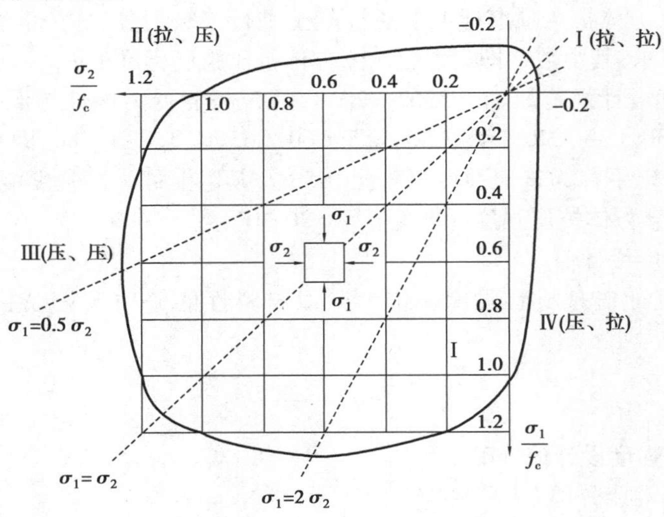

图 1.5 双向正应力状态时混凝土的强度变化曲线

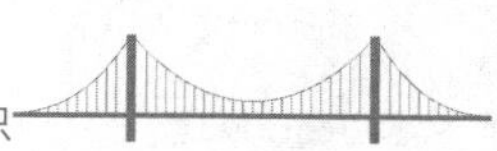

②正应力与剪应力共同作用形成压剪或拉剪复合应力状态时其强度变化曲线如图1.6所示。从图中可以看出，混凝土的抗压强度会由于剪应力的存在而降低；当 $\sigma/f_c<(0.5\sim0.7)$ 时，抗剪强度随着正应力的增大而增大；当 $\sigma/f_c>(0.5\sim0.7)$ 时，抗剪强度随着正应力的增大而减小。

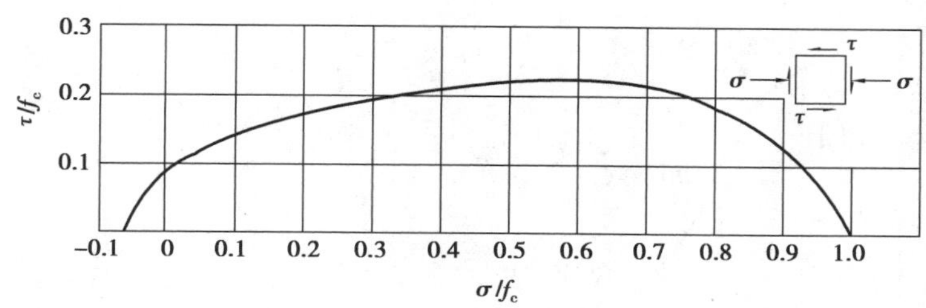

图1.6　正应力与剪应力组合时混凝土的强度曲线

③当混凝土圆柱体三向受压时，混凝土的轴心抗压强度会随着另外两向压应力的增加而增大。根据大量试验数据，可以得到近似计算混凝土三向受压时的抗压强度的经验公式：

$$f_{cc}=f'_c+k'\sigma_2 \tag{1.5}$$

式中　f_{cc}——三向受压时圆柱体混凝土轴心抗压强度；

f'_c——单向受压时混凝土圆柱体抗压强度；

σ_2——侧向压应力；

k'——侧压效应系数，一般可取为4.0。

1.1.2　混凝土的变形

钢筋混凝土结构构件计算理论与混凝土的变形性能相关，研究混凝土的变形对于掌握混凝土结构设计方法至关重要。混凝土的变形一般可分为两类：一类是受力变形，即在荷载作用下的变形；另一类是体积变形，即与荷载无关的变形，如混凝土的收缩变形以及温度变化引起的热胀冷缩等。

1）混凝土在一次单调加载作用下的变形

混凝土的应力-应变关系

所谓单调加载是指荷载从零开始单调递增直至试件破坏，一般是用棱柱体试件来进行本试验，通过试验便可以得到如图1.7所示的一条曲线，称为混凝土的应力-应变关系曲线或混凝土的本构关系。混凝土的应力-应变关系曲线是研究钢筋混凝土截面应力分布、建立承载能力和变形计算理论的依据。

完整的混凝土轴心受压应力-应变关系曲线可以分为3段：上升段 OC、下降段 CD、收敛段 DE。

(1)上升段

当压应力 $\sigma_c<0.3f_c$ 时，应力-应变关系曲线接近于直线（图中 OA 段），此时混凝土处于弹性工作阶段，只有弹性应变。当压应力 $\sigma_c>0.3f_c$（A 点）时，随着压应力的增大，应力-应变关系逐渐变为曲线，此时任意一点处的应变包括弹性应变和塑性应变，混凝土内部原有的微裂缝开始发展，并在孔隙等薄弱处产生个别新的微裂缝。当压应力 $\sigma_c>0.8f_c$（B 点）时，混凝土的塑性变形显著增大,内部裂缝不断延伸扩展,并有几条裂缝贯通,应力-应变关系的斜率急剧减小,此时即便不再继续加载,在原有荷载的作用下裂缝也会继续发展,即混凝土内部裂缝处于非稳定发展状态。当压应力 $\sigma_c = f_c$(C 点)时,应力-应变关系的斜率已经接近于水平线,试件的表面出现不连续的可见裂缝。

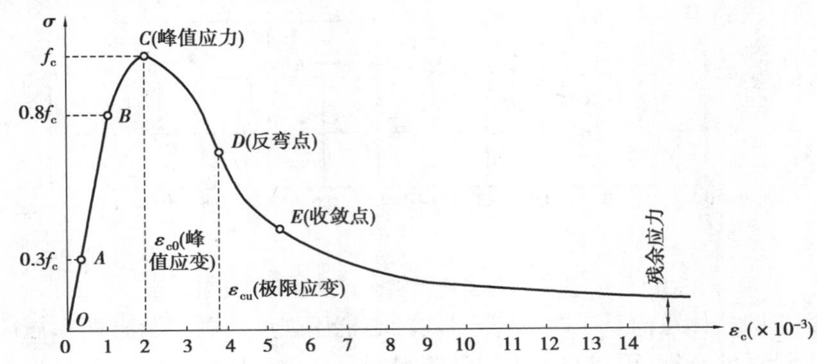

图 1.7 混凝土轴心受压时应力-应变关系

(2)下降段

到达峰值应力 C 点后,混凝土的强度并不完全消失,随着应力 σ_c 的减小,应变仍然增加,曲线下降段坡度较陡,混凝土表面裂缝逐渐贯通。

(3)收敛段

在反弯点 D 点以后,应力下降的速率减慢,曲线慢慢趋于平缓直至稳定到残余应力。表面纵向裂缝将混凝土棱柱体分割成若干个小柱体,此时棱柱体的承载力由裂缝处的摩擦力和咬合力及小柱体的残余强度提供。

对于没有侧向约束力的混凝土,收敛段没有实际意义,一般只关注曲线的上升段和下降段。最大应力 f_c(峰值应力)和对应的应变 ε_{c0}(峰值应变)以及 D 点所对应的应变 ε_{cu}(极限应变)称为曲线的 3 个特征值。对于承受均匀压力的棱柱体试件,当应力达到峰值应力 f_c 时,混凝土便不能承受更大的压力。峰值应变 ε_{c0} 随混凝土的强度等级而异,一般在 $1.5\times10^{-3}\sim2.5\times10^{-3}$ 范围内变动,通常取平均值 $\varepsilon_{c0}=2.0\times10^{-3}$。曲线上 D 点所对应的混凝土极限应变 ε_{cu} 通常在 $3.0\times10^{-3}\sim5.0\times10^{-3}$ 范围内变化。

影响混凝土应力-应变关系曲线主要有 3 个方面的因素:

(1)混凝土的强度

试验表明,混凝土的应力-应变关系曲线受混凝土强度影响,如图 1.8 所示。混凝土的强度对上升段的影响较小,但随着混凝土强度的增加,峰值应变也会增大,但峰值应变变化不大,基本都在 0.002 左右。对于下降段,混凝土的强度影响较大,混凝土强度越高,下降段就越陡,说明其变形能力越差,也就是塑性(延性)性能越差。

(2)应变速率

应变速率越小,则测得的峰值应力 f_c 降低,峰值应变 ε_{c0} 增大,下降段曲线的坡度也将减缓。

(3)测试技术和试验条件

一般采用等应变加载,要想较好地测出曲线的下降段,则要求试验机有较大的刚度。

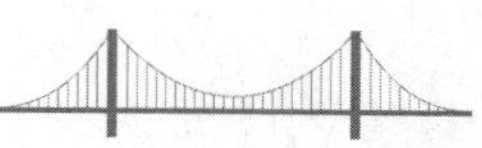

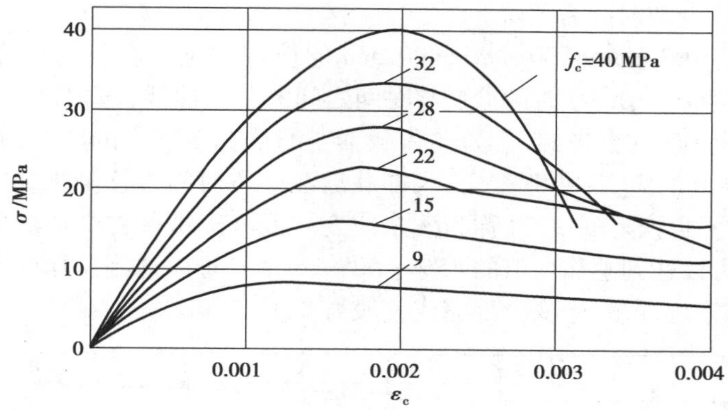

图1.8　混凝土强度等级对应力-应变关系的影响

2)混凝土在长期荷载作用下的变形

在荷载的长期作用下,混凝土的变形随时间而增加的现象,或者在应力不变的情况下,混凝土的应变随时间而增加的现象称为混凝土的徐变。

通过试验发现,混凝土的徐变具有下述特点。

混凝土的徐变

(1)荷载长期作用下的应力

混凝土的徐变与混凝土的应力大小密切相关,应力越大则徐变越大。由图1.9可知,当压应力 $\sigma_c \leqslant 0.5f_c$ 时,徐变大致与应力成正比,称为线性徐变;当 $0.5f_c < \sigma_c \leqslant 0.8f_c$ 时,徐变的增长比应力的增长要快,称为非线性徐变;当压应力 $\sigma_c > 0.8f_c$ 时,混凝土的非线性徐变将不会收敛,即徐变会一直发展下去。

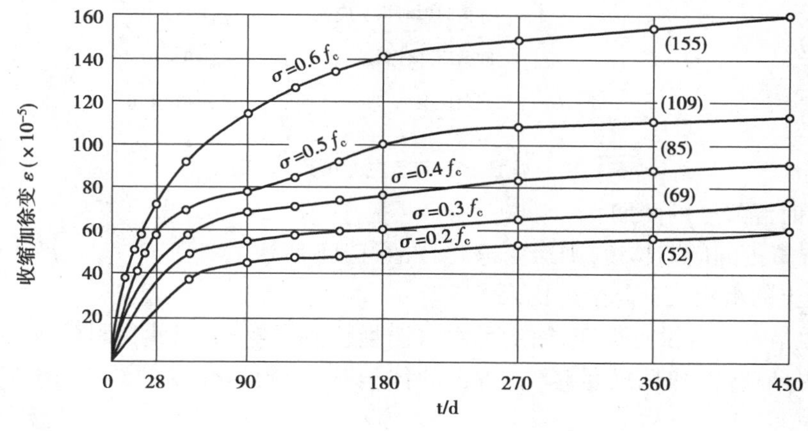

f_{cu}=40.3 MPa　　试件尺寸 100 mm×100 mm×400 mm

$\frac{w}{c}$=0.45　　量测距离 200 mm

恒湿 65%±5%　　恒温 (20±1)℃

图1.9　徐变与压应力的关系

(2)混凝土的徐变与时间有关

图 1.10 所示为 100 mm × 100 mm × 400 mm 的棱柱体试件在相对湿度为 65%，温度为 20 ℃，承受压应力为 $\sigma_c = 0.5f_c$ 时的徐变与时间之间的关系曲线，图中纵坐标 ε_{ci} 为加载时完成的应变，称为瞬时应变；纵坐标 ε_{cc} 为在荷载不变的情况下产生的应变，即为徐变；纵坐标 ε_{cir} 为卸载后瞬时恢复的应变；纵坐标 ε_{chr} 为卸载后在一段时间内逐渐恢复的应变，称为弹性后效；纵坐标 ε_{cp} 为不再恢复的应变，称为残余应变。混凝土试件在受荷后的前 3 ~ 4 个月徐变发展最快，一般可以达到总徐变值的 45% ~ 50%，6 个月可以达到总徐变值的 70% ~ 80%，以后徐变的增长越来越缓慢，徐变全部完成一般需要 4 ~ 5 年。

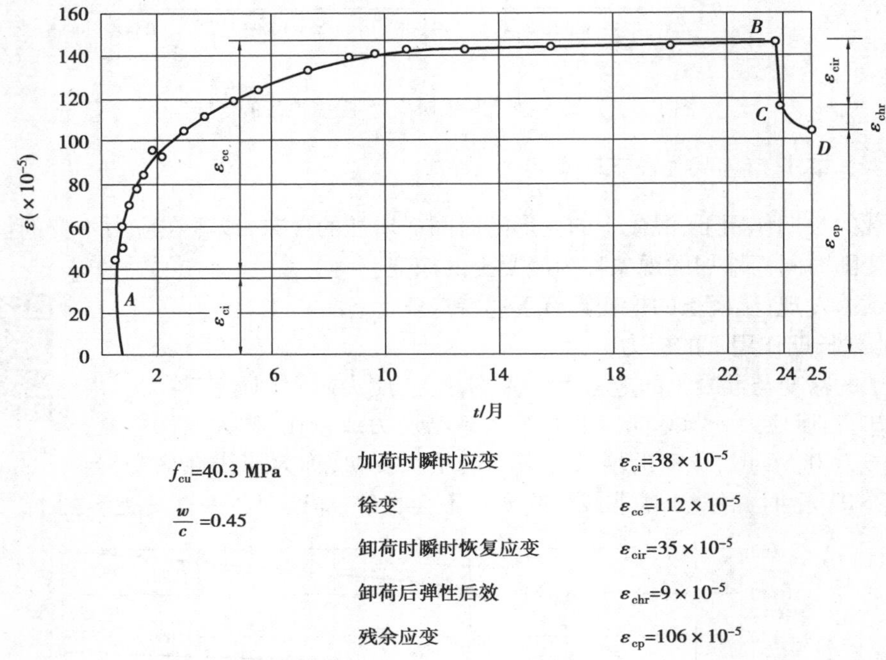

图 1.10　混凝土受荷后应变-时间关系曲线

(3)加荷时混凝土的龄期

加荷时混凝土的龄期越短，则徐变越大，如图 1.11 所示。

(4)混凝土的组成成分与配合比

混凝土中集料本身没有徐变，徐变是由水泥凝胶体产生的，因此集料的存在对徐变的产生有约束作用，集料的弹性模量越大，所占的体积越大，则对徐变的约束作用越大，徐变就越小。

(5)养护及使用条件下的温度与湿度

混凝土养护时的温度越高、湿度越大，水泥的水化作用就越充分，徐变就越小。混凝土使用环境温度越高，则徐变越大；环境的相对湿度越低，徐变也越大。

(6)构件的尺寸与体表比

构件的尺寸和体表比决定了混凝土内部水分的逸失快慢，构件的尺寸越大，体表比越大，则徐变就越小，如图 1.12 所示。

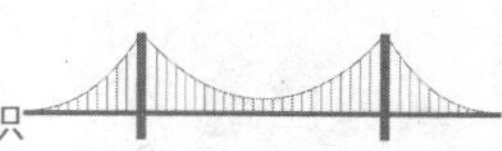

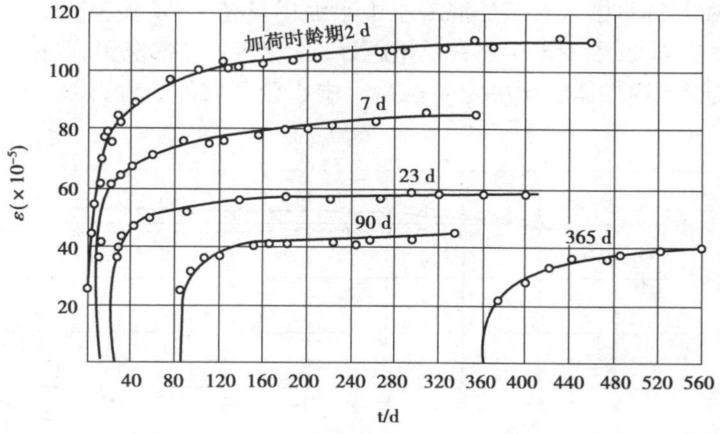

图1.11　混凝土的龄期对徐变的影响

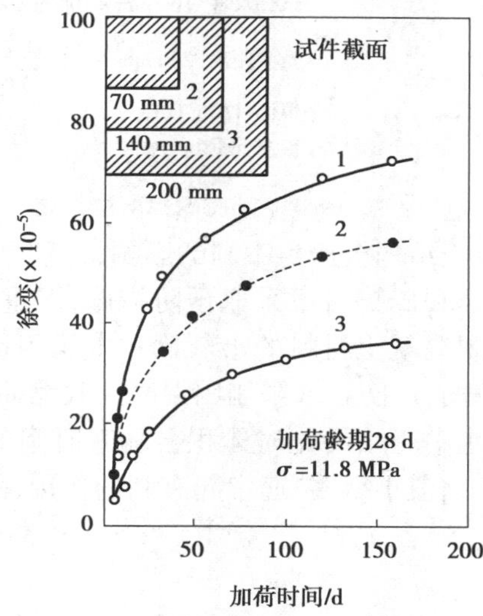

图1.12　构件尺寸对徐变的影响

混凝土的徐变对混凝土和钢筋混凝土结构有很大影响。在某些情况下，徐变有利于防止结构物裂缝的形成，同时还有利于结构或构件内力重分布，但在预应力混凝土结构中，徐变会引起预应力损失。因此在结构设计中应重视混凝土徐变对结构或构件的影响。

3）混凝土的收缩

混凝土的收缩

混凝土在空气中凝结和硬化时体积随时间推移而减小的现象称为混凝土的收缩。混凝土的收缩属于体积变形。由于收缩的影响，混凝土在受到外部或内部（钢筋）约束时，混凝土将产生拉应力，甚至使混凝土开裂。

通过试验研究发现，混凝土徐变在结硬初期发展很快，一周内可以完成全部收缩量的25%，一个月可完成约50%，三个月后增长缓慢，一般两年后趋于稳定，但在十年时间内，仍可以检测到收缩在发展，如图1.13所示。

混凝土的收缩与许多因素有关。混凝土中水泥用量越多、水泥强度等级越高、水灰比越大,则混凝土的收缩越大;混凝土中集料质量越好、混凝土振捣越密实、养护环境越好,则混凝土收缩就越小;混凝土构件体表比决定了混凝土中水分蒸发的快慢,体表比较小的构件收缩量较大。

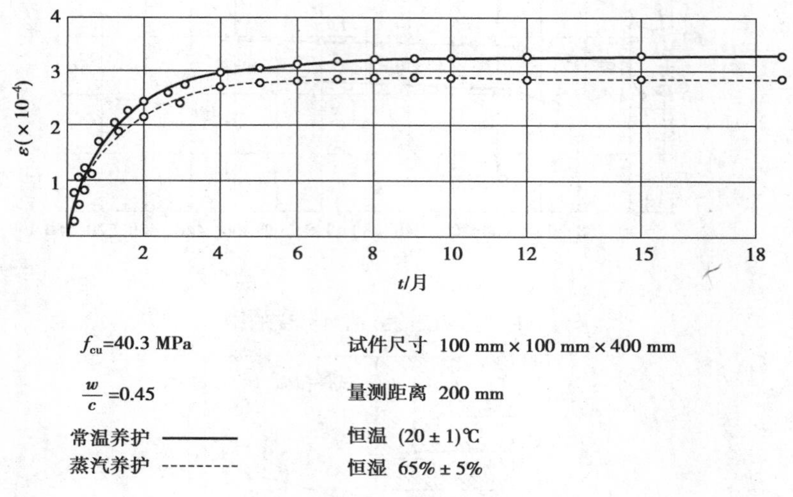

图 1.13　混凝土的收缩与时间关系

混凝土的收缩对钢筋混凝土结构会产生不利的影响,特别是一些长度大且截面尺寸较小的构件或薄壁构件,如果在制作和养护时不采取预防措施,严重的话会在交付使用前产生收缩裂缝。因此,在施工时应控制混凝土材料的水灰比和水泥用量等各项指标并加强养护,必要时应设置变形缝和防收缩钢筋,以防止或限制因混凝土收缩而引起的裂缝。

需要指出的是,混凝土在水中凝结硬化时体积会随着时间的推移而增大,称为混凝土的膨胀。混凝土的膨胀值要比收缩值小得多,通常起有利的作用,故在计算中不予考虑。

4)混凝土的变形模量

在力学课程中经常用到一个表征材料特性的参数——弹性模量。混凝土的应力-应变关系为一条曲线,在不同的应力阶段,应力与应变的比值不是常数,而是随着混凝土应力的变化而变化,称为混凝土的变形模量。混凝土的变形模量有 3 种表示方法,如图 1.14 所示。

(1)原点弹性模量

过混凝土应力-应变曲线的原点作切线,切线的斜率即为原点弹性模量,即图中的 E'_c。

(2)切线模量

过混凝土应力-应变曲线上某一应力点作切线,切线的斜率即为该应力时的切线模量。如图中过 K 点(此时应力为 σ_c)作应力-应变曲线的切线,则 E''_c 为应力为 σ_c 时的切线模量。由于 σ_c 的取值不同,则 K 点的位置也将不同,对应的切线斜率也就不同,故混凝土的切线模量是一个变量。

(3)割线模量

连接混凝土应力-应变曲线的原点 O 及曲线上 K 点作割线,割线 OK 的斜率即为割线模量,即图中的 E'''_c。一般取 K 点所对应的混凝土应力为 $\sigma_c=0.5f_c$。

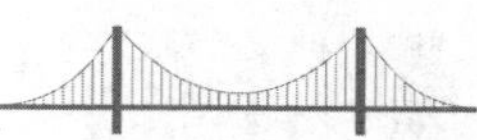

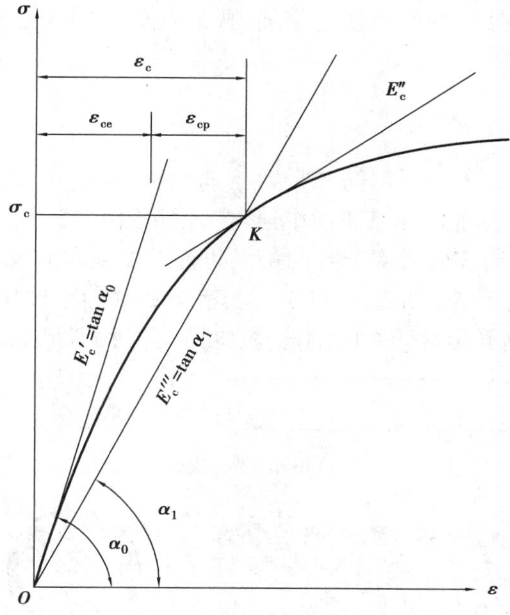

图 1.14　混凝土的变形模量

根据试验资料，混凝土受压弹性模量可按下列经验公式计算：

$$E_c=\frac{10^5}{2.2+\dfrac{34.74}{f_{cu,k}}} \tag{1.6}$$

式中　E_c——混凝土受压弹性模量，MPa；

$f_{cu,k}$——混凝土立方体抗压强度标准值，MPa。

试验结果表明，混凝土的受拉弹性模量与混凝土的受压弹性模量很接近，在工程中常取混凝土的受拉弹性模量等于混凝土的受压弹性模量。混凝土的泊松比一般取 $\nu_c=0.2$，则混凝土的剪变模量取为 $G_c=0.4E_c$。常见混凝土的受压弹性模量可按表 1.2 取用。

表 1.2　混凝土的弹性模量（$\times10^4$ MPa）

混凝土强度等级	C25	C30	C35	C40	C45	C50	C55	C60	C65	C70	C75	C80
E_c	2.80	3.00	3.15	3.25	3.35	3.45	3.55	3.60	3.65	3.70	3.75	3.80

注：1. 混凝土剪变模量 G_c 按表中数值的 0.4 倍采用。

2. 对高强混凝土，当采用引气剂及较高砂率的泵送混凝土且无实测数据时，表中 C50～C80 的 E_c 值应乘以折减系数 0.95。

1.2　钢筋

①各种钢筋的表示方法；

②钢筋的主要力学性能；

③钢筋强度的标准值和设计值。

钢筋混凝土结构中另外一种材料便是钢筋，普通钢筋采用的是热轧钢筋，关于预应力钢筋将在后面章节进行讲解。

1.2.1 热轧钢筋的种类

热轧钢筋按照外形可分为光圆钢筋和带肋钢筋两种，如图 1.15 所示。热轧光圆钢筋是经热轧成型并自然冷却的表面光滑、截面为圆形的钢筋[图 1.15(a)]。热轧带肋钢筋是经热轧成型并自然冷却而其圆周表面通常带有两条纵肋且沿长度方向有均匀分布横肋的钢筋，根据横肋的形状不同有螺纹钢筋[图 1.15(b)]、人字形钢筋[图 1.16(c)]和月牙肋钢筋[图 1.17(d)]。常用的带肋钢筋是月牙肋的钢筋，其纵肋与横肋不相交且横肋为月牙形状。

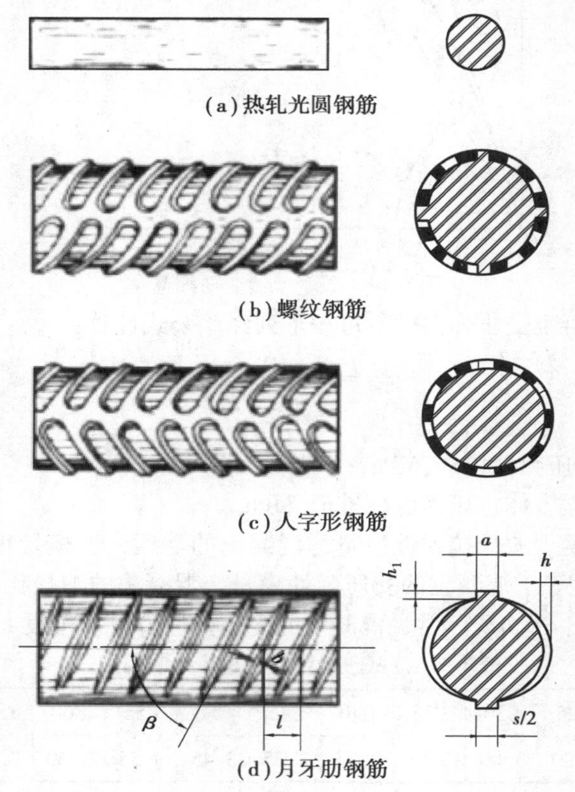

图 1.15 热轧钢筋的外形

由于热轧带肋钢筋截面(包括纵肋和横肋)外周不是一个光滑连续的圆周，因此，热轧带肋钢筋直径采用的是公称直径。所谓公称直径是指与公称横截面面积相等的圆的直径，即以公称直径所得的圆面积就是钢筋的截面面积，即图 1.15 中阴影部分的面积。对于热轧光圆钢筋，其截面实际直径就是公称直径。公称直径是钢筋非常重要的一个参数，在以后的内容中凡没有特别说明的“钢筋直径”均指钢筋的公称直径。

1.2.2 热轧钢筋的力学性能

热轧带肋钢筋试件的单向拉伸试验的典型应力-应变曲线如图 1.16 所示。由图中可知，

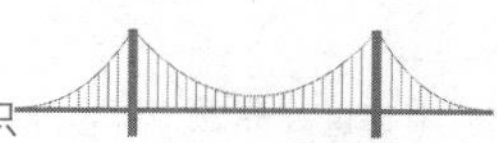

热轧钢筋从试验加载到拉断的过程中共经历了 4 个阶段。

①弹性阶段。从开始加载到钢筋应力达到钢筋比例极限 a 点之前，钢筋拉伸的应力-应变曲线呈直线，即钢筋的应力与应变比值为常数。

②屈服阶段。钢筋的拉应力超过比例极限以后，应变的增长快于应力的增长，到达 b 点以后，钢筋的应力基本不变但应变持续增加，应力-应变曲线接近于水平直线。在屈服阶段钢筋的拉应力称为屈服点，由于受到加载速率、表面光洁度等因素的影响，曲线会出现波动，因此会出现两个屈服点，其中较大的屈服点称为屈服上限（b 点），较小的屈服点称为屈服下限（c 点）。试验中发现屈服上限的数值不稳定，离散性较大，而屈服下限的数值比较稳定，因此工程中将屈服下限作为设计的依据，并把屈服下限称为屈服强度。

③强化阶段。钢筋的拉伸应力超过 f 点之后，应力-应变曲线表现为上升的曲线，钢筋出现了强化，直到最高点 d 点。d 点处钢筋的应力称为钢筋的极限强度，也是钢筋能够承受的最大的拉应力。

④颈缩阶段。过了低碳钢应力-应变曲线 d 点之后，钢筋试件在薄弱处的截面发生局部颈缩，变形迅速增加，但钢筋的拉应力会随着应变的增加而降低，到达 e 点后钢筋试件被拉断。

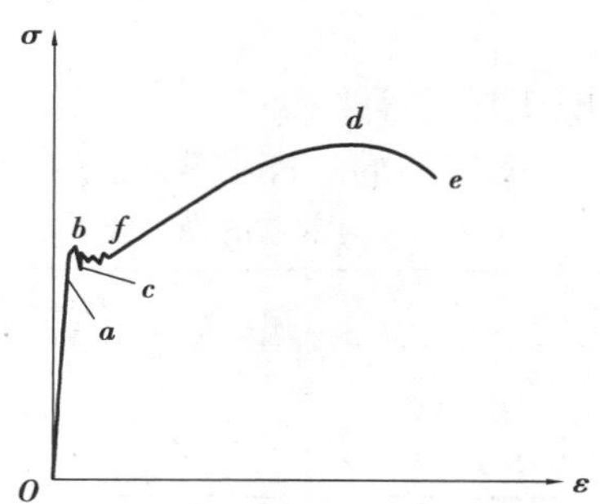

图 1.16　低碳钢拉伸应力-应变曲线

考虑钢筋达到屈服强度以后，钢筋的变形量增长较快，会引起构件变形过大，以致影响正常使用，所以在实际工程应用中取用屈服强度作为低碳钢设计强度的依据。

钢筋屈服台阶的大小随钢筋品种而异。钢筋的屈服点越低，则其屈服台阶越大；屈服点越高，则其屈服台阶越小。屈服台阶大的延伸率大，塑性好，配有这种钢筋的钢筋混凝土构件破坏前有明显的预兆，属于塑性破坏。无屈服点的钢筋（硬钢）或者屈服台阶小的钢筋，延伸率小，塑性差，配有这种钢筋的构件，破坏前无明显预兆，破坏突然，属于脆性破坏。

1.2.3　钢筋的强度等级和牌号

为了保证钢筋的质量，《公路钢筋混凝土及预应力混凝土桥涵设计规范》（JTG 3362—2018）规定，取用具有不小于 95% 保证率的屈服强度作为低碳钢的抗拉强度标准值。钢筋的牌号是根据钢筋屈服强度标准值、制造成型方式及种类等规定加以分类的代号。热轧钢筋的牌号由英文字母缩写和屈服强度标准值组成。

《公路钢筋混凝土及预应力混凝土桥涵设计规范》（JTG 3362—2018）规定钢筋混凝土结构使用的热轧钢筋牌号为 HPB300、HRB400、HRBF400、RRB400 和 HRB500，其力学性能见表 1.3。其中 HPB 为 Hot rolled plain steel bars 的缩写，表示热轧光圆钢筋；HRB 为 Hot ribbed steel bars 的缩写，表示热轧带肋钢筋；HRBF 为细晶粒热轧带肋钢筋的英文缩写；RRB 为热处理带肋钢筋的英文缩写。HRB400 表示该种钢筋是屈服强度标准值为 400 MPa 的热轧带肋钢筋。

钢筋的强度设计值由其强度标准值除以材料性能分项系数得到，普通钢筋的材料性能分项系数取 1.20。

表 1.3　热轧钢筋的牌号及强度取值

钢筋种类	公称直径 d/mm	符号	强度标准值 f_{sk}/MPa	抗拉强度设计值 f_{sd}/MPa	抗压强度设计值 f'_{sd}/MPa
HPB300	6 ~ 22	Φ	300	250	250
HRB400 HRBF400 RRB400	6 ~ 50	⌀ ⌀^{F} ⌀^{R}	400	330	330
HRB500	3 ~ 50	⌀	500	415	400

1.2.4　钢筋的弹性模量

钢筋的弹性模量比较稳定，即使强度等级相差很大的钢筋，其弹性模量相差很小，强度越高的钢筋其弹性模量反而越低。普通钢筋的弹性模量见表 1.4。

表 1.4　普通钢筋的弹性模量

钢筋种类	弹性模量 E_s（$\times 10^5$ MPa）
HPB300	2.10
HRB400、HRBF400、RRB400、HRB500	2.00

1.2.5　钢筋混凝土结构对钢筋性能的要求

（1）强度

强度主要指屈服强度和极限强度。钢筋的屈强比是衡量结构可靠性潜力的重要技术指标，所谓屈强比是指钢筋的屈服强度与极限强度的比值。屈强比较小标志着结构的安全储备较高，可靠性较高，但过小的屈强比，意味着钢筋的有效利用率低，故宜保持适当的屈强比。国家标准规定热轧钢筋的屈强比不应大于 0.8。

（2）塑性

要求钢筋有较好的塑性性能，即在断裂时有足够的变形量，防止结构或构件的脆性破坏。

（3）可焊性

在一定的工艺条件下，要求钢筋的焊口附近不产生裂纹和过大的变形，并且应具有良好的机械性能。

（4）钢筋与混凝土的黏结力

为了保证钢筋与混凝土之间可以共同工作，钢筋和混凝土之间必须有一定的黏结力。关于钢筋与混凝土之间的黏结力将在下一讲进行讲解。

1.3　钢筋与混凝土之间的黏结

①黏结力的组成；

②防止黏结破坏的措施。

在钢筋混凝土结构中，钢筋和混凝土这两种材料能够共同工作的基本前提是具有足够的黏结强度。能够抵抗由于钢筋与混凝土之间的变形差而在它们接触面上产生滑移的剪应力，称为黏结应力。

1.3.1　黏结强度

钢筋表面单位面积上的黏结力称为黏结强度，钢筋从混凝土试件中的拔出试验是一种对黏结力的观测试验，如图 1.17 所示。将钢筋的一端埋入混凝土内，在另一端施加拉力将钢筋拔出的试验即为拔出试验。试验表明，黏结应力沿钢筋埋入深度按曲线分布，最大黏结应力在离端头一定距离处。黏结应力的分布与钢筋的表面形状和拉拔力的大小有关。

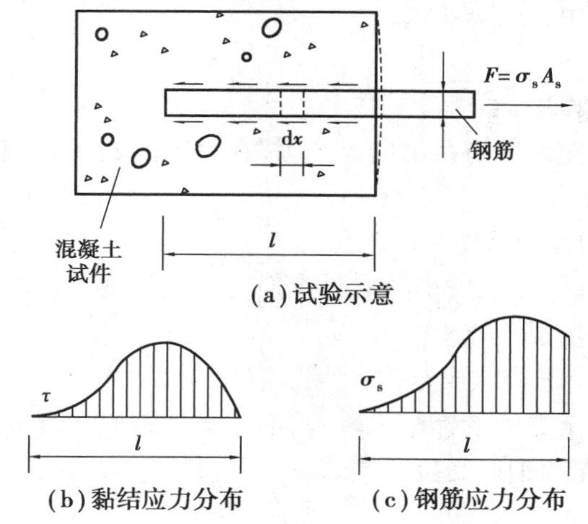

图 1.17　钢筋的拔出试验

在工程中，通常以拔出试验中黏结失效(钢筋被拔出或者混凝土被劈裂)时的最大平均黏结应力作为钢筋和混凝土的黏结强度，平均黏结应力$\bar{\tau}$可按式(1.7)进行计算：

$$\bar{\tau}=\frac{F}{\pi dl} \tag{1.7}$$

式中　F——黏结失效时的拉拔力；

d——钢筋直径；

l——钢筋埋入深度。

1.3.2　黏结机理分析

钢筋与混凝土的黏结作用主要由 3 部分组成：

①混凝土中水泥胶体与钢筋表面的化学胶着力；

②钢筋与混凝土接触面上的摩擦力；

③钢筋表面粗糙不平产生的机械咬合力。

钢筋与混凝土之间的黏结

光圆钢筋和带肋钢筋的黏结机理稍有区别，对于光圆钢筋，化学胶着力所占的比例较小，发生相对滑移后，光圆钢筋与混凝土之间的黏结力主要由摩擦力和机械咬合力提供。光圆钢筋拔出试验的破坏形态是钢筋从混凝土中被拔出的剪切破坏，破坏面就是钢筋与混凝土的接触面。

带肋钢筋由于表面轧有肋纹，能与混凝土紧密结合，因此带肋钢筋与混凝土之间的黏结力主要由钢筋表面凸起的肋纹与混凝土的机械咬合力提供。试验研究表明，如果带肋钢筋外围混凝土较薄（如保护层厚度不足或钢筋净间距较小），又没有设置环向箍筋来约束混凝土的变形，则很容易形成沿纵向钢筋方向分布的裂缝，使钢筋附近的混凝土保护层逐渐劈裂而破坏，这种破坏具有一定的延性，称为劈裂型黏结破坏。若带肋钢筋外围混凝土较厚，或有环向箍筋约束混凝土的变形，则纵向劈裂裂缝的发展受到抑制，破坏为剪切型黏结破坏，即钢筋连同肋纹间的混凝土一同被拔出，破坏面为带肋钢筋的外径所形成的一个圆柱面。

根据有关试验资料介绍，对于拔出试验，带肋钢筋的黏结强度为2.5 ~6.0 MPa，光圆钢筋的黏结强度为1.5 ~3.5 MPa。

1.3.3 确保黏结强度的措施

为了保证钢筋与混凝土之间有足够的黏结力，在材料的选用和钢筋混凝土构造方面可以采取下述措施。

（1）选用适宜的混凝土强度等级

由试验资料可知，黏结强度的大小随混凝土强度等级的增加而增高，但增加的能力有限，基本上与混凝土的抗拉强度成正比。

（2）光圆钢筋受拉时端部应做成弯钩

由于光圆钢筋与混凝土之间的黏结力较差，为了增加钢筋在混凝土内的抗滑移能力和钢筋端部的锚固作用，因此光圆钢筋受拉时端部一定要做成半圆弯钩。

（3）采用带肋钢筋

由于带肋钢筋表面凸凹不平，钢筋与混凝土之间的机械咬合力较大，抗滑移性能较好，其黏结强度明显大于光圆钢筋，一般为光圆钢筋黏结强度的2 ~3 倍。即使带肋钢筋的端部不做成弯钩，也能保证钢筋在混凝土中的黏结作用。

（4）保证受力钢筋具有足够的锚固长度

为了避免钢筋在混凝土中产生滑移，埋入混凝土内的受力钢筋必须具有足够的锚固长度。

（5）钢筋周围的混凝土具有足够的厚度

钢筋外围混凝土保护层较薄或钢筋净间距较小，会发生黏结强度较低的劈裂型黏结破坏。试验表明，当混凝土保护层厚度 c 与钢筋直径 d 的比值 $c/d > 5 \sim 6$ 时，带肋钢筋将不会发生劈裂型黏结破坏。保持一定的钢筋间距，可以提高钢筋周围混凝土的抗裂能力，从而提高钢筋与混凝土之间的黏结强度。

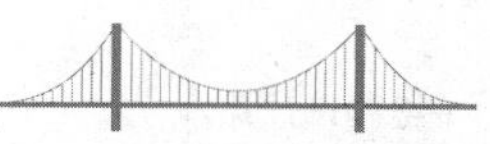

(6)设置一定数量的横向钢筋

横向钢筋(如箍筋)可以抑制沿纵向钢筋方向劈裂裂缝的发展,从而提高黏结强度。

(7)水平布置的钢筋

在浇筑和振捣混凝土时,水平向的钢筋对混凝土的下沉具有一定的阻碍作用,再加上少量的气泡被吸附在钢筋的下表面,使钢筋与混凝土接触并不密实,容易在钢筋的下表面形成间隙层,削弱了钢筋与混凝土之间的黏结作用,因而水平布置的钢筋的黏结强度低于竖直布置的钢筋的黏结强度。

(8)有侧向压力

当钢筋的锚固区作用有侧向压应力时,其黏结强度也有所提高。

1.4　钢筋与混凝土共同工作的机理

知识点

①钢筋混凝土结构中钢筋的作用;

②钢筋与混凝土共同工作的原因。

1.4.1　钢筋的作用

钢筋混凝土结构是指配有受力钢筋的混凝土结构。混凝土作为一种人造石材,具有抗压能力很大而抗拉能力很小的特点。为了研究钢筋混凝土结构中钢筋所起的作用,制作了素混凝土试验梁和钢筋混凝土试验梁进行对比试验,如图 1.18 所示。对于素混凝土梁[图 1.18(a)],当其承受竖向荷载作用时,在梁的正截面上受到弯矩作用,截面中和轴以上受压,中和轴以下受拉。当荷载达到某一数值 F_c 时,梁截面受拉边缘的混凝土拉应变达到极限拉应变,即出现竖向弯曲裂缝,此时,已经开裂的混凝土退出工作,开裂截面受压区高度减小,即使荷载不再增加,弯曲竖向裂缝也会急速向上发展,导致梁突然断裂[图 1.18(b)],属于脆性破坏。F_c 为素混凝土梁受拉区出现裂缝的荷载,称为素混凝土梁的开裂荷载或者素混凝土梁的破坏荷载。由此可知,素混凝土梁的承载能力由混凝土的抗拉强度控制,而受压区混凝土的抗压强度远未被充分利用。

如果在梁的受拉区配置适量的纵向受力钢筋,则形成了钢筋混凝土梁。试验表明,与素混凝土梁有相同截面尺寸和跨度的钢筋混凝土梁,当承受的竖向荷载略大于素混凝土的开裂荷载时仍然会出现裂缝。在出现裂缝的截面处,虽然开裂的混凝土已经退出工作,但配置在受拉区的钢筋将承受几乎全部的拉应力。此时,钢筋混凝土梁不会像素混凝土梁那样立即断裂,而能继续承受荷载的作用,直至受拉钢筋的应力达到屈服强度,继而截面受压区的混凝土被压碎,梁宣告破坏,如图 1.18(c)所示。因此,混凝土的抗压强度和钢筋的抗拉强度都能得到充分的利用,钢筋混凝土梁的承载能力较素混凝土梁会提高很多。

若在受压构件中配置纵向受力钢筋形成钢筋混凝土构件,试验表明,与截面尺寸及长细比相同的素混凝土受压构件相比,钢筋混凝土受压构件不仅承载能力大为提高,受力性能也会得到很大改善,如图 1.19 所示。这时,钢筋的作用主要是协助混凝土共同承受压应力。

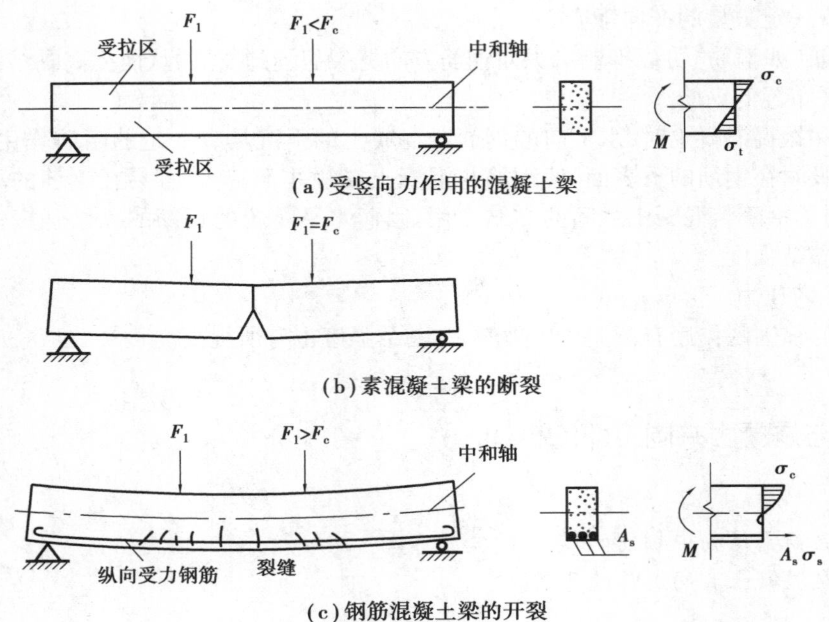

图 1.18　素混凝土梁和钢筋混凝土梁的破坏

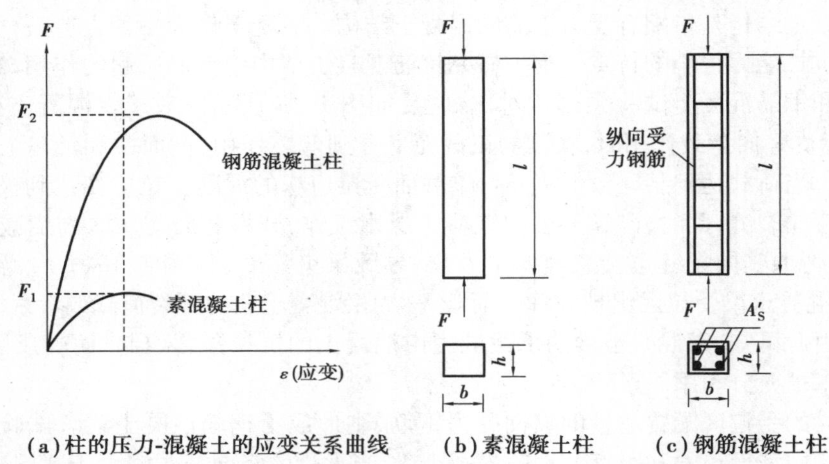

图 1.19　素混凝土柱和钢筋混凝土柱承载力比较

综上，根据受力特点配置受力钢筋形成钢筋混凝土构件，可以充分利用钢筋和混凝土各自的材料特性，将它们有机地结合在一起共同工作，从而提高构件的承载能力，改善构件的受力性能。总体来说，钢筋混凝土结构中钢筋的作用为：布置在受拉区的钢筋代替混凝土受拉，布置在受压区的钢筋协助混凝土受压。

钢筋混凝土结构的工作机理

1.4.2　钢筋与混凝土共同工作机理

钢筋和混凝土这两种力学性能不同的材料之所以能够有效地结合在一起共同工作，主要有以下 3 个方面的原因：

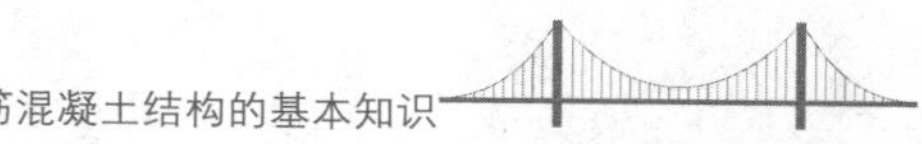

①钢筋和混凝土之间有良好的黏结力，使两者能可靠地结合成一个整体，在荷载的作用下能够很好地共同变形，完成其结构功能。

②钢筋与混凝土的温度线膨胀系数较为接近，钢筋为 1.2×10^{-5}℃$^{-1}$，混凝土为 $0.7\times10^{-5}\sim1.3\times10^{-5}$ ℃$^{-1}$。因此，当温度变化时，钢筋与混凝土之间不致产生较大的相对变形而破坏两者之间的黏结。

③质量好的混凝土，可以保护钢筋免受外界环境的锈蚀，从而保证钢筋与混凝土的共同作用。

钢筋混凝土结构除了合理地利用钢筋和混凝土两种材料的优点以外，还具有耐久性、整体性、耐火性较好，砂石材料便于就地取材等优点。当然，钢筋混凝土结构也存在一些缺点，例如钢筋混凝土结构截面尺寸一般比较大，因而自重比较大，这对于大跨度结构是不利的；抗裂性较差，正常工作时一般都是带裂缝工作；施工受气候条件影响较大；修补或拆除较困难等。

钢筋混凝结构虽然有很多缺点，但毕竟有很多独特的优点，因此在桥梁工程、隧道工程、房屋建筑、铁路工程、水工结构、海洋工程等结构中都有广泛的应用。

第 1 章工程案例

思考题

1. 混凝土的各项强度指标如何测定？
2. 复合应力状态下混凝土的强度有什么变化？
3. 混凝土受压应力-应变曲线分为几个阶段？各阶段有什么特点？
4. 影响混凝土受压应力-应变曲线的因素有哪些？
5. 什么是混凝土的徐变？影响混凝土徐变的因素有哪些？
6. 什么是混凝土的收缩？影响混凝土收缩的因素有哪些？
7. 混凝土的收缩和徐变对混凝土结构有什么影响？
8. 热轧钢筋的种类有哪些？其强度等级和牌号如何规定？
9. 黏结力由哪几部分组成？影响黏结强度的因素有哪些？
10. 钢筋混凝土结构中钢筋起什么作用？
11. 钢筋和混凝土共同工作的原因是什么？

第 2 章　概率极限状态设计法

知识目标

(1)掌握结构的功能要求及极限状态,理解结构的功能函数,了解可靠指标的含义;

(2)熟悉结构的设计状况和作用的代表值,掌握作用的分类和作用组合的计算。

2.1　概述

自 19 世纪末钢筋混凝土结构在土木建筑工程中应用以来,随着生产实践经验的积累和科学研究的不断深入,钢筋混凝土结构理论的发展主要经历了 4 个阶段。

①最早的钢筋混凝土结构设计理论采用以弹性理论为基础的容许应力法。

②20 世纪 30 年代,苏联学者首先提出了考虑钢筋混凝土塑性性能的破坏阶段计算方法。

③20 世纪 50 年,苏联率先提出了极限状态计算法。

④20 世纪 70 年代以来,国际上以概率论和数理统计为基础的结构可靠度理论在土木工程领域逐步进入实用阶段,在此基础上提出了概率极限状态设计法。

《公路工程结构可靠性设计统一标准》(JTG 2120—2020)全面引入可靠度理论,明确提出以结构可靠性理论为基础的概率极限状态设计法作为公路工程结构设计的基本原则。《工程结构可靠性统一标准》(GB 50153—2008)也采用概率理论为基础的极限状态设计法作为工程结构设计的总原则,并提出了以设计使用年限为工程结构设计的总体依据。

当前,国际上将结构概率设计法按精确程度不同分为 3 个水准:水准Ⅰ——半概率设计法、水准Ⅱ——近似概率设计法、水准Ⅲ——全概率设计法。我国《公路工程结构可靠性设计统一标准》(JTG 2120—2020)和《工程结构可靠性统一标准》(GB 50153—2008)采用的是近似概率设计法(水准Ⅱ)。全概率设计法仅是一个值得研究的方向,应用于工程实践还需很长的时间。

2.2　概率极限状态法的概念

知识点

①结构的功能要求;

②可靠性与可靠度的概念;

③结构的极限状态;

④结构的功能函数。

2.2.1　结构的功能要求

结构的功能要求

工程结构设计的基本目标是在一定的经济条件下，使设计的结构在预定的使用年限内能够可靠地完成各项规定的功能要求。一般来讲，包括以下 3 个基本的功能要求。

(1)安全性

结构的安全性是指在正常施工和正常使用情况下，结构能够承受可能出现的各种作用；在偶然事件(如地震、撞击等)发生时和发生后，结构可以产生局部损坏，但不至于出现整体破坏或连续倒塌，仍保持必须的整体稳定性。所谓作用是指使结构产生内力、变形和应力、应变的所有原因，例如各类荷载、地震、混凝土收缩和徐变等。

(2)适用性

结构的适用性是指结构在正常使用情况下，具有良好的工作性能，结构或结构构件不发生过大的变形或振动。

(3)耐久性

结构的耐久性是指结构在正常使用和正常维护的情况下，材料性能虽然随时间变化，但结构仍能满足设计时预定的功能，或者说在正常的维护条件下，结构能够正常使用到规定的设计使用年限。例如要求结构或构件不能出现过大的裂缝。

一般把安全性、适用性、耐久性统称为结构的可靠性，结构的可靠性还可以定义为：结构在规定的时间内、规定的条件下，完成预定功能的能力。为了设计方便，需要把可靠性进行定量化，而这个定量化的指标称为可靠度。所谓的可靠度是指结构在规定的时间内、规定的条件下，完成预定功能的概率。实际上结构的可靠度是对可靠性的定量描述。定义中“规定的时间”是指规定的设计使用年限；“规定的条件”是指结构正常设计、正常施工、正常使用和正常维护；“预定功能”是指结构的 3 项基本功能，即安全性、适用性和耐久性。

设计使用年限是设计规定的结构或构件不需要进行大修即可按照预定目的使用的年限，换句话说，在设计使用年限内，结构或结构构件在正常维护下应能保持其使用功能，而不需要进行大修或加固。《公路桥涵设计通用规范》(JTG D60—2015)规定了公路桥梁主体结构和可更换构件的设计使用年限，见表 2.1。《城市桥梁设计规范》(CJJ 11—2011，2019 版)规定了桥梁结构的设计使用年限，见表 2.2。

表 2.1　公路桥涵的设计使用年限　　单位：年

<table>
<tr><th rowspan="2">公路等级</th><th colspan="3">主体结构</th><th colspan="2">可更换部件</th></tr>
<tr><th>特大桥、大桥</th><th>中桥</th><th>小桥、涵洞</th><th>斜拉索、吊索、系杆等</th><th>栏杆、伸缩装置、支座等</th></tr>
<tr><td>高速公路
一级公路</td><td>100</td><td>100</td><td>50</td><td rowspan="3">20</td><td rowspan="3">15</td></tr>
<tr><td>二级公路
三级公路</td><td>100</td><td>50</td><td>30</td></tr>
<tr><td>四级公路</td><td>100</td><td>50</td><td>30</td></tr>
</table>

表 2.2 城市桥梁的设计使用年限

类别	设计使用年限/年	类别
1	30	小桥
2	50	中桥、重要小桥
3	100	特大桥、大桥、重要中桥

注:对有特殊要求结构的设计使用年限,可在上述规定的基础上经技术经济论证后予以调整。

结构在进行可靠性分析时,由于可变作用是随时间变化的,其统计分析要用随机过程概率模型来描述,而随机过程所选择的时间域称为基准期。《公路桥涵设计通用规范》(JTG D60—2015)和《城市桥梁设计规范》(CJJ 11—2011,2019 版)规定,设计基准期为确定可变作用等的取值而选用的时间参数,桥涵结构的设计基准期为 100 年。

2.2.2 结构的极限状态

结构在使用期间所处的状态称为工作状态。当结构能够同时满足各项功能要求(安全性、适应性、耐久性)而良好工作时,称为结构“可靠”,此时结构所处的状态称为“可靠状态”;反之,当结构不能满足全部功能要求时,称为结构“失效”或“不可靠”,此时结构所处的状态称为“失效状态”。

结构的极限状态

当整个结构或结构的一部分超过某一特定状态而不能满足设计规定的某一功能要求时,此特定状态称为该功能的极限状态。极限状态是可靠状态和失效状态的界限。

欧洲混凝土委员会、国际预应力混凝土协会、国际标准化组织等国际组织,以及我国《公路桥涵设计通用规范》(JTG D60—2015)和《城市桥梁设计规范》(CJJ 11—2011,2019 版)将极限状态分为两类:承载能力极限状态和正常使用极限状态。

1)承载能力极限状态

承载能力极限状态对应于结构或结构构件达到最大承载能力或不适于继续承载的变形或变位的状态。当结构或结构构件出现下列状态之一时,即超过了承载能力极限状态而进入了失效状态。

①整个结构或结构的一部分作为刚体失去平衡。

②结构构件或连接处因超过材料强度而破坏(包括疲劳破坏),或因过度变形而不能继续承载。

③结构转变成机动体系。

④结构或结构构件失去稳定。

⑤结构因局部破坏而发生连续倒塌。

⑥结构或结构构件发生疲劳破坏。

⑦地基丧失承载力而破坏。

2）正常使用极限状态

正常使用极限状态对应于结构或结构构件达到正常使用或耐久性的某项限值的状态。当结构或结构构件出现下列状态之一时，即超过了正常使用极限状态而进入了失效状态：

①影响正常使用或外观的变形。

②影响正常使用或耐久性的局部破坏。

③影响正常使用的振动。

④影响正常使用的其他特定状态。

2.2.3　结构功能函数

在讲解结构功能函数之前，有必要先掌握以下几个概念。

（1）作用

作用是指使结构产生内力、变形和应力、应变的所有原因，可分为直接作用和间接作用两种。直接作用是指施加在结构上的力（包括集中力和分布力），如汽车荷载、人群荷载、风荷载、结构自重等；间接作用是指引起结构外加变形和约束变形的原因，如地震、基础不均匀沉降、混凝土收缩、温度变化等。

（2）作用效应 S

作用效应是指由作用引起的结构或结构构件的反应。例如，由作用所产生的结构或结构构件的内力（弯矩、剪力、轴力、扭矩）、应力、应变和变形（挠度、转角等）。

（3）结构抗力 R

结构抗力是指结构抵抗内力和变形的能力，如构件的承载力、刚度等。结构抗力是结构材料特性和几何参数的函数。

工程结构的可靠度通常受各种作用、材料性能、结构几何参数、计算模式准确程度等因素的影响。在进行结构可靠度分析时，应针对结构的功能要求，把这些因素作为基本变量 X_1，X_2，X_3，$\cdots$，X_n 来考虑，由基本变量组成的描述结构功能的函数称为结构功能函数，一般用 Z 来表示，即 $Z=g(X_1,X_2,X_3,\cdots,X_n)$。用结构功能函数来描述结构完成其功能的状况。如果把对结构的功能实现不利的基本变量归为一类，这一类是各种作用引起的，它们的综合效应用作用效应 S 来表示；另一类基本变量可以由设计人员确定其相关参数，从而使结构的功能更好地实现，这一类主要是结构的材料特性、几何参数、计算模式准确程度等，它们的综合效应用结构抗力 R 来表示。则结构的功能函数可以写成 $Z=f(R,S)$，并可以进一步将结构功能函数简化为 $Z=R-S$。

根据 Z 的大小，可以将结构所处的状态分为 3 类，如图 2.1 所示。

①$Z=R-S>0$，即 $R>S$，结构处于可靠状态；

②$Z=R-S=0$，即 $R=S$，结构处于极限状态；

③$Z=R-S<0$，即 $R<S$，结构处于失效状态。

结构可靠性设计的目的，就是要使结构处于可靠状态，至少也要处于极限状态，即 $Z=R-S\geqslant 0$。

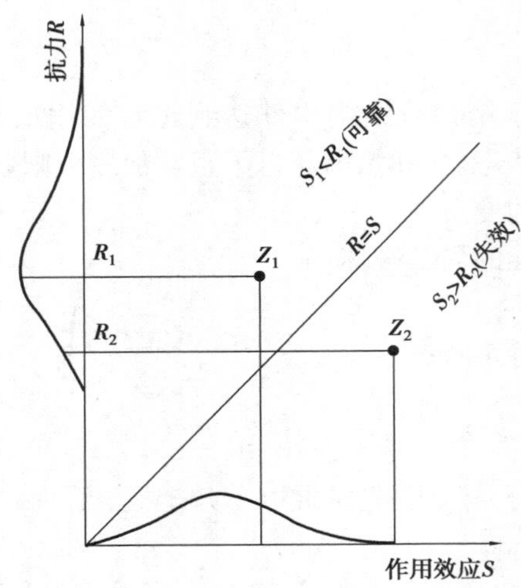

图 2.1 结构所处的状态

2.2.4 结构的失效概率和可靠指标

由前面的知识可知,作用效应 S 和结构抗力 R 都是随机变量,因此,结构是否满足其功能要求的事件也是随机的。一般把结构能够满足其功能要求的概率称为可靠概率(可靠度),用 P_r 表示;而把结构不能够满足其某一功能要求的概率称为失效概率,用 P_f 表示。由概率论知识可知 $P_f + P_r = 1$。

由前述知识可知,结构可靠性设计的目的要使 $Z = R - S \geqslant 0$。在工程结构设计时,通常取等号来进行计算,此时对应于结构处于极限状态,相应的结构功能函数可以写成 $Z = R - S = 0$,称为极限状态方程。

假设 R 和 S 都服从正态分布,其平均值和标准差分别为 m_R、m_S 和 σ_R、σ_S,则两者的差值 Z 也服从正态分布,其平均值 $m_Z = m_R - m_S$,标准差 $\sigma_Z = \sqrt{\sigma_R^2 + \sigma_S^2}$,$Z$ 的概率密度函数为:

$$f_Z(z) = \frac{1}{\sqrt{2\pi}\sigma_Z}\exp\left[-\frac{1}{2}\left(\frac{z - m_Z}{\sigma_Z}\right)^2\right] \quad (-\infty < z < \infty)$$

将 Z 的正态分布 $N(m_Z, \sigma_Z)$ 转换为标准正态分布 $N(0,1)$,便可以得到失效概率的计算公式:

$$P_f = 1 - \Phi\left(\frac{m_Z}{\sigma_Z}\right) = \Phi\left(-\frac{m_Z}{\sigma_Z}\right) = \Phi(-\beta)$$

式中 $\Phi(\cdot)$——标准化正态分布函数;

β——无量纲系数,称为结构的可靠指标,$\beta = \dfrac{m_Z}{\sigma_Z}$。

上式反映了失效概率与可靠指标之间的关系,由 $P_f + P_r = 1$ 还可以得到:

$$P_r = 1 - P_f = 1 - \Phi(-\beta) = \Phi(\beta)$$

对于 R 和 S 都服从正态分布的情况,β 的表达式为:

$$\beta = \frac{m_Z}{\sigma_Z} = \frac{m_R - m_S}{\sqrt{\sigma_R^2 + \sigma_S^2}}$$

由以上的分析可知，β 与 P_f 或 P_r 具有一一对应的数量关系(表 2.3)，β 越大，则失效概率 P_f 越小，可靠概率 P_r 越大。因此结构的可靠度既可以用失效概率或可靠概率来描述和度量，也可以用可靠指标来描述和度量。工程上常用可靠指标来表示结构的可靠程度。

表 2.3　可靠指标与失效概率的关系

β	1.0	1.64	2.00	3.00	3.71	4.00	4.50
P_f	15.87×10^{-2}	5.05×10^{-2}	2.27×10^{-2}	1.35×10^{-3}	1.04×10^{-4}	3.17×10^{-5}	3.40×10^{-6}

2.2.5　目标可靠指标

用作桥涵结构设计的可靠指标，称为目标可靠指标，也即是桥涵结构应该具有的可靠指标。目标可靠指标主要采用校准法并结合工程经验和经济优化原则加以确定。这种方法在总体上承认了以往规范的设计经验和可靠度水平，同时也考虑了客观实际的调查统计分析资料，是一种比较现实和稳妥的方法。

根据《公路工程结构可靠性设计统一标准》(JTG 2120—2020)的规定，按持久状况进行承载能力极限状态设计时，公路桥梁结构的目标可靠指标与构件的破坏类型和结构的安全等级有关，见表 2.4。《公路桥涵设计通用规范》(JTG D60—2015)规定结构的安全等级根据破坏后果的严重程度和适用对象不同，分为一级、二级和三级 3 个级别，见表 2.5。

表 2.4　公路桥梁结构的目标可靠指标

构件破坏类型	结构安全等级		
	一级	二级	三级
延性破坏	4.7	4.2	3.7
脆性破坏	5.2	4.7	4.2

注：1. 表中延性破坏是指结构构件有明显变形或其他预兆的破坏；脆性破坏是指结构构件无明显变形或其他预兆的破坏；

2. 公路桥涵结构的整体倾覆破坏模式应具有不低于脆性破坏的可靠指标。

表 2.5　公路桥涵结构设计安全等级

设计安全等级	破坏后果	适用对象
一级	很严重	(1)各等级公路上的特大桥、大桥、中桥； (2)高速公路、一级公路、二级公路、国防公路及城市附近交通繁忙公路上的小桥
二级	严重	(1)三、四级公路上的小桥； (2)高速公路、一级公路、二级公路、国防公路及城市附近交通繁忙公路上的涵洞
三级	不严重	三、四级公路上的涵洞

《城市桥梁设计规范》(CJJ 11—2011,2019 版)对安全等级的规定见表 2.6。

表 2.6　城市桥梁设计安全等级

安全等级	结构类型	类别
一级	重要结构	特大桥、大桥、中桥、重要小桥
二级	一般结构	小桥、重要挡土墙
三级	次要结构	挡土墙、防撞护栏

注:冠以“重要”的小桥、挡土墙是指城市快速路、主干路及交通特别繁忙的城市次干路上的桥梁、挡土墙。

进行正常使用极限状态设计时,桥涵结构的目标可靠指标可根据不同类型结构的特点和工程经验确定。

2.3　我国规范规定的计算方法

知识点

①桥涵结构 4 类设计状况;

②作用分类;

③作用组合。

我国桥涵结构的设计计算采用近似概率极限状态设计法,并通过可靠指标来度量结构设计的可靠度水平。

2.3.1　桥涵结构的设计状况

桥涵结构在施工建造、营运使用及维修等不同阶段可能出现不同的结构受力体系、不同的作用及不同的环境条件,以及可能发生的灾害影响。因此,在设计中应分别考虑桥涵结构不同的受力状况来进行承载能力极限状态和正常使用极限状态的计算。所谓结构的设计状况是指代表一定时段内实际情况的一组设计条件,设计时应做到在该组条件下结构不超越有关的极限状态。

《公路桥涵设计通用规范》(JTG D60—2015)和《城市桥梁设计规范》(CJJ 11—2011,2019 版)提出桥涵结构应根据不同种类的作用及其对桥涵的影响、桥涵所处的环境条件考虑 4 种设计状况,即持久状况、短暂状况、偶然状况和地震状况。

(1)持久状况

持久状况是考虑结构在使用过程中一定出现且持续时间很长的设计状况,其持续时间一般与结构的设计使用年限为同一数量级。

持久状况是对应于桥涵使用过程正常情况下的设计状况,这个阶段持续的时间很长,要对桥涵结构所有的预定功能进行设计,且必须进行承载能力极限状态和正常使用极限状态的设计计算。

（2）短暂状况

短暂状况是考虑结构在施工或使用过程中出现概率较大，而与设计使用年限相比，其持续时间很短的设计状况。

短暂状况是对应于桥涵施工状态或桥涵工程维修加固状态的设计状况。一般情况下，桥涵施工和维修加固持续的时间相对于结构设计使用年限而言是短暂的。短暂状况要进行桥涵结构的承载能力极限状态的设计计算，可以根据需要进行正常使用极限状态的设计计算。

（3）偶然状况

偶然状况是考虑结构在使用过程中出现概率极小且持续时间极短的异常情况时的设计状况，是对应于桥涵使用过程中遭受撞击（例如车、船舶、落石等）、火灾、爆炸等异常情况的设计状况。

对于偶然状况，一般只进行承载能力极限状态的设计计算。

（4）地震状况

地震状况是考虑桥涵遭受地震时的设计状况。在抗震设防地区必须考虑地震状况，也只需进行承载能力极限状态的设计计算。

2.3.2　作用及作用代表值

工程结构设计时应考虑结构上可能出现的各种作用和环境影响，环境影响是指直接与混凝土结构表面接触的局部环境作用，采用环境类别和环境作用等级来描述，详见 3.5 节的内容。

1）桥涵结构上的作用分类

按其随时间的变化和出现的可能性，桥涵结构上的作用分为 4 类。

（1）永久作用

在设计基准期内始终存在且其量值变化与平均值相比可忽略不计的作用，或者其变化是单调的并趋于某个限值的作用，例如结构构件重力、预加应力、土侧压力等。

（2）可变作用

在设计基准期内其量值随时间变化，且其变化值与平均值相比不可忽略的作用，例如汽车荷载、人群荷载、风荷载等。

（3）偶然作用

在设计基准期内不一定出现，一旦出现其值很大且持续时间很短的作用，例如船舶对桥的撞击等。

（4）地震作用

地震作用是一种特殊的偶然作用。对于公路桥涵结构，应符合现行《公路工程抗震规范》（JTG B02—2013）和《公路桥梁抗震设计规范》（JTG/T 2231-01—2020）的规定；对于城市桥梁结构，应符合《城市桥梁抗震设计规范》（CJJ 166—2011）的要求。

桥涵结构设计时要考虑的作用及分类见表 2.7。

表 2.7　作用分类

序号	分类	名称
1	永久作用	结构重力(包括结构附加重力)
2		预加力
3		土的重力
4		土侧压力
5	永久作用	混凝土收缩、徐变作用
6		水浮力
7		基础变位作用
8	可变作用	汽车荷载
9		汽车冲击力
10		汽车离心力
11		汽车引起的土侧压力
12		汽车制动力
13		人群荷载
14		疲劳荷载
15		风荷载
16		流水压力
17		冰压力
18		波浪力
19		温度(均匀温度和梯度温度)作用
20		支座摩阻力
21	偶然作用	船舶的撞击作用
22		漂流物的撞击作用
23		汽车的撞击作用
24	地震作用	地震作用

2)作用的代表值

桥涵结构的作用具有不同性质的变异性,但在结构设计中,不可能直接引用反映其变异性的各种统计参数并通过复杂的概率运算进行设计,因此,有必要对作用赋予一个规定的量值,该量值称为作用的代表值。根据设计的不同要求,可以规定不同的代表值,以便更准确地反映它在设计中的特点。

《公路桥涵设计通用规范》(JTG D60—2015)规定作用的代表值有:作用的标准值、组合值、频遇值和准永久值。

(1)作用的标准值

作用的代表值可以根据作用在设计基准期内最大概率分布的某一分位值确定。在没有充分统计资料时可根据工程经验经分析后确定。

作用的标准值是结构设计的主要计算参数,是作用的基本代表值,作用的其他代表值都是以它为基础乘以相应的系数得到的。一般用符号 G_{ik} 表示第 i 个永久作用的标准值;符号 Q_{jk} 表示第 j 个可变作用的标准值,下标 k 代表标准值。

(2)可变作用的组合值

当桥涵结构或结构构件承受两种或两种以上的可变作用时,考虑到这些可变作用不可能同时以其最大值(标准值)出现,因此,除了一个主要的可变作用(公路和城市桥涵结构上一般为汽车荷载,也称为主导可变作用)取标准值外,其余的可变作用都取组合值。这样,即便有多种可变作用参与,也可以使结构构件具有大致相同的可靠指标。

可变作用的组合值可以由可变作用的标准值 Q_{jk} 乘以组合值系数 ψ_c 得到,即为 $\psi_c Q_{jk}$,组合值系数 ψ_c 小于 1。

(3)可变作用的频遇值

可变作用的频遇值是指在设计基准期内被超越的总时间占设计基准期的比率较小或被超越的频率限制在规定频率内的作用值,它是对较频繁出现且其量值较大的可变作用的取值。

可变作用的频遇值为可变作用的标准值 Q_{jk} 乘以频遇值系数 ψ_{fj} 得到,即为 $\psi_{fj} Q_{jk}$,频遇值系数 ψ_{fj} 小于 1。

(4)可变作用的准永久值

可变作用的准永久值是指在设计基准期内被超越的总时间占设计基准期的比率较大的作用值,它是对结构上经常出现且其量值较小的可变作用的取值。

可变作用的准永久值为可变作用的标准值 Q_{jk} 乘以准永久值系数 ψ_{qj} 得到,即为 $\psi_{qj} Q_{jk}$,准永久值系数 ψ_{qj} 小于 1。

永久作用被近似地认为在设计基准期内是不变化的,其作用的代表值只有标准值。可变作用由于其本身的变异性,其作用的代表值有标准值、组合值、频遇值和准永久值。

2.3.3　作用组合

作用组合

从理论上讲,只要已知抗力及作用效应的有关条件参数,即可按目标可靠指标经设计计算或进行可靠度校核,但是可靠指标 β 的计算过程十分复杂,计算起来很不方便,必须找到一种比较简单的实用的设计计算方法。《公路桥涵设计通用规范》(JTG D60—2015)中采用的是在以近似概率理论确定的可靠指标 β 后,采用分离系数的方法求得各作用分项系数和抗力分项系数。这样设计人员不必计算可靠指标 β 的值,而只是采用结构上作用组合的效应设计值及材料强度的设计值和规定的各分项系数,按实用设计表达式对结构及构件进行设计计算,则认为设计的结构或构件所隐含的可靠指标 β 满足目标可靠指标的规定。桥涵结构应按承载能力极限状态和正常使用极限状态进行设计计算。

1)承载能力极限状态计算表达式

公路桥涵承载能力极限状态是对应于桥涵及其构件达到最大承载能力或出现不适于继续承载的变形或变位的状态。

《公路桥涵设计通用规范》(JTG D60—2015)规定,公路桥涵进行持久状况承载能力极限状态设计时,为使结构具有合理的安全性,应根据桥涵结构的安全等级进行设计,以体现不同情况桥涵的可靠度差异。在计算上,不同安全等级的结构其可靠度的差异是用结构重要性系数 γ_0 来体现的,见表2.8。所谓结构重要性系数,是对不同设计安全等级的结构,为使其具有规定的可靠度而对作用组合效应设计值的调整系数。

表2.8 桥涵结构重要性系数

设计安全等级	一级	二级	三级
结构重要性系数 γ_0	1.1	1.0	0.9

桥涵构件承载能力极限状态的计算原则是作用基本组合的效应设计值必须小于或等于结构抗力的设计值,其一般表达式为:

$$\gamma_0 S_{ud} \leqslant R$$

式中 γ_0——结构的重要性系数,按表2.8取值。

所谓作用基本组合是指永久作用设计值和可变作用设计值的组合,当作用与作用效应可按线性关系考虑时,作用基本组合的效应设计值 S_{ud} 计算表达式为:

$$S_{ud} = \sum_{i=1}^{m} \gamma_{Gi} G_{ik} + \gamma_{Q1} \gamma_{L1} Q_{1k} + \psi_c \sum_{j=2}^{n} \gamma_{Qj} \gamma_{Lj} Q_{jk} \tag{2.1}$$

式中 S_{ud}——承载能力极限状态下,作用基本组合的效应设计值;

γ_{Gi}——第 i 个永久作用的分项系数,其取值见表2.9;

G_{ik}——第 i 个永久作用的标准值;

γ_{Q1}——汽车荷载(含汽车冲击力、离心力)的分项系数,采用车道荷载计算时,取 $\gamma_{Q1}=1.4$,采用车辆荷载计算时,其分项系数 $\gamma_{Q1}=1.8$;当某个可变作用在组合中其效应值超过汽车荷载效应时,则该作用取代汽车荷载,其分项系数 $\gamma_{Q1}=1.4$;对专为承受某种作用而设置的结构或装置,设计时该作用的分项系数 $\gamma_{Q1}=1.4$;计算人行道板和人行道栏杆的局部荷载,其分项系数 $\gamma_{Q1}=1.4$;

Q_{1k}——汽车荷载(含汽车冲击力、离心力)的标准值;

γ_{Qj}——在作用组合中除汽车荷载(含汽车冲击力、离心力)、风荷载外的其他第 j 个可变作用的分项系数,取 $\gamma_{Qj}=1.4$,但风荷载作用的分项系数 $\gamma_{Qj}=1.1$;

Q_{jk}——在作用组合中除汽车荷载(含汽车冲击力、离心力)外的其他第 j 个可变作用的标准值;

ψ_c——在作用组合中除汽车荷载(含汽车冲击力、离心力)外的其他可变作用的组合值系数,取 $\psi_c=0.75$;

$\psi_c Q_{jk}$——在作用组合中除汽车荷载(含汽车冲击力、离心力)外的其他第 j 个可变作用的组合值;

γ_{L1}，γ_{Lj}——分别为汽车荷载和第 j 个可变作用的结构设计使用年限荷载调整系数，$\gamma_{L1}=1.0$；桥涵结构的设计使用年限按表 2.1 和表 2.2 采用时，取 $\gamma_{Lj}=1.0$；否则，γ_{Lj} 的取值需按专题研究确定。

表 2.9　永久作用的分项系数

序号	作用类别		永久作用分项系数	
			对结构的承载力不利时	对结构的承载力有利时
1	混凝土和圬工结构重力(包括结构附加重力)		1.2	1.0
	钢结构重力(包括结构附加重力)		1.1 或 1.2	
2	预加力		1.2	1.0
3	土的重力		1.2	1.0
4	混凝土的收缩及徐变作用		1.0	1.0
5	土侧压力		1.4	1.0
6	水的浮力		1.0	1.0
7	基础变位作用	混凝土和圬工结构	0.5	0.5
		钢结构	1.0	1.0

注：本表序号 1 中，当钢桥采用钢桥面板时，永久作用分项系数取 1.1；当采用混凝土桥面板时，取 1.2。

2）正常使用极限状态计算表达式

桥涵结构正常使用极限状态是指对应于桥涵及其构件达到正常使用或耐久性的某项限值的状态，要求对构件的抗裂、裂缝宽度和挠度进行验算，并使各项计算值不超过《公路钢筋混凝土及预应力混凝土桥涵设计规范》(JTG 3362—2018)规定的各项应限值。其一般设计表达式为：

$$S \leqslant C$$

式中　S——正常使用极限状态作用组合的效应(如变形、裂缝宽度、应力等)设计值，《公路桥涵设计通用规范》(JTG D60—2015)规定正常使用极限状态的作用组合分为作用的频遇组合和作用的准永久组合，其对应效应设计分别为 S_{fd} 和 S_{qd}；

C——结构构件达到正常使用要求所规定的限值，例如变形、裂缝宽度和截面抗裂的限值。

(1)作用频遇组合

作用频遇组合是永久作用的标准值与汽车荷载的频遇值、其他可变作用准永久值相组合，当作用与作用效应可按线性关系考虑的时候，其设计值的计算表达式为：

$$S_{fd} = \sum_{i=1}^{m} G_{ik} + \psi_{f1} Q_{1k} + \sum_{j=2}^{n} \psi_{qj} Q_{jk} \tag{2.2}$$

式中　S_{fd}——作用频遇组合的效应设计值；

ψ_{f1}——汽车荷载(不计汽车冲击力)的频遇值系数，$\psi_{f1}=0.7$，当某个可变作用在组合中其效应值超过汽车荷载效应时，则该作用取代汽车荷载。人群荷载取 $\psi_f=1.0$，风荷载取 $\psi_f=0.75$，温度梯度作用时取 $\psi_f=0.8$，其他作用时取 $\psi_f=1.0$。

ψ_{qj}——第 j 个可变作用准永久值系数，人群荷载取 $\psi_q=0.4$，风荷载取 $\psi_q=0.75$，温度梯度作用时取 $\psi_q=0.8$，其他作用时取 $\psi_q=1.0$。

其余符号的意义同式(2.1)。

(2)作用准永久组合

作用准永久组合是指永久作用的标准值与可变作用准永久值的组合，当作用与作用效应可按线性关系考虑时，其设计值的计算表达式为：

$$S_{qd} = \sum_{i=1}^{m} G_{ik} + \sum_{j=1}^{n} \psi_{qj} Q_{jk} \tag{2.3}$$

式中　S_{qd}——作用准永久组合的效应设计值；

ψ_{qj}——可变作用的准永久值系数，汽车荷载(不计汽车冲击力)的准永久值系数取 $\psi_q=0.4$，其他可变作用的准永久值系数见式(2.2)。

【例2.1】某等截面悬链线空腹式无铰拱桥的拱圈截面宽9 m，高1.15 m。在拱顶截面上，由荷载作用在单位拱圈宽度上产生的效应标准值见表2.10，表中轴向压力为正，轴向拉力为负，汽车荷载的弯矩标准值和轴力标准值均已计入冲击系数($1+\mu=1.15$)。设计使用年限按规范取用。试进行作用组合效应计算。

表2.10　拱顶截面荷载作用效应标准值

荷载(作用)	最大弯矩/(kN·m)	轴向力/kN
恒载	91.05	2 430.72
人群	16.81	9.18
汽车	160.13	87.46
温度梯度	34.37	-10.41

解：

(1)承载能力极限状态设计时作用的基本组合

因恒载对拱圈截面的抗弯和抗压承载力不利，故永久作用的分项系数 $\gamma_{G1}=1.2$。汽车荷载采用车道荷载计算，取其分项系数 $\gamma_{Q1}=1.4$。人群荷载和温度梯度作用的分项系数 $\gamma_{Qj}=1.4$，组合系数取 $\psi_c=0.75$。该拱桥的设计使用年限按规范取用，故 $\gamma_L=1.0$，$\gamma_{Lj}=1.0$。

①弯矩基本组合设计值

$$\begin{aligned} M_{ud} &= \sum_{i=1}^{m} \gamma_{Gi} M_{Gik} + \gamma_{Q1}\gamma_{L1} M_{G1k} + \psi_c \sum_{j=2}^{n} \gamma_{Qj}\gamma_{Lj} M_{Gjk} \\ &= 1.2\times 91.05 + 1.4\times 1.0\times 160.13 + 0.75\times(1.4\times 1.0\times 16.81 + 1.4\times 1.0\times 34.37) \\ &= 387.18(\text{kN}\cdot\text{m}) \end{aligned}$$

②轴向力基本组合设计值

$$\begin{aligned} N_{ud} &= \sum_{i=1}^{m} \gamma_{Gi} N_{Gik} + \gamma_{Q1}\gamma_{L1} N_{G1k} + \psi_c \sum_{j=2}^{n} \gamma_{Qj}\gamma_{Lj} N_{Gjk} \\ &= 1.2\times 2\,430.72 + 1.4\times 1.0\times 87.46 + 0.75\times[1.4\times 1.0\times 9.18 + 1.4\times 1.0\times(-10.41)] \\ &= 3\,038.02(\text{kN}) \end{aligned}$$

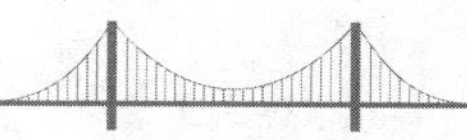

(2) 正常使用极限状态设计时作用组合

在进行正常使用极限状态设计作用组合时，汽车荷载不应计入冲击系数，故不考虑汽车荷载冲击系数的汽车荷载弯矩标准值为 160.13/1.15 = 139.24(kN·m)，轴向力标准值分别为 87.46/1.15 = 76.05(kN)。汽车荷载频遇值系数 $\psi_{f1}=0.7$，准永久值系数 $\psi_{q1}=0.4$。人群荷载准永久值系数 $\psi_{q2}=0.4$。温度梯度准永久值系数 $\psi_{q3}=0.8$。

①弯矩频遇组合设计值

$$\begin{aligned}M_{fd} &= \sum_{i=1}^{m} M_{Gik} + \psi_{f1} M_{Q1k} + \sum_{j=2}^{n} \psi_{qj} M_{Qjk}\\ &= 91.05 + 0.7 \times 139.24 + 0.4 \times 16.81 + 0.8 \times 34.37\\ &= 222.74(\text{kN}\cdot\text{m})\end{aligned}$$

②轴向力频遇组合设计值

$$\begin{aligned}N_{fd} &= \sum_{i=1}^{m} N_{Gik} + \psi_{f1} N_{Q1k} + \sum_{j=2}^{n} \psi_{qj} N_{Qjk}\\ &= 2\,430.72 + 0.7 \times 76.05 + 0.4 \times 9.18 + 0.8 \times (-10.41)\\ &= 2\,479.30(\text{kN})\end{aligned}$$

③弯矩准永久组合设计值

$$\begin{aligned}M_{qd} &= \sum_{i=1}^{m} M_{Gik} + \sum_{j=1}^{n} \psi_{qj} M_{Qjk}\\ &= 91.05 + 0.4 \times 139.24 + 0.4 \times 16.81 + 0.8 \times 34.37\\ &= 180.97(\text{kN}\cdot\text{m})\end{aligned}$$

④轴向力准永久组合设计值

$$\begin{aligned}N_{qd} &= \sum_{i=1}^{m} N_{Gik} + \sum_{j=1}^{n} \psi_{qj} N_{Qjk}\\ &= 2\,430.72 + 0.4 \times 76.05 + 0.4 \times 9.18 + 0.8 \times (-10.41)\\ &= 2\,456.48(\text{kN})\end{aligned}$$

思考题

第 2 章工程案例

1. 结构的功能要求包括哪些？
2. 什么是结构的可靠性与可靠度？
3. 什么是极限状态？可分为哪些类型？
4. 如何判断结构是否超过了承载能力极限状态和正常使用极限状态？
5. 什么是极限状态方程？
6. 公路桥涵结构的设计状况包括哪些？
7. 作用分为哪些类型？
8. 作用有哪些代表值？
9. 作用组合包括哪些类型？其组合规则是什么？

练习题

1. 计算跨径 $L=15.5$ m 的钢筋混凝土简支梁,其跨中截面的弯矩标准值为:梁体自重产生的弯矩标准值 $M_{G1k}=399.806$ kN · m;桥面铺装、栏杆、人行道等自重产生的弯矩标准值 $M_{G2k}=302.715$ kN · m;汽车荷载产生的弯矩标准值(已计入冲击系数 $1+\mu=1.352$) $M_{Q1k}=982.273$ kN · m;人群荷载产生的弯矩标准值 $M_{Q2k}=21.014$ kN · m。试进行作用组合效应计算。

2. 某预应力钢筋混凝土简支梁,其支点截面的剪力标准值为:梁体自重产生的剪力标准值 $V_{G1k}=275.71$ kN;桥面铺装、栏杆、人行道等自重产生的剪力标准值 $V_{G2k}=94.92$ kN;汽车荷载产生的剪力标准值(已计入冲击系数 $1+\mu=1.118\,8$) $V_{Q1k}=374.65$ kN;人群荷载产生的剪力标准值 $V_{Q2k}=16.34$ kN。试进行作用组合效应计算。

第3章　受弯构件设计

知识目标

(1)熟悉钢筋混凝土受弯构件的构造要求,掌握适筋梁正截面受力全过程的应力和应变变化规律;

(2)熟悉受弯构件正截面承载力计算的基本原则,掌握单筋、双筋矩形截面及T形截面受弯构件正截面的截面设计和截面复核;

(3)熟悉无腹筋梁、有腹筋梁斜截面受剪破坏形态以及影响斜截面抗剪承载力的主要因素,掌握受弯构件斜截面受剪承载力计算公式的适用条件及其应用;

(4)熟悉受弯构件斜截面受弯承载力计算、抵抗弯矩图及相关构造要求;

(5)了解换算截面的概念,掌握换算截面的几何特性计算和短暂状况的应力计算;

(6)了解受弯构件裂缝的类型及影响因素,掌握最大裂缝宽度计算以及受弯构件变形验算和预拱度的设置;

(7)了解钢筋锈蚀机理、耐久性损伤原因、耐久性设计内容。

3.1　受弯构件正截面承载力计算

知识点

①常见的钢筋骨架及构造要求;

②受弯构件的破坏阶段及各阶段的应力分布特征;

③单筋矩形截面受弯构件承载力的计算;

④双筋矩形截面受弯构件承载力的计算;

⑤T形截面受弯构件承载力的计算。

结构物中常用的梁、板是典型的受弯构件。梁和板只是截面的宽高比(h/b)不同,但受力情况是相同的,即在外力作用下,梁、板将承受弯矩(M)和剪力(V)的作用,因此截面计算方法也基本相同。

本章主要讨论梁和板的正截面(与梁的纵轴线或板的中面正交的截面)承载力计算问题。

3.1.1　受弯构件的构造要求

对于钢筋混凝土受弯构件的设计,承载力计算与构造措施都很重要。工程实践证明,只有在精确计算的前提下,采取合理的构造措施,才能设计出安全、适用、经济、合理的结构。

受弯构件构造要求

1)板的构造要求

(1)截面形式

钢筋混凝土板广泛应用在桥涵工程中,常用的有板桥的承重板、梁桥的行车道板、人行道板等。对于板的截面形式,常见的有实心矩形和空心矩形。如图 3.1 所示。工程中实心矩形板多适用于小跨径,当跨径较大时,为减轻自重和节省混凝土用量,常做成空心矩形板。

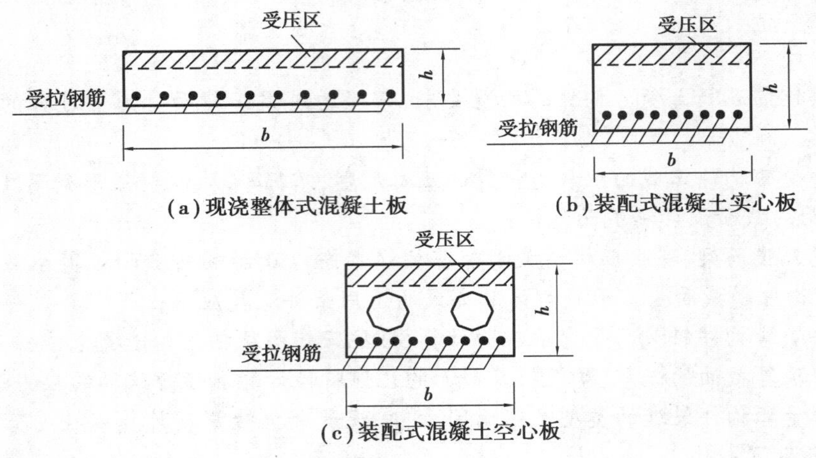

图 3.1　板的截面形式

(2)截面尺寸

板的厚度(h)由其控制截面上最大的弯矩和板的刚度要求决定,但为了保证施工质量及耐久性要求,《公路钢筋混凝土及预应力混凝土桥涵设计规范》(JTG 3362—2018)规定:空心板桥的顶板和底板厚度,均不应小于 80 mm。空心板的空洞端部应予填封。人行道板的厚度,就地浇筑的混凝土板不应小于 80 mm;预制混凝土板不应小于 60 mm。

(3)板内钢筋

板的钢筋由主钢筋和分布钢筋组成,如图 3.2 所示。

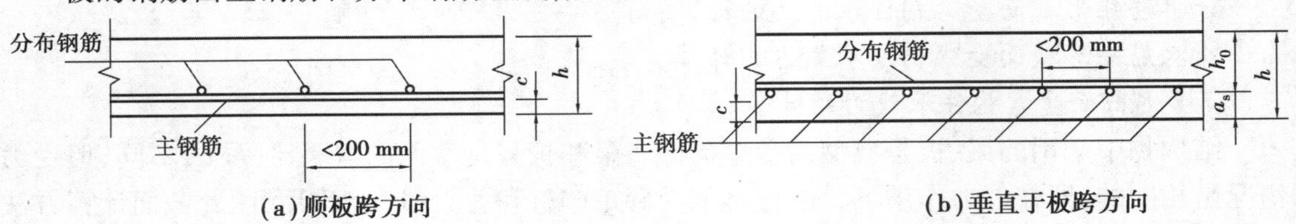

图 3.2　单向板内的钢筋

①主钢筋。主钢筋布置在板的受拉区,数量由计算决定。一般只需计算出 1 m 板宽的主钢筋数量。

板内钢筋构造

为了使板的受力尽可能均匀,主钢筋常采用小直径、小间距的布置方式。但直径过小会增加施工难度,也会影响混凝土的浇筑质量。因此,板内受拉主钢筋的直径不应小于 10 mm(行车道板)和 8 mm(人行道板)。

为使板受力均匀和便于浇筑混凝土,在简支板的跨中和连续板的支点处,主钢筋间距不应大于 200 mm。

②分布钢筋。为固定主钢筋并均匀地传递荷载以及承受可能发生的收缩和温度应力，在垂直于主钢筋的方向按一定间距设置连接用横向钢筋，即分布钢筋。分布钢筋属于构造钢筋，其数量不通过计算确定，而是按照设计规范的规定选择。

《公路钢筋混凝土及预应力混凝土桥涵设计规范》(JTG 3362—2018)规定：单位长度上分布钢筋的截面面积不宜小于板截面面积的0.1%。行车道板内分布钢筋直径不应小于8 mm，其间距应不大于200 mm；人行道板内分布钢筋直径不应小于6 mm，其间距不应大于200 mm。

在所有主钢筋的弯折处，均应设置分布钢筋。

2）梁的构造要求

钢筋混凝土梁根据使用要求和施工条件，可以采用现浇或预制方式制造。

(1)截面形式及尺寸

梁的截面常采用矩形、T形、工字形或箱形等形式。一般在中、小跨径桥梁中采用矩形及T形截面，在大跨度桥梁中采用箱形截面。

为了能够重复利用模板、方便施工，一般要求统一截面尺寸。对常见的矩形梁截面[图3.3(a)]和T形梁截面[图3.3(b)]，梁的截面尺寸，可按下述建议选用：

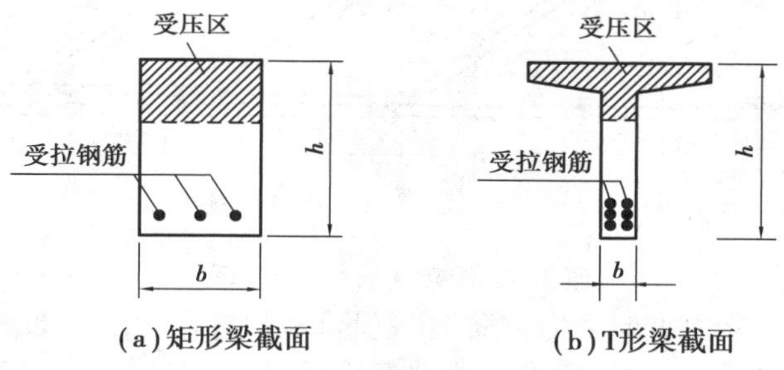

(a)矩形梁截面　　(b)T形梁截面

图3.3　梁的截面形式

①矩形截面梁。宽度 b 常取120 mm、150 mm、180 mm、200 mm、220 mm和250 mm。其后，当梁高 $h \leqslant 800$ mm时，按50 mm一级增加；当梁高 $h > 800$ mm时，按100 mm一级增加。

矩形截面梁的高宽比 h/b 一般可取2.0～2.5。

②T形梁截面。T形梁截面由翼缘板和腹板(梁肋)组成。截面伸出部分称为翼缘板，简称翼板，宽度为 b 的部分称为梁肋或腹板。

翼缘板的尺寸取值详见3.1.6部分的内容。

腹板宽度 b 不应小于160 mm，根据梁内主筋布置及抗剪要求而定。

T形梁截面翼缘悬臂端厚度不应小于100 mm；接近于梁肋处翼缘厚度不宜小于梁高 h 的1/10。

截面高度 h 与跨径 l 之比(称高跨比)，一般为 $h/l = 1/16 \sim 1/11$，跨径较大时，取用较小比值。

(2)梁内钢筋

①梁内钢筋种类。梁内的受力钢筋有纵向受拉钢筋(主钢筋)、弯起钢筋或斜钢筋、箍筋；梁内构造钢筋有架立筋和水平纵向钢筋等。

梁内钢筋骨架

梁内的钢筋常采用骨架形式，一般分为绑扎钢筋骨架和焊接钢筋骨架两种。绑扎钢筋骨架是将纵向受拉钢筋、弯起钢筋与横向钢筋通过绑扎而形成的空间钢筋骨架,如图3.4所示。焊接钢筋骨架是先将纵向受拉钢筋、弯起钢筋或斜钢筋和架立筋焊接成平面骨架,然后用箍筋将数片焊接的平面骨架组成空间骨架,如图3.5所示。

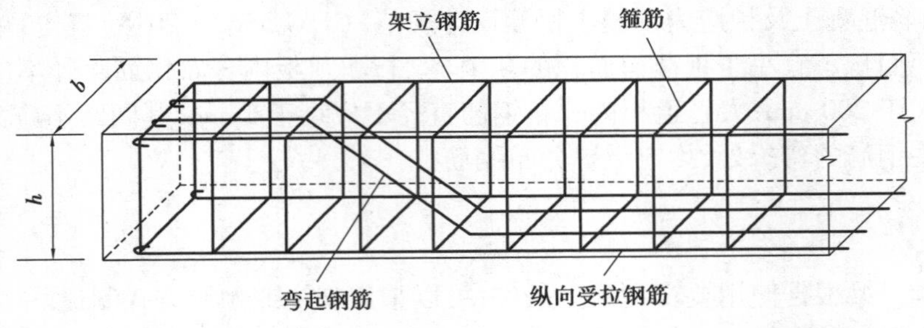

图3.4　绑扎钢筋骨架示意图

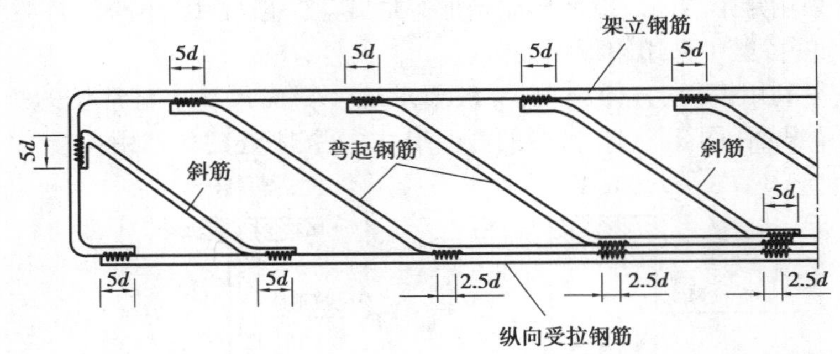

图3.5　焊接钢筋骨架示意图

②纵向受力钢筋。梁内纵向受力钢筋(主钢筋)通常放在梁的底部承受拉应力,是梁的主要受力钢筋,其数量由计算确定。在满足构造要求的情况下,较小直径的主钢筋会使构件受力更加均匀。需要注意的是,在同一根(批)梁中宜采用相同牌号、相同直径的纵向受力钢筋,以简化施工,也可采用两种不同直径的纵向受力钢筋,但直径相差不应小于2 mm,以便施工识别。在满足混凝土保护层的前提下,简支梁的纵向受力钢筋应尽量布置在梁底,以获得较大的内力臂而节约钢材。纵向受力钢筋的布置原则:由下至上、下粗上细(对不同直径的钢筋而言)、对称布置,并应上下左右对齐,以便于混凝土的浇筑。

为保证钢筋与混凝土之间的良好黏结,并便于浇筑混凝土,需规定钢筋之间的净距。这里净距(s_n)是指各纵向受力钢筋之间的净距或层与层之间的净距。在绑扎钢筋骨架中[图3.6(a)],当纵向受力钢筋为:

3层或3层以下时:$s_n \geq 30$ mm 且 $s_n \geq d$;

3层以上时:$s_n \geq 40$ mm 且 $s_n \geq 1.25d$。

在焊接钢筋骨架中[图3.6(b)],多层纵向受力钢筋竖向不留空隙,用焊缝连接,钢筋层数一般不宜超过6层。纵向受力钢筋之间的净距应满足:$s_n \geq 40$ mm 且 $s_n \geq 1.25d$(d 为纵向受力钢筋的直径)。

③弯起钢筋。弯起钢筋是为满足斜截面抗剪强度而设置的,一般由纵向受力钢筋弯起而成,当受力钢筋不够弯起或为了满足构造要求,需加设专门的斜钢筋,一般与梁纵轴线成45°角。弯起钢筋的设置及数量均由抗剪计算确定。

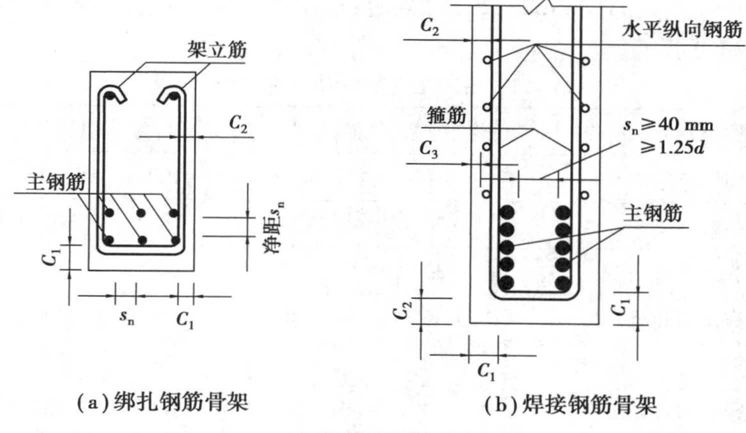

图3.6　梁主钢筋净距和混凝土保护层

④箍筋。梁内箍筋是沿梁纵轴方向按一定间距配置并箍住纵向受力钢筋的横向钢筋(图3.4)。箍筋在梁内除承受剪力以外,还起固定纵向受力钢筋位置、使梁内钢筋形成钢筋骨架的作用。因此,无论计算上是否需要梁内均应设置箍筋。

近梁端第一根箍筋应设置在距端面一个混凝土保护层距离处。梁与梁或梁与柱的交接范围内,靠近交接面的第一根箍筋,其与交接面的距离不大于50 mm。

箍筋的形式有开口式和封闭式两种,如图3.7(a)所示。肢数分单肢、双肢和四肢,如图3.7(b)所示,肢数的选取与截面宽度和纵向钢筋数量有关。

⑤架立筋。为了将纵向受力钢筋和箍筋绑扎成刚性较好的骨架,箍筋四角在没有受力钢筋的地方应设置架立筋。架立筋直径依据梁截面尺寸选择,通常采用直径为10~22 mm的钢筋。

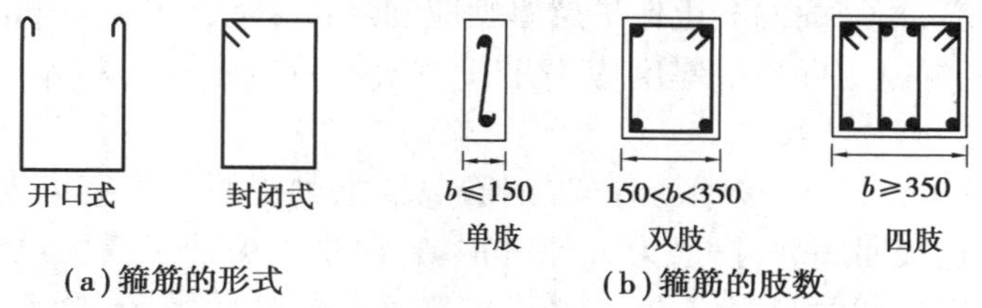

图3.7　箍筋的形式及肢数

⑥水平纵向钢筋。当梁高大于1 m时,在梁的两侧,箍筋外侧水平方向设置水平纵向钢筋,从而防止梁侧面在温度变化、混凝土收缩等因素的影响下产生裂缝,或减小混凝土裂缝宽度。

水平纵向钢筋的直径一般采用6~8 mm的光圆钢筋,也可用带肋钢筋。其总截面面积可取(0.001~0.002)bh,其中b为梁肋宽度,h为梁截面高度。

水平纵向钢筋的间距,在受拉区不大于梁肋宽度b且不大于200 mm;在受压区不大于300 mm;在梁支点附近剪力较大区段,其数量应增加,间距宜取为100~150 mm。

3)混凝土保护层厚度

混凝土保护层是具有一定厚度的混凝土层,取钢筋边缘至构件截面表面之间的最短距离。设置保护层是为了保证钢筋与混凝土的黏结和防止钢筋锈蚀。《公路钢筋混凝土及预应力混凝土桥涵设计规范》(JTG 3362—2018)规定:对于不同的环境类别最小混凝土保护层厚度应符合表3.1的要求。

表3.1 混凝土保护层最小厚度 c_{min} 单位:mm

构件类别	梁、板、塔、拱圈、涵洞上部		墩台身、涵洞下部		承台、基础	
设计使用年限	100	50、30	100	50、30	100	50、30
Ⅰ类(一般环境)	20	20	25	20	40	40
Ⅱ类(冻融环境)	30	25	35	30	45	40
Ⅲ类(近海或海洋氯化物环境)	35	30	45	40	65	60
Ⅳ类(除冰盐等其他氯化物环境)	30	25	35	30	45	40
Ⅴ类(盐结晶环境)	30	25	40	35	45	40
Ⅵ类(化学腐蚀环境)	35	30	40	35	60	55
Ⅶ类(磨蚀环境)	35	30	45	40	65	60

注:1. 表中数值是按照结构耐久性要求的构件最低混凝土强度等级以及钢筋和混凝土无特殊防腐措施确定的。

2. 对工厂预制的混凝土构件,其保护层最小厚度可将表中相应数值减小5 mm,但不得小于20 mm。

3. 表中承台和基础的保护层最小厚度,是针对基坑底无垫层或侧面无模板的情况规定的;对于有垫层或有模板的情况,保护层最小厚度可将表中相应数值减少20 mm,但不得小于30 mm。

钢筋的混凝土保护层厚度应不小于自身的公称直径且不小于表3.1的最小厚度规定值 c_{min}。

如图3.6(a)所示,对于绑扎钢筋骨架,钢筋混凝土梁截面布置有纵向受力钢筋和箍筋,而箍筋为最外侧钢筋,箍筋的混凝土保护层厚度应满足:$c_2 \geqslant c_{min}$ 及 $c_2 \geqslant d_2$,d_2 为箍筋的公称直径;纵向受力钢筋的混凝土保护层厚度应满足:$c_1 \geqslant c_{min} + d_2$ 及 $c_1 \geqslant d_1$,d_1 为纵向受力钢筋的公称直径。

如图3.6(b)所示,对于焊接钢筋骨架,钢筋混凝土梁截面布置有纵向受力钢筋、箍筋和水平纵向钢筋。靠近梁面底部,箍筋为最外侧钢筋,混凝土保护层厚度设计可参照绑扎钢筋骨架的方法处理。靠近截面侧面位置,水平纵向钢筋是最外侧钢筋,故水平纵向钢筋的混凝土保护层厚度应满足:$c_3 \geqslant c_{min}$ 及 $c_3 \geqslant d_3$,d_3 为水平纵向钢筋的公称直径;箍筋的混凝土保护层厚度应满足:$c_2 \geqslant c_{min} + d_3$ 及 $c_2 \geqslant d_2$,d_2 为箍筋的公称直径;纵向受力钢筋的混凝土保护层厚度应满足:$c_1 \geqslant c_{min} + d_2 + d_3$ 及 $c_1 \geqslant d_1$,d_1 为纵向受力钢筋的公称直径。

当纵向受力钢筋的混凝土保护层厚度大于50 mm时,应在保护层内设置直径不小于6 mm,间距不大于100 mm的钢筋网片,钢筋网片的混凝土保护层厚度不应小于25 mm。

3.1.2 受弯构件正截面受力全过程和破坏形态

正截面受力全过程

1)试验研究

(1)试验条件

为了着重研究梁在荷载作用下正截面受力和变形的变化规律,以适量配筋的矩形截面钢筋混凝土简支梁作为试验梁，如图3.8所示。采用两点对称加载，同时在两端配有足够的腹筋以保证不发生剪切破坏。两个集中荷载 F 用油压千斤顶施加，其弯矩图和剪力图如图3.8所示，梁中 AC 段、BD 段为弯剪区段；CD 段剪力为零(忽略梁自重)，而弯矩为常数，称为纯弯曲区段，它是本部分内容试验研究的主要对象。

在纯弯曲区段梁的跨中截面上沿高度方向布置测点 a、b、c、d、e。用测力传感器测读集中力 F 的大小；用百分表或倾角仪测量梁的跨中挠度；用应变仪测读混凝土的应变。

(2)试验现象

集中力 F 分级施加，每级加载后，即测读梁的挠度和混凝土应变值。

试验过程中发现，当荷载较小时，挠度随力 F 的增加而不断增长，两者基本上成比例；随着荷载的增加，梁 CD 段的下部观察到竖向裂缝，此后挠度就比力 F 增加得快，并出现了若干条新裂缝；继续增加荷载，发现裂缝急剧展开，挠度急剧增大，随后当试验梁截面受压区边缘混凝土被压碎时梁不能继续承受力 F 的作用而破坏。

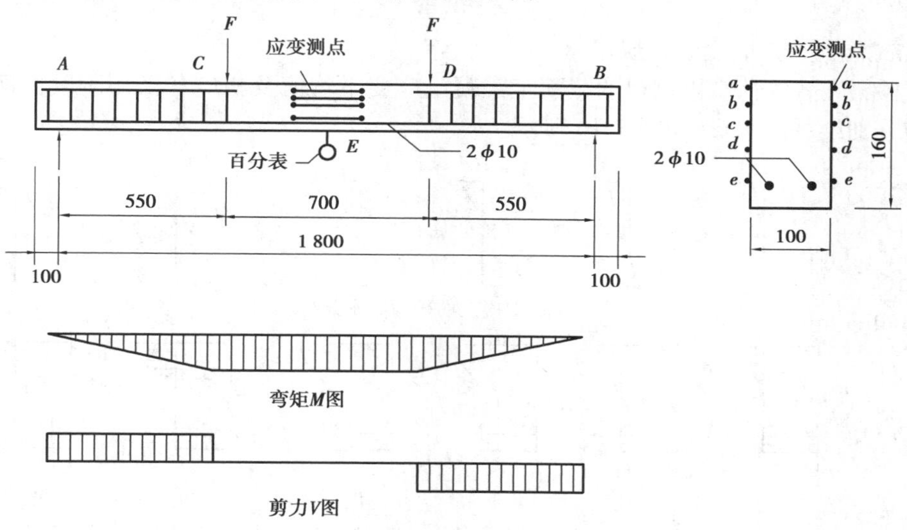

图3.8　试验梁布置示意图(尺寸单位:mm)

(3)梁的工作阶段

由图3.9可以看出，试验梁的 F-w 曲线上有两个明显的转折点，从而把梁的受力和变形全过程分为3个阶段，这3个阶段是：

第Ⅰ阶段，梁体混凝土没有裂缝阶段。

第Ⅱ阶段，梁体混凝土裂缝出现与开展阶段。

第Ⅲ阶段，裂缝急剧开展，纵向受力钢筋应力维持在屈服强度不变，为梁破坏阶段。

同时，在试验梁的 F-w 曲线上有3个特征点：

第Ⅰ阶段末(用Ⅰa表示)，裂缝即将出现。

第Ⅱ阶段末(用Ⅱa表示)，纵向受拉钢筋屈服。

第Ⅲ阶段末(用Ⅲa表示)，梁受压区混凝土被压碎，整个梁截面破坏。

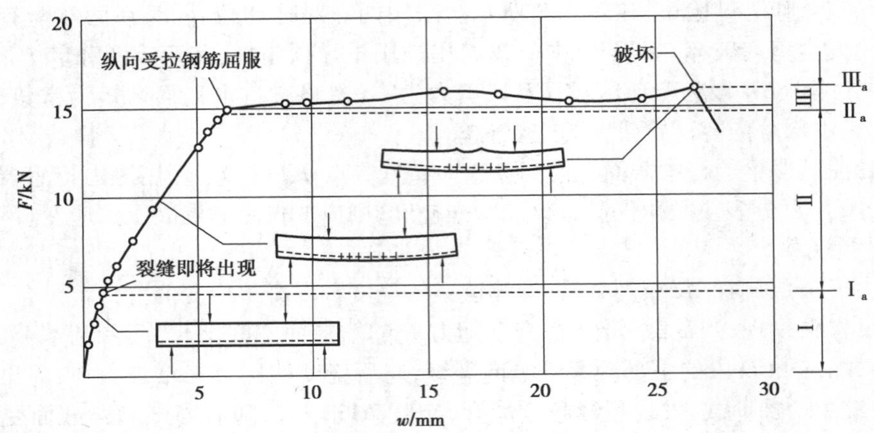

图 3.9 试验梁的荷载－挠度（F-w）

（4）混凝土应力、应变分布规律

将试验梁在各级荷载下测得的截面上混凝土应变平均值及相应各工作阶段截面上的正应力分布分别绘制成图形，如图 3.10 所示。

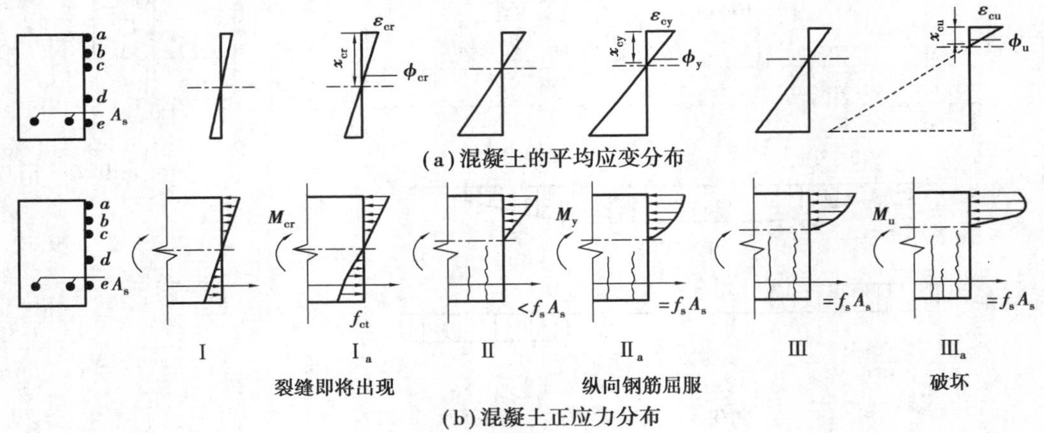

图 3.10 梁正截面各阶段的应变应力分布图

①混凝土应变分布规律。由图 3.10(a) 所示，随着荷载的增加，应变值也不断增加，但是应变图基本上是上、下两个对顶的三角形，并且随着荷载的增加，中和轴逐渐上移。

②混凝土应力分布规律。需要说明一点，在试验中通过应变仪可以直接测到混凝土的应变和钢筋应变，但是要得到截面上的应力，必须从材料的应力-应变关系去推导。所以图 3.10(b) 的应力图是根据图 3.10(a) 各测点的实测应变值以及材料的应力-应变图沿截面从上到下用各测点逐个推求出来绘制的。

图 3.10(b) 所示的梁截面上正应力分布有如下特点：

第Ⅰ阶段：梁体混凝土全截面工作，混凝土的压应力和拉应力基本上都呈三角形分布。纵向钢筋承受拉应力。混凝土处于弹性工作阶段，即应力与应变成正比。

第Ⅰ阶段末：混凝土受压区的应力基本上仍是三角形分布，受拉区混凝土的应力图形为曲线形。这时，受拉边缘混凝土的拉应变临近极限拉应变，拉应力达到混凝土抗拉强度，表示裂缝即将出现，梁截面上作用的弯矩用 M_{cr} 表示，称为开裂弯矩。此阶段是受弯构件抗裂计算的依据。

第Ⅱ阶段：荷载作用弯矩到达 M_{cr} 后，在梁体混凝土抗拉强度最弱截面上出现了第一批裂缝。这时，在有裂缝的截面上，受拉区混凝土退出工作，拉力转由钢筋承担，发生了明显的应力重分布，钢筋的拉应力随着荷载的增加而增加；混凝土压应力不再是三角形分布而是形成微曲的曲线形，中和轴位置上移。

第Ⅱ阶段末：钢筋拉应变达到屈服时的应变值，表示钢筋应力达到其屈服强度。此阶段是带裂缝工作阶段，是计算正常使用极限状态变形和裂缝宽度的依据。

第Ⅲ阶段：在这个阶段，钢筋的拉应变增加很快，但钢筋的拉应力一般仍维持在屈服强度不变（对具有明显流幅的钢筋）。这时，裂缝急剧开展，中和轴继续上移，混凝土受压区不断缩小，压应力也不断增大，应力图呈明显的丰满曲线形。

第Ⅲ阶段末：截面受压上边缘的混凝土压应变达到其极限压应变值，压应力图形呈明显曲线形，并且最大压应力已不在上边缘而是在距上边缘稍下处。受压区混凝土抗压强度耗尽，在临界裂缝两侧的一定区段内，受压区混凝土出现纵向水平裂缝，随即混凝土被压碎、梁破坏。在这个阶段，纵向钢筋的拉应力仍维持在屈服强度。承载能力极限状态法以此阶段为计算基础。

（5）梁的受力特点

根据适筋梁从加荷开始到破坏的全过程可以看出，由钢筋和混凝土两种材料组成的钢筋混凝土梁是不同于连续、匀质、弹性材料的梁，其受力特点为：

①钢筋混凝土梁的截面正应力状态随着荷载的增大不仅有数量上的变化而且有性质上的改变——应力分布图形改变。不同的受力阶段，中和轴的位置及内力偶臂也有所不同，因此，无论受压区混凝土的应力还是纵向受拉钢筋的应力，都不像弹性匀质材料梁那样完全与弯矩成比例。

②梁在大部分工作阶段，受拉区混凝土已开裂。随着裂缝的开展，受压区混凝土塑性变形也不完全服从弹性匀质梁所具有的比例关系。

2）受弯构件正截面破坏形态

钢筋混凝土受弯构件有两种破坏性质：

一种是塑性破坏（延性破坏），指的是结构或构件在破坏前有明显变形或其他征兆。另一种是脆性破坏，指的是结构或构件在破坏前无明显变形或其他征兆。

（1）截面配筋率

截面上配置钢筋的多少，通常用截面配筋率来衡量，所谓截面配筋率，是指所配置的钢筋截面面积与规定的混凝土截面面积的比值（以百分数表示）。对于矩形截面和 T 形截面受弯构件，其纵向受力钢筋的截面配筋率 ρ（%）表示为：

$$\rho = \frac{A_s}{bh_0} \tag{3.1}$$

式中　A_s——截面纵向受力钢筋全部截面面积；

b——矩形截面宽度或 T 形截面梁肋宽度；

h_0——截面的有效高度(图 3.11),$h_0 = h - a_s$,其中 h 为截面高度;a_s 为纵向受力钢筋全部截面的重心至受拉边缘的距离。

假如用 a_{si} 表示第 i 种纵向受力钢筋合力作用点至截面受拉边缘的距离,则 a_s 的计算公式为:

$$a_s = \frac{\sum f_{sdi} A_{si} a_{si}}{\sum f_{sdi} A_{si}} \tag{3.2}$$

图 3.11 配筋率 ρ 的计算图

式中 f_{sdi}——第 i 种纵向受力钢筋抗拉强度设计值。

(2)正截面破坏的 3 种形态

根据试验研究,钢筋混凝土受弯构件的破坏性质与纵向受拉钢筋的截面配筋率 ρ 及其强度等级、混凝土强度等级有关。对常用的热轧钢筋和普通强度混凝土,破坏形态主要受截面配筋率的影响。因此,按照钢筋混凝土受弯构件的配筋情况及相应破坏时的性质可得到正截面破坏的 3 种形态,如图 3.12 所示。

正截面破坏形态

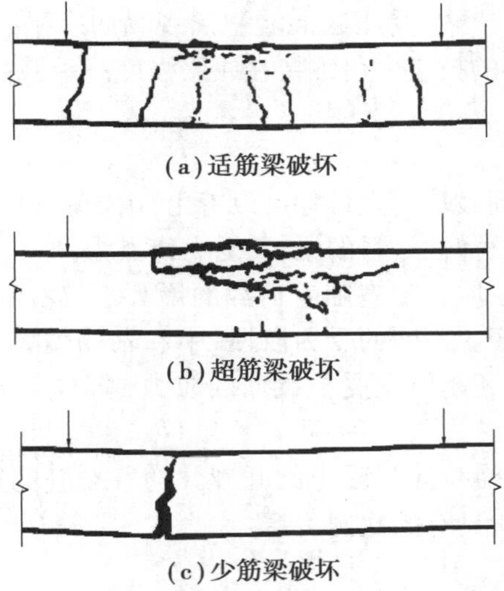

(a)适筋梁破坏

(b)超筋梁破坏

(c)少筋梁破坏

图 3.12 梁的破坏形态

①适筋梁破坏——塑性破坏。梁的受拉区钢筋首先达到屈服强度,其应力保持不变而应变显著增大,直到受压区边缘混凝土的应变达到极限压应变时,受压区出现纵向水平裂缝,随后因混凝土被压碎而导致梁破坏。这种梁破坏前裂缝急剧开展,挠度较大,梁截面产生较大的塑性变形,因而有明显的破坏预兆,属于塑性破坏,这种破坏形态称为适筋梁破坏,如图3.12(a)所示。

适筋梁破坏过程

②超筋梁破坏——脆性破坏。当梁截面配筋率 ρ 增大到使纵向受力钢筋屈服和受压区混凝土被压碎几乎同时发生时,此时的破坏称为平衡破坏或界限破坏,相应的配筋率被称为最大配筋率 ρ_{max}。

超筋梁破坏过程

当梁中实际配筋率 $\rho > \rho_{max}$ 时,梁的破坏是受压区混凝土被压碎,而受拉区钢筋应力尚未达到屈服强度,也即超筋梁破坏时受压区混凝土抗压强度耗尽，而钢筋的抗拉强度没有得到充分发挥。此时，由于受拉区的裂缝开展不宽，延伸不高，破坏是突然的，没有明显预兆，属于脆性破坏，这种破坏形态称为超筋梁破坏，如图 3.12(b)所示。

少筋梁破坏过程

③少筋梁破坏——脆性破坏。当梁截面配筋率 ρ 减小到使梁受拉区混凝土裂缝一旦出现钢筋应力立即达到屈服强度时，这时的配筋率称为最小配筋率 ρ_{min}。

当梁中实际配筋率 $\rho < \rho_{min}$ 时，梁受拉区混凝土一开裂，受拉钢筋即达到屈服强度，梁仅出现一条集中裂缝，不仅宽度较大，而且沿梁高延伸很高，此时受压区混凝土还未压坏，而裂缝宽度已很宽，挠度过大，钢筋甚至被拉断。由于破坏很突然，属于脆性破坏，这种破坏形态称为少筋梁破坏，如图 3.12(c)所示。

3.1.3　受弯构件正截面承载力计算的一般原理

基本假定

1）基本假定

(1)平截面假定

截面平均应变符合平截面假定。所谓平截面假定是指梁在弯曲后，截面各点应变与该点到中和轴的距离成正比，钢筋应变与外围混凝土的应变相同。

从几何上讲，任何一个剖面在变形前后始终保持为平面；从变形上讲，应变分布始终保持为线性分布。

(2)不考虑混凝土的抗拉强度

在裂缝截面处，受拉区混凝土已大部分退出工作，但靠近中和轴附近仍有一部分混凝土承担着拉应力。由于其拉应力较小，且内力偶臂也不大，因此，所承担的内力矩是不大的，故在计算中可忽略不计。

(3)材料应力-应变物理关系

在第 1 章所学的关于材料的应力-应变关系曲线都是完整的。但结构在正常使用过程中，混凝土的应变不允许达到极限应变，钢筋的应力不允许超过屈服强度，所以混凝土只需考虑上升段和下降段，钢筋只需考虑弹性阶段和屈服阶段，也就是说要对实际的应力-应变曲线进行简化。

①混凝土受压应力-应变关系。混凝土受压应力-应变关系曲线由一条抛物线及水平线组成，如图 3.13 所示。

$$\sigma_c = f_{cd}\left[1-\left(1-\frac{\varepsilon_c}{\varepsilon_{c0}}\right)^n\right] \quad (\varepsilon_c \leqslant \varepsilon_{c0}) \tag{3.3a}$$

$$\sigma_c = f_{cd} \quad (\varepsilon_{c0} < \varepsilon_c \leqslant \varepsilon_{cu}) \tag{3.3b}$$

式中　σ_c——混凝土压应变为 ε_c 时的混凝土压应力；

f_{cd}——混凝土轴心抗压强度设计值；

ε_{c0}——混凝土压应力达到 f_{cd} 时的混凝土压应变，$\varepsilon_{c0} = 0.002 + 0.5(f_{cu,k} - 50) \times 10^{-5}$，当计算的 ε_{c0} 小于 0.002 时取值为 0.002；

ε_{cu}——正截面的混凝土极限压应变，$\varepsilon_{cu}=0.0033-(f_{cu,k}-50)\times10^{-5}$，当构件处于非均匀受压状态且计算的 ε_{cu} 大于0.003 3 时取值为0.003 3，当处于轴心受压时取值为0.002；

$f_{cu,k}$——混凝土立方体抗压强度标准值；

n——指数，$n=2-(f_{cu,k}-50)/60$，当计算的 n 大于2.0 时，取值为2.0。

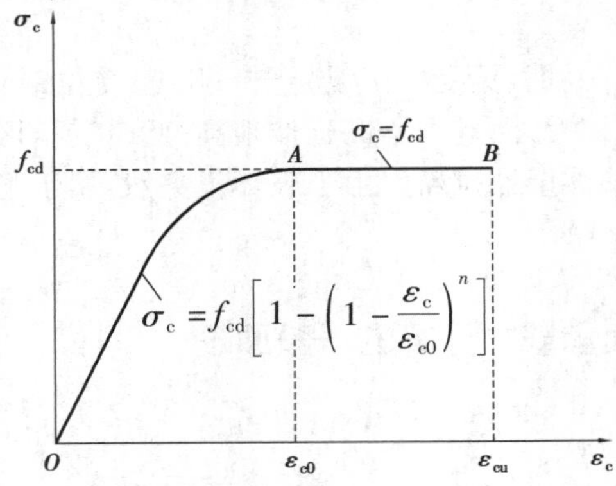

图 3.13　混凝土受压应力-应变关系曲线模型

图中 OA 段是上升段，是一条抛物线，满足公式[3.3(a)]，到达最高点 A 点之后，实际上是下降段，但在规范中为了简化取成水平段，如 AB 段所示。A 点为最大压应力值，对应的应变称为峰值应变，用 ε_{c0} 表示，取值为0.002。B 点是混凝土极限压应变，用 ε_{cu} 表示，取值为0.003 3。当应变达到 ε_{c0}，认为应力就不再发生变化。在承载能力计算推导时就用此曲线。

②热轧钢筋应力-应变关系。钢筋受拉应力-应变关系曲线由一条斜直线及水平线组成，如图3.14 所示。

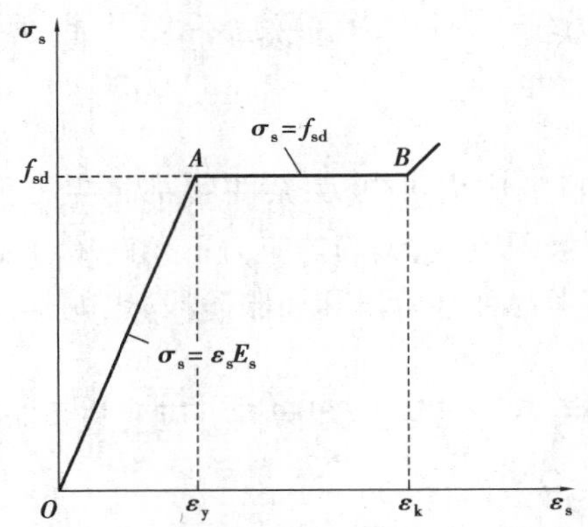

图 3.14　钢筋受压应力-应变关系曲线模型

$$\sigma_s=\varepsilon_s E_s \quad (\varepsilon_s<\varepsilon_y) \tag{3.4a}$$

$$\sigma_s=f_{sd} \quad (\varepsilon_s\geqslant\varepsilon_y) \tag{3.4b}$$

式中　σ_s——热轧钢筋应变为 ε_s 时的钢筋应力；

f_{sd}——热轧钢筋抗拉强度设计值；

ε_y——热轧钢筋应力达到 f_{sd} 时的钢筋应变；

E_s——热轧钢筋弹性模量。

在线弹性阶段,钢筋屈服以前取斜线段 OA,满足公式[3.4(a)],钢筋屈服以后取水平段 AB。实际上,到 B 点后进入强化阶段,此时为了简化,在强化阶段之后的曲线全部忽略不计,也就是说当钢筋达到屈服点 A 点之后,由于变形量过大,导致混凝土裂缝过宽,不能满足正常使用极限状态的要求。

利用材料应力-应变之间的关系,可根据截面的应变分布来确定截面的应力分布。

2)几个重要概念

压区混凝土等效矩形应力图形

(1)等效矩形应力图形

梁破坏时受压区混凝土应变图的分布,比照混凝土一次短期加载(受压)时应力-应变关系曲线中的"下降段"可以看出:对应于极限压应变 ε_{cu} 的应力,不为受压区混凝土的最大应力 σ_{max},而 σ_{max} 却位于受压边缘纤维以下一定高度处,见图3.10(b)中Ⅲ$_a$破坏阶段截面应力分布。

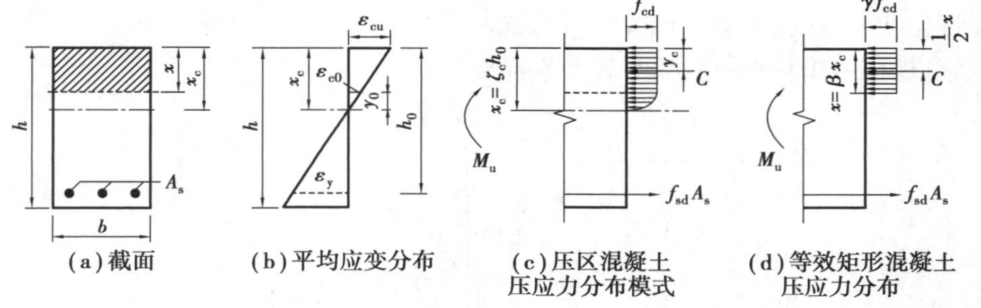

图3.15 受压区混凝土等效矩形应力图形

根据基本假定,取如图3.13所示的混凝土受压应力-应变关系计算模式图为梁截面受压区混凝土压应力分布图,如图3.15(c)所示,并且与如图3.15(b)所示的截面受压区混凝土压应变对应。在承载力计算时需要用到压应力分布图形面积,对于曲线图形求面积需要用到积分,计算起来比较麻烦,所以设想在保持压应力合力 C 的大小及其作用位置 y_c 不变的条件下,用等效矩形混凝土压应力分布图形[图3.15(d)]来替代图[3.15(c)]所示的截面受压区混凝土压应力分布图形,从而使计算得到简化。

设等效矩形混凝土压应力分布图的高度为 $x=\beta x_c$,其中 x_c 为按平截面假定得到的截面受压区高度;等效矩形混凝土压应力分布图的应力值为 γf_{cd},f_{cd} 为混凝土轴心抗压强度设计值,从而等效应力图可由两个无量纲参数 β、γ 确定,系数 β、γ 又称为等效矩形应力图的特征值。《公路钢筋混凝土及预应力混凝土桥涵设计规范》(JTG 3362—2018)规定在进行受弯构件正截面承载力计算时,对截面混凝土受压区等效矩形应力图的压应力值取 f_{cd},即 $\gamma=1$;同时应根据混凝土强度等级来选择 β 和截面非均匀受压时混凝土极限压应变 ε_{cu},其规定值见表3.2,中间强度等级用直线插入法求得。

(2)界限破坏

当钢筋混凝土梁的受拉区钢筋达到屈服应变 ε_y 而开始屈服时受压区混凝土边缘也同时达到其极限压应变 ε_{cu} 而破坏,此时称为界限破坏。

表 3.2 混凝土极限压应变 ε_{cu} 与系数 β 值

混凝土强度等级	C50 及以下	C55	C60	C65	C70	C75	C80
ε_{cu}	0.003 3	0.003 25	0.003 2	0.003 15	0.003 1	0.003 05	0.003
β	0.8	0.79	0.78	0.77	0.76	0.75	0.74

(3)相对受压区高度 ξ

在梁的正截面强度计算中用等效矩形应力图代替受压区曲线应力图,x 为等效矩形应力图的高度,h_0 为截面的有效高度,它们的比值 ξ 称为相对受压区高度,即

$$\xi = \frac{x}{h_0} \tag{3.5}$$

(4)相对界限受压区高度 ξ_b

根据给定的受压边缘混凝土极限压应变 ε_{cu} 和平截面假定可以做出如图 3.16 所示截面应变分布的直线 ab,这就是梁截面发生界限破坏时的应变分布。界限破坏时受压区高度为 $x_{cb} = \xi_{cb} h_0$,ξ_{cb} 被称为相对界限混凝土受压区高度。

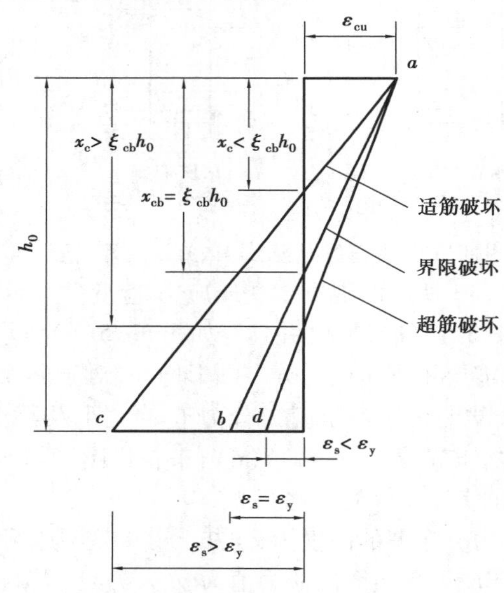

图 3.16 界限破坏时截面平均应变示意图

适筋截面受弯构件的破坏特点:受拉区钢筋先屈服,经历一段变形过程后,受压边缘混凝土达到极限压应变 ε_{cu} 后才破坏。这时受拉区钢筋的拉应变 $\varepsilon_s > \varepsilon_y$,由此可得到适筋截面破坏时的应变分布(如图 3.16 中的直线 ac),此时受压区高度 $x_c < \xi_{cb} h_0$。

超筋截面受弯构件的破坏特点:受压边缘混凝土达到极限压应变 ε_{cu} 而破坏,但受拉区钢筋还未达到屈服。这时钢筋的拉应变 $\varepsilon_s < \varepsilon_y$,由此可得到超筋截面破坏时的应变分布(图 3.16中的直线 ad),此时受压区高度 $x_c > \xi_{cb} h_0$。

由图 3.16 所示界限破坏时截面的应变分布(图中 ab)可得到:

$$\frac{x_{cb}}{h_0 - x_{cb}} = \frac{\varepsilon_{cu}}{\varepsilon_y} \tag{3.6}$$

即

$$\xi_{cb}=\frac{x_{cb}}{h_0}=\frac{\varepsilon_{cu}}{\varepsilon_y+\varepsilon_{cu}} \tag{3.7}$$

或

$$x_{cb}=\frac{\varepsilon_{cu}}{\varepsilon_y+\varepsilon_{cu}}h_0 \tag{3.8}$$

以 x_b 表示截面等效矩形压应力分布图形的界限受压区高度，ξ_b 表示截面等效矩形压应力分布图形的相对界限受压区高度，则可得到：

$$\xi_b=\frac{x_b}{h_0}=\frac{\beta x_{cb}}{h_0}=\frac{\beta\varepsilon_{cu}}{\varepsilon_{cu}+\varepsilon_y} \tag{3.9}$$

同时，$\varepsilon_y=f_{sd}/E_s$，因此截面等效矩形压应力分布图形的相对界限受压区高度的表达式为：

$$\xi_b=\frac{\beta}{1+\dfrac{f_{sd}}{\varepsilon_{cu}E_s}} \tag{3.10}$$

式中　ε_{cu}——混凝土极限压应变，当混凝土强度等级为 C50 及以下时，取 $\varepsilon_{cu}=0.0033$；当混凝土强度等级为 C80 时取 $\varepsilon_{cu}=0.003$；中间强度等级用直线内插法求得；

f_{sd}——钢筋抗拉设计强度；

E_s——钢筋弹性模量。

在《公路钢筋混凝土及预应力混凝土桥涵设计规范》(JTG 3362—2018)中，按混凝土轴心抗压强度设计值，不同钢筋强度设计值和弹性模量值可得到不同混凝土相对界限受压区高度 ξ_b 的值，见表 3.3。

表 3.3　混凝土相对界限受压区高度 ξ_b 值

钢筋种类	混凝土强度等级			
	C50 及以下	C55、C60	C65、C70	C75、C80
HPB300	0.58	0.56	0.54	—
HRB400、HRBF400、RRB400	0.53	0.51	0.49	—
HRB500	0.49	0.47	0.46	—

注：截面受拉区内配置不同钢筋的受弯构件，其值应选用相应钢筋的较小者。

(5)适筋梁构件与超筋梁构件判别

钢筋混凝土受弯构件正截面的界限破坏是适筋截面破坏和超筋截面破坏的界限，计算时以截面相对界限受压区高度 ξ_b 表示界限条件。当计算的截面受压区高度 $x>\xi_b h_0$ 时，受拉钢筋未达到屈服，受压区混凝土先破坏，为超筋梁截面；当计算的截面受压区高度满足 $x<\xi_b h_0$ 时，受拉钢筋首先达到屈服，然后混凝土受压破坏，为适筋梁截面。为了防止将构件设计成超筋构件，截面的受压区高度 x 需满足式(3.11)的要求：

$$x\leqslant\xi_b h_0 \tag{3.11}$$

(6)最小配筋率 ρ_{min}

为了避免少筋梁破坏,必须确定钢筋混凝土受弯构件截面的最小配筋率 ρ_{min}。ρ_{min} 可根据钢筋混凝土梁的极限弯矩 M_u 等于同截面、同混凝土强度的素混凝土梁的开裂弯矩 M_{cr} 的条件确定,这时钢筋混凝土梁的配筋率即为最小配筋率 ρ_{min}。

由上述原则的计算结果,同时考虑到温度变化、混凝土收缩应力的影响以及过去的设计经验,《公路钢筋混凝土及预应力混凝土桥涵设计规范》(JTG 3362—2018)规定了受弯构件纵向受力钢筋的最小配筋率 $\rho_{min}=(45f_{td}/f_{sd})\%$,同时不应小于0.2%,即有:

$$\rho=\frac{A_s}{bh_0}\times100\%\geqslant\max\left[\left(45\times\frac{f_{td}}{f_{sd}}\right)\%,0.2\%\right]$$

ρ_{min} 随混凝土强度等级的提高而相应增大,随钢筋受拉强度的提高而降低。

(7)适筋梁构件与少筋梁构件判别

最小配筋率是少筋梁构件与适筋梁构件的界限。当计算的截面配筋率满足 $\rho\geqslant\rho_{min}$,为适筋梁截面;当计算的截面配筋率满足 $\rho<\rho_{min}$ 为少筋梁截面。

3.1.4 单筋矩形截面受弯构件

钢筋混凝土梁(板)正截面承受正弯矩作用时,截面中和轴以上受压,中和轴以下受拉,所以在梁(板)的受拉区配置纵向受拉钢筋,此种构件称为单筋截面受弯构件。

1)基本公式及适用条件

基本公式及适用条件

(1)基本公式

根据受弯构件正截面承载力计算的基本原则,可以得到单筋矩形截面受弯构件承载力计算简图,如图3.17所示。

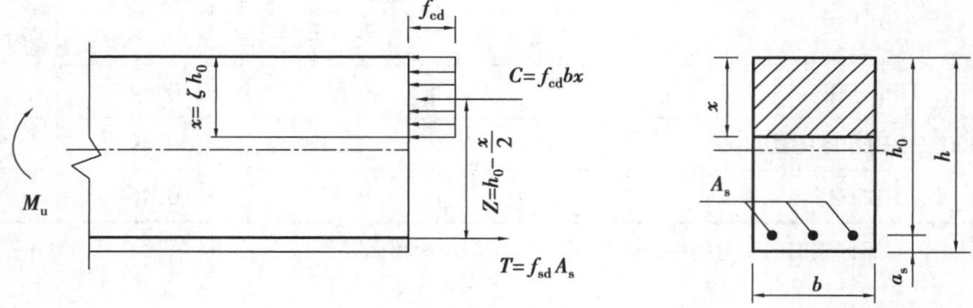

图3.17 单筋矩形截面受弯构件正截面承载力计算图式

按平面一般力系的平衡条件及力偶的特性,由图3.17可推导出单筋矩形截面受弯构件正截面承载力计算的基本公式:

由梁轴线方向的力平衡条件,即 $T+C=0$ 可得到:

$$f_{cd}bx=f_{sd}A_s \tag{3.12}$$

以受拉钢筋合力 T 作用点为矩心,由力矩平衡条件可得到:

$$\gamma_0M_d\leqslant M_u=f_{cd}bx\left(h_0-\frac{x}{2}\right) \tag{3.13}$$

以受压区混凝土合力 C 作用点为矩心,由力矩平衡条件可得到:

$$\gamma_0 M_d \leqslant M_u = f_{sd} A_s \left(h_0 - \frac{x}{2} \right) \tag{3.14}$$

式中　γ_0——结构重要性系数；

M_d——截面处弯矩组合设计值；

M_u——计算截面的抗弯承载力；

f_{cd}——混凝土轴心抗压强度设计值；

f_{sd}——纵向受拉钢筋抗拉强度设计值；

A_s——纵向受拉钢筋的截面面积；

x——按等效矩形应力图计算的截面受压区高度；

b——截面宽度；

h_0——截面有效高度。

需要注意的是，虽然列出了 3 个基本公式，但独立的公式只有 2 个，故只能求解 2 个未知数。

(2)适用条件

基本公式(3.12)、式(3.13)和式(3.14)仅适用于适筋梁而不适用于超筋梁和少筋梁。因为超筋梁破坏时钢筋的实际拉应力 σ_s 并未达到抗拉强度设计值，故不能按 f_{sd} 来考虑，因此公式的适用条件如下：

①为防止纵筋过多出现超筋梁情况，计算受压区高度 x 应满足：

$$x \leqslant \xi_b h_0 \tag{3.15}$$

式中　ξ_b 为相对界限受压区高度，可根据混凝土强度等级和钢筋种类由表 3.2 查得。

下面推导与式(3.15)等效的另一个判别式子。

由式(3.12)可以得到计算的截面受压区高度 x 为：

$$x = \frac{f_{sd} A_s}{f_{cd} h_0} \tag{3.16}$$

则截面相对受压区高度 ξ 为：

$$\xi = \frac{x}{h_0} = \frac{f_{sd}}{f_{cd}} \frac{A_s}{b h_0} = \rho \frac{f_{sd}}{f_{cd}} \tag{3.17}$$

可得

$$\rho = \xi \frac{f_{cd}}{f_{sd}} \tag{3.18}$$

当 $\xi = \xi_b$ 时，可得到适筋梁的最大配筋率 ρ_{max} 为：

$$\rho_{max} = \xi_b \frac{f_{cd}}{f_{sd}}$$

显然，适筋梁的截面配筋率 ρ 应满足：

$$\rho \leqslant \rho_{max} \left(= \xi_b \frac{f_{cd}}{f_{sd}} \right) \tag{3.19}$$

②为防止出现少筋梁的情况，计算的截面配筋率 ρ 应满足：

$$\rho \geqslant \rho_{min} \tag{3.20}$$

$$\rho_{min} = \max \left[\left(45 \times \frac{f_{td}}{f_{sd}} \right) \%, 0.2\% \right] \tag{3.21}$$

2)基本公式的应用

受弯构件的正截面计算,一般仅需对构件的控制截面进行,所谓控制截面,在等截面受弯构件中是指弯矩最大的截面。

按照第2章的设计计算原则,对于承载能力极限状态,计算钢筋混凝土受弯构件的正截面承载力时要满足 $M \leqslant M_u$,其中 M 为弯矩计算值,$M=\gamma_0 M_d$,γ_0 为结构重要性系数,M_d 为截面弯矩设计值,同时结合基本公式及适用条件进行设计计算。

受弯构件正截面承载力计算,在实际设计中可分为截面设计和截面复核两类计算问题。

(1)截面设计

截面设计是指根据截面上的弯矩设计值,选定材料、确定截面尺寸和配筋的计算,但在桥涵工程中,一般已知受弯构件控制截面上作用的弯矩计算值($M=\gamma_0 M_d$)、材料强度等级和截面尺寸,要求确定钢筋数量 A_s 和钢筋规格并进行截面上钢筋布置。

截面设计应满足承载力 M_u 大于等于弯矩计算值 M,即确定钢筋数量后的截面承载力至少要等于弯矩计算值 M,所以在利用基本公式进行截面设计时,一般取 $M_u=M$ 来计算,具体步骤如下:

已知:截面尺寸 $b \times h$、截面处弯矩组合设计值 M_d、混凝土和钢筋强度等级、环境条件、安全等级。

求:所需配置的受拉钢筋截面面积 A_s。

步骤:

①查表得已知量:f_{cd},f_{sd},f_{td},ξ_b,γ_0。

②假设 a_s 得 h_0。对于绑扎钢筋骨架,一般在板中可假定 $a_s=c_{min}+10$ mm;在梁中,当考虑布置一排钢筋时,可假定 $a_s=c_{min}+20$ mm;当考虑布置两排钢筋时,可假定 $a_s=c_{min}+45$ mm。

③求受压区高度 x。将数据代入式(3.13)并整理成为一元二次方程的形式:$ax^2+bx+c=0$,利用求根公式 $x=\dfrac{-b \pm \sqrt{b^2-4ac}}{2a}$ 可得 x_1 和 x_2。舍去其中不满足要求的根。一般不满足要求有以下两种情况:x 大于截面高度 h 或者 x 为负值。

④验算 x。当 $x \leqslant \xi_b h_0$ 时,则为适筋截面,满足要求;当 $x>\xi_b h_0$ 时,则为超筋截面,此时应调整截面参数后重新计算。

⑤求所需受拉钢筋面积 A_s 并布置钢筋。将 x 代入式(3.12)可得受拉钢筋面积 A_s。查附录1和附录2得实际的钢筋面积 A_s(由钢筋的直径和根数确定),从而得到实际的 a_s 和 h_0。实际采用的钢筋面积一般宜等于或略大于计算所需的钢筋面积,其差值宜控制在5%以内,并应满足有关构造要求,特别是钢筋的间距。

⑥验算 ρ_{min}。实际配筋率 ρ 应满足:$\rho \geqslant \rho_{min}$。

⑦绘制配筋图。

(2)截面复核

截面复核是指已知截面尺寸、混凝土和钢筋强度等级以及钢筋在截面上的布置,要求计算截面的承载力 M_u,或复核控制截面承受某个弯矩计算值 M 是否安全,具体步骤如下:

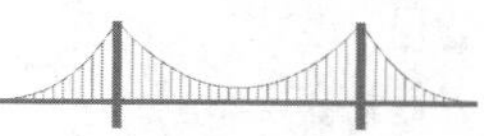

已知：截面尺寸 $b \times h$、混凝土和钢筋强度等级、钢筋面积 A_s 及 a_s、荷载所引起截面处的弯矩组合设计值 M_d、环境条件、安全等级。

求：截面承载力 M_u 及判断其安全性。

步骤：

①查表得已知量：$f_{cd}, f_{sd}, f_{td}, \xi_b, \gamma_0$。

②检验钢筋布置是否符合规范要求，需检验的参数有：c, s_n, ρ。

③求受压区高度 x。

由式(3.12)可解得 x。

④验算 x。当 $x \leqslant \xi_b h_0$ 时，则为适筋截面，满足要求；当 $x > \xi_b h_0$ 时，则为超筋截面，此时取等号计算，即 $x = \xi_b h_0$。

⑤求截面抗弯承载力 M_u。将 x 代入式(3.13)可得 M_u。

⑥判断安全性。若 $M_u \geqslant \gamma_0 M_d$，则满足承载力要求；若 $M_u < \gamma_0 M_d$，则不满足承载力要求，需重新设计，可采取提高混凝土强度等级、修改截面尺寸或改为双筋截面等措施。

3)应用举例

【例 3.1】现浇整体式钢筋混凝土矩形截面简支板厚 $h = 350$ mm，每米板宽承受跨中弯矩组合设计值 $M_d = 208.54$ kN·m(已计入冲击系数)。采用 C30 混凝土和 HRB400 级钢筋。Ⅱ类环境条件，安全等级为二级，设计使用年限为 50 年。求所需纵向钢筋截面面积。

解：

取单位板宽进行计算，即计算板宽 $b = 1\ 000$ mm，板厚 $h = 350$ mm。

(1)查表得已知量：$f_{cd} = 13.8$ MPa、$f_{td} = 1.39$ MPa、$f_{sd} = 330$ MPa、$\xi_b = 0.53$、$\gamma_0 = 1.0$。

(2)假设 a_s 得 h_0。设 $a_s = 25 + 10 = 35$(mm)，则有效高度 $h_0 = 350 - 35 = 315$(mm)。

(3)求受压区高度 x。将各已知值代入式(3.13)可得：

$$\gamma_0 M_d = f_{cd} bx\left(h_0 - \frac{x}{2}\right)$$

$$1.0 \times 208.54 \times 10^6 = 13.8 \times 1\ 000x\left(315 - \frac{x}{2}\right)$$

整理后得：$x^2 - 630x + 30\ 223 = 0$

解得：$x_1 = 578$ mm，大于板厚 350 mm，不符合实际情况，故舍去。$x_2 = 52$ mm $< \xi_b h_0 = 0.53 \times 315 = 167$(mm)，满足要求。

(4)求所需受拉钢筋面积 A_s。将 x 代入式(3.12)可得：

$$A_s = \frac{f_{cd} bx}{f_{sd}} = \frac{13.8 \times 1\ 000 \times 52}{330} = 2\ 175(\text{mm}^2)$$

(5)查表得实际的钢筋面积 A_s。查附录 1 得 1 m 板宽按计算配置受拉钢筋为⌀18，间距为 115 mm，截面的面积 $A_s = 2\ 213$ mm^2。

(6)验算配筋率 ρ。设计用混凝土保护层厚度 $c = \max(c_{min}, d) = \max(25, 18)$ mm $= 25$ mm，最小 $a_s = c + d_{外}/2 = 25 + 20.5/2 = 35.25$(mm)，实际取 $a_s = 40$ mm，则实际 $h_0 = 350 - 40 = 310$(mm)。

最小配筋率 $\rho_{\min}=\max\left(\frac{45\times1.39}{330},0.2\right)\%=0.2\%$。

截面实际配筋率为：

$$\rho=\frac{A_s}{bh_0}=\frac{2213}{1000\times315}=0.70\%>\rho_{\min}(=0.2\%)$$

满足要求。

(7)板的分布钢筋取Φ8，其间距为 200 mm。

(8)绘制配筋图，如图 3.18 所示。

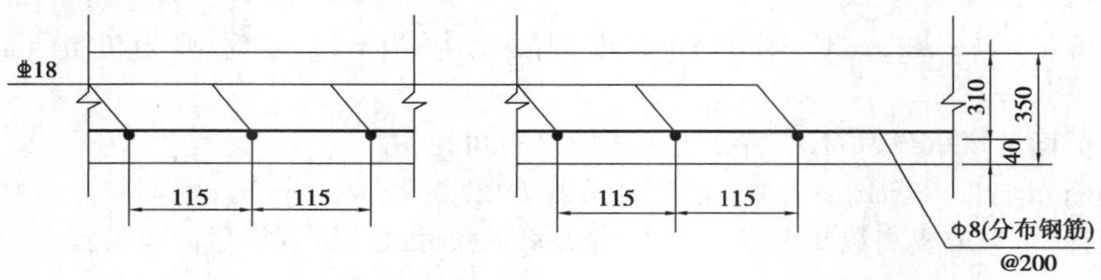

图 3.18 【例 3.1】简支板桥截面钢筋布置(尺寸单位:mm)

应说明的是，实际整体板桥的配筋，考虑到车辆荷载在靠近板边行驶时，板内受力的不均匀性，除在板中间 2/3 范围内，按计算需要配筋外，在两侧各 1/6 的范围内的配筋应比中间增加 15%，即加密布置。

【例 3.2】矩形截面梁 $b\times h=300\text{ mm}\times500\text{ mm}$，组合的弯矩设计值 $M_d=115\text{ kN}\cdot\text{m}$，采用 C30 混凝土和 HRB400 级钢筋，箍筋采用 HPB300，直径为 10 mm。Ⅰ类环境条件，设计使用年限 100 年，安全等级为二级。按单筋截面计算所需纵向钢筋截面面积。

解：

(1)查表得已知量：$f_{cd}=13.8$ MPa、$f_{td}=1.39$ MPa、$f_{sd}=330$ MPa、$\xi_b=0.53$，$\gamma_0=1.0$，弯矩计算 $M=\gamma_0M_d=115\text{ kN}\cdot\text{m}$。

(2)假设 a_s 得 h_0。采用绑扎钢筋骨架，按一层钢筋布置，假设 $a_s=20+20=40$(mm)，则有效高度计算值 $h_0=500-40=460$(mm)。

(3)求受压区高度 x 并验算。将各已知值代入式(3.13)得：

$$1.0\times115\times10^6=13.8\times300x\left(460-\frac{x}{2}\right)$$

整理后得到：

$$x^2-920x+55\ 556=0$$

解得：

$$x_1=855\text{ mm}(\text{大于梁高，舍去})$$

$$x_2=65\text{ mm}<\xi_bh_0(=0.53\times460\text{ mm}=244\text{ mm})$$

满足要求。

(4)求所需受拉钢筋面积 A_s。将 x 代入式(3.12)可得：

$$A_s=\frac{f_{cd}bx}{f_{sd}}=\frac{13.8\times300\times65}{330}=815(\text{mm}^2)$$

(5)查表得实际的钢筋面积 A_s。查附录 2 得实际配置纵向受拉钢筋为 3 ⌀20($A_s=942$

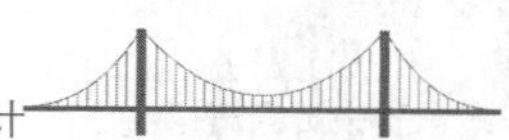

mm^2)、4Φ18(A_s=1 018 mm^2)、5Φ16(A_s=1 005 mm^2)等均可满足要求,以下步骤计算过程中以3Φ20(A_s=942 mm^2)为例。

箍筋的保护层厚度 $c=\max(c_{min},d)=\max(20,10)$ mm = 20 mm,最小 $a_s=20+10+22.7/2=41.35$(mm),取 $a_s=45$ mm,则纵向受力钢筋的保护层厚度 $c=a_s-\dfrac{d_{外}}{2}=45-\dfrac{22.7}{2}=33.65$(mm),大于 $c_{min}=20$ mm 及 $d=20$ mm,满足要求。有效高度 $h_0=500-45=455$(mm)。

(6)验算配筋率 ρ。

最小配筋率计算:$45\left(\dfrac{f_{td}}{f_{sd}}\right)=45\times\left(\dfrac{1.39}{330}\right)=0.19\%$,且应不小于0.2%,故取 $\rho_{min}=0.2\%$。

纵向受拉钢筋实际配筋率 $\rho=\dfrac{A_s}{bh_0}=\dfrac{942}{300\times455}=0.69\%>\rho_{min}(=0.2\%)$,满足要求。

钢筋净间距 $s_n=\dfrac{300-30\times2-22.7\times3}{2}=86(\text{mm})>\begin{cases}30\text{ mm}\\ d=20\text{ mm}\end{cases}$,满足要求。

(7)绘制配筋图,如图3.19所示。

【例3.3】某单筋矩形梁截面尺寸 $b\times h=300$ mm×450 mm,采用C30混凝土和HRB400钢筋,$A_s=804$ mm^2(4Φ16),$a_s=40$ mm,如图3.20所示,箍筋采用HPB300,直径为8 mm,Ⅰ类环境条件,设计使用年限100年,求截面的最大抗弯承载力并验算构造是否满足要求。

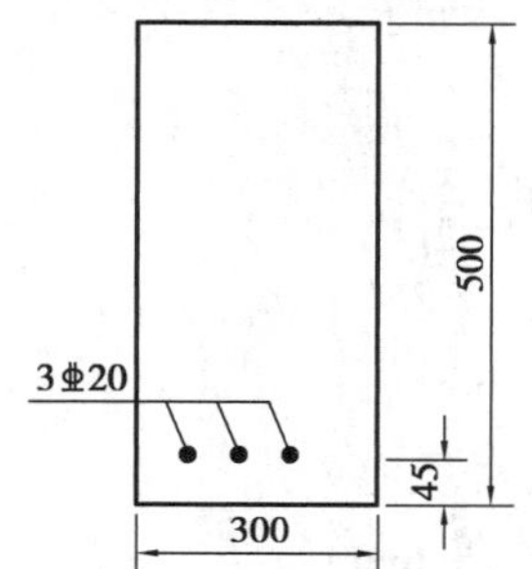

图3.19 【例3.2】截面配筋图(尺寸单位:mm)

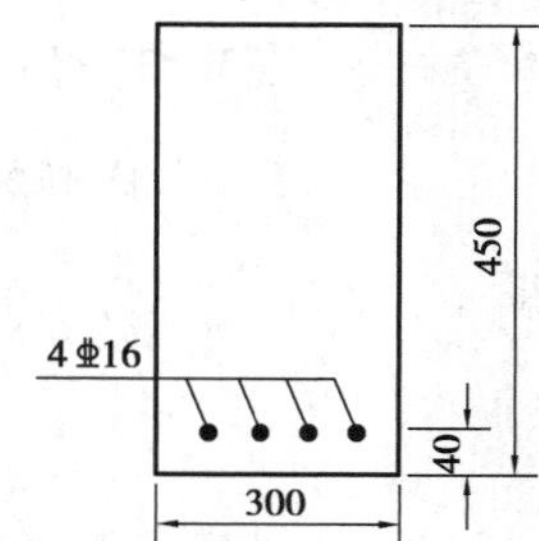

图3.20 【例3.3】截面配筋示意图(尺寸单位:mm)

解:

(1)查表得已知量 $f_{cd}=13.8$ MPa、$f_{td}=1.39$ MPa、$f_{sd}=330$ MPa、$\xi_b=0.53$。

(2)检验钢筋布置是否符合规范要求。

检验保护层厚度 c:箍筋混凝土保护层厚度 $c_1=40-8-\dfrac{18.4}{2}=22.8$(mm),大于最小保护层厚度20 mm及箍筋直径8 mm,满足要求。主筋混凝土保护层厚度 $c_2=40-\dfrac{18.4}{2}=30.8$(mm),大于最小保护层厚度20 mm及主筋直径16 mm,满足要求。

检验钢筋净距:钢筋净间距 $s_n=\dfrac{300-2\times28-4\times18.4}{3}=57$(mm)>30 mm及 $d=16$ mm,满足要求。

检验最小配筋率 ρ_{min}:由图可知截面有效高度 $h_0=410$ mm,钢筋的实际面积 $A_s=804$ mm^2,得到实际配筋率:

$$\rho = \frac{A_s}{bh_0} = \frac{804}{300 \times 410} = 0.65\% > \rho_{min}(=0.2\%)$$

由例 3.2 可知 $\rho_{min} = 0.2\%$，满足要求。

(3)求受压区高度 x 并验算。由式(3.12)可解得 x:

$$x = \frac{f_{sd}A_s}{f_{cd}b} = \frac{330 \times 804}{13.8 \times 300} = 64(\text{mm}) < \xi_b h_0(=0.53 \times 410 = 217 \text{ mm})$$

(4)求截面抗弯承载力 M_u。将 x 代入式(3.13)可得:

$$M_u = f_{cd}bx\left(h_0 - \frac{x}{2}\right) = 13.8 \times 300 \times 64 \times \left(410 - \frac{64}{2}\right) = 100(\text{kN} \cdot \text{m})$$

故截面的最大抗弯承载力为 100 kN · m。

【例 3.4】矩形截面梁 $b \times h = 200 \text{ mm} \times 400 \text{ mm}$，截面处最大弯矩设计值 $M_d = 150 \text{ kN} \cdot \text{m}$，采用 C30 混凝土和 HRB400 级钢筋，箍筋采用 HPB300，直径为 8 mm。Ⅰ类环境条件，安全等级为二级，设计使用年限为 100 年。按单筋矩形截面计算所需的纵向钢筋截面面积。

解:

(1)查表得已知量:$f_{cd} = 13.8$ MPa、$f_{sd} = 330$ MPa、$f_{td} = 1.39$ MPa、$\xi_b = 0.53$、$\gamma_0 = 1.0$。

(2)假设 a_s 得 h_0。采用绑扎钢筋骨架，按一层钢筋布置，假设 $a_s = 20 + 20 = 40(\text{mm})$，则有效高度计算值 $h_0 = 400 - 40 = 360(\text{mm})$。

(3)求受压区高度 x。

将各已知值代入式(3.13)得:

$$1.0 \times 150 \times 10^6 = 13.8 \times 200x\left(360 - \frac{x}{2}\right)$$

整理后得:

$$x^2 - 720x + 108\ 696 = 0$$

解得:

$$x = 215 \text{ mm} > \xi_b h_0(=0.53 \times 360 = 190.8 \text{ mm})$$

不满足公式的适用条件。计算表明为超筋梁，会发生脆性破坏，这种情况在工程中应予以避免。此例说明在给定的条件下，不能设计出单筋截面的适筋梁，应修改截面设计，例如加大截面尺寸、提高混凝土强度等级或改为双筋截面等，以下求解步骤采用增大截面尺寸的方法设计此构件。

(4)调整截面尺寸为 250 mm × 500 mm。

采用绑扎钢筋骨架，考虑按一层钢筋布置，假设 $a_s = 20 + 20 = 40(\text{mm})$，则有效高度计算值 $h_0 = 500 - 40 = 460(\text{mm})$。现计算受拉钢筋截面面积。

将各已知值代入式(3.13)得:

$$1.0 \times 150 \times 10^6 = 13.8 \times 250 \times \left(460 - \frac{x}{2}\right)$$

整理后得:

$$x^2 - 920x + 86\ 957 = 0$$

解得:

$$x = 107 \text{ mm} < \xi_b h_0(=0.53 \times 460 \text{ mm} = 244 \text{ mm})$$

将 x 代入式(3.12)可得：

$$A_s = \frac{f_{cd}bx}{f_{sd}} = \frac{13.8 \times 250 \times 107}{330} = 1\ 119(\text{mm}^2)$$

查附录2得实际配置纵向受拉钢筋为4⌀20($A_s = 1\ 256\ \text{mm}^2$)。取纵向受拉钢筋最小保护层厚度 $c = c_{\min} + 8 = 20 + 8 = 28(\text{mm}) > 20\ \text{mm}$ 及直径20 mm。实际的 $a_s = c + d_{外}/2 = 28 + \frac{22.7}{2} = 39.5(\text{mm})$，取 $a_s = 40\ \text{mm}$，则有效高度 $h_0 = 400 - 40 = 460(\text{mm})$。钢筋的横向间距 $s_n = \frac{250 - 2 \times 28 - 4 \times 22.7}{3} = 34.4(\text{mm}) > 30\ \text{mm}$ 及 $d = 20\ \text{mm}$，满足要求。

验算配筋率 ρ。最小配筋率计算：$45\left(\frac{f_{td}}{f_{sd}}\right) = 45 \times \left(\frac{1.39}{330}\right) = 0.19\%$，且应不小于0.2%，故取 $\rho_{\min} = 0.2\%$。

纵向受拉钢筋实际配筋率 $\rho = \frac{A_s}{bh_0} = \frac{1\ 256}{250 \times 460} = 1.09\% > \rho_{\min}(=0.2\%)$，满足要求。

绘制出配筋图，如图3.21所示。

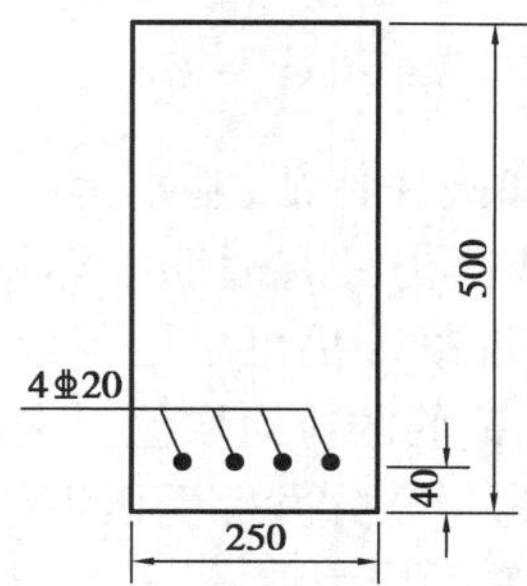

图3.21 【例3.4】截面配筋图(尺寸单位:mm)

(5)截面复核。

由式(3.12)可得：

$$x = \frac{f_{sd}A_s}{f_{cd}b} = \frac{330 \times 1\ 256}{13.8 \times 250} = 120(\text{mm}) < \xi_b h_0(=0.53 \times 460\ \text{mm} = 244\ \text{mm})$$

满足要求。

将 x 代入式(3.13)可得：

$$M_u = f_{cd}bx\left(h_0 - \frac{x}{2}\right) = 13.8 \times 250 \times 120 \times \left(460 - \frac{120}{2}\right) = 166(\text{kN} \cdot \text{m})$$

$$> \gamma_0 M_d = 1.0 \times 150 = 150(\text{kN} \cdot \text{m})$$

故截面的最大抗弯承载力为166 kN·m。

计算结果表明，通过增大截面尺寸的方法，能使其变成适筋梁。

3.1.5 双筋矩形截面受弯构件

在梁(板)的受拉区配置纵向受拉钢筋，同时在受压区配置纵向受压钢筋，此种构件称为双筋截面受弯构件。

1）双筋截面的适用情况

①对于单筋矩形截面适筋梁，截面承受的弯矩组合设计值 M_d 较大，已超出其最大承载能力 M_u，而梁截面尺寸和混凝土强度等级受到使用条件限制不能改变，出现 $x>\xi_b h_0$，此时应改为双筋截面，将 x 减小到满足 $x\leqslant\xi_b h_0$，破坏时受拉区钢筋应力可达到屈服强度，而受压区混凝土不至于过早压碎。

单筋矩形截面适筋梁的最大承载能力 M_u 为：

$$M_u = f_{cd} b h_0^2 \xi_b (1-0.5\xi_b) \tag{3.22}$$

②构件承受异号弯矩作用，则必须采用双筋截面。例如外伸梁、连续梁支点处截面，由于结构本身受力图式的变化将会产生事实上的双筋截面。

③由于某些原因，在受压区已经配置一定数量的钢筋，为了充分利用材料，考虑按双筋截面设计。

一般来讲，采用受压钢筋来承受截面部分压力是不经济的。但是受压钢筋的存在可以提高截面的延性，并可减少长期荷载作用下受弯构件的变形。

2）双筋截面中受压钢筋的应力及箍筋构造要求

受压钢筋的应力

双筋截面受弯构件的受力特点和破坏特征，基本上与单筋截面相似。试验研究表明，只要满足 $\xi\leqslant\xi_b$，双筋截面仍具有适筋破坏特征。因此，在建立双筋截面承载力计算公式时，受压区混凝土仍可采用等效矩形应力图形和混凝土抗压强度设计值 f_{cd}，而关于受压钢筋的应力取值，《公路钢筋混凝土及预应力混凝土桥涵设计规范》(JTG 3362—2018)规定：为了充分发挥受压钢筋的作用并确保其达到屈服强度，当受压区高度 x 满足 $x\geqslant 2a'_s$ 时受压钢筋的应力取 $\sigma'_s = f'_{sd}$。

试验研究还表明，当梁中箍筋设置较弱时（如采用开口式或间距过大），受压钢筋可能会产生纵向压曲而向外突出。这时，不仅受压钢筋达不到抗压强度设计值 f'_{sd}，反而会引起保护层崩裂，从而使受压区混凝土过早破坏。因此，《公路钢筋混凝土及预应力混凝土桥涵设计规范》(JTG 3362—2018)还规定：当梁中配有计算需要的受压钢筋时，箍筋必须采用封闭式。一般情况下，箍筋的间距不大于 400 mm，并不大于受压钢筋最小直径 d' 的 15 倍；箍筋直径不小于 8 mm 和 $d'/4$，如图 3.22 所示。

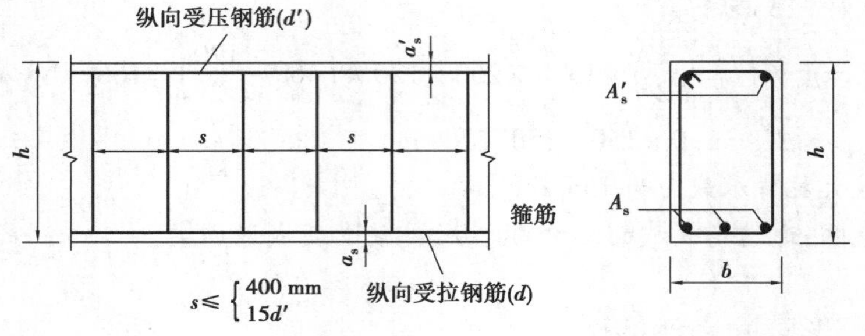

图 3.22　箍筋间距及形式要求

3)基本公式及适用条件

(1)基本公式

双筋矩形截面受弯构件达到承载能力极限状态时的截面计算图式如图3.23所示,由图3.23可写出双筋截面正截面承载力计算的基本公式。

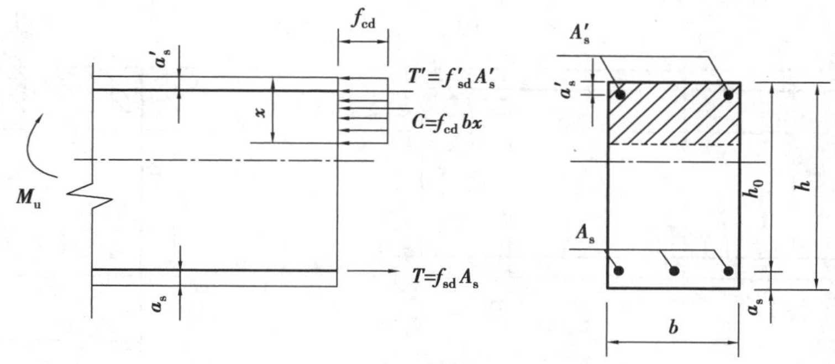

图3.23 双筋矩形截面的正截面承载力计算图式

由梁轴线方向的力平衡条件,即 $T+C+T'=0$ 可得到:

$$f_{cd}bx+f'_{sd}A'_s=f_{sd}A_s \tag{3.23}$$

以受拉钢筋合力 T 作用点为矩心,由力矩平衡条件可得到:

$$\gamma_0 M_d \leqslant M_u = f_{cd}bx\left(h_0-\frac{x}{2}\right)+f'_{sd}A'_s(h_0-a'_s) \tag{3.24}$$

以受压钢筋合力 T' 作用点为矩心,由力矩平衡条件可得到:

$$\gamma_0 M_d \leqslant M_u = -f_{cd}bx\left(\frac{x}{2}-a'_s\right)+f_{sd}A_s(h_0-a'_s) \tag{3.25}$$

式中 f'_{sd}——纵向受压钢筋抗压强度设计值;

A'_s——纵向受压钢筋的截面面积;

a'_s——受压钢筋合力点至截面受压边缘的距离。

同单筋矩形截面一样,虽然列出了3个基本公式,但独立的公式也只有2个,故只能求解2个未知数。

(2)适用条件

为防止纵向受拉钢筋过多出现超筋梁情况,截面计算受压区高度 x 应满足:

$$x \leqslant \xi_b h_0$$

为了保证纵向受压钢筋 A'_s 达到抗压强度设计值 f'_{sd},截面计算受压区高度应满足:

$$x \geqslant 2a'_s$$

在设计中,若求得 $x<2a'_s$,表明受压钢筋 A'_s 位置距离中性轴太近,在构件破坏时使得受压钢筋 A'_s 的压应力达不到其抗压强度设计值 f'_{sd}。对于受压钢筋的混凝土保护层厚度不大的情况,《公路钢筋混凝土及预应力混凝土桥涵设计规范》(JTG 3362—2018)规定这时可取 $x=2a'_s$,即假设混凝土压应力合力作用点与受压区钢筋 A'_s 合力作用点重合(图3.24),对受压钢筋合力作用点取矩可得到正截面抗弯承载力的近似表达式:

$$M_u=f_{sd}A_s(h_0-a'_s) \tag{3.26}$$

双筋截面的配筋率 ρ 一般均能大于 ρ_{min},不会出现少筋破坏的情况,所以往往不必验算。

4)基本公式的应用

(1)截面设计

双筋截面受弯构件的截面设计,一般截面尺寸为已知。在截面设计中可能会遇到下面两种情况。

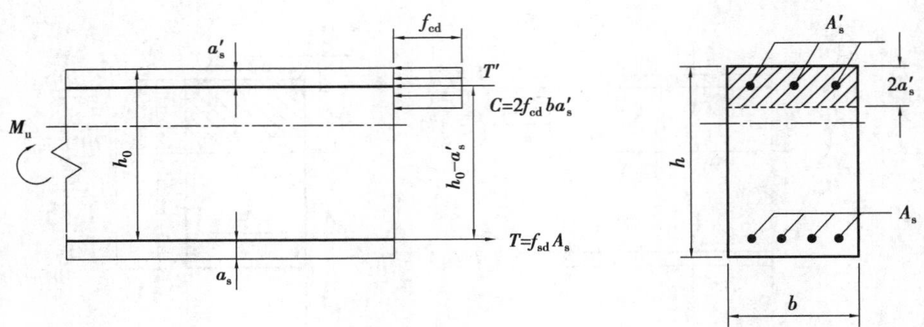

图 3.24　$x<2a'_s$时 M_u 的计算图式

情况一:

已知:截面尺寸 $b\times h$、混凝土和钢筋强度等级、弯矩设计值 M_d、环境类别、安全等级。

求:所需受拉钢筋面积 A_s 和受压钢筋面积 A'_s。

步骤:

①查表得已知量:f_{cd},f_{sd},f'_{sd},ξ_b,γ_0。

②假设 a_s 和 a'_s得 $h_0=h-a_s$。

在梁中,当考虑布置一排钢筋时,可假定 a_s 和 a'_s的取值为 $c_{min}+20$ mm;当考虑布置两排钢筋时,可假定 a_s 和 a'_s的取值为 $c_{min}+45$ mm。

③验算是否采用双筋截面。

当满足式(3.27)时,需采用双筋截面,否则仍按单筋截面设计。

$$M>M_u=f_{cd}bh_0^2\xi_b(1-0.5\xi_b) \tag{3.27}$$

④补充条件求受压钢筋面积 A'_s。

两个独立的基本公式中有 3 个未知量 x、A_s 和 A'_s,故必须增加一个条件。在计算中,以经济性为原则应使截面的总钢筋用量$(A_s+A'_s)$为最小。

由基本公式(3.23)和式(3.24)可得 $A_s+A'_s$,即:

$$A_s+A'_s=\frac{f_{cd}bh_0}{f_{sd}}\xi+\frac{M-f_{cd}bh_0^2\xi(1-0.5\xi)}{(h_0-a'_s)f'_{sd}}\left(1+\frac{f'_{sd}}{f_{sd}}\right)$$

将上式对 ξ 求导数,并令$\dfrac{\mathrm{d}(A_s+A'_s)}{\mathrm{d}\xi}=0$,可得:

$$\xi=\frac{f_{sd}+f'_{sd}\dfrac{a'_s}{h_0}}{f_{sd}+f'_{sd}}$$

当$f_{sd}=f'_{sd}$,$\dfrac{a'_s}{h_0}=0.05\sim0.15$ 时,可得 $\xi=0.525\sim0.575$。为简化并结合表 3.3,对于普通

钢筋可取 $\xi=\xi_b$，或者取 $x=\xi_b h_0$，然后利用公式(3.24)求得受压区所需钢筋面积 A'_s。

⑤求所需受拉钢筋面积 A_s。

将 $\xi=\xi_b$ 及 A'_s 代入式(3.23)可得受拉钢筋面积 A_s。

⑥查附录2得实际的钢筋面积 A_s 和 A'_s（由钢筋的直径和根数确定），从而得到实际的 a_s 和 h_0。

⑦绘制配筋图。

情况二：

已知：截面尺寸 $b\times h$、混凝土和钢筋强度等级、受压钢筋面积 A'_s 及布置、弯矩设计值 M_d、环境类别、安全等级。

求：所需受拉钢筋面积 A_s。

步骤：

①查表得已知量：f_{cd}，f_{sd}，f'_{sd}，ξ_b，γ_0。

②假设 a_s 可求得 $h_0=h-a_s$。

在梁中，当考虑布置一排钢筋时，可假定 a_s 的取值为 $c_{min}+20$ mm；当考虑布置两排钢筋时，可假定 a_s 的取值为 $c_{min}+45$ mm。

③求 x。

将受压钢筋 A'_s 代入式(3.24)可得 x。

④验算 x 并求所需受拉钢筋的面积 A_s。

若 $x\leqslant\xi_b h_0$ 且 $x\geqslant 2a'_s$，则满足要求，将 x 代入式(3.23)可得受拉钢筋面积 A_s；

若 $x\leqslant\xi_b h_0$ 且 $x<2a'_s$，则取 $x=2a'_s$ 计算，由式(3.26)可得受拉钢筋面积 A_s；

若 $x>\xi_b h_0$ 且 $x\geqslant 2a'_s$，说明原有受压钢筋 A'_s 不足，应按 A'_s 未知计算，即按情况一重新确定 A_s 和 A'_s。

⑤查附录2得实际的钢筋面积 A_s（钢筋的直径和根数），从而得到实际的 a_s 和 h_0。

⑥绘制配筋图。

(2)截面复核

已知：截面尺寸 $b\times h$、混凝土和钢筋强度等级、钢筋面积 A_s 和 A'_s 及截面钢筋布置、环境条件、安全等级。

求：截面承载力 M_u。

步骤：

①查表得已知量：f_{cd}，f_{sd}，f_{td}，ξ_b，γ_0。

②检验钢筋布置是否符合规范要求。

需检验的参数有：c，s_n。

③求受压区高度 x。

由式(3.23)可解得 x。

④验算 x 并求截面承载力 M_u。

若 $x\leqslant\xi_b h_0$ 且 $x\geqslant 2a'_s$，则满足要求，将 x 代入式(3.24)或式(3.25)可得截面抗弯承载力 M_u。

若 $x\leqslant\xi_b h_0$ 且 $x<2a'_s$，则取 $x=2a'_s$ 计算，由式(3.26)可得考虑受压钢筋部分作用的正截

面承载力 M_u。

5）应用举例

【例 3.5】某矩形截面尺寸为 $b \times h = 300\ \text{mm} \times 450\ \text{mm}$，截面处弯矩计算值 $M = \gamma_0 M_d = 300\ \text{kN} \cdot \text{m}$，采用 C30 混凝土和 HRB400 级钢筋，箍筋采用 HPB300，直径为 8 mm。Ⅰ类环境条件，安全等级为二级，设计使用年限为 100 年，求钢筋截面面积。

解：

（1）查表得已知量：$f_{cd} = 13.8\ \text{MPa}$、$f_{sd} = f'_{sd} = 330\ \text{MPa}$、$f_{td} = 1.39\ \text{MPa}$、$\xi_b = 0.53$、$\gamma_0 = 1.0$。

（2）假设 a_s 和 a'_s 得 $h_0 = h - a_s$。

受压钢筋按一层布置，假设 $a'_s = c_{min} + 20\ \text{mm} = 40\ \text{mm}$，受拉钢筋按两层布置，设 $a_s = c_{min} + 45\ \text{mm} = 65\ \text{mm}$，有效高度计算值 $h_0 = 450\ \text{mm} - 65\ \text{mm} = 385\ \text{mm}$。

（3）验算是否要采用双筋截面。

单筋矩形截面的最大正截面承载力为：

$$
\begin{aligned}
M_u &= f_{cd} b h_0^2 \xi_b (1 - 0.5\xi_b) \\
&= 13.8 \times 300 \times 385^2 \times 0.53 \times (1 - 0.5 \times 0.53) \\
&= 239(\text{kN} \cdot \text{m}) < M = 300\ \text{kN} \cdot \text{m}
\end{aligned}
$$

故需采用双筋截面。

（4）取 $\xi = \xi_b = 0.53$ 并计算受压区钢筋数量 A'_s。

$$x = \xi_b h_0 = 0.53 \times 385 = 204(\text{mm})$$

将相关数据代入公式 $\gamma_0 M_d = f_{cd} b x \left(h_0 - \dfrac{x}{2} \right) + f'_{sd} A'_s (h_0 - a'_s)$ 得：

$$
\begin{aligned}
A'_s &= \frac{\gamma_0 M_d - f_{cd} b x (h_0 - 0.5x)}{f'_{sd}(h_0 - a'_s)} \\
&= \frac{300 \times 10^6 - 13.8 \times 300 \times 204 \times \left(385 - \dfrac{204}{2} \right)}{330 \times 345} = 536(\text{mm}^2)
\end{aligned}
$$

（5）计算受拉区钢筋数量 A_s。

由公式 $f_{cd} b x + f'_{sd} A'_s = f_{sd} A_s$ 得：

$$A_s = \frac{f_{cd} b x + f'_{sd} A'_s}{f_{sd}} = \frac{13.8 \times 300 \times 204 + 330 \times 536}{330} = 3\ 095(\text{mm}^2)$$

（6）查附录 2 得实际的钢筋面积 A_s 和 A'_s。选受压区钢筋 2 ⌀20（$A'_s = 628\ \text{mm}^2$），受拉区钢筋 3 ⌀25 + 3 ⌀28（$A_s = 3\ 320\ \text{mm}^2$）。

第一排纵向受拉钢筋截面重心至混凝土受拉边缘的最小距离为 $a_{s1} = 20 + 8 + 31.6/2 = 43.8(\text{mm})$，实际取 $a_{s1} = 45\ \text{mm}$。第一排和第二排纵向受拉钢筋的最小间距为 $30 + 31.6/2 + 28.4/2 = 60(\text{mm})$，实际取 60 mm。纵向受压钢筋截面重心至混凝土受压边缘的最小距离为 $a'_s = 20 + 8 + 22.7/2 = 39.35(\text{mm})$，实际取 $a'_s = 40\ \text{mm}$。

钢筋横向净间距 $s_n = \dfrac{300 - 2 \times 28 - 3 \times 31.6}{2} = 74.6(\text{mm}) > 30\ \text{mm}$ 及 $d = 28\ \text{mm}$，满足

要求。

(7)截面钢筋布置如图3.25所示。

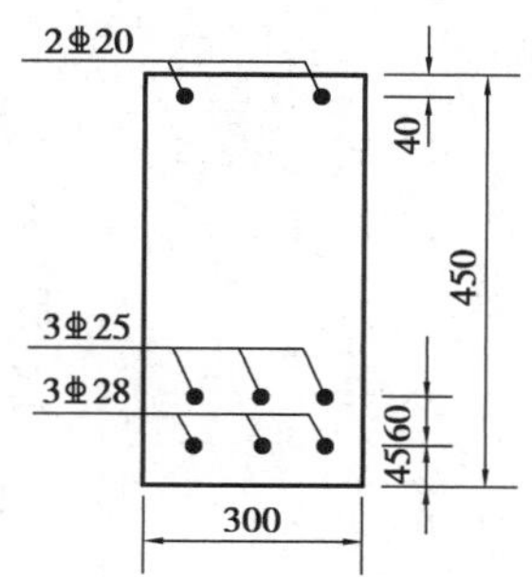

图3.25 【例3.5】截面配筋图(尺寸单位:mm)

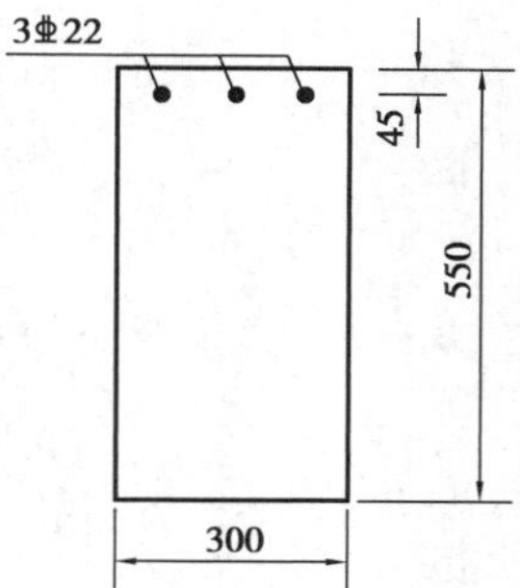

图3.26 【例3.6】截面示意图(尺寸单位:mm)

【例3.6】某矩形截面尺寸为 $b \times h = 300\ \text{mm} \times 550\ \text{mm}$,截面最大弯矩计算值 $M = \gamma_0, M_d = 400\ \text{kN} \cdot \text{m}$,采用C30混凝土和HRB400级钢筋,箍筋采用HPB300,直径为8 mm。Ⅰ类环境条件,安全等级为二级,设计使用年限为100年。受压区已有钢筋3⌀22($A'_s = 1\ 140\ \text{mm}^2$、$a'_s = 45\ \text{mm}$),如图3.26所示,求受拉钢筋截面面积。

解:

(1)查表得已知量:$f_{cd} = 13.8\ \text{MPa}$、$f_{sd} = f'_{sd} = 330\ \text{MPa}$、$f_{td} = 1.39\ \text{MPa}$、$\xi_b = 0.53$、$\gamma_0 = 1.0$。

(2)假设 a_s。

受拉钢筋按两层布置,设 $a_s = c_{min} + 45 = 65\ \text{mm}$,得 $h_0 = 550 - 65 = 485(\text{mm})$。

(3)求受压区高度 x,并验算 x。

$$\gamma_0 M_d = f_{cd} bx\left(h_0 - \frac{x}{2}\right) + f'_{sd} A'_s (h_0 - a'_s)$$

$$400 \times 10^6 = 13.8 \times 300x\left(485 - \frac{x}{2}\right) + 330 \times 1\ 140 \times (485 - 45)$$

整理得:$x^2 - 969x + 113\ 271 = 0$

解得:$x = 136\ \text{mm} < \xi_b h_0 (= 0.53 \times 485 = 257\ \text{mm})$

$> 2a'_s (= 90\ \text{mm})$

满足要求。

(4)求所需受拉钢筋面积 A_s。

由 $f_{cd} bx + f'_{sd} A'_s = f_{sd} A_s$ 得:

$$A_s = \frac{f_{cd} bx + f'_{sd} A'_s}{f_{sd}} = \frac{13.8 \times 300 \times 136 + 330 \times 1\ 140}{330} = 2\ 846(\text{mm}^2)$$

(5)查附录2得实际的钢筋面积 A_s。选择受拉区钢筋为8⌀28($A_s = 3\ 041\ \text{mm}^2$)。

钢筋净间距 $s_n = \dfrac{300 - 2 \times 28 - 4 \times 31.6}{3} = 39.2(\text{mm}) > 30\ \text{mm}$ 及 $d = 28\ \text{mm}$,满足要求。

最下排受拉纵向钢筋面积重心距截面混凝土下边缘的最小距离 $a_{s1} = 20 + 8 + \dfrac{31.6}{2} = 43.8(\text{mm})$,实际取 $a_{s1} = 45\ \text{mm}$。第一排受拉钢筋和第二排受拉钢筋的最小间距为 $31.6 + 30 = 61.6$

(mm)，实际取 65 mm。

(6)绘制配筋图，如图 3.27 所示。

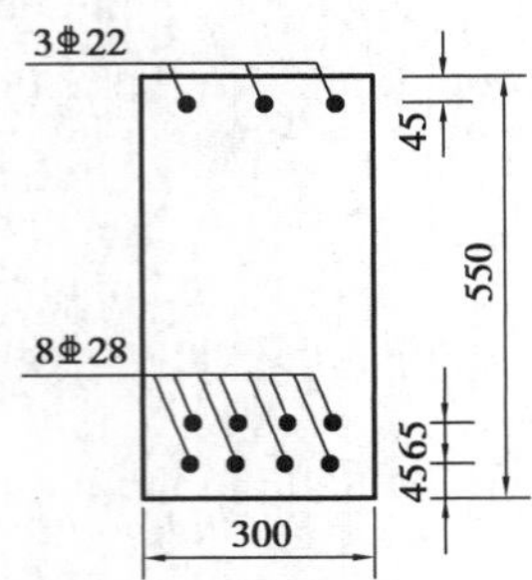

图 3.27 【例 3.6】截面配筋示意图(尺寸单位:mm)

【例 3.7】某矩形截面尺寸 $b \times h = 300\ \text{mm} \times 600\ \text{mm}$，采用 C30 混凝土和 HRB400 钢筋，箍筋采用 HPB300，直径为 8 mm。在不同的荷载工况下会出现异号弯矩，其弯矩计算值分别为 $M_1 = 300\ \text{kN} \cdot \text{m}$，$M_2 = -14\ \text{kN} \cdot \text{m}$，Ⅰ类环境条件，安全等级为二级，设计使用年限为 100 年。求受拉钢筋截面面积。

解:

(1)查表得已知量:$f_{cd} = 13.8\ \text{MPa}$、$f_{sd} = f'_{sd} = 330\ \text{MPa}$、$f_{td} = 1.39\ \text{MPa}$、$\xi_b = 0.53$、$\gamma_0 = 1.0$。

(2)截面承受正弯矩 $M_1 = 300\ \text{kN} \cdot \text{m}$ 和负弯矩 $M_2 = -14\ \text{kN} \cdot \text{m}$，故需按双筋截面进行计算。

(3)承受负弯矩时，纵向受力钢筋的计算。

截面上部布置的钢筋受拉。设 $a'_s = c_{min} + 20\ \text{mm} = 40\ \text{mm}$，有效高度计算值为:$h'_0 = 600 - 40 = 560(\text{mm})$。

由公式 $\gamma_0 M_d = f_{cd} bx\left(h'_0 - \dfrac{x}{2}\right)$ 得:

$$14 \times 10^6 = 13.8 \times 300x\left(560 - \frac{x}{2}\right)$$

整理得:$x^2 - 1\,120x + 6\,763 = 0$

解得:

$$x = 6\ \text{mm} < \xi_b h'_0 (= 0.53 \times 560\ \text{mm} = 313.6\ \text{mm})$$

由公式 $f_{cd} bx = f'_{sd} A'_s$ 得:

$$A'_s = \frac{f_{cd} bx}{f'_{sd}} = \frac{13.8 \times 300 \times 6}{330} = 75.3(\text{mm})$$

截面配筋率:

$$\rho = \frac{A'_s}{bh'_0} = \frac{75.3}{300 \times 560} = 0.04\% < \rho_{min} = 0.2\%\ (\rho_{min}\text{取值详见例 3.2})$$

故按最小配筋率进行配筋 $A'_s = 0.2\% \times 300 \times 560 = 336(\text{mm}^2)$

选取 2 Φ 16($A'_s = 402\ \text{mm}^2$)，布置在截面上部，最小的 $a'_s = 20 + 8 + 18.4/2 = 37.2(\text{mm})$，实际取 $a'_s = 40\ \text{mm}$。

(4)承受正弯矩时,纵向受力钢筋计算。

本例属于双筋矩形截面设计的第二种情况。

假设 $a_s = c_{min} + 20\ mm = 40\ mm$,截面有效高度计算值 $h_0 = 600 - 40 = 560(mm)$,弯矩计算值 $M_1 = 300\ kN \cdot m$。

由公式 $\gamma_0 M_d = f_{cd} bx\left(h_0 - \dfrac{x}{2}\right) + f'_{sd} A'_s (h_0 - a'_s)$ 得:

$$300 \times 10^6 = 13.8 \times 300x\left(560 - \frac{x}{2}\right) + 330 \times 402 \times (560 - 45)$$

整理得:$x^2 - 1\ 120x + 111\ 923 = 0$

解得:$x = 111\ mm < \xi_b h_0 (= 0.53 \times 555\ mm = 297\ mm)$

$> 2a'_s (= 80\ mm)$

满足要求。

由 $f_{cd} bx + f'_{sd} A'_s = f_{sd} A_s$ 得:

$$A_s = \frac{f_{cd} bx + f'_{sd} A'_s}{f_{sd}} = \frac{13.8 \times 300 \times 111 + 330 \times 402}{330} = 1\ 795(mm^2)$$

选用 4 Φ 25($A_s = 1\ 964\ mm^2$)。布置在截面下部,最小的 $a_s = 20 + 8 + 28.4/2 = 42.2$(mm),实际取 $a_s = 45$ mm。截面钢筋布置如图 3.28 所示。

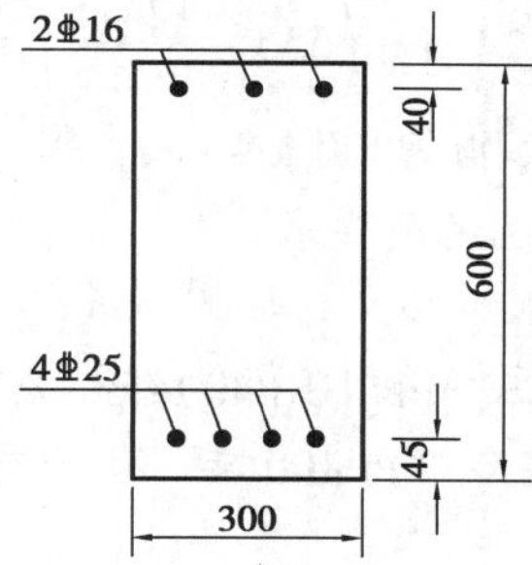

图 3.28 【例 3.7】截面配筋示意图(尺寸单位:mm)

钢筋净距 $s_n = \dfrac{300 - 2 \times 28 - 4 \times 28.4}{3} = 65.2(mm) > 30\ mm$ 及 $d = 28$ mm,满足要求。

(5)承受负弯矩作用时承载力计算。

在负弯矩 $M_2 = 14\ kN \cdot m$ 作用下,截面上部布置得受拉钢筋 2 Φ 16,这时 $a'_s = 40$ mm,截面实际有效高度 $h'_0 = 600 - 40 = 560(mm)$,而截面下部布置的钢筋 4 Φ 25(图 3.28)受压,由公式 $f_{cd} bx + f'_{sd} A'_s = f_{sd} A_s$ 可得:

$$\begin{aligned} x &= \frac{f_{sd} A_s - f'_{sd} A'_s}{f_{cd} b} \\ &= \frac{330 \times 402 - 330 \times 1964}{13.8 \times 300} \\ &= -124.5(mm) < \xi_b h_0 = 0.53 \times 560 = 297(mm) \\ &\quad < 2a_s = 90mm \end{aligned}$$

满足要求。

由公式 $M_u = f_{sd} A_s (h_0 - a_s)$ 得:

$$M_u = 330 \times 402 \times (560 - 45) = 68.3(\text{kN}\cdot\text{m}) > M = 14(\text{kN}\cdot\text{m})$$

故承受负弯矩作用时截面复核满足要求。

(6)承受正弯矩作用时承载力计算。

由图3.28所示，这时截面下部布置的钢筋4⏀25受拉，$a_s = 45$ mm，截面有效高度 $h_0 = 600 - 45 = 555(\text{mm})$，而截面上部布置的钢筋2⏀16受压。

由公式 $f_{cd}bx + f'_{sd}A'_s = f_{sd}A_s$ 可得：

$$x = \frac{f_{sd}A_s - f'_{sd}A'_s}{f_{cd}\mathrm{b}} = \frac{330 \times 1\,964 - 330 \times 402}{13.8 \times 300} = 124.5(\text{mm}) < \xi_b h_0 = 0.53 \times 560 = 297(\text{mm}) > 2a'_s = 80\ \text{mm}$$

满足要求。

由公式 $\gamma_0 M_d \leqslant M_u = f_{cd}bx\left(h_0 - \frac{x}{2}\right) + f'_{sd}A'_s(h_0 - a'_s)$ 可得：

$$M_u = f_{cd}bx\left(h_0 - \frac{x}{2}\right) + f'_{sd}A'_s(h_0 - a'_s) = 13.8 \times 300 \times 124.5 \times \left(555 - \frac{124.5}{2}\right) + 330 \times 402 \times (555 - 40) = 322(\text{kN}\cdot\text{m}) > M = 300\ \text{kN}\cdot\text{m}$$

故承受正弯矩作用时截面复核也满足要求。

【例3.8】某矩形截面梁的截面尺寸 $b \times h = 300\ \text{mm} \times 450\ \text{mm}$，已有受压钢筋3⏀25($A'_s = 1\,473\ \text{mm}^2$)，$a'_s = 45$ mm，采用C30混凝土和HRB400级钢筋，箍筋为HPB300，直径为8 mm。Ⅰ类环境条件，安全等级为二级，设计使用年限为100年。承受弯矩计算值 $M = \gamma_0 M_d = 285\ \text{kN}\cdot\text{m}$，求所需受拉钢筋截面面积。

解：

(1)查表得已知量：$f_{cd} = 13.8$ MPa、$f_{sd} = f'_{sd} = 330$ MPa、$f_{td} = 1.39$ MPa、$\xi_b = 0.53$、$\gamma_0 = 1.0$。

(2)设受拉钢筋按两层布置，$a_s = c_{min} + 45 = 20 + 45 = 65(\text{mm})$，有效高度计算值 $h_0 = 450 - 65 = 385(\text{mm})$。

(3)求受压区高度 x 并验算。

$$\gamma_0 M_d = f_{cd}bx\left(h_0 - \frac{x}{2}\right) + f'_{sd}A'_s(h_0 - a'_s)$$

$$285 \times 10^6 = 13.8 \times 300x\left(385 - \frac{x}{2}\right) + 330 \times 1\,473 \times (385 - 45)$$

整理得：$x^2 - 770x + 57\,784 = 0$

解得：$x = 84\ \text{mm} < \xi_b h_0 (= 0.53 \times 385\ \text{mm} = 204\ \text{mm})$
$< 2a'_s (= 90\ \text{mm})$

不满足要求。下面取 $x = 2a'_s$ 计算。

(4)求所需受拉钢筋面积 A_s。

由公式 $M_u = f_{sd}A_s(h_0 - a'_s)$ 得：

$$A_s = \frac{M_u}{f_{sd}(h_0 - a'_s)} = \frac{285 \times 10^6}{330 \times (385 - 45)} = 2\ 540(\text{mm}^2)$$

(5)查附录2得实际配置钢筋面积并验算最小配筋率 ρ_{min}。

选取受拉区钢筋为3⌀22+3⌀25(A_s=2 613 mm²)。取箍筋(HPB300)直径为8 mm,则纵向受拉钢筋最小保护层厚度 $c_1 = c_{min} + 8 = 20 + 8 = 28$(mm)>20 mm,取层与层之间的净距 s_n=30 mm>d=25 mm,所以有最下排纵向受拉钢筋截面面积重心距截面混凝土下边缘的最小距离 a_{s1} =28+28.4/2=42.2(mm),取 a_{s1}=45 mm,实际保护层厚度 c_{min}=22.8 mm,满足要求。第一排纵向受拉钢筋和第二排纵向受拉钢筋的最小间距为28.4/2+25.1/2+30=56.75(mm),实际取60 mm。

钢筋的横向净间距 $s_n = \dfrac{300 - 2 \times 28 - 3 \times 28.4}{2} = 79.4$(mm)>30 mm及 d=25 mm,满足构造要求。$a_s = \dfrac{A_{s1}a_{s1} + A_{s2}a_{s2}}{A_{s1} + A_{s2}} = \dfrac{1\ 140 \times 105 + 1\ 473 \times 45}{1\ 140 + 1\ 473} = 71$(mm),所以 $h_0 = 450 - 71 = 379$(mm)。

受拉钢筋配筋率为 $\rho = \dfrac{A_s}{bh_0} = \dfrac{2\ 613}{300 \times 379} = 2.3\% > \rho_{min} = 0.2\%$($\rho_{min}$取值详见例题3.2),满足要求。

(6)绘制配筋图,如图3.29所示。

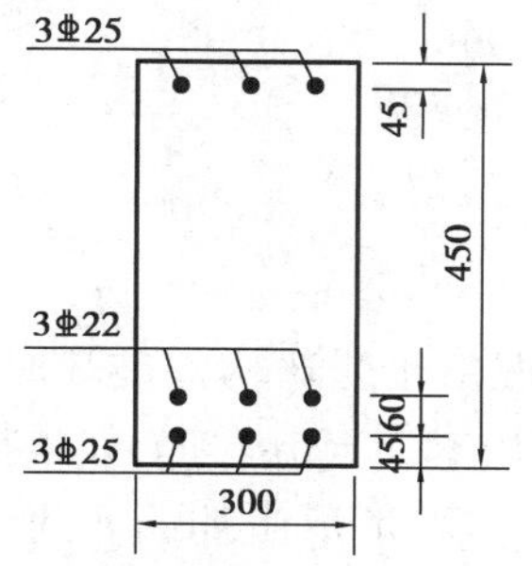

图3.29　【例3.8】截面配筋示意图(尺寸单位:mm)

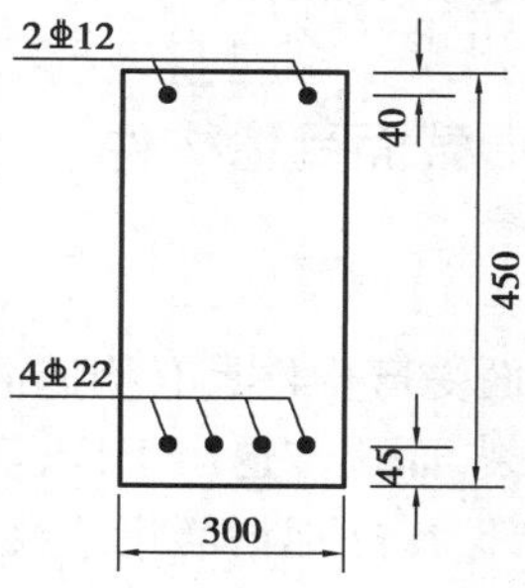

图3.30　【例3.9】截面配筋示意图(尺寸单位:mm)

【例3.9】某矩形截面梁的截面尺寸 $b \times h$=300 mm×450 mm,受压区配置2⌀12(A'_s=226 mm²),a'_s=40 mm,受拉区配置4⌀22,a_s=45 mm,如图3.30所示。采用C30混凝土和HRB400级钢筋,箍筋为φ8。Ⅰ类环境条件,安全等级为二级,设计使用年限为100年。弯矩计算值为 $M = \gamma_0 M_d$=130 kN·m,试进行截面复核。

解:

(1)查表得已知量:f_{cd}=13.8 MPa、$f_{sd} = f'_{sd}$=330 MPa、f_{td}=1.39 MPa、ξ_b=0.53、γ_0=1.0。

(2)检验钢筋布置是否符合规范要求。

由附录2查得⌀22的外径为25.1 mm,⌀12的外径为13.8 mm。箍筋(HPB300)直径为8 mm,则纵向受拉钢筋最小保护层厚度 $c_1 = c_{min} + 8 = 20 + 8 = 28$(mm),实际受拉钢筋混凝土保护层厚度 c=45−25.1/2=32.5(mm)>28 mm及钢筋直径22 mm;受压钢筋混凝土保护层 c=40−13.9/2=33.05(mm)>28 mm及钢筋直径12 mm,均满足要求。

梁两侧纵向受力钢筋保护层厚度取28 mm，则钢筋净间距 $s_n=\dfrac{300-2\times28-4\times25.1}{3}=48$ (mm) >30 mm 及 $d=22$ mm，满足要求。

(3) 求受压区高度 x。

由图3.30所示 $a_s=45$ mm，截面有效高度 $h_0=450-45=405$ (mm)。由公式 $f_{cd}bx+f'_{sd}A'_s=f_{sd}A_s$ 可得：

$$\begin{aligned}x&=\frac{f_{sd}A_s-f'_{sd}A'_s}{f_{cd}b}\\&=\frac{330\times1\,520-330\times226}{13.8\times300}\\&=103\text{ mm}<\xi_b h_0=0.53\times405\text{ mm}=215\text{ mm}\\&\qquad>2a'_s=80\text{ mm}\end{aligned}$$

满足要求。

(4) 求截面抗弯承载力 M_u。

$$\begin{aligned}M_u&=f_{cd}bx\left(h_0-\frac{x}{2}\right)+f'_{sd}A'_s(h_0-a'_s)\\&=13.8\times300\times103\times\left(405-\frac{103}{2}\right)+330\times226\times(405-40)\\&=178(\text{kN}\cdot\text{m})>M=130(\text{kN}\cdot\text{m})\end{aligned}$$

故截面复核结果符合要求。

3.1.6 T形截面受弯构件

1) 概述

矩形截面受弯构件具有构造简单和施工方便等优点，但由于受弯构件破坏时，受拉区混凝土早已开裂，而逐步退出工作，实际上受拉区混凝土的作用未能充分发挥，如果把受拉区混凝土挖去一部分，并把钢筋集中放置在剩余受拉区混凝土内，就形成了如图3.31(a)所示的由梁肋和位于受压区的翼缘所组成的T形截面，其承载能力与原矩形截面梁相同，但节省了混凝土、减轻了结构自重、降低了造价。因此，钢筋混凝土T形梁具有更大的跨越能力。

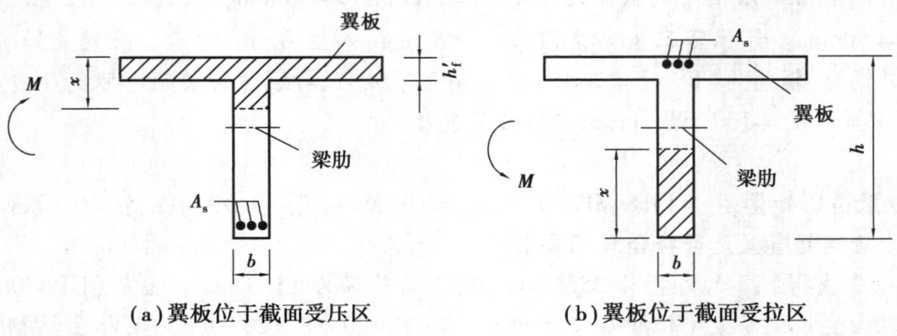

图3.31　T形截面的受压区位置

在荷载作用下，T 形梁的翼缘板与梁肋共同弯曲。当承受正弯矩作用时，梁截面上部受压，位于受压区的翼缘板参与工作而成为梁截面有效面积的一部分。在正弯矩作用下，翼缘板位于受压区的 T 形梁截面称为 T 形截面；当受负弯矩作用时，位于梁上部的翼缘板受拉后混凝土开裂，这时梁的有效截面是肋宽 b、梁高 h 的矩形截面，如图 3.31(b)所示，其抗弯承载力则应按矩形截面来计算。因此，判断一个截面在计算时是否属于 T 形截面，不是看截面本身的形状，而是要看其翼缘板是否能参加抗压作用。

从发挥 T 形截面的受力效能来看，似乎应尽可能加大翼缘的宽度，使受压区高度减小，内力臂增大，从而减少受拉钢筋的面积。但试验与理论分析表明，T 形截面梁承受荷载作用产生弯曲变形时，因受剪切应变影响，在翼缘宽度方向上纵向压应力的分布是不均匀的，如图 3.32所示，压应力由梁肋中部向两边逐渐减小，离肋部越远，其参加受力的程度越小。在设计计算中，为了便于计算，把与梁肋共同工作的翼缘板宽度限制在一定范围内，称为受压翼缘板的有效宽度 b'_f，在有效宽度 b'_f范围内的翼缘板可以认为全部参与工作，并假定其压应力是均匀分布的，如图 3.32 所示。在这个范围以外的部分，则不考虑参与受力。《公路钢筋混凝土及预应力混凝土桥涵设计规范》(JTG 3362—2018)规定，T 形截面梁的受压翼板有效宽度b'_f按下列规定采用。

①内梁的翼缘有效宽度 b'_f取下列三者中的最小值：

a. 对于简支梁取计算跨径的 1/3。对于连续梁，各中间跨正弯矩区段，取该计算跨径的 0.2 倍；边跨正弯矩区段，取该跨计算跨径的 0.27 倍；各中间支点负弯矩区段，取该支点相邻两计算跨径之和的 0.07 倍。

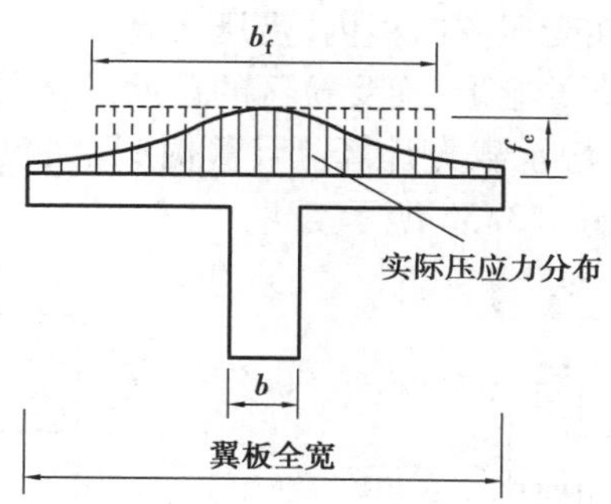

图 3.32　T 形梁受压翼板的正应力分布

b. 相邻两梁的平均间距。

c. $b+2b_h+12h'_f$。b 为梁腹板宽度，b_h 为承托长度，h'_f为受压区翼缘悬出板的厚度。当 $h_h/b_h<1/3$ 时，上式 b_h 应为 $3h_h$ 代替，h_h 为承托根部厚度，如图 3.33 所示。

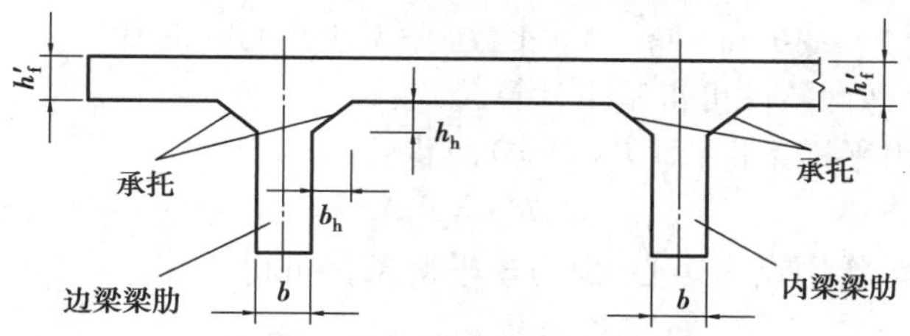

图 3.33　T 形截面受压翼板有效宽度计算示意图

②外梁翼缘板的有效宽度取相邻内梁翼缘板有效宽度的一半，加上腹板宽度的1/2，再加上外侧悬臂板平均厚度的6倍或外侧悬臂板实际宽度两者中的较小值。

T形截面基本公式及适用条件

2）基本公式及适用条件

T形截面的计算按受压区高度的不同分为两种情况：受压区高度在翼缘板内，即 $x \leqslant h'_f$，为第一类T形截面如图3.34(a)所示；受压区已进入梁肋，即 $x > h'_f$，为第二类T形截面如图3.34(b)所示。

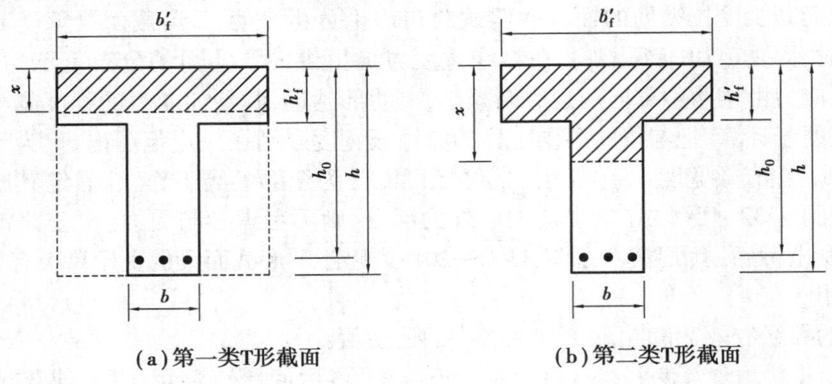

图3.34　两类T形截面

(1)第一类T形截面

第一类T形截面，中和轴在受压翼缘板内，受压区高度 $x \leqslant h'_f$。此时，截面虽为T形，但受压区形状是宽度为 b'_f，高度为 x 的矩形，而受拉区的截面形状与截面抗弯承载力无关，所以以宽度为 b'_f 的矩形截面来进行抗弯承载力计算。计算时只需将单筋矩形截面公式中梁宽 b 以翼缘板有效宽度 b'_f 替代即可，如图3.35所示。

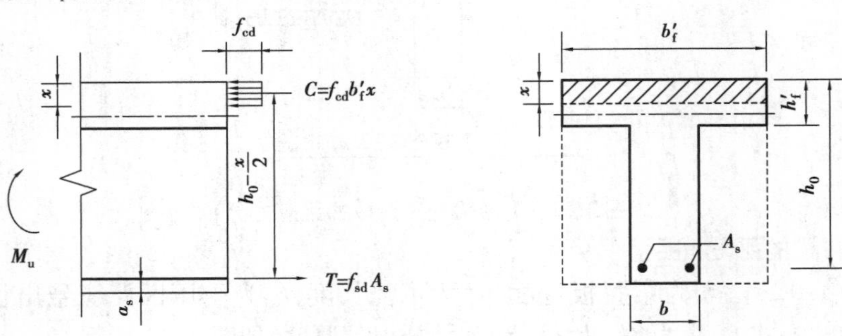

图3.35　第一类T形截面抗弯承载力计算图式

由图3.35并结合平衡条件可得基本计算公式：

由梁轴线方向的力平衡条件，即 $T+C=0$ 可得：

$$f_{cd}b'_f x = f_{sd}A_s \tag{3.28}$$

以受拉钢筋合力 T 作用点为矩心，由力矩平衡条件可得：

$$\gamma_0 M_d \leqslant M_u = f_{cd}b'_f x\left(h_0 - \frac{x}{2}\right) \tag{3.29}$$

以受压区混凝土合力 C 作用点为矩心，由力矩平衡条件可得：

$$\gamma_0 M_d \leqslant M_u = f_{sd} A_s \left(h_0 - \frac{x}{2} \right) \tag{3.30}$$

(2)第二类T形截面

第二类T形截面中和轴在梁肋内,受压区高度 $x > h'_f$,受压区形状为T形,如图3.36所示。

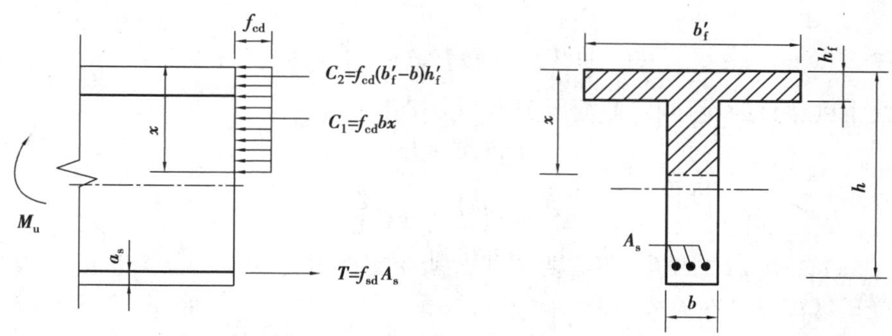

图3.36　第二类T形截面抗弯承载力计算图式

由于受压区为T形,若直接计算,则受压区合力作用点计算较为复杂,故可将受压区混凝土压应力的合力分为两部分求得:一部分是宽度为肋宽 b,高度为 x 的矩形;另一部分是宽度为 $(b'_f - b)$,高度为 h'_f 的矩形。

由图3.36的截面平衡条件可得,第二类T形截面的基本计算公式。

由梁轴线方向的力平衡条件,即 $C_1 + C_2 = T$ 可得到:

$$f_{cd} bx + f_{cd} h'_f (b'_f - b) = f_{sd} A_s \tag{3.31}$$

以受拉钢筋合力 T 作用点为矩心,由力矩平衡条件可得到:

$$\gamma_0 M_d \leqslant M_u = f_{cd} bx \left(h_0 - \frac{x}{2} \right) + f_{cd} (b'_f - b) h'_f \left(h_0 - \frac{h'_f}{2} \right) \tag{3.32}$$

不论是第一类T形截面还是第二类T形截面,都可以选取不同的点作为矩心,从而列出不同的方程,但独立的方程都只有2个,只能求解2个未知数。

(3)适用条件

①为防止发生超筋梁破坏,要求 $x \leqslant \xi_b h_0$。

一般情况下,T形截面的 $\dfrac{h'_f}{h_0}$ 较小,对于第一类T形截面受压区高度在翼缘内,$x \leqslant h'_f$,即 $\xi = \dfrac{x}{h_0} \leqslant \dfrac{h'_f}{h_0}$,从而 ξ 的值也较小,所以一般均能满足这个条件,可不必验算。

②为防止发生少筋破坏,要求 $\rho \geqslant \rho_{min}$。

必须指出:这里的配筋率 ρ 计算按公式 $\rho = A_s/(bh_0)$ 计算(b 为T形截面的梁肋宽度),而不是按 $A_s/(b'_f h_0)$ 计算。这是因为最小配筋率 ρ_{min} 是根据钢筋混凝土梁开裂后的极限弯矩与相同截面素混凝土梁的破坏弯矩相等的条件求出的。但素混凝土梁的破坏弯矩是由混凝土抗拉强度控制的,因而与受拉区截面尺寸关系很大。因此,T形截面素混凝土梁的破坏弯矩比宽度为肋宽 b 的矩形截面素混凝土梁的破坏弯矩提高不多,却比宽度为 b'_f 的矩形截面素混凝土梁的弯矩小很多。为了简化计算,《公路钢筋混凝土及预应力混凝土桥涵设计规范》(JTG 3362—2018)规定T形截面的最小配筋率 ρ_{min} 按肋宽 b 来计算。

第二类 T 形截面的配筋率较高，一般情况下均能满足，故不必进行验算。

3）两类 T 形截面的判别

两类 T 形截面的界限情况是受压区高度 x 等于翼缘厚度 h'_f。此时有：

$$f_{cd}b'_fh'_f = f_{sd}A_s \tag{3.33}$$

$$M_u = f_{cd}b'_fh'_f\left(h_0 - \frac{h'_f}{2}\right) \tag{3.34}$$

当满足下列条件时，可判定截面属于第一类 T 形截面。

$$f_{cd}b'_fh'_f \geqslant f_{sd}A_s \tag{3.35a}$$

$$M \leqslant f_{cd}b'_fh'_f\left(h_0 - \frac{h'_f}{2}\right) \tag{3.35b}$$

式(3.35a)说明翼缘混凝土不需要全部参加受压即可与受拉钢筋产生的拉力 $f_{sd}A_s$ 相平衡，所以，受压区高度必在翼缘板内（$x \leqslant h'_f$），故属于第一类 T 形截面；式(3.35b)表明翼缘部分的混凝土不需全部参与受压，即足以与荷载产生的弯矩计算值相平衡，则 $x \leqslant h'_f$，为第一类 T 形截面。

当满足下列条件时，可判定截面属于第二类 T 形截面。

$$f_{cd}b'_fh'_f < f_{sd}A_s \tag{3.36a}$$

$$M > f_{cd}b'_fh'_f\left(h_0 - \frac{h'_f}{2}\right) \tag{3.36b}$$

式(3.36a)和式(3.36b)表明仅仅翼缘高度内的混凝土参加受压不足以与受拉钢筋产生拉力 $f_{sd}A_s$ 和弯矩计算值 M 相平衡，这样需要更大范围内的混凝土参加受压，于是受压区高度将下移，则受压区高度就超过了翼缘厚度，即 $x > h'_f$，所以属于第二类 T 形截面。

由于式(3.35a)和式(3.36a)需要纵向受拉钢筋面积 A_s 为已知，所以可用于截面复核的情况。

由于式(3.35b)和式(3.36b)需要弯矩计算值 $M(M = \gamma_0 M_d)$ 为已知，所以可用于截面设计的情况。

4）基本公式的应用

（1）截面设计

已知：截面尺寸（包括 b, b'_f, h, h'_f）、混凝土及钢筋强度等级、弯矩设计值 M_d、环境类别、安全等级。

求：所需受拉钢筋面积 A_s。

步骤：

①查表得已知量：f_{cd}，f_{sd}，f_{td}，ξ_b，γ_0。

②假设 a_s 得 $h_0 = h - a_s$。对于绑扎钢筋骨架，按前述单筋矩形截面中布置一排或者两排钢筋来假设 a_s 值；对于焊接钢筋骨架，由于多层钢筋的叠高一般不超过 $(0.15 \sim 0.2)h$，当采用箍筋（HPB300）直径为 8 mm 时，可假设 $a_s = c_{min} + 8\ \text{mm} + (0.07 \sim 0.1)h$。

③判定 T 形截面类型。当满足式(3.35b)时，属于第一类 T 形截面；当满足式(3.36b)时，属于第二类 T 形截面。

④计算钢筋截面面积。若是第一类T形截面，由式(3.29)解得x，并满足$x \leqslant h'_f$，将x代入式(3.28)可得所需受拉钢筋面积A_s。

若是第二类T形截面，由式(3.32)解得x，并满足$h'_f < x \leqslant \xi_b h_0$，将$x$代入式(3.31)可得所需受拉钢筋面积$A_s$。

查附录2得实际的钢筋面积A_s（由钢筋的直径和根数确定），从而得到实际的a_s和h_0。

若是第一类T形截面，需要验算$\rho \geqslant \rho_{min}$是否满足；若是第二类T形截面，则不需要验算。

⑤绘制配筋图。

(2)截面复核

已知：截面尺寸（包括b, b'_f, h, h'_f）、混凝土和钢筋强度等级、受拉钢筋面积A_s及钢筋布置、环境类别、安全等级。

求：截面承载力M_u并判别安全性。

步骤：

①查表得已知量：$f_{cd}, f_{sd}, f_{td}, \xi_b, \gamma_0$。

②检验钢筋布置是否符合规范要求，需检验的参数有：c, s_n, ρ。

③判定T形截面类型。当满足式(3.35a)时，属于第一类T形截面；当满足式(3.36a)时，属于第二类T形截面。

④复核截面承载力。若是第一类T形截面时，由式(3.28)解得x，并满足$x \leqslant h'_f$，将x代入式(3.29)可得截面抗弯承载力M_u并应满足$M_u \geqslant M$。

若是第二类T形截面时，由式(3.31)解得x，并满足$h'_f < x \leqslant \xi_b h_0$，将$x$代入式(3.32)可得截面抗弯承载力$M_u$并应满足$M_u \geqslant M$。

5)应用举例

【例3.10】 T形截面梁翼板有效宽度为$b'_f = 400$ mm，肋板宽度$b = 200$ mm，翼板高度$h'_f = 80$ mm，梁高$h = 500$ mm。采用C30混凝土和HRB400级钢筋，箍筋拟采用HPB300，直径为8 mm。弯矩计算值$M = \gamma_0 M_d = 160$ kN·m。Ⅰ类环境条件，安全等级为二级，设计使用年限为100年。求受拉钢筋截面面积。

解：

(1)查表得已知量：$f_{cd} = 13.8$ MPa、$f_{sd} = 330$ MPa、$f_{td} = 1.39$ MPa、$\xi_b = 0.53$、$\gamma_0 = 1.0$。

(2)假设a_s得h_0。

拟采用两层绑扎钢筋骨架，取$a_s = 20 + 45 = 65$(mm)，则截面有效高度$h_0 = 500 - 65 = 435$ (mm)。

(3)判定T形截面类型。

由式(3.35b)得：

$$f_{cd} b'_f h'_f \left(h_0 - \frac{h'_f}{2} \right) = 13.8 \times 400 \times 80 \left(435 - \frac{80}{2} \right) = 174.43(\text{kN} \cdot \text{m}) > 160 \text{ kN} \cdot \text{m}$$

故属于第一类T形截面。

(4)求受压区高度。

由式(3.29)得：

$$160 \times 10^6 = 13.8 \times 400 x \left(435 - \frac{x}{2} \right)$$

整理得：$x^2-870x+57\ 971=0$

解得：$x=73\ \text{mm}<h'_f=80\ \text{mm}$

(5)计算受拉钢筋面积。

将已知值代入式(3.28)得：

$$A_s=\frac{f_{cd}b'_fx}{f_{sd}}=\frac{13.8\times400\times73}{330}=1\ 221(\text{mm}^2)$$

(6)配置截面钢筋。

查附录2的实际钢筋面积。选取钢筋4⏀20（$A_s=1\ 256\ \text{mm}^2$）。采用绑扎钢筋骨架，第一排纵向受拉钢筋截面重心至混凝土受拉边缘的最小距离 $a_{s1}=20+8+22.7/2=39.35(\text{mm})$，实际取 $a_{s1}=40\ \text{mm}$。第一排纵向受拉钢筋与第二排纵向受拉钢筋的最小间距为 $30+22.7=52.7(\text{mm})$，实际取为55 mm。

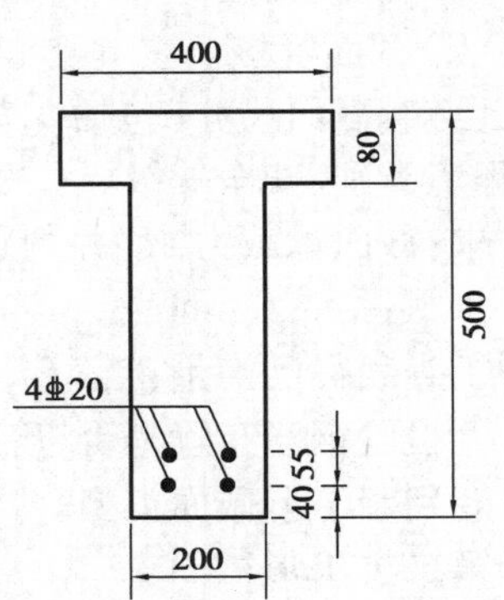

图3.37 【例3.10】截面配筋示意图（单位尺寸：mm）

钢筋的横向净间距为：$s_n=200-2\times28-2\times22.7=98.6(\text{mm})>30\ \text{mm}$ 及钢筋直径20 mm。

$a_s=40+55/2=67.5(\text{mm})$，故 $h_0=500-67.5=432.5(\text{mm})$，最小配筋率计算：$45\left(\frac{f_{td}}{f_{sd}}\right)=45\left(\frac{1.39}{330}\right)=0.19\%$，且应不小于0.2%，故取 $\rho_{min}=0.2\%$，所以：

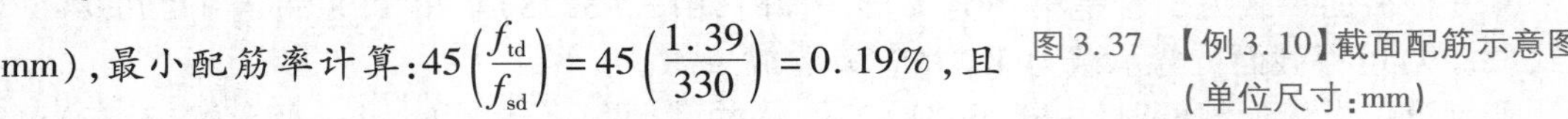

配筋率 $\rho=\frac{A_s}{bh_0}=\frac{1\ 256}{200\times432.5}=1.5\%>\rho_{min}(=0.2\%)$，满足要求。

(7)截面布置如图3.37所示。

【例3.11】已知一简支梁，计算跨径 $L=21.6$ m，相邻两梁中心距为1.6 m，截面尺寸如图3.38(a)所示，主筋为HRB400级钢筋，箍筋采用HPB300，直径为8 mm。混凝土为C25，自重荷载标准值 $M_{Gk}=982.9$ kN，汽车荷载标准值 $M_{Q1k}=776.0$ kN，结构的重要性系数为1.0，Ⅰ类环境条件，安全等级为二级，设计使用年限为100年。试进行截面设计。

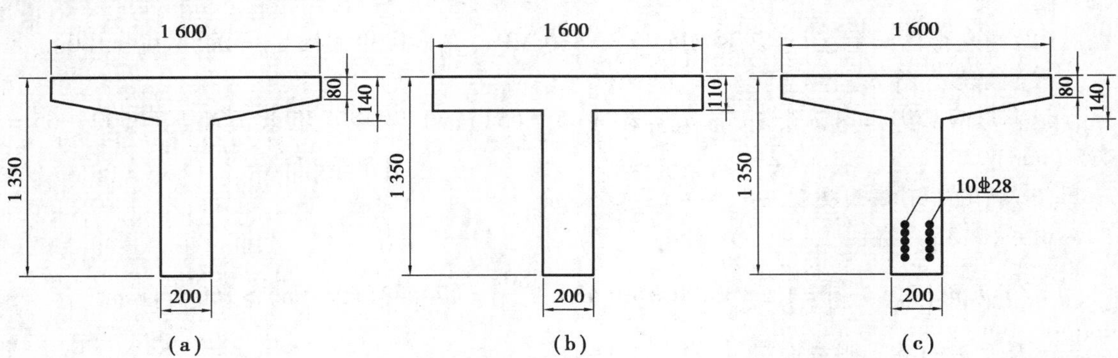

图3.38 【例3.11】截面及配筋示意图（尺寸单位：mm）

解：

(1)查表得：$f_{cd}=11.5$ MPa、$f_{sd}=330$ MPa、$f_{td}=1.23$ MPa、$\varepsilon_b=0.53$、$\gamma_0=1.0$。

(2)确定有效宽度。

为了便于计算，将图3.38(a)的截面形式等效为3.38(b)的形式，此时有 $h'_f=\dfrac{140+80}{2}=110(\text{mm})$，则有：

$$b'_f=1\ 600\ \text{mm}$$

$$b'_f=\frac{L}{3}=7\ 200\ \text{mm}$$

$$b'_f=b+2b_h+12h'_f=200+12\times\left(\frac{80+140}{2}\right)=1\ 520(\text{mm})$$

取 $b'_f=1\ 520\ \text{mm}$。

(3)弯矩组合设计值。

$$\begin{aligned}M_d&=\gamma_G M_{Gk}+\gamma_Q\gamma_L M_{Qk}\\&=1.2\times982.9+1.4\times1.0\times776.0=2\ 265.9(\text{kN}\cdot\text{m})\end{aligned}$$

(4)判定T形类型。

设 $a_s=20+8+0.072h=20+8+0.072\times1\ 350=125(\text{mm})$，则

$$h_0=h-a_s=1\ 350-125=1\ 225(\text{mm})$$

$$\begin{aligned}f_{cd}b'_fh'_f\left(h_0-\frac{h'_f}{2}\right)&=11.5\times1\ 520\times110\times\left(1\ 225-\frac{110}{2}\right)\\&=2\ 251(\text{kN}\cdot\text{m})<\gamma_0M_d=2\ 265.9\ \text{kN}\cdot\text{m}\end{aligned}$$

即 $x>h'_f=110\ \text{mm}$，为第二类T形截面。

(5)计算钢筋面积。

$$\gamma_0M_d=f_{cd}bx\left(h_0-\frac{x}{2}\right)+f_{cd}(b'_f-\text{b})h'_f\left(h_0-\frac{h'_f}{2}\right)$$

$$1.0\times2\ 265.9\times10^6=11.5\times200x\left(1\ 225-\frac{x}{2}\right)+11.5\times(1\ 520-200)\times110\times\left(1\ 225-\frac{110}{2}\right)$$

$$x^2-2\ 451x+270\ 782=0$$

解得：$x=116\ \text{mm}\leqslant\xi_bh_0=649\ \text{mm}$ 且 $>h'_f=110\ \text{mm}$，则

$$\begin{aligned}A_s&=\frac{f_{cd}bx+f_{cd}(b'_f-b)h'_f}{f_{sd}}\\&=\frac{11.5\times200\times116+11.5\times(1\ 520-200)\times110}{330}\\&=5\ 868(\text{mm}^2)\end{aligned}$$

(6)配置截面钢筋。

选用10Φ28，则 $A_s=6\ 158\ \text{mm}^2$。最小的 $a_s=20+8+31.6\times5/2=107(\text{mm})$，实际取 $a_s=110\ \text{mm}$。

$$s_n=200-2\times28-2\times31.6=80.8(\text{mm})>\begin{cases}1.25d=35\ \text{mm}\\40\ \text{mm}\end{cases}$$

故钢筋净间距满足要求。

(7)绘制截面配筋图，截面钢筋布置如图3.38(c)所示。

【例3.12】某装配式简支T梁桥，其主梁截面尺寸如图3.39所示，翼板计算宽度 $b'_f=1.60\ \text{m}$(预制宽度1.58 m)，配有HRB400级钢筋8Φ32的焊接骨架，$a_s=100\ \text{m}$，箍筋采用

HPB300,直径为 8 mm。采用 C30 混凝土,恒载弯矩标准值 $M_{GK}=800$ kN · m,汽车作用产生的弯矩标准值 $M_{QK}=880$ kN · m。Ⅰ类环境条件,安全等级为二级,设计使用年限为 100 年。进行截面复核。

解:

(1)查表得已知量:$f_{cd}=13.8$ MPa、$f_{sd}=330$ MPa、$f_{td}=1.39$ MPa、$\xi_b=0.53$、$\gamma_0=1.0$。

(2)为了便于计算,将图 3.39 的实际 T 形截面换成图 3.40 所示计算截面,$h'_f=\dfrac{80+160}{2}=120$(mm)。

(3)控制截面的弯矩组合设计值 M_d。

由基本组合得到弯矩组合设计值 M_d 为:

$$\begin{aligned}M_d&=\gamma_G M_{Gk}+\gamma_{Q1}\gamma_{L1}M_{Q1k}\\&=1.2\times800+1.4\times1.0\times880\\&=2\,192(\text{kN}\cdot\text{m})\end{aligned}$$

弯矩计算值 $M=\gamma_0 M_d=1.0\times2\,192=2\,192(\text{kN}\cdot\text{m})$。

(4)判定 T 形截面类型。

有效高度计算值 $h_0=1\,400-100=1\,300$(mm),由式(3.35a)分别计算为:

$$f_{cd}b'_f h'_f=13.8\times1\,600\times120=2.65(\text{kN})$$

$$f_{sd}A_s=330\times6\,434=2.12(\text{kN})$$

因 $f_{cd}b'_f h'_f>f_{sd}A_s$,故属于第一类 T 形截面。

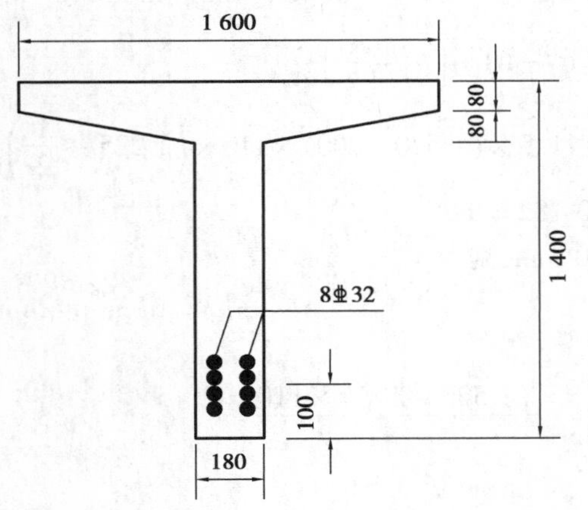

图 3.39 【例 3.12】截面配筋示意图(尺寸单位:mm)

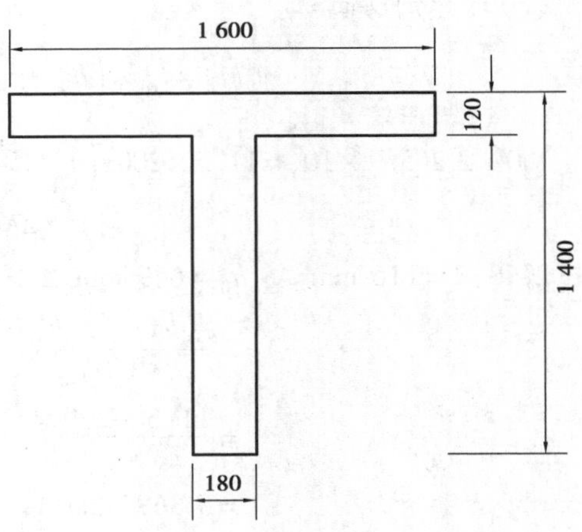

图 3.40 【例 3.12】计算截面(尺寸单位:mm)

(5)求受压区高度 x 并验算。由式(3.28)得:

$$x=\frac{f_{sd}A_s}{f_{cd}b'_f}=\frac{330\times6\,434}{13.8\times1\,600}=96(\text{mm})<h'_f=120\text{ mm}$$

(6)求正截面抗弯承载力,由式(3.29)得:

$$M_u=f_{cd}b'_f x\left(h_0-\frac{x}{2}\right)=13.8\times1\,600\times96\times\left(1\,300-\frac{96}{2}\right)=2\,654(\text{kN}\cdot\text{m})>M=2\,192\text{ kN}\cdot\text{m}$$

故截面抗弯承载力满足要求。

(7)验算构造。

箍筋保护层厚度 $c_1 = 100 - 2 \times 35.8 - 8 = 20.4(\text{mm}) > 20$ mm 及箍筋直径 8 mm，纵向钢筋保护层厚度 $c_2 = 100 - 2 \times 35.8 = 28.4(\text{mm}) > 20$ mm 但小于纵向钢筋直径 32 mm，故不满足要求。

钢筋净间距 $s_n = 180 - 2 \times 32 - 2 \times 35.8 = 44.4(\text{mm}) > 40$ mm 以及 $1.25d = 1.25 \times 32 = 40(\text{mm})$，满足构造要求。

配筋率 $\rho = \dfrac{A_s}{bh_0} = \dfrac{6\ 434}{180 \times 1\ 300} = 2.75\% > \rho_{\min} = 0.2\%$，满足规范要求。

3.2　受弯构件斜截面承载力计算

知识点

①斜截面的破坏形态；

②影响斜截面抗剪承载力的因素；

③箍筋和弯起钢筋的计算；

④受弯构件相关构造要求。

受弯构件截面上除作用有弯矩 M 外，通常还作用有剪力 V，在弯矩和剪力的共同作用下，有可能产生斜裂缝，并沿斜裂缝截面发生破坏。所以，对于受弯构件除保证其在弯矩作用下具有足够的抗弯承载力外，还必须保证构件在弯矩和剪力共同作用的弯剪区段内具有足够的抗剪承载力。

3.2.1　概述

由前述可知，钢筋混凝土梁设置的箍筋和弯起钢筋(斜筋)的主要作用是抗剪。一般把箍筋和弯起钢筋(斜筋)统称为梁的腹筋。把配有纵向受力钢筋和腹筋的梁称为有腹筋梁；把配有纵向受力钢筋，而不配置腹筋的梁称为无腹筋梁。

1)斜裂缝的形成

无腹筋简支梁斜裂缝出现前后的受力状态

如图3.41所示，钢筋混凝土简支梁作用有对称的集中荷载，集中荷载之间的 CD 段为纯弯曲段，AC 和 BD 段为有弯矩和剪力共同作用的弯剪区段。图中，简支梁受集中荷载作用，a 为集中荷载作用点至简支梁最近支点的距离，称为剪跨或剪跨长度，剪跨 a 和梁的有效高度 h_0 之比称为剪跨比，用 m 表示，即 $m = a/h_0$，称为狭义剪跨比。另外，剪跨比也可用截面上的内力来表达，即 $m = M/(Vh_0)$，称为广义剪跨比，其中 M 和 V 分别为弯剪区段中某个竖直截面的弯矩和剪力计算值。

当梁上荷载作用较小时，裂缝尚未出现，钢筋和混凝土的应力-应变关系都处于弹性阶段，所以把梁近似看作匀质弹性体，可用材料力学方法来分析它的应力状态。

随着荷载的增加，钢筋混凝土梁内各点的主应力也在增加，由于混凝土的抗拉强度 f_t 很低，当主拉应力 σ_{tp} 超过混凝土的抗拉强度 f_t 时，梁的弯剪段将出现垂直于主拉应力轨迹线的裂缝。若荷载继续增加，斜裂缝将不断伸长和加宽，其上方指向荷载加载点，下方伸向纵向受拉钢筋。当梁能保证正截面抗弯强度时，就可能沿某一主要斜裂缝截面而破坏，即斜截面强

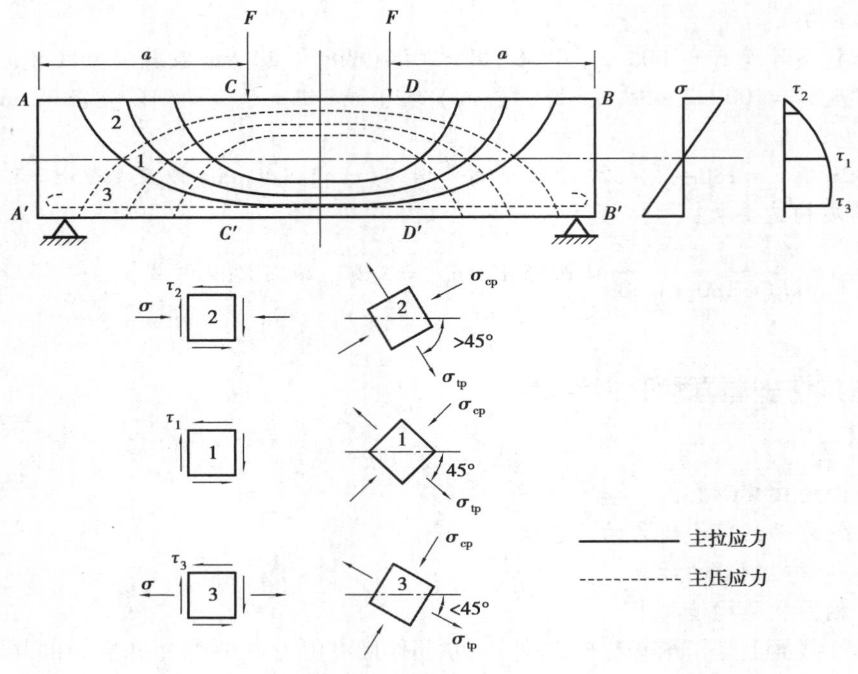

图 3.41 无腹筋梁混凝土主应力分布

度不足。为了防止斜截面强度破坏,这时就需要在梁内设置与梁轴线垂直的箍筋,或称为横向钢筋,也可同时设置与主拉应力方向平行的弯筋(斜筋)来共同承担剪力。

2)无腹筋梁的斜截面破坏形态

工程设计中,钢筋混凝土梁内一般均需配置腹筋,但对于钢筋混凝土板一般均不设腹筋。需要验算其抗剪强度时,板属于无腹筋梁的抗剪强度问题。为了了解剪切破坏的特性以及箍筋的作用,也需要先研究无腹筋梁的抗剪性能,然后引申到有腹筋梁。

无腹筋梁斜截面破坏形态

根据试验观察无腹筋梁,在出现斜裂缝后可能有以下 3 种主要破坏形态,如图 3.42 所示。

(1)斜拉破坏

斜拉破坏现象是斜裂缝一出现很快就形成一条主要斜裂缝,并迅速向受压边缘发展,直至将整个截面裂通,使构件劈裂为两部分而丧失承载力,如图 3.42(a)所示;同时,沿纵向受力钢筋往往伴随产生水平撕裂裂缝,这种破坏称为斜拉破坏。其特点是整个破坏过程急速而突然,破坏荷载与斜裂缝形成时的荷载相比增加不多,破坏面较整齐,无混凝土压碎现象。斜拉破坏的原因是混凝土残余截面上剪应力增大,使残余截面上的主拉应力超过了混凝土的抗拉强度。

斜拉破坏过程

(2)剪压破坏

剪压破坏过程

剪压破坏现象是在梁的弯剪区段内先出现垂直裂缝和微细的斜裂缝,当荷载增加到一定程度时,形成一条主要斜裂缝,该主要斜裂缝向斜上方伸展,但仍能保留一定的压区混凝土截面而不立即裂通，直至混凝土被压碎而破坏，如图3.42(b)所示。在破坏处可见到很多平行的斜向短裂缝和混凝土碎渣，这种破坏称为剪压破坏。其特点是破坏过程比斜拉破坏缓慢，破坏时的荷载明显高于斜裂缝出现时的荷载。剪压破坏的原因是混凝土残余截面上的主压应力超过了混凝土的抗压强度。

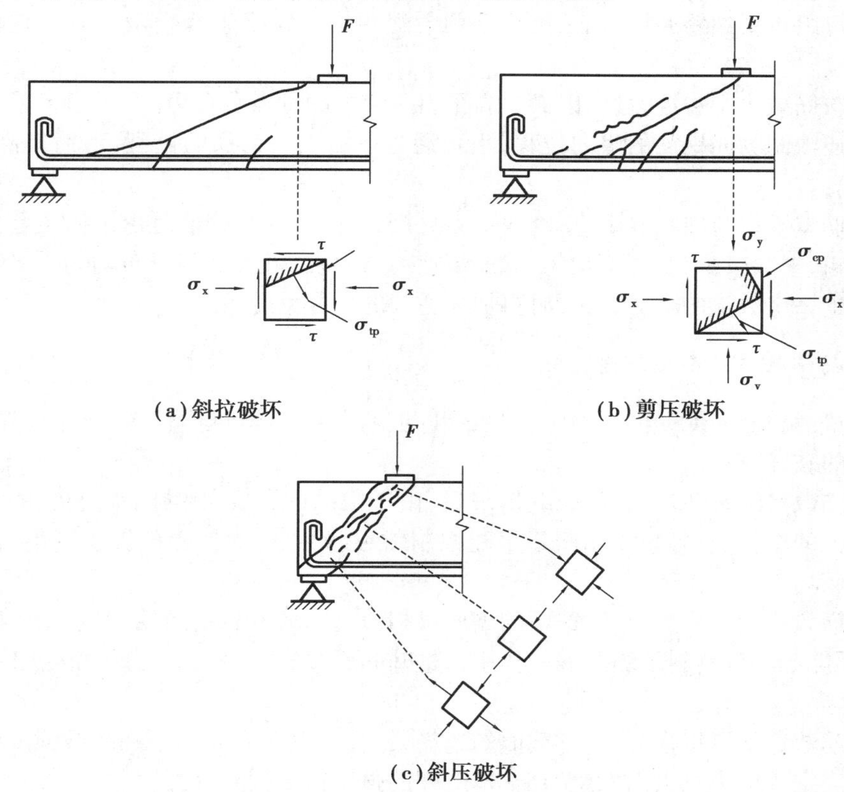

图3.42　斜截面破坏形态

(3)斜压破坏

斜压破坏过程

当集中荷载距支座较近时，由于支座反力引起的直接压应力的影响，斜裂缝由支座向集中荷载处发展，梁腹被分割成若干个倾斜的小柱体，如图3.42(c)所示。随着荷载增大，梁腹发生类似混凝土棱柱体被压坏的情况，这种破坏称为斜压破坏。其特点是破坏时斜裂缝多而密，但没有主裂缝。斜压破坏的原因是压应力超过了混凝土的抗压强度，相当于支座反力与荷载间的混凝土形成一斜向短柱而被压坏。

以上3种主要破坏形态，就它们的抗剪强度而言，对同样的构件，斜拉破坏最低，剪压破坏较高，斜压破坏最高。但就其破坏性质而言，由于它们达到破坏荷载时的跨中挠度都不大，而且破坏较突然，因而均属于脆性破坏，其中斜拉破坏脆性更突出。

3)有腹筋梁中腹筋的作用

由于无腹筋梁的抗剪强度较低，且其剪切破坏是脆性而具有很大的危险性，所以一般都要设置腹筋。受弯构件中设置腹筋的作用有：

①在斜裂缝发生以前，腹筋应力很小，因而腹筋对阻止斜裂缝的出现作用很小，但在斜裂缝发生以后，腹筋可大大加强斜裂缝的抗剪承载力。

②与斜裂缝相交的腹筋可直接承担剪力。

③腹筋可阻止斜裂缝开展，加大破坏前斜裂缝顶端的混凝土残余截面，从而提高混凝土的抗剪能力。

④由于腹筋减少了裂缝宽度，因而提高了斜裂缝上的骨料咬合力。

⑤腹筋还限制纵向钢筋的竖向位移，阻止混凝土沿纵向钢筋的撕裂，从而提高纵向钢筋的销栓作用。

弯起钢筋差不多与斜裂缝垂直，因而传力直接，但由于弯起钢筋是由纵向钢筋弯起而成，一般直径较粗，根数较少，受力不均匀；箍筋虽然不与斜裂缝正交，但分布均匀，一般在配置腹筋时总是先配一定数量的箍筋，需要时再加配适当的弯起钢筋。

4）有腹筋梁的斜截面破坏形态

有腹筋梁的斜截面剪切破坏与无腹筋梁相似，也可归纳为斜拉破坏、剪压破坏和斜压破坏3种主要的破坏形态。

①若腹筋数量配置适当，在斜裂缝出现后，由于腹筋的存在，限制了斜裂缝的开展，使荷载仍能有较大的增长，直到腹筋屈服不再能控制斜裂缝开展，而使斜裂缝顶端混凝土残余截面发生剪压破坏。

②若腹筋数量配置很少，与正截面的少筋梁相似，裂缝一出现，腹筋的应力就会很快达到屈服，腹筋不能起到限制斜裂缝开展的作用，梁如同无腹筋梁一样，当剪跨比较大时产生斜拉破坏。

③当腹筋数量配置很多时，与正截面的超筋梁类似，腹筋应力达不到屈服强度，而残余截面的混凝土因主压应力过大而发生斜压破坏，腹筋强度得不到充分发挥。

5）影响受弯构件斜截面抗剪承载力的主要因素

试验研究表明，影响有腹筋梁斜截面抗剪承载力的主要因素有剪跨比、混凝土强度、纵向受拉钢筋配筋率和箍筋数量及其强度。

影响斜截面抗剪承载力的因素

（1）剪跨比

对梁顶施加有集中荷载的无腹筋梁，剪跨比 m 是影响其斜截面破坏形态和抗剪承载力的主要因素。试验研究表明，当截面尺寸、纵筋配筋率和混凝土强度基本相同时，无腹筋梁随着剪跨比 m 的加大，破坏形态按斜压（$m<1$）、剪压（$1\leqslant m\leqslant 3$）和斜拉（$m>3$）的顺序演变，抗剪承载力也逐渐降低。当 $m>3$ 后斜截面抗剪承载力趋于稳定，剪跨比的影响并不再显著，如图3.43所示。

（2）混凝土强度

无腹筋梁的抗剪承载力直接与混凝土的抗拉和抗压强度有关，所以混凝土强度对抗剪承载力有直接影响。试验表明，无腹筋梁的抗剪承载力随混凝土强度的提高而提高，对于不同剪跨比其增大斜率不同，如图3.44所示。当梁剪跨比 $m<1$ 为斜压破坏时，抗剪承载力取决

于混凝土轴心抗压强度 f_c，故斜率大；当梁剪跨比 $m>3$ 为斜拉破坏时，抗剪承载力取决于混凝土的抗拉强度 f_t，而混凝土的抗拉强度与抗压强度相比其增长要缓慢些，所以，直线斜率较小。当梁剪跨比 $1\leqslant m\leqslant 3$ 为剪压破坏时，直线斜率则介于上述两者之间。

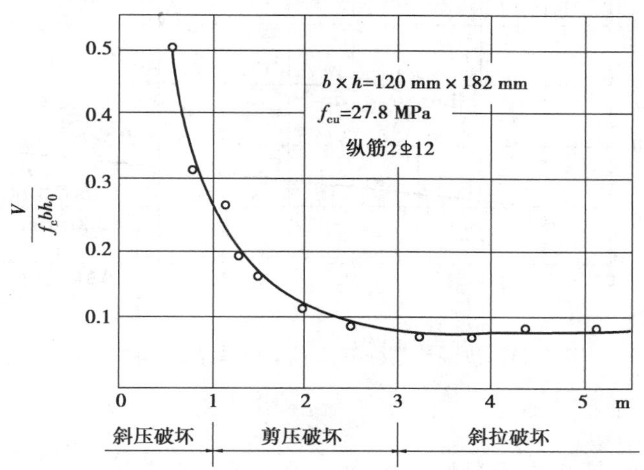

图 3.43　剪跨比 m 对梁抗剪承载力的影响

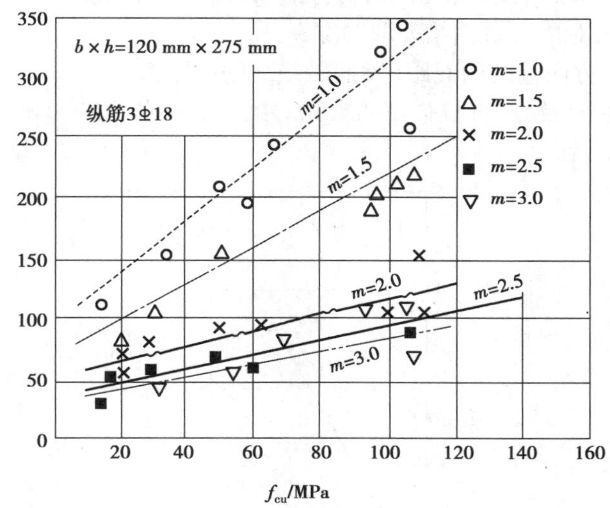

图 3.44　混凝土强度对梁抗剪承载力的影响

(3)纵向受拉钢筋配筋率

增加配筋率 ρ 可以抑制斜裂缝向受压区的伸展，提高骨料的咬合力，加大受压区混凝土残余截面的高度，提高纵筋的销栓作用。随着剪跨比 m 的不同，配筋率 ρ 的影响程度也不同，如图 3.45 所示。由图可知，剪跨比 m 小时，纵向钢筋的销栓作用较强，纵向钢筋配筋率对抗剪承载力的影响也较大。剪跨比 m 较大时，纵向钢筋的销栓作用减弱，则纵筋配筋率对抗剪承载力的影响也较小。

(4)箍筋的配筋率 ρ_{sv} 和箍筋的强度

箍筋用量一般用箍筋配筋率 ρ_{sv} 来表示，即：

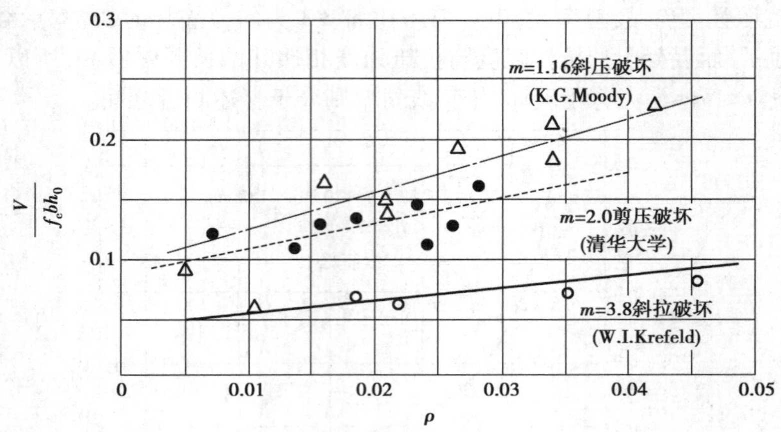

图 3.45　纵向钢筋配筋率对梁抗剪承载力的影响

$$\rho_{sv} = \frac{A_{sv}}{bs_v} \tag{3.37}$$

式中　A_{sv}——斜截面内配置在沿梁长度方向，一个箍筋间距范围 s_v 内箍筋各肢总截面面积，即 $A_{sv} = nA_{sv1}$，n 为箍筋肢数，A_{sv1} 为单肢箍筋的截面面积；

b——截面宽度，对 T 形截面梁 b 取肋宽；

s_v——沿梁长度方向箍筋的间距（箍筋轴线之间的距离）。

图 3.46 表示配箍率与箍筋抗拉强度的乘积对梁抗剪承载力的影响，当其他条件相同时，两者大体呈线性关系。

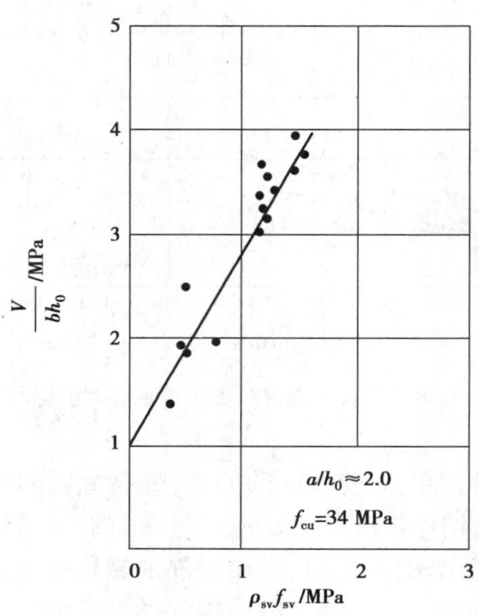

图 3.46　配箍率对梁抗剪承载力的影响

有腹筋梁出现裂缝以后，箍筋不仅直接承受相当部分的剪力，而且能有效地抑制斜裂缝的开展和延伸，对提高剪压区混凝土的抗剪承载力和纵向钢筋的销栓作用都有着积极的影响。

由于斜截面破坏属于脆性破坏，为了提高斜截面延性，不宜采用高强度钢筋作为箍筋。

(5)截面形状

T形、工字形截面由于存在受压翼缘，增加了剪压区的面积，使得其斜拉破坏及剪压破坏的承载力比相同梁宽的矩形截面有所提高，但对于梁腹混凝土被压碎的斜压破坏情况，其受剪承载力并没有提高。

3.2.2　受弯构件斜截面抗剪承载力

混凝土梁沿斜截面的主要破坏形态有斜压破坏、斜拉破坏和剪压破坏。在设计时，对于斜压和斜拉破坏，一般是采用截面限制条件和一定的构造措施予以避免。对于常见的剪压破坏，梁的斜截面抗剪能力变化幅度较大，故必须进行斜截面抗剪承载力计算。《公路钢筋混凝土及预应力混凝土桥涵设计规范》(JTG 3362—2018)的基本公式就是针对剪压破坏的受力特征而建立的。

抗剪承载力计算公式及适用条件

1)斜截面抗剪承载力计算的基本公式及适用条件

(1)基本公式

配有箍筋和弯起钢筋的钢筋混凝土梁，当发生剪压破坏时，其抗剪承载力 V_u 是由剪压区混凝土抗剪力 V_c、箍筋所能承受的剪力 V_{sv}、弯起钢筋所能承受的剪力 V_{sb}、斜裂缝两侧混凝土发生相对错动产生的骨料咬合力 S_a 和纵向钢筋销栓力 V_d 组成。其中 S_a，V_d 本来就不大，并且随着斜裂缝的开展，其值将逐步下降，因而抗剪承载力 V_c，V_{sv} 和 V_{sb} 起着主要的作用，忽略 S_a，V_d 后如图 3.47 所示，由竖向力的平衡可得：

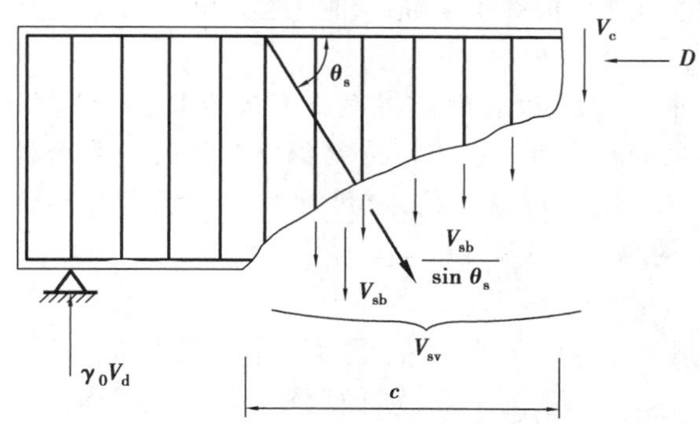

图 3.47　斜截面抗剪承载力计算图式

$$\gamma_0 V_d \leqslant V_u = V_c + V_{sv} + V_{sb} \tag{3.38}$$

在有腹筋梁中，箍筋的存在抑制了斜裂缝的开展，使剪压区面积增大，导致剪压区混凝土抗剪能力提高。其提高程度与箍筋的抗拉强度和配箍率有关。因而，式(3.38)中的 V_c 和 V_{sv} 是紧密相关的，但两者目前尚无法分别予以精确定量计算，而只能用 V_{cs} 来表达混凝土和箍筋的综合抗剪承载力，即：

$$V_u = V_{cs} + V_{sb} \tag{3.39}$$

式中　V_{cs}——混凝土和箍筋的综合抗剪承载力。

《公路钢筋混凝土及预应力混凝土桥涵设计规范》(JTG 3362—2018)根据强度极限理论研究的结果，并结合T形截面的受压翼缘和承受异号弯矩等的影响，规定按式(3.40)进行配有腹筋的钢筋混凝土受弯构件斜截面抗剪承载力计算。

$$V_u = (0.45 \times 10^{-3})\alpha_1\alpha_2\alpha_3 bh_0\sqrt{(2 + 0.6p)\ \sqrt{f_{cu,k}}\ \rho_{sv} f_{sv}} + (0.75 \times 10^{-3}) f_{sd} \sum A_{sb}\sin \theta_s \tag{3.40}$$

式中 V_u——配有箍筋和弯起钢筋的钢筋混凝土梁斜截面抗剪承载力；

α_1——异号弯矩影响系数，计算简支梁和连续梁近边支点梁段的抗剪承载力时，$\alpha_1 = 1.0$；计算连续梁和悬臂梁近中间支点梁段的抗剪承载力时，$\alpha_1 = 0.9$；

α_2——预应力提高系数，对钢筋混凝土受弯构件，$\alpha_2 = 1.0$；对预应力混凝土受弯构件，$\alpha_2 = 1.25$；

α_3——受压翼缘的影响系数，对具有受压翼缘的截面，$\alpha_3 = 1.1$；

b——斜截面受压区顶端正截面处矩形截面宽度，或T形和工字形截面肋板宽度，mm；

h_0——斜截面受压区顶端正截面的有效高度，自纵向受拉钢筋合力点到受压边缘的距离，mm；

p——斜截面内纵向受拉钢筋的配筋率，$p = 100\rho$，$\rho = \dfrac{A_s}{bh_0}$，当 $p > 2.5$ 时，取 $p = 2.5$；

$f_{cu,k}$——混凝土立方体抗压强度标准值，MPa；

ρ_{sv}——斜截面内箍筋配筋率；

f_{sv}——箍筋抗拉强度设计值，MPa；

f_{sd}——弯起钢筋的抗拉强度设计值，MPa；

A_{sb}——斜截面内在同一个弯起钢筋平面内的弯起钢筋总截面面积，mm^2；

θ_s——弯起钢筋的切线与构件水平纵向轴线的夹角。

注意：

①基本公式(3.40)中"+"前边指的是混凝土和箍筋提供的综合抗剪承载力，"+"后边指的是弯起钢筋提供的抗剪承载力。当不设弯起钢筋时梁的斜截面抗剪承载力 $V_u = V_{cs}$。

②式(3.40)是一个半经验半理论公式，使用时必须按规定的单位代入数值，而计算得到的斜截面抗剪承载力 V_u 的单位为kN。

(2)适用条件

式(3.40)是根据混凝土梁剪压破坏时的受力特点及试验研究资料提出的，仅在一定的条件下才适用，因而必须限定其适用范围，称为计算公式的上、下限值。

①上限值——限制截面最小尺寸。对于由于配箍率过高而发生斜压破坏的梁，其抗剪承载力取决于混凝土的抗压强度和梁的截面尺寸，且斜压破坏属于突发性的脆性破坏。为了防止此类破坏，《公路钢筋混凝土及预应力混凝土桥涵设计规范》(JTG 3362—2018)规定截面最小尺寸的限制条件。同时，这种限制也是为了防止梁(特别是薄腹梁)在使用阶段斜裂缝开展过大。截面尺寸应满足：

$$\gamma_0 V_d \leqslant V_u = (0.51 \times 10^{-3})\ \sqrt{f_{cu,k}}\, bh_0 (\text{kN}) \tag{3.41}$$

式中 γ_0——桥涵结构的重要性系数按表2.8取值；

V_d——验算截面处由荷载组合产生的最不利剪力设计值，kN；

$f_{cu,k}$——混凝土立方体抗压强度标准值，MPa；

b——相应于最不利剪力设计值处矩形截面的宽度，或T形和工字形截面肋板宽度，mm；

h_0——相应于最不利剪力设计值处截面的有效高度，mm。

若式(3.41)不满足，则应加大截面尺寸或提高混凝土强度等级。

②下限值——按构造要求配置箍筋。钢筋混凝土梁出现斜裂缝后，斜裂缝处原来由混凝土承担的拉力全部转向由箍筋承担，使箍筋的拉应力突然增大，如果配置的箍筋数量过少，则斜裂缝一旦出现，箍筋应力很快就达到其屈服强度，不能有效地抑制斜裂缝发展，甚至箍筋被拉断而导致发生斜拉破坏。当梁内配置一定数量的箍筋，且其间距 s_v 又不过大，能保证与斜裂缝相交，即可防止发生斜拉破坏。《公路钢筋混凝土及预应力混凝土桥涵设计规范》(JTG 3362—2018)规定，若满足式(3.42)，则不需进行斜截面抗剪承载力的计算，而仅按构造要求配置箍筋。

$$\gamma_0 V_d \leqslant V_u = (0.5\times10^{-3})\alpha_2 f_{td} b h_0(\text{kN}) \tag{3.42}$$

式中　f_t——混凝土抗拉强度设计值，MPa；

其他符号同式(3.41)。

若不满足式(3.42)则应由式(3.40)按计算要求配箍筋。

对于板式受弯构件，抗剪承载力下限值，可按式(3.42)提高 25%，即 $\gamma_0 V_d \leqslant V_u = 1.25\times(0.5\times10^{-3})\alpha_2 f_{td} b h_0(\text{kN})$。

上述基本公式及适用条件在推导过程中已经考虑过各符号的计量单位，使用时只需按各公式符号意义说明中所列计量单位相对应的数值，然后代入有关公式计算即可。

2)斜截面抗剪承载力计算基本公式的应用

(1)截面设计

等高度简支梁腹筋的初步设计

已知：梁的计算跨径 L 及截面尺寸、混凝土强度等级、纵向受拉钢筋及箍筋抗拉强度设计值、跨中截面纵向受拉钢筋布置、环境条件、安全等级。

求：箍筋和弯起钢筋的数量。

步骤：

①查表得已知量：f_{sd}，f_{sv}，f_{td}，$f_{cu,k}$，γ_0。

②作剪力包络图。在进行受弯构件抗剪承载力计算时，首先应由作用效应组合计算出各截面最大剪力设计值 V_d 再乘以结构重要性系数 γ_0 后得到剪力包络图，如图 3.48 所示。

③验算最小截面尺寸。在受弯构件正截面承载力计算中截面尺寸已经确定，但是它并不一定满足混凝土的抗剪上限值的要求，所以利用式(3.41)对正截面承载力计算结果已选定的截面尺寸做进一步验算。如果不满足式(3.41)，则应加大截面尺寸或提高混凝土强度等级。

④确定是否按构造要求配箍筋。若满足式(3.42)，说明可以按构造要求配箍筋，此时，由图 3.48 按比例关系求出按构造要求配箍筋的区段长度 l_1；若不满足式(3.42)，则全梁按式(3.40)计算出的要求配置箍筋。

⑤确定最大剪力计算值 V'。图 3.48 中的计算剪力应该由混凝土、箍筋和弯起钢筋共同承担，但各自承担多大比例？《公路钢筋混凝土及预应力混凝土桥涵设计规范》(JTG 3362—2018)规定最大剪力计算值取用距支座中心 $h/2$(梁高一半)处截面的数值(用 V' 表示)，其中混凝土和箍筋共同承担不少于 60%，即 $0.6V'$ 的剪力计算值；弯起钢筋(按 45°弯起)承担不超

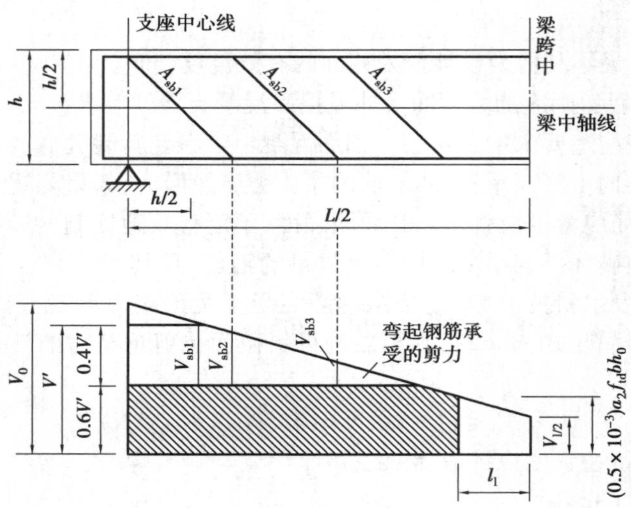

图 3.48　腹筋初步设计计算图

过 40%，即 $0.4V'$ 的剪力计算值。

⑥箍筋设计。选定箍筋的强度等级，根据混凝土和箍筋共同承担的剪力计算值($0.6V'$)等于式(3.40)中 V_{cs} 一项(不考虑弯起钢筋的部分)，则可得到：

$$0.6V' = \alpha_1\alpha_2\alpha_3(0.45\times10^{-3})bh_0\sqrt{(2+0.6p)\sqrt{f_{cu,k}}\,\rho_{sv}f_{sv}}$$

求解上式可得斜截面内箍筋配筋率 ρ_{sv}。而 $\rho_{sv}=\dfrac{A_{sv}}{bs_v}$，根据构造要求选择箍筋直径及肢数后，可得箍筋截面面积 $A_{sv}=nA_{sv1}$(n 为箍筋肢数，A_{sv1} 为单肢箍筋的截面面积)，从而可计算出箍筋的间距 s_v 为：

$$s_v=\frac{\alpha_1^2\alpha_2^2\alpha_3^2(0.56\times10^{-6})(2+0.6p)\sqrt{f_{cu,k}}A_{sv}f_{sv}bh_0^2}{V'^2} \tag{3.43}$$

结合规范规定要求，最终确定 s_v。

《公路钢筋混凝土及预应力混凝土桥涵设计规范》(JTG 3362—2018)中关于箍筋构造要求如下：

箍筋直径不得小于 8 mm 或主筋直径的 1/4，且应满足斜截面内箍筋的最小配箍率要求，当采用 HPB300 钢筋时 $(\rho_{sv})_{min}$ 不应小于 0.14%，当采用 HRB400 钢筋时 $(\rho_{sv})_{min}$ 不应小于 0.11%。

箍筋的间距不大于梁高的 1/2 且不大于 400 mm。当所箍钢筋为按受力需要的纵向受压钢筋时，箍筋间距应不大于受压钢筋直径的 15 倍，且不应大于 400 mm。在钢筋绑扎搭接接头范围内的箍筋间距，当绑扎搭接钢筋受拉时，不应大于主钢筋直径的 5 倍，且不大于 100 mm；当搭接钢筋受压时，不应大于主钢筋直径的 10 倍，且不大于 200 mm。在支座中心向跨径方向长度不小于一倍梁高范围内，箍筋间距不大于 100 mm。

近梁端第一根箍筋应设置在距端面一个混凝土保护层的距离处。梁与梁或梁与柱的交叉范围内，不设箍筋；靠近交接面的箍筋，其与交接面的距离不宜大于 50 mm。

⑦弯起钢筋的数量和初步的弯起位置。弯起钢筋是由纵向受拉钢筋弯起而成，常对称于

梁跨中线成对弯起。

根据梁斜截面抗剪要求,所需的第 i 排弯起钢筋的截面面积,需根据图 3.48 及⑤中分配的、应由第 i 排弯起钢筋承担的计算剪力值 V_{sbi} 来决定。由式(3.40)仅考虑弯起钢筋,可得到:

$$V_{sbi} = (0.75 \times 10^{-3}) f_{sd} \sum A_{sbi} \sin \theta_s$$

解得所需的每排弯起钢筋的数量 A_{sbi} 为:

$$A_{sbi} = \frac{1\ 333.33 V_{sbi}}{f_{sd} \sin \theta_s} \tag{3.44}$$

关于式(3.44)中的计算剪力 V_{sbi} 的取值方法,《公路钢筋混凝土及预应力混凝土桥涵设计规范》(JTG 3362—2018)规定:

Ⅰ.计算第一排(从支座向跨中计算)弯起钢筋时,取用距支座中心 $h/2$ 处由弯起钢筋承担的那部分剪力值,即 $V_{sb1} = 0.4V'$。

Ⅱ.计算以后每一排弯起钢筋时,取用前一排弯起钢筋弯起点处由弯起钢筋承担的那部分剪力值。

关于弯起钢筋的其他构造要求,上述规范还规定:

Ⅰ.在钢筋混凝土梁的支点处应至少有两根,并且不少于总数 1/5 的下层受拉主钢筋通过。也就是说,这部分纵向受拉钢筋不能在梁间弯起,而其余的纵向受拉钢筋可以在满足规范要求的条件下弯起。

Ⅱ.弯起钢筋一般与梁纵轴成 45°角。

Ⅲ.简支梁第一排(对支座而言)弯起钢筋的末端弯折点应位于支座中心截面处(图 3.48),以后各排弯起钢筋的末端弯折点应落在或超过前一排弯起钢筋弯起点截面。

Ⅳ.不得采用不与主钢筋焊接的斜钢筋(浮筋)。

(2)截面复核

①复核截面位置确定。在进行受弯构件斜截面抗剪承载力复核前,需要确定复核截面的位置,通常选用构件抗剪能力最薄弱、易于产生斜裂缝的地方作为验算截面。对此,《公路钢筋混凝土及预应力混凝土桥涵设计规范》(JTG 3362—2018)规定复核截面位置按下列规定选取:

简支梁和连续梁近边支点梁段,如图 3.49 所示。

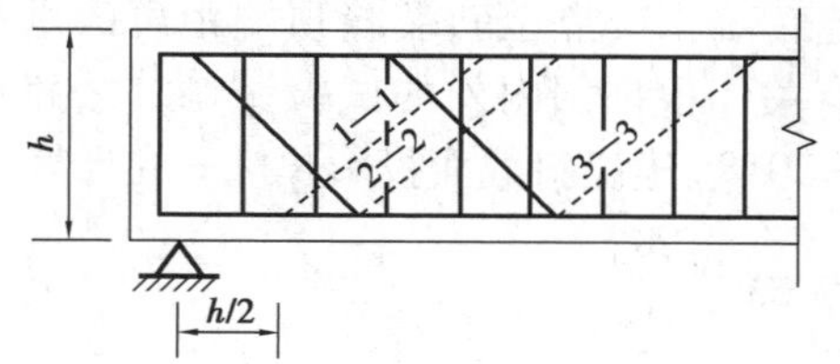

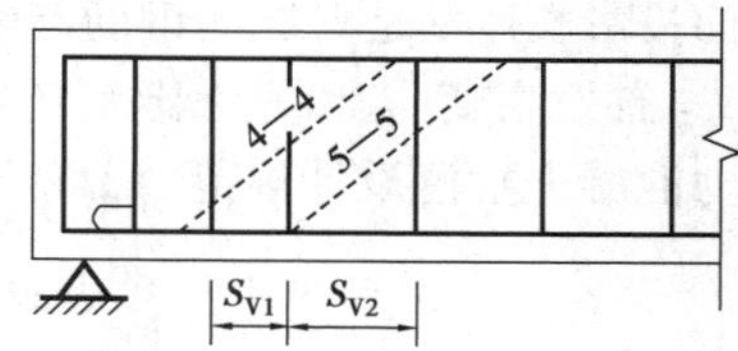

图 3.49　简支梁和连续梁近边支点梁段斜截面抗剪承载力复核截面位置示意图

Ⅰ.距支座中心 $h/2$ 处的截面(图 3.49 中 1—1 截面);

Ⅱ.受拉区弯起钢筋弯起点处的截面(图 3.49 中 2—2、3—3 截面);

Ⅲ.锚于受拉区的纵向钢筋开始不受力处的截面(图 3.49 中 4—4 截面);

Ⅳ. 箍筋数量或间距改变处的截面(图 3.49 中 5—5 截面);

Ⅴ. 构件腹板宽度变化处的截面。

连续梁和悬臂梁近中间支点梁段,如图 3.50 所示。

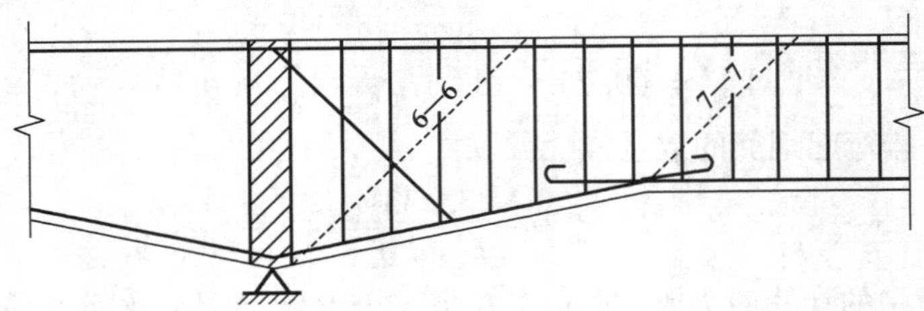

图 3.50　连续梁和悬臂梁近中间支点梁段斜截面抗剪承载力复核截面位置示意图

Ⅰ. 支点横隔梁边缘处的截面(图 3.50 中 6—6 截面);

Ⅱ. 变高度梁高度突变处的截面(图 3.50 中 7—7 截面);

Ⅲ. 参照简支梁的要求,需要进行验算的截面。

②斜截面顶端截面位置的确定。按照式(3.40)进行梁斜截面抗剪承载力复核时,式中的 V_d、b 和 h_0 均指斜截面顶端位置处的数值。但图 3.49 和图 3.50 仅指出了斜截面底端的位置,而此时通过底端的斜截面的方向角 β'(图 3.51 中 b'点)是未知的,它受到斜截面投影长度 c 的控制。同时,式(3.40)中计入斜截面抗剪承载力计算的箍筋和弯起钢筋(斜筋)的数量,显然也受到斜截面投影长度 c 的控制。

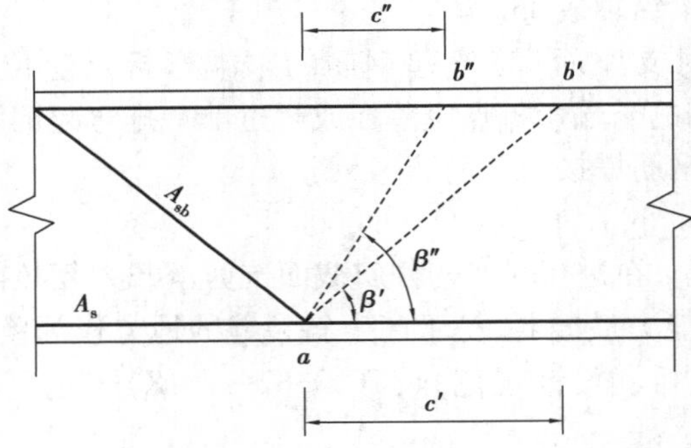

图 3.51　斜截面投影长度

斜截面投影长度 c 是自纵向钢筋与斜裂缝底端相交点至斜裂缝顶端距离的水平投影长度,其大小与有效高度 h_0 和剪跨比 $M/(Vh_0)$ 有关。根据国内外的试验资料,《公路钢筋混凝土及预应力混凝土桥涵设计规范》(JTG 3362—2018)建议斜截面投影长度 c 的计算式为:

$$c = 0.6mh_0 = 0.6\frac{M_d}{V_d} \tag{3.45}$$

式中　m——斜截面顶端处正截面的广义剪跨比,$m = \dfrac{M_d}{V_d h_0}$,当 $m > 3$ 时,取 $m = 3$;

V_d——通过斜截面顶端正截面的剪力组合设计值;

M_d——相应于上述最大剪力组合设计值的弯矩组合设计值。

由此可见,只有通过试算方法,当算得的某一水平投影长度 c 值正好或接近斜截面底端 a

点时(图 3.51),才能进一步确定验算斜截面顶端处正截面的位置。

采用试算方法确定斜截面顶端正截面位置的工作太麻烦,所以可采用下述简化计算方法:

Ⅰ.按照图 3.49 或图 3.50 来选择斜截面底端位置。

Ⅱ.以底端位置向跨中方向取距离为 h_0 的截面,认为验算斜截面顶端就在此正截面上。

Ⅲ.由验算斜截面顶端的位置坐标,可以从内力包络图推得该截面上的最大剪力组合设计值 $V_{d,x}$及相应的弯矩组合设计值 $M_{d,x}$,进而求得剪跨比 $m=M_{d,x}/(V_{d,x}h_0)$及斜截面投影长度 $c=0.6mh_0$。

Ⅳ.由斜截面投影长度 c,可确定与斜截面相交的纵向受拉钢筋配筋百分率 p、弯起钢筋数量 A_{sb}和箍筋配筋率 ρ_{sv}。取验算斜截面顶端正截面的有效高度 h_0 及宽度 b。

Ⅴ.将上述各值及与斜裂缝相交的箍筋和弯起钢筋数量代入式(3.40),即可进行斜截面抗剪承载力复核。

上述简化计算方法,实际上是通过已知的斜截面底端位置,近似确定斜截面顶端位置,从而减少了斜截面投影长度 c 的试算工作量。

③截面复核步骤。

已知:梁的计算跨径 L 及截面尺寸、混凝土强度等级、纵向受拉钢筋及箍筋抗拉强度设计值、剪力设计值 V_d、弯起钢筋的面积 $\sum A_{sbi}$、箍筋的截面面积 A_{sv}、环境条件、安全等级。

求:截面所能承受的最大剪力值。

步骤:

Ⅰ.查表得已知量:f_{sd},f_{sv},f_{td},$f_{cu,k}$,γ_0。

Ⅱ.验算最小截面尺寸。

若不满足式(3.41),则应加大截面尺寸或提高混凝土强度等级。

Ⅲ.斜截面顶端位置的确定。

找出斜截面顶端位置,求出斜截面顶端位置坐标,并求出斜截面顶端截面的弯矩值和剪力值,从而计算出剪跨比,代入公式(3.45)求出斜截面投影长度 c,可得到斜截面的下端距支座中心的距离。

Ⅳ.斜截面抗剪承载力计算。

若钢筋混凝土梁中仅配置箍筋,按式(3.40)“+”前边部分进行抗剪承载力验算,应满足 $\gamma_0 V_d \leqslant V_u = V_{cs}$,否则应重新设计;若钢筋混凝土梁中配置有箍筋和弯起钢筋,按式(3.40)进行抗剪承载力验算,应满足 $\gamma_0 V_d \leqslant V_u = V_{cs} + V_{sb}$,否则应重新设计腹筋或者改变截面尺寸。

3.2.3　受弯构件斜截面抗弯承载力计算

受弯构件中纵向钢筋的数量是按控制截面最大弯矩计算值计算的,实际弯矩沿梁长通常是变化的。从正截面抗弯角度来看,沿梁长各截面实际所需的纵向钢筋数量也是随弯矩的减小而减少。所以,在设计中可以把纵向钢筋在弯矩较小截面处弯起或截断,但是如果弯起或截断的位置不恰当,就会引起斜截面的受弯破坏。

斜截面抗弯承载能力计算

试验研究表明,斜裂缝的发生与发展,除了可能引起前述的剪切破坏外,还可能使与斜裂缝相交的箍筋、弯起钢筋及纵向受拉钢筋的应力达到屈服强度,这时梁被斜裂缝分开的两部分将绕位于斜裂缝顶端受压区的压力中心转动,最后受压区混凝土被压碎而破坏。因此,应进行斜截面抗弯承载力计算。

1)斜截面抗弯承载力保证措施

图3.52为斜截面抗弯承载力的计算图式,由对受压区压力作用点 O 的弯矩平衡条件 $\sum M_O = 0$ 可得,斜截面抗弯承载力计算的基本公式:

$$\gamma_0 M_d \leqslant M_u = f_{sd}A_s Z_s + \sum f_{sd}A_{sb}Z_{sb} + \sum f_{sv}A_{sv}Z_{sv} \tag{3.46}$$

式中 M_u——斜截面抗弯承载力;

A_s, A_{sv}, A_{sb}——分别为与斜截面相交的纵向受拉钢筋、箍筋与弯起钢筋的截面面积;

Z_s, Z_{sv}, Z_{sb}——分别为钢筋截面面积 A_s, A_{sv}, A_{sb} 的合力点对混凝土受压区中心点 O 的力臂。

受压区中心点 O 由受压区高度 x 决定。受压区高度 x 可利用所有作用于斜截面上的力对构件纵轴的投影之和为零的平衡条件 $\sum H = 0$ 求得:

$$f_{cd}A_c = f_{sd}A_s + f_{sd}A_{sb}\cos\theta_s \tag{3.47}$$

式中 A_c——受压区混凝土面积。矩形截面 $A_c = bx$;T形截面 $A_c = bx + (b'_f - b)h'_f$ 或 $A_c = b'_f x$。

θ_s——与斜截面相交的弯起钢筋切线与梁水平纵轴的夹角。

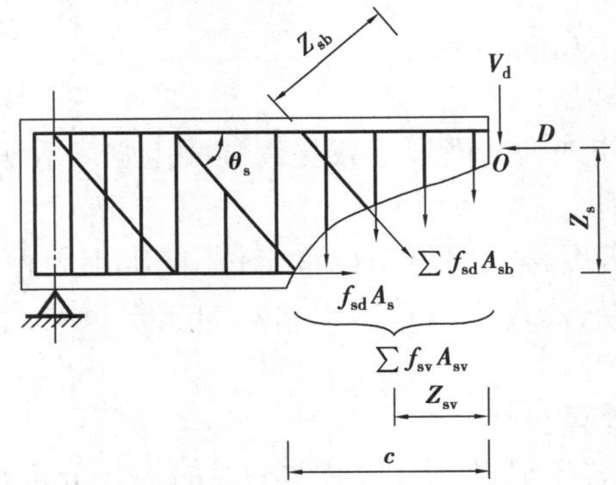

图3.52 斜截面抗弯承载力计算图式

沿斜截面弯曲破坏的位置通常是构件最薄弱的位置,一般是对受拉区抗弯薄弱处自下向上沿斜向计算几个不同角度的斜截面,按下列公式确定最不利的斜截面位置:

$$\gamma_0 V_d = \sum f_{sd}A_{sb}\sin\theta_s + \sum f_{sv}A_{sv} \tag{3.48}$$

式中 V_d——斜截面顶端正截面相应于最大弯矩组合设计值的剪力组合设计值。

式(3.48)是按照荷载效应与构件斜截面抗弯承载力之差为最小的原则推导出来的,其物理意义是满足此要求的斜截面,其抗弯能力最小。

最不利斜截面位置确定后,才可按式(3.46)计算斜截面的抗弯承载力。

在实际的设计中一般可不具体按式(3.46)~式(3.48)计算,而是采用构造规定来避免斜截面受弯破坏。

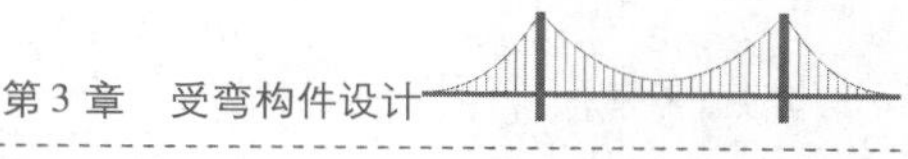

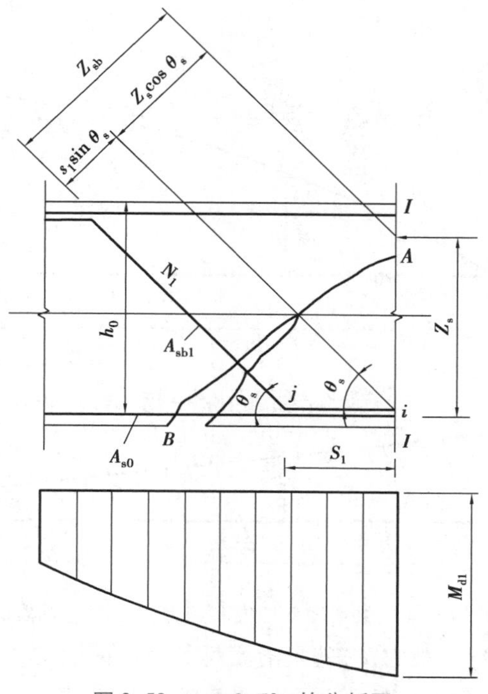

图 3.53　$s_1 \geqslant 0.5h_0$ 的分析图

图 3.53 中Ⅰ—Ⅰ截面处，纵向钢筋的强度全部被利用，故称为钢筋充分利用截面。在距 i 点距离为 s_1 的 j 点处弯起钢筋 N_1（面积为 A_{sb1}），当距离 s_1 满足一定条件，就不会发生斜截面的受弯破坏。《公路钢筋混凝土及预应力混凝土桥涵设计规范》(JTG 3362—2018) 规定了这个条件，即弯起钢筋的弯起点至弯起钢筋强度充分利用截面的距离 s_1 满足 $s_1 \geqslant 0.5h_0$ 并且满足弯起钢筋规定的构造要求，则可不进行斜截面抗弯承载力的计算。

2）纵向钢筋弯起位置

纵向受拉钢筋的弯起位置

由前所述可知，在梁斜截面抗剪设计中，已初步确定了弯起钢筋的弯起位置，但是纵向钢筋能否在这些位置弯起，一般采用梁抵抗弯矩图应覆盖计算弯矩包络图的原则来解决。

弯矩包络图是沿梁长度各截面上弯矩设计值 M_d 的分布图，其纵坐标表示截面上作用的最大设计弯矩，简支梁的弯矩包络图一般可近似为一条二次抛物线，若以梁跨中截面处为横坐标原点，则简支梁弯矩包络图和剪力包络图（图 3.54）可描述为：

$$M_{d,x} = M_{d,\frac{L}{2}}\left(1 - \frac{4x^2}{L}\right) \tag{3.49}$$

$$V_{d,x} = V_{d,\frac{L}{2}} + (V_{d,0} - V_{d,\frac{L}{2}})\frac{2x}{L} \tag{3.50}$$

式中　$M_{d,x}$，$V_{d,x}$——距梁跨中截面为 x 处，截面上的弯矩设计值和剪力设计值；

$M_{d,\frac{L}{2}}$，$V_{d,\frac{L}{2}}$——跨中截面处的弯矩设计值和剪力设计值；

$V_{d,0}$——支座截面处的剪力设计值；

L——简支梁的计算跨径。

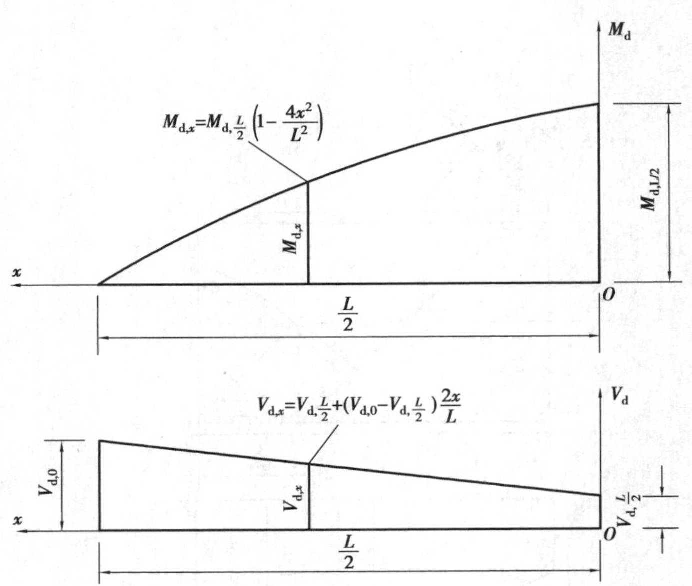

图 3.54　简支梁弯矩包络图和剪力包络图的方程描述

抵抗弯矩图又称为抗弯承载力图，就是沿梁长各个正截面按实际配置的总受拉钢筋提供的抗弯承载力而绘制的图，它表示各正截面所具有的抗弯承载力。抵抗弯矩图主要用于确定纵向钢筋弯起位置。下面讨论钢筋混凝土梁的抵抗弯矩图。

设一简支梁计算跨径为 L，跨中截面布置有 6 根纵向受拉钢筋（$2N_1+2N_2+2N_3$），且正截面抗弯承载力为 $M_{u,\frac{L}{2}}>\gamma_0 M_{d,\frac{L}{2}}$（图 3.55）。图 3.55 中为纵向受拉钢筋弯起点与梁的弯矩包络图、抵抗弯矩图之间关系示意图。

假设底层两根纵向受拉钢筋必须伸过支座中心线，不得在梁跨间弯起，而钢筋 $2N_2$ 和 $2N_3$ 可考虑在跨间弯起。

由于部分纵向受拉钢筋弯起，因而正截面抗弯承载力发生变化。在跨中截面，设全部钢筋提供的抗弯承载力为 $M_{u,\frac{L}{2}}$；弯起 $2N_3$ 钢筋后，剩余 $2N_1+2N_2$ 钢筋面积为 $A_{s1,2}$，提供的抗弯承载力为 $M_{u,1,2}$；弯起 $2N_2$ 钢筋后，剩余钢筋面积为 A_{s1}，提供的抗弯承载力为 $M_{u,1}$。利用各钢筋面积所能提供的抗弯承载力可以作出抵抗弯矩图。抵抗弯矩图中 $M_{u,1,2}$，$M_{u,1}$ 水平线与弯矩包络图的交点即为理论的弯起点。

由图 3.55 可知，在跨中 i 点处，所有钢筋的强度被充分利用；在 j 点处 N_1 和 N_2 钢筋的强度被充分利用，而 N_3 钢筋在 j 点以外（向支座方向）就不再需要了；同样，在 k 点处 N_1 钢筋的强度被充分利用，N_2 钢筋在 k 点以外也就不再需要了。通常可以把 i,j,k 3 个点分别称为 N_3、N_2、N_1 钢筋的充分利用点；而把 j,k,l 3 个点分别称为 N_3、N_2、N_1 钢筋的不需要点。

为了保证斜截面抗弯承载力，N_3 钢筋只能在距其充分利用点 i 的距离 $s_1\geqslant 0.5h_0$ 处 i' 点弯起。为了保证弯起钢筋的受拉作用，N_3 钢筋与梁中轴线的交点必须在其不需要点 j 以外，这是由于弯起钢筋的内力臂是逐渐减小的，故抗弯承载力也逐渐减小，当弯筋 N_3 穿过梁中轴线进入受压区后，它的正截面抗弯作用才认为消失。所以，最终 N_2 和 N_3 钢筋的弯起位置就确定在 i' 和 j' 两点处。

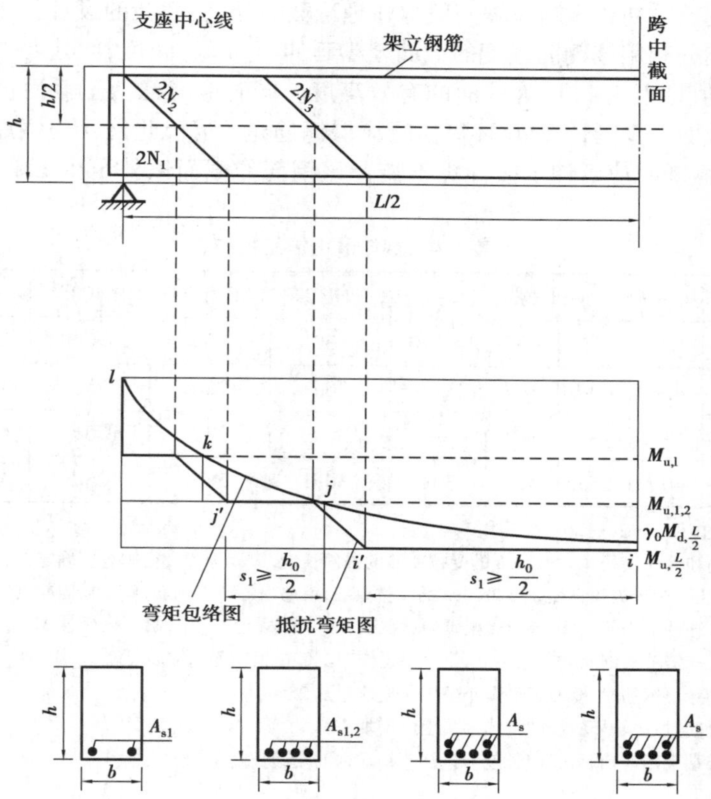

图 3.55　简支梁的弯矩包络图及抵抗弯矩图(对称半跨)

这样获得的抵抗弯矩图外包了弯矩包络图,保证了梁段内任一截面不会发生正截面破坏和斜截面抗弯破坏。

以上就是按弯矩包络图和抵抗弯矩图来检查已确定的弯起钢筋初步弯起位置。若满足前述的各项要求,则所设计的弯起位置是合理的。如果设计的抵抗弯矩图切入了弯矩包络图中,则表明切入处正截面抗弯承载力不足,此时就必须限制纵向钢筋在该点弯起或截断。另外,如果抵抗弯矩图离开弯矩包络图形的距离较大,说明纵向钢筋配置较多,它所对应的正截面抗弯承载力富余较大,此时可以从此截面向跨中方向移动适当位置后再将纵筋弯起或截断。

为了满足弯起钢筋弯起时的构造要求,必要时可加设斜钢筋或附加弯起钢筋,最终使得梁中各弯起钢筋的水平投影有相互重叠部分,至少有相接。

3.2.4　构造要求

1)纵向钢筋截断

若纵向受拉钢筋较多,除满足所需的弯起钢筋数量外,多余的纵向受拉钢筋可以在梁跨间适当位置截断。

纵向受拉钢筋的初步截断位置一般取在理论截断处,但截断的设计位置应从按正截面抗弯承载力计算充分利用该钢筋强度的截面至少延伸(l_a+h_0)长度,此处 l_a 为受拉钢筋的最小锚固长度,其取值见表 3.4,h_0 为截面的有效高度。同时应考虑从正截面抗弯承载力计算不需要该钢筋的截面至少延伸 $20d$(环氧树脂涂层钢筋是 $25d$),此处 d 为钢筋直径。纵向受压钢筋,如在跨间截断时应延伸至按计算不需要该钢筋的截面以外至少 $15d$(环氧树脂涂层钢筋 $20d$)。

表 3.4　钢筋最小锚固长度 l_a

钢筋种类		HPB300				HRB400、HRBF400、RRB400			HRB500		
混凝土强度等级		C25	C30	C35	≥C40	C30	C35	≥C40	C30	C35	≥C40
受压钢筋(直端)		$45d$	$40d$	$38d$	$35d$	$30d$	$28d$	$25d$	$35d$	$33d$	$30d$
受拉钢筋	直端	—	—	—	—	$35d$	$33d$	$30d$	$45d$	$43d$	$40d$
	弯钩端	$40d$	$35d$	$33d$	$30d$	$30d$	$28d$	$25d$	$35d$	$30d$	$30d$

注:1. d 为钢筋公称直径,mm;

2. 对于受压束筋和等代直径 $d_e \leqslant 28$ mm 的受拉束筋的锚固长度,应以等代直径按表值确定,束筋的各单根钢筋可在同一锚固终点截断;对于等代直径 $d_e > 28$ mm 的受拉束筋,束筋内各单根钢筋,应自锚固起点开始,以表内规定的单根钢筋的锚固长度的 1.3 倍,呈阶梯形逐根延伸后截断,即自锚固起点开始,第一根延伸 1.3 倍单根钢筋的锚固长度,第二根延伸 2.6 倍单根钢筋的锚固长度,第三根延伸 3.9 倍单根钢筋的锚固长度。

3. 采用环氧树脂涂层钢筋时,受拉钢筋最小锚固长度应增加 25%;

4. 当混凝土在凝固过程中易受扰动时,锚固长度应增加 25%;

5. 当受拉钢筋末端采用弯钩时,锚固长度为包括弯钩在内的投影长度。

2)纵向钢筋锚固

为防止伸入支座的纵筋因锚固不足而发生滑动,甚至从混凝土中突出来,造成破坏,应采取锚固措施,如图 3.56 所示。实践证明,锚固措施的加强对斜截面抗剪承载力与抗弯承载力的保证都是极其必要的,纵向钢筋在支座处的锚固措施有两种:

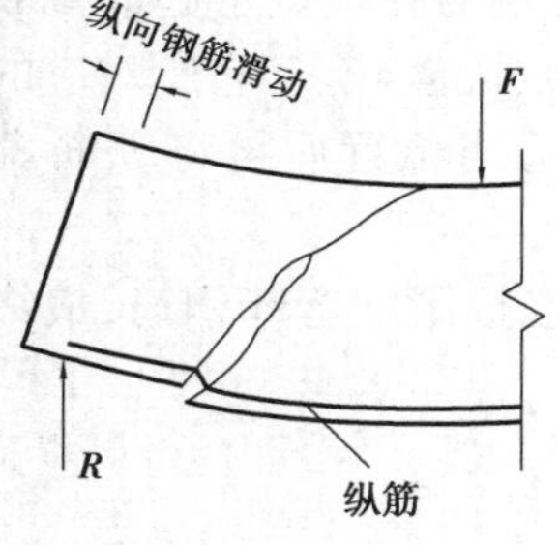

(a)支座附近纵向钢筋锚固破坏

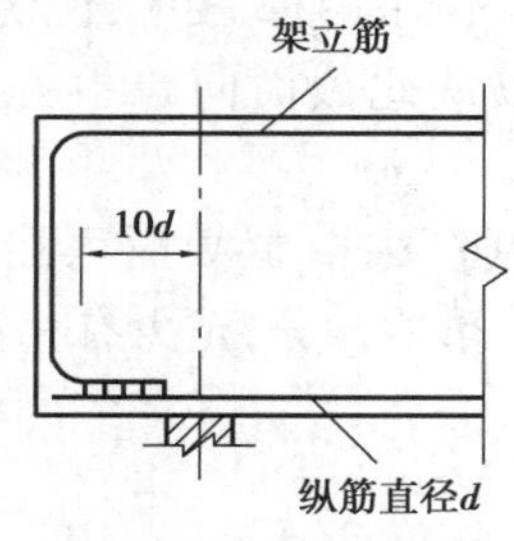

(b)焊接骨架在支座处锚固

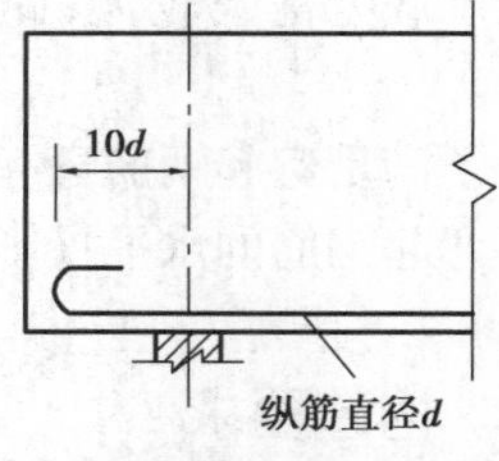

(c)绑扎骨架在支座处锚固

图 3.56　主钢筋在支座处的锚固

①钢筋混凝土梁的支点处至少应有两根并不少于总数 1/5 的下层受拉主钢筋通过。

②梁底两侧的受拉主钢筋应伸出端支点截面以外,并弯成直角且顺梁高延伸至顶部,与

顶层架立钢筋相连。两侧之间不向上弯曲的受拉主钢筋伸出支点截面的长度不应小于 10 倍钢筋直径(环氧树脂涂层钢筋为 12.5 倍钢筋直径)；HPB300 钢筋应带半圆钩。

弯起钢筋的末端(弯终点以外)应留有锚固长度：受拉区不应小于 $20d$，受压区不应小于 $10d$，环氧树脂涂层钢筋增加 25%，此处 d 为钢筋直径。HPB300 钢筋尚应设置半圆弯钩。

3.2.5　斜截面抗剪承载力基本公式应用举例

【例 3.13】矩形截面钢筋混凝土简支梁的截面宽度 200 mm，高度 500 mm，计算跨径 $L=4.8$ m，全长 5 m；桥梁处于Ⅰ类环境条件，安全等级为二级。跨中截面弯矩计算值 $M_{\frac{L}{2}}=\gamma_0 M_{d,\frac{L}{2}}=147$ kN·m，支点截面剪力计算值 $V_0=\gamma_0 V_{d,0}=124.8$ kN，跨中截面剪力计算值 $V_{\frac{L}{2}}=\gamma_0 V_{d,\frac{L}{2}}=0$；C30 混凝土，主筋采用 HRB400 级钢筋，截面配置纵向受力钢筋 2 Φ25 + 1 Φ22 ($A_s=1\ 362$ mm^2，$a_s=45$ mm)，截面实际配筋率 $\rho=1.49\%$，箍筋采用 HPB300 级钢筋，架立筋 2 Φ14。试进行该梁的正截面设计和抗剪钢筋(仅布置箍筋)设计。

解：

(1)查表得已知量：$f_{sd}=330$ MPa、$f_{sv}=250$ MPa、$f_{td}=1.39$ MPa、$f_{cu,k}=30$ MPa、$\gamma=1.0$。

(2)验算最小截面尺寸。

有效高度 $h_0=500-45=455$(mm)。

由公式 $\gamma_0 V_d \leqslant V_u=(0.51\times10^{-3})\sqrt{f_{cu,k}}bh_0$ 得：

$$(0.51\times10^{-3})\sqrt{f_{cu,k}}bh_0=0.51\times10^{-3}\sqrt{30}\times200\times455=254.2(\text{kN})>\gamma_0 V_0=124.8\ \text{kN}$$

由 $\gamma_0 V_d \leqslant V_u=(0.51\times10^{-3})\alpha_2 f_{td}bh_0$ 得：

$(0.5\times10^{-3})\alpha_2 f_{td}bh_0=0.5\times10^{-3}\times1.0\times1.39\times200\times455=63.2(\text{kN})<\gamma_0 V_0=124.8$ kN，截面满足规范要求，但需按计算配置箍筋。

(3)箍筋设计。

采用直径为 8 mm 的双肢箍筋，箍筋截面积 $A_{sv}=nA_{sv1}=2\times50.3=100.6$(mm^2)，距支座 $h/2=250$ mm 处的截面的计算剪力为：

$$V'=\frac{2400-250}{2400}\times124.8=111.8(\text{kN})$$

对式(3.40)，现 $\alpha_1=1.1$，$p=100\rho=1.49$，$f_{sv}=250$ MPa，$V'=\gamma_0 V_d=111.8$ kN，因仅配箍筋，故由 $V'=\alpha_1\alpha_2\alpha_3(0.45\times10^{-3})bh_0\sqrt{(2+0.6p)\sqrt{f_{cu,k}}\rho_{sv}f_{sv}}$ 计算箍筋间距 s_v 为：

$$s_v=\frac{\alpha_1^2\alpha_2^2\alpha_3^2(0.56\times10^{-6})(2+0.6p)\sqrt{f_{cu,k}}f_{sv}A_{sv}bh_0^2}{V'^2}$$

$$=\frac{1.0^2\times1.0^2\times1.0^2\times(0.56\times10^{-6})\times(2+0.6\times1.49)\times\sqrt{30}\times250\times100.6\times200\times455^2}{111.8^2}$$

$$=740(\text{mm})$$

结合构造要求，取 $s_v=200$ mm 小于等于 $h/2=250$ mm 和 400 mm，此时，截面配箍率为：

$$\rho_{sv}=\frac{A_{sv}}{bs_v}=\frac{100.6}{200\times200}=0.25\%>\rho_{sv,min}=0.14\%$$

满足要求。

(4)箍筋布置。

按规范要求,沿支座中心向跨径方向一倍梁高范围内,$s_v=100$ mm,其余 $s_v=200$ mm,配筋如图3.57所示。

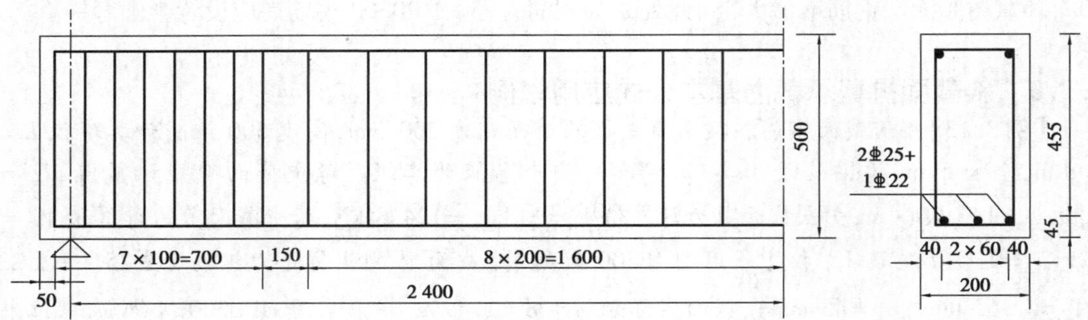

图3.57 【例3.13】钢筋布置图(尺寸单位:mm)

【例3.14】等高度矩形截面简支梁。全长15 m,计算跨径 $L=14.5$ m,截面宽度250 mm,高度600 mm,C30混凝土,主筋采用HRB400级钢筋,截面纵向钢筋配筋率 $\rho=3\%$,$a_s=50$ mm,无斜筋,仅配有双肢ϕ8箍筋(HPB300),间距 $s_v=100$ mm,安全等级为二级,$\gamma_0=1.0$。支点截面剪力计算值 $V_0=\gamma_0 V_{d,0}=212$ kN,跨中截面剪力计算值 $V_{\frac{L}{2}}=\gamma_0 V_{d,\frac{L}{2}}=45$ kN,其间按线性变化;跨中截面弯矩计算值 $M_{\frac{L}{2}}=\gamma_0 M_{d,\frac{L}{2}}=876.2$ kN·m,支点截面弯矩计算值 $M_0=\gamma_0 M_{d,0}=0$,其间按二次抛物线变化。桥梁处于Ⅰ类环境条件。试复核距支点 $h/2$ 处斜截面抗剪承载力。

解:

(1)查表得已知量:$f_{sd}=330$ MPa、$f_{sv}=250$ MPa、$f_{td}=1.39$ MPa、$f_{cu,k}=30$ MPa。

(2)验算最小截面尺寸。

正截面的有效高度为:

$$h_0=h-a_s=600-50=550(\text{mm})$$

距支点 $h/2$ 处截面剪力计算值为:

$$V'=212-\frac{212-45}{14.5/2}\times 0.3=205(\text{kN})$$

所以:

$$(0.51\times 10^{-3})\sqrt{f_{cd,k}}bh_0=0.51\times 10^{-3}\times\sqrt{30}\times 250\times 550=384.09(\text{kN})>V'=205\text{ kN}$$

截面尺寸满足要求。

(3)斜截面顶端位置确定。

以距支座 $h/2=300$ mm 处为斜截面底端位置,即图3.58中的 A 处,现向跨中方向取距离为 $h_0=550$ mm 的截面,可以认为验算截面顶端位置就在此正截面上,图中 A'。

(4)计算剪跨比 m。

以梁跨中为原点,水平方向为 x 轴,向左为正,验算截面顶端位置横坐标 $x=14.5/2-0.3-0.55=6.4$ m,则验算斜截面顶端截面的弯矩计算值可求得:

$$M_x=M_{\frac{L}{2}}\left(1-\frac{4x^2}{L^2}\right)=876.2\times\left(1-\frac{4\times 6.4^2}{14.5^2}\right)=193.4(\text{kN}\cdot\text{m})$$

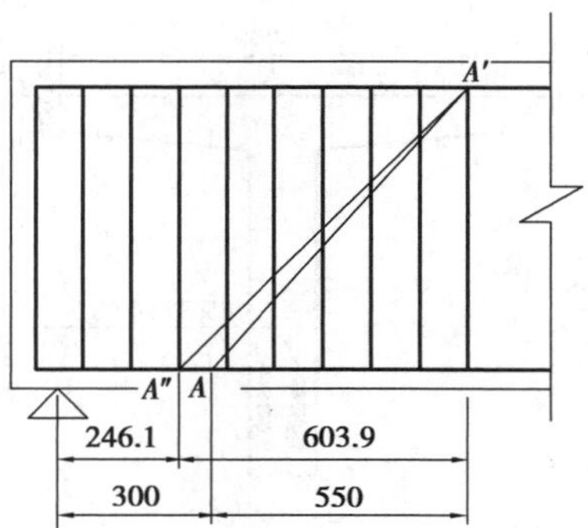

图 3.58　验算斜截面位置示意图(尺寸单位:mm)

验算斜截面顶端截面剪力计算值:

$$V_x = V_{\frac{L}{2}} + (V_0 - V_{\frac{L}{2}})\frac{2x}{L} = 45 + (212 - 45) \times \frac{2 \times 6.4}{14.5} = 192.42(\text{kN})$$

剪跨比 m 计算值为:

$$m = \frac{M_x}{V_x h_0} = \frac{193.4}{192.42 \times 0.55} = 1.83 < 3$$

斜截面投影长度 c 为:

$$c = 0.6mh_0 = 0.6 \times 1.83 \times 550 = 603.9(\text{mm})$$

斜截面下端距支座中心的距离为 $300 + 550 - 603.9 = 246.1(\text{mm})$,即图 3.58 所示的 A''处。

(5)斜截面抗剪承载力计算。

斜截面处纵筋配筋率为 $p = 100\rho = 3 > 2.5$,取 $p = 2.5$,则配箍率为:

$$\rho_{sv} = \frac{A_{sv}}{bs_v} = \frac{2 \times 50.3}{250 \times 100} = 0.402\% > 0.14\%$$

故有斜截面的抗剪承载力为:

$$\begin{aligned} V &= \alpha_1\alpha_2\alpha_3(0.45 \times 10^{-3})bh_0\sqrt{(2 + 0.6p)\sqrt{f_{cu,k}}\rho_{sv}f_{sv}} \\ &= 1.0 \times 1.0 \times 1.0 \times 0.45 \times 10^{-3} \times 250 \times 550 \times \sqrt{(2 + 0.6 \times 2.5) \times \sqrt{30} \times 0.402\% \times 250} \\ &= 271(\text{kN}) > V_x = 192.42\ \text{kN} \end{aligned}$$

故距支点 $h/2$ 处斜截面抗剪承载力满足要求。

【例 3.15】一装配式简支 T 梁,计算跨径为 21.6 m,相邻两梁的中心间距为 1.6 m,C30 混凝土,纵筋为 HRB400,6 排布置,下面 4 排分别为 2 ⌀32,上面 2 排分别为 2 ⌀16,箍筋为 HPB300,纵向受拉钢筋的保护层厚度为 32 mm,截面尺寸及配筋如图 3.59 所示,I 类环境条件,$\gamma_0 = 1.0$,内力值见表 3.5。试进行斜截面承载能力设计。

表 3.5　各种作用内力值

内力	剪力标准值/kN		弯矩标准值/(kN·m)	
位置	自重	汽车	自重	汽车
支点	181.5	187.14	0	0
跨中	0	63.1	982.5	774.8

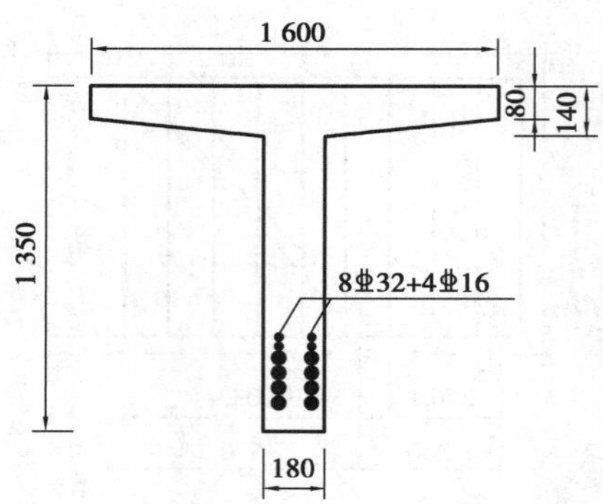

图 3.59　截面尺寸及配筋(尺寸单位:mm)

解:

(1)抗剪强度上、下限的复核

①计算内力设计值:

$$V_{d,\frac{L}{2}} = 1.2 \times 0 + 1.4 \times 1.0 \times 63.1 = 88.3(\text{kN})$$

$$V_{d,0} = 1.2 \times 181.5 + 1.4 \times 1.0 \times 187.14 = 479.8(\text{kN})$$

$$M_{d,\frac{L}{2}} = 1.2 \times 982.5 + 1.4 \times 1.0 \times 774.8 = 2\ 263.7(\text{kN})$$

②上、下限复核:两根 2⏀32 通过支点截面。

支座截面的有效高度:

$$h_0 = 1\ 350 - (32 + 35.8/2) = 1\ 300(\text{mm})$$

跨中截面的有效高度:

$$a_s = \frac{(32 + 2 \times 35.8) \times 6\ 434 + (32 + 4 \times 35.8 + 18.4) \times 804}{6\ 434 + 804} = 114(\text{mm})$$

$$h_0 = 1\ 350 - 114 = 1\ 236(\text{mm})$$

$$0.51 \times 10^{-3}\sqrt{f_{cu,k}}\,bh_0 = 0.51 \times 10^{-3} \times \sqrt{30} \times 180 \times 1\ 300 = 654\ \text{kN} > \gamma_0 V_{d,0} = 479.8(\text{kN})$$

截面尺寸满足要求。

支座截面:

$$0.5 \times 10^{-3}\alpha_2 f_{td} bh_0 = 0.5 \times 10^{-3} \times 1.0 \times 1.39 \times 180 \times 1\ 300 = 163(\text{kN}) < \gamma_0 V_{d,\frac{L}{2}} = 497.8\ \text{kN}$$

跨中截面:

$$0.5 \times 10^{-3}\alpha_2 f_{td} bh_0 = 0.5 \times 10^{-3} \times 1.0 \times 1.39 \times 180 \times 1\ 236 = 155(\text{kN}) > \gamma_0 V_{d,\frac{L}{2}} = 88.3\ \text{kN}$$

应配置按计算确定的弯起钢筋和箍筋。

(2)剪力分配

①绘制剪力图,如图 3.60 所示。

②计算按构造配箍筋的区段长度。

剪力方程为:$V_{dx} = 88.3 + 391.5 \times \dfrac{x}{10\ 800}$

当剪力值为 155 kN 时,算得 $x = 1\ 840$ mm。

③分配剪力。

距支点为 $h/2 = 675$ mm 处的剪力设计值为 $V' = 455.3$ kN,则有:$0.6V' = 273.2$ kN,此时

横坐标为 5 101 mm。$0.4V'=182.1\ \text{kN}$。

(3)箍筋设计

选用Φ8 双肢箍筋,则 $A_{sv}=2\times 50.3=100.6(\text{mm}^2)$

跨中截面:

$$h_0=1\ 236\ \text{mm}, p_{L/2}=100\times\frac{7\ 238}{180\times 1\ 236}=3.25>2.5, \text{取 } p_{L/2}=2.5$$

支点截面:

$$h_0=1\ 300\ \text{mm}, p_0=100\times\frac{1\ 608}{180\times 1\ 300}=0.69$$

取 p 和 h_0 为跨中截面和支点截面的平均值,则有:

$$p=\frac{2.5+0.69}{2}=1.595$$

$$h_0=\frac{1\ 300+1\ 236}{2}=1\ 268(\text{mm})$$

$$s_v=\frac{\alpha_1^2\alpha_2^2\alpha_3^2(0.56\times 10^{-6})(2+0.6p)\sqrt{f_{cu,k}}A_{sv}f_{sv}bh_0^2}{V'^2}$$

$$=\frac{1.0^2\times 1.0^2\times 1.1^2\times 0.56\times 10^{-6}\times(2+0.6\times 1.595)\times\sqrt{30}\times 100.6\times 250\times 180\times 1\ 268^2}{455.3^2}$$

$=385(\text{mm})$

取 $s_v=250\ \text{mm}<h/2=675\ \text{mm}$ 及 400 mm。

$\rho_{sv}=\dfrac{A_{sv}}{bs_v}=\dfrac{100.6}{180\times 250}=0.22\%>0.14\%$,满足规范要求。

综上所述,在支座中心向跨径长度方向 1 350 mm 范围内,箍筋间距取 100 mm,以后箍筋间距取 250 mm。

(4)弯起钢筋的设计

架立筋选用Φ22,其混凝土保护层厚度取为 30 mm。

- 第 1 排弯起钢筋

弯起点至弯终点的水平投影长度:

$$\Delta h_1=1\ 350-[(30+25.1+35.8/2)+(32+35.8\times 1.5)]=1\ 191(\text{mm})$$

弯起点距支座的水平距离:

$$y_1=1\ 191\ \text{mm}$$

弯起钢筋与梁中轴线的交点到支座的水平距离:

$$y_1'=1191-[675-(32+35.8\times 1.5)]=602(\text{mm})$$

弯起钢筋分配的剪力设计值:

$$V_{sb1}=0.4V'=182.1(\text{kN})$$

所需弯起钢筋的面积:

$$A_{sb1}=\frac{V_{sb1}}{0.75\times 10^{-3}f_{sd}\sin\theta_s}=1\ 041(\text{mm}^2)$$

弯起 2 ⌀32，提供的 $A_{sb1}=1\ 608\ mm^2>1\ 041\ mm^2$，满足要求。

● 第 2 排弯起钢筋

弯起点至弯终点的水平投影长度：

$$\Delta h_2=1\ 350-[(30+25.1+35.8/2)+(32+35.8\times2.5)]=1\ 156(mm)$$

弯起点距支座的水平距离：

$$y_2=1\ 191+1\ 156=2\ 347(mm)$$

弯起钢筋与梁中轴线的交点到支座的水平距离：

$$y'_2=2\ 347-[675-(32+35.8\times2.5)]=1\ 794(mm)$$

弯起钢筋分配的剪力设计值：

第 1 排弯起钢筋弯起点的横坐标为 $x_1=10\ 800-1\ 191=9\ 609(mm)$

$$V_{sb2}=88.3+391.5\times\frac{9\ 609}{10\ 800}-273.2=163.4(kN)$$

所需弯起钢筋的面积：

$$A_{sb2}=\frac{V_{sb2}}{0.75\times10^{-3}f_{sd}\sin\theta_s}=934(mm^2)$$

弯起 2 ⌀32，提供的 $A_{sb2}=1\ 608\ mm^2>934\ mm^2$，满足要求。

● 第 3 排弯起钢筋

弯起点至弯终点的水平投影长度：

$$\Delta h_3=1\ 350-[(30+25.1+35.8/2)+(32+35.8\times3.5)]=1\ 120(mm)$$

弯起点距支座的水平距离：

$$y_3=2\ 347+1\ 120=3\ 467(mm)$$

弯起钢筋与梁中轴线的交点到支座的水平距离：

$$y'_3=3\ 467-[675-(32+35.8\times3.5)]=2\ 949(mm)$$

弯起钢筋分配得的剪力设计值：

第 2 排弯起钢筋弯起点的坐标为 $x_2=10\ 800-2\ 347=8\ 453(mm)$

$$V_{sb3}=88.3+391.5\times\frac{8\ 453}{10\ 800}-273.2=121.5(kN)$$

所需弯起钢筋的面积：

$$A_{sb3}=\frac{V_{sb3}}{0.75\times10^{-3}f_{sd}\sin\theta_s}=694(mm^2)$$

弯起 2 ⌀32，提供的 $A_{sb3}=1\ 608\ mm^2>694\ mm^2$，满足要求。

● 第 4 排弯起钢筋

弯起点至弯终点的水平投影长度：

$$\Delta h_4=1\ 350-[(30+25.1+18.4/2)+(32+35.8\times4+18.4/2)]=1\ 101(mm)$$

弯起点距支座的水平距离：

$$y_4=3\ 467+1\ 101=4\ 568(mm)$$

弯起钢筋与梁中轴线的交点到支座的水平距离：

$$y'_4=4\ 568-[675-(32+35.8\times4+18.4/2)]=4\ 077(mm)$$

弯起钢筋分配得的剪力设计值：

第 3 排弯起钢筋弯起点的坐标为 $x_3 = 10\ 800 - 3\ 467 = 7\ 333$(mm)

$$V_{sb4} = 88.3 + 391.5 \times \frac{7\ 333}{10\ 800} - 273.2 = 80.9(\text{kN})$$

所需弯起钢筋的面积：

$$A_{sb4} = \frac{V_{sb4}}{0.75 \times 10^{-3} f_{sd} \sin \theta_s} = 462(\text{mm}^2)$$

弯起2⏀16，提供的 $A_{sb4} = 402\ \text{mm}^2 < 462\ \text{mm}^2$，弯起钢筋的面积不够，应设置斜筋。选用2⏀18，提供的 $A_{sb4} = 509\ \text{mm}^2 > 462\ \text{mm}^2$。此时有：

弯起点至弯终点的水平投影长度：

$$\Delta h_4 = 1\ 350 - [(30 + 25.1 + 20.5/2) + (32 + 35.8 \times 4 + 20.5/2)] = 1\ 099(\text{mm})$$

弯起点距支座的水平距离：

$$y_4 = 3\ 467 + 1\ 099 = 4\ 566(\text{mm})$$

弯起钢筋与中性轴的交点到支座的水平距离：

$$y'_4 = 4\ 566 - [675 - (32 + 35.8 \times 4 + 20.5/2)] = 4\ 076(\text{mm})$$

● 第 5 排弯起钢筋

弯起点至弯终点的水平投影长度：

$$\Delta h_5 = 1\ 350 - [(30 + 25.1 + 18.4/2) + (32 + 35.8 \times 4 + 18.4/2)] = 1\ 101(\text{mm})$$

弯起点距支座的水平距离：

$$y_5 = 4\ 566 + 1\ 101 = 5\ 667(\text{mm})$$

弯起钢筋与梁中轴线的交点到支座的水平距离：

$$y'_5 = 5\ 667 - [675 - (32 + 35.8 \times 4 + 18.4/2)] = 5\ 176(\text{mm})$$

弯起钢筋分配得的剪力设计值：

第 4 排弯起钢筋弯起点的坐标为 $x_4 = 10\ 800 - 4566 = 6\ 234$(mm)

$$V_{sb5} = 88.3 + 391.5 \times \frac{6\ 234}{10\ 800} - 273.2 = 41.1(\text{kN})$$

所需弯起钢筋的面积：

$$A_{sb5} = \frac{V_{sb5}}{0.75 \times 10^{-3} f_{sd} \sin \theta_s} = 235\ \text{mm}^2$$

弯起2⏀16，提供的 $A_{sb5} = 402\ \text{mm}^2 > 235\ \text{mm}^2$，满足要求。

● 第 6 排弯起钢筋

弯起点至弯终点的水平投影长度：

$$\Delta h_6 = 1\ 350 - [(30 + 25.1 + 18.4/2) + (32 + 35.8 \times 4 + 18.4 \times 1.5)] = 1\ 083(\text{mm})$$

弯起点距支座的水平距离：

$$y_6 = 5\ 667 + 1\ 083 = 6\ 750(\text{mm})$$

弯起钢筋与梁中轴线的交点到支座的水平距离：

$$y'_6 = 6\ 750 - [675 - (32 + 35.8 \times 4 + 18.4 \times 1.5)] = 6\ 278(\text{mm})$$

弯起钢筋分配得的剪力设计值：

第 5 排弯起钢筋弯起点的坐标为 $x_5 = 10\ 800 - 5\ 667 = 5\ 133$(mm)

$$V_{sb6}=88.3+391.5\times\frac{5\ 133}{10\ 800}-273.2=1.2(\text{kN})$$

所需弯起钢筋的面积：

$$A_{sb6}=\frac{V_{sb5}}{0.75\times10^{-3}f_{sd}\sin\theta_s}=6.9\ \text{mm}^2$$

弯起2⌀16，提供的$A_{sb6}=402\ \text{mm}^2>6.9\ \text{mm}^2$。

第6排弯起钢筋的弯起点距支座的水平距离为6 750 mm，大于需要配置弯起钢筋的分界点（距支座的距离为5 699 mm），故无需再配弯起钢筋或斜筋。如果还有剩余纵向受拉钢筋没有弯起，可以在理论截断点向外延伸(l_a+h_0)处截断，l_a为钢筋的锚固长度。但在实际工程中，往往不截断纵向受拉钢筋而是向上弯起形成弯起钢筋，以增大钢筋骨架的刚度。

(5)绘制抵抗弯矩图

计算受压翼缘的有效宽度：

$$b'_f=L/3=21\ 600/3=7\ 200(\text{mm})$$

$$b'_f=1\ 600\ \text{mm}$$

$$b'_f=b+b_h+12h'_f=180+12\times110=1\ 500(\text{mm})$$

取$b'_f=1\ 500$ mm。

- 支座中心至1点梁段

$$a_{s1}=32+35.8/2=49.9(\text{mm})$$

$$h_{01}=1\ 350-49.9=1\ 300(\text{mm})$$

2⌀32提供的$A_s=1\ 608\ \text{mm}^2$。

$$f_{cd}b'_fh'_f=13.8\times1500\times110=2.28(\text{kN})>f_{sd}A_s=330\times1\ 608=0.53(\text{kN})$$

故为第一类T形截面。

$$x_1=\frac{f_{sd}A_s}{f_{cd}b'_f}=\frac{330\times1\ 608}{13.8\times1\ 500}=25.6(\text{mm})<h'_f=110\ \text{mm}$$

$$M_{u1}=f_{cd}b'_fx\left(h_{01}-\frac{x_1}{2}\right)=13.8\times1\ 500\times25.6\times\left(1\ 300-\frac{25.6}{2}\right)=682(\text{kN}\cdot\text{m})$$

- 1′点至2点梁段

$$a_{s2}=32+35.8=67.8(\text{mm})$$

$$h_{02}=1\ 350-67.8=1\ 282(\text{mm})$$

4⌀32提供的$A_s=3\ 217\ \text{mm}^2$。

$$f_{cd}b'_fh'_f=13.8\times1\ 500\times110=2.28(\text{kN})>f_{sd}A_s=330\times3\ 217=1.06(\text{kN})$$

故为第一类T形截面。

$$x_2=\frac{f_{sd}A_s}{f_{cd}b'_f}=\frac{330\times3\ 217}{13.8\times1\ 500}=51.3(\text{mm})<h'_f=110\ \text{mm}$$

$$M_{u2}=f_{cd}b'_fx\left(\text{h}_{02}-\frac{x_2}{2}\right)=13.8\times1\ 500\times51.3\times\left(1\ 282-\frac{51.3}{2}\right)=1\ 334(\text{kN}\cdot\text{m})$$

- 2′点至3点梁段

$$a_{s3}=32+35.8\times1.5=85.7(\text{mm})$$

$$h_{03}=1\ 350-85.7=1\ 264(\text{mm})$$

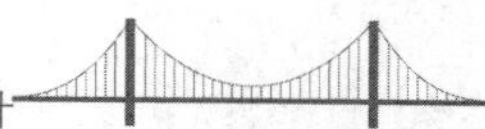

6Φ32 提供的 $A_s = 4\ 826\ \text{mm}^2$

$$f_{cd}b'_f h'_f = 13.8 \times 1\ 500 \times 110 = 2.28(\text{kN}) > f_{sd}A_s = 330 \times 4\ 826 = 1.59(\text{kN})$$

故为第一类T形截面

$$x_3 = \frac{f_{sd}A_s}{f_{cd}b'_f} = \frac{330 \times 4\ 826}{13.8 \times 1\ 500} = 76.9(\text{mm}) < h'_f = 110\ \text{mm}$$

$$M_{u3} = f_{cd}b'_f x\left(\text{h}_{03} - \frac{x_3}{2}\right) = 13.8 \times 1\ 500 \times 76.9 \times \left(1\ 264 - \frac{76.9}{2}\right) = 1\ 951(\text{kN}\cdot\text{m})$$

- 3′点至5点梁段

$$a_{s4} = 32 + 35.8 \times 2 = 103.6(\text{mm})$$

$$h_{04} = 1\ 350 - 103.6 = 1\ 246(\text{mm})$$

8Φ32 提供的 $A_s = 6\ 434\ \text{mm}^2$。

$$f_{cd}b'_f h'_f = 13.8 \times 1\ 500 \times 110 = 2.28(\text{kN}) > f_{sd}A_s = 330 \times 6\ 434 = 2.12(\text{kN})$$

故为第一类T形截面。

$$x_4 = \frac{f_{sd}A_s}{f_{cd}b'_f} = \frac{330 \times 6\ 434}{13.8 \times 1\ 500} = 102.6(\text{mm}) < h'_f = 110\ \text{mm}$$

$$M_{u4} = f_{cd}b'_f x\left(h_{04} - \frac{x_4}{2}\right) = 13.8 \times 1\ 500 \times 102.6 \times \left(1\ 246 - \frac{102.6}{2}\right) = 2\ 537(\text{kN}\cdot\text{m})$$

- 5′点至6点梁段

$$a_{s5} = \frac{6\ 434 \times (32 + 35.8 \times 2) + 402 \times (32 + 35.8 \times 4 + 18.4/2)}{6\ 434 + 402} = 108(\text{mm})$$

$$h_{05} = 1\ 350 - 108 = 1\ 242(\text{mm})$$

8Φ32 + 2Φ16 提供的 $A_s = 6\ 836\ \text{mm}^2$。

$$f_{cd}b'_f h'_f = 13.8 \times 1\ 500 \times 110 = 2.28(\text{kN}) > f_{sd}A_s = 330 \times 6\ 836 = 2.25(\text{kN})$$

故为第一类T形截面。

$$x_5 = \frac{f_{sd}A_s}{f_{cd}b'_f} = \frac{330 \times 6\ 836}{13.8 \times 1\ 500} = 109(\text{mm}) < h'_f = 110\ \text{mm}$$

$$M_{u5} = f_{cd}b'_f x\left(\text{h}_{04} - \frac{x_4}{2}\right) = 13.8 \times 1\ 500 \times 109 \times \left(1\ 242 - \frac{109}{2}\right) = 2\ 679(\text{kN}\cdot\text{m})$$

- 6′点至跨中

$$a_{s6} = \frac{6\ 434 \times (32 + 35.8 \times 2) + 804 \times (32 + 35.8 \times 4 + 18.4)}{6\ 434 + 804} = 114(\text{mm})$$

$$h_{06} = 1\ 350 - 114 = 1\ 236(\text{mm})$$

8Φ32 + 4Φ16 提供的 $A_s = 7\ 238\ \text{mm}^2$。

$$f_{cd}b'_f h'_f = 13.8 \times 1\ 500 \times 110 = 2.28(\text{kN}) < f_{sd}A_s = 330 \times 7\ 238 = 2.39(\text{kN})$$

故为第二类T形截面。

$$x_6 = \frac{f_{sd}A_s - f_{cd}h'_f(b'_f - b)}{f_{cd}b} = \frac{330 \times 7\ 238 - 13.8 \times 110 \times (1\ 500 - 180)}{13.8 \times 180} = 155(\text{mm}) > h'_f = 110\ \text{mm}$$

$$M_{u6} = f_{cd}bx\left(h_{06} - \frac{x_6}{2}\right) + f_{cd}(b' - b_f)h'_f\left(h_{06} - \frac{h'_f}{2}\right)$$

$$=13.8\times180\times155\times\left(1\ 236-\frac{155}{2}\right)+13.8\times(1\ 500-180)\times110\times\left(1\ 236-\frac{110}{2}\right)$$

$$=2\ 812(\text{kN}\cdot\text{m})$$

根据以上数据便可绘制抵抗弯矩图，如图 3.60 所示。

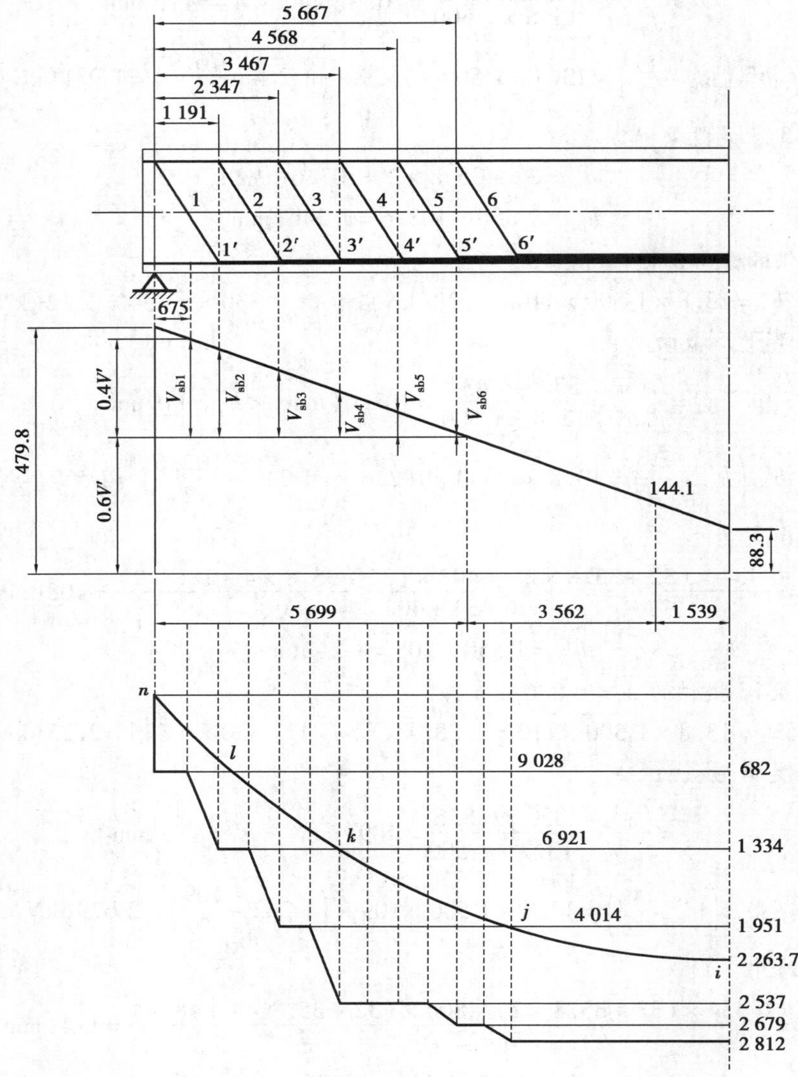

图 3.60　计算剪力分配图及弯矩包络图、抵抗弯矩图

（尺寸单位：mm；剪力单位：kN；弯矩单位：kN·m）

(6)绘制弯矩包络图

弯矩包络图的方程为：

$$M_x=2\ 263.7\times\left(1-\frac{x^2}{116.64\times10^6}\right)$$

当 $M_x=706$ kN·m 时，可得 l 点的横坐标为 $x=9\ 028$ mm；

当 $M_x = 1\ 334\ \text{kN}\cdot\text{m}$ 时，可得 k 点的横坐标为 $x = 6\ 921\ \text{mm}$；

当 $M_x = 1\ 951\ \text{kN}\cdot\text{m}$ 时，可得 j 点的横坐标为 $x = 4\ 014\ \text{mm}$；

(7)全梁承载能力校核

- 第1排弯起钢筋

其充分利用点为 k 点，不需要点为 l 点。

弯起点的坐标 $x = 10\ 800 - 1\ 191 = 9\ 609(\text{mm})$，

$$s_1 = 9\ 609 - 6\ 921 = 2\ 688(\text{mm}) > h_{02}/2 = 1\ 282/2 = 641(\text{mm})$$

其与中轴线的交点坐标为 $x = 10\ 800 - 602 = 10\ 198(\text{mm}) > 8\ 959\ \text{mm}$，满足其在不需要点的外侧要求。

- 第2排弯起钢筋

其充分利用点为 j 点，不需要点位 k 点。

弯起点的坐标 $x = 10\ 800 - 2\ 347 = 8\ 453(\text{mm})$，

$$s_1 = 8\ 453 - 4\ 014 = 4\ 439(\text{mm}) > h_{03}/2 = 1\ 264/2 = 632(\text{mm})$$

其与中轴线的交点坐标为 $x = 10\ 800 - 1\ 794 = 9\ 006(\text{mm}) > 6\ 921\ \text{mm}$，满足其在不需要点的外侧要求。

- 第3排弯起钢筋

其充分利用点为 i 点，不需要点为 j 点。

弯起点的坐标 $x = 10\ 800 - 3\ 467 = 7\ 333(\text{mm})$，

$$s_1 = x = 7\ 333\ \text{mm} > h_{04}/2 = 1\ 246/2 = 623(\text{mm})$$

其与中轴线的交点坐标为 $x = 10\ 800 - 2\ 949 = 7\ 851(\text{mm}) > 4\ 014\ \text{mm}$，满足其在不需要点的外侧要求。

注意：

Ⅰ.第4排为斜筋，斜筋不必验算以上构造；

Ⅱ.第5、6排弯起钢筋对应的抵抗弯矩与弯矩包络图没有交点，以上构造可自动满足，可不必验算；

Ⅲ.由图3.60可知，正截面承载能力的富裕度比较大，可对弯起钢筋进行优化。

(8)斜截面抗剪承载力验算

本题只验算距支座 $h/2$ 处的斜截面，如图3.61所示。

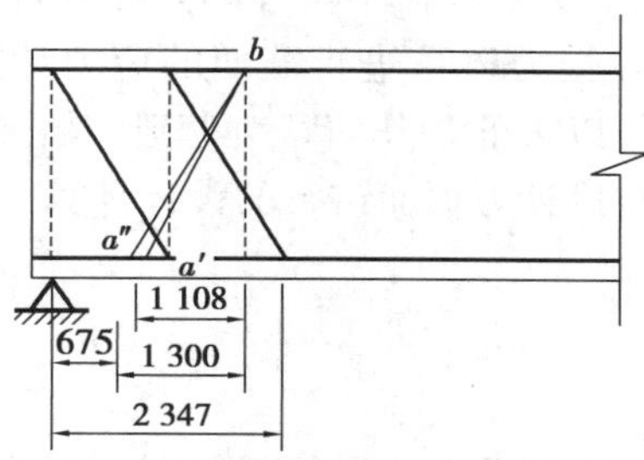

图3.61　$h/2$ 处的 c 值计算(尺寸单位:mm)

假设斜截面在水平方向的投影长度为 $h_0 = 1\ 300\ \text{mm}$，则斜截面顶端位置的坐标为 $x = 10\ 800 - (675 + 1\ 300) = 8\ 825(\text{mm})$，斜截面顶端处的剪力和弯矩设计值为：

$$V_{\mathrm{d}}=88.3+391.5\times\frac{8\ 825}{10\ 800}=408(\mathrm{kN})$$

$$M_x=2\ 263.7\times\left(1-\frac{8\ 825^2}{116.64\times10^6}\right)=752(\mathrm{kN\cdot m})$$

斜截面顶端的正截面有效高度为 $h_0=1\ 282$ mm,则有:

$$m=\frac{M_{\mathrm{d}}}{V_{\mathrm{d}}h_0}=\frac{752}{408\times1.282}=1.44<3$$

$$c=0.6mh_0=0.6\times1.44\times1\ 282=1\ 108(\mathrm{mm})<1\ 300\ \mathrm{mm}$$

斜截面内的纵向受拉钢筋只有2⌀32,相应的主筋配筋率为:

$$p=100\rho=100\times\frac{1\ 608}{180\times1\ 300}=0.69$$

$$\rho_{\mathrm{sv}}=\frac{A_{\mathrm{sv}}}{bs_{\mathrm{v}}}=\frac{100.6}{180\times250}=0.22\%$$

通过斜截面的弯起钢筋有2排,提供的总截面面积 $A_{\mathrm{sb}}=3217\ \mathrm{mm}^2$。故有:

$$\begin{aligned}V_{\mathrm{u}}&=\alpha_1\alpha_2\alpha_3(0.45\times10^{-3})bh_0\sqrt{(2+0.6p)\sqrt{f_{\mathrm{cu,k}}}f_{\mathrm{sv}}\rho_{\mathrm{sv}}}+0.75\times10^{-3}f_{\mathrm{sd}}\sum A_{\mathrm{sb}}\sin\theta_{\mathrm{s}}\\&=1.0\times1.0\times1.1\times0.45\times10^{-3}\times180\times1282\times\sqrt{(2+0.6\times0.69)\times\sqrt{30}\times250\times0.22\%}+\\&\quad0.75\times10^{-3}\times330\times3217\times\sin45^\circ\\&=799(\mathrm{kN})>\gamma_0V_{\mathrm{d}}=408\ \mathrm{kN}\end{aligned}$$

符合抗剪要求。

3.3 钢筋混凝土受弯构件短暂状况的应力计算

知识点

①换算截面的含义;

②换算截面几何特性值的计算;

③施工阶段应力的计算。

在前面已详细介绍了钢筋混凝土构件的承载能力计算及设计方法,但对于钢筋混凝土受弯构件,在施工阶段,特别是运输、安装过程中构件的支撑条件、受力图式会发生变化,因此,应根据受弯构件在施工中的实际受力体系进行截面的应力计算,即短暂状况构件的应力验算。短暂状况构件的应力验算是以第Ⅱ工作阶段为基础,按照桥涵结构设计、施工及使用过程的全寿命设计理念和桥涵已有设计习惯而进行的设计计算,并且计算结果要满足规范规定的限值。

3.3.1 换算截面

钢筋混凝土受弯构件受力进入第Ⅱ工作阶段的特征是弯曲竖向裂缝已形成并开展,中和轴以下大部分混凝土已退出工作,由钢筋承受拉力,钢筋应力 σ_{s} 远小于其屈服强度,受压区混凝土的压应力图形大致是抛物线。而受弯构件的荷载-挠度(跨中)关系曲线是一条接近于直线的曲线。因而,钢筋混凝土受弯构件的第Ⅱ工作阶段又可称为开裂后弹性阶段。

由于钢筋混凝土构件是由钢筋和混凝土两种受力性能完全不同的材料组成，因此，钢筋混凝土受弯构件的应力计算不能直接采用材料力学的方法，而需要通过换算截面的计算方法，把钢筋和受压区混凝土两种材料组成的实际截面转换成一种拉、压性能相同的假想材料组成的匀质截面，称为换算截面。所以，换算截面可以看作由匀质弹性材料组成的截面，从而能采用材料力学公式进行截面计算。

1）基本假定

对于钢筋混凝土受弯构件第Ⅱ工作阶段的计算，一般有下面的3个基本假定：

（1）平截面假定

即认为构件的正截面在构件受力并发生弯曲变形以后仍保持为平面。

（2）弹性体假定

钢筋混凝土受弯构件在第Ⅱ工作阶段时，混凝土受压区的应力分布图形是曲线形，但此时曲线并不丰满，与直线形相差不大，可以近似地看作直线分布，即受压区混凝土的应力与平均应变成正比。

（3）受拉区混凝土不受力，拉应力完全由钢筋承担。

2）截面换算

根据平截面假定，平行于梁中和轴的各纵向纤维的应变与其到中和轴的距离成正比。同时，由于钢筋与混凝土之间有着良好的黏结力，钢筋与在同一水平线上的混凝土应变相等，结合图3.62所示受弯构件的开裂截面计算图示可得到：

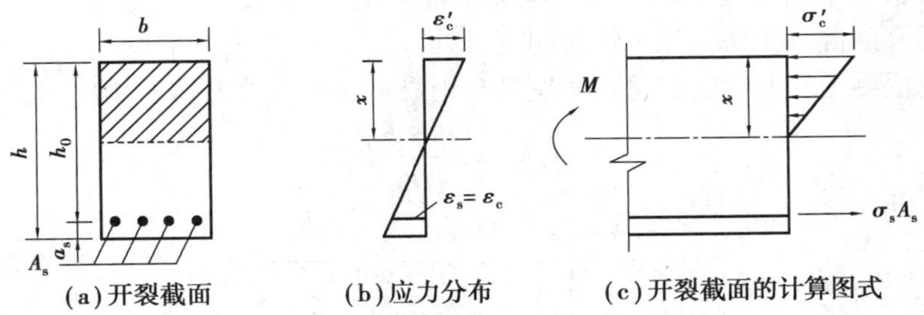

图3.62　受弯构件的开裂截面

$$\frac{\varepsilon'_c}{x}=\frac{\varepsilon_c}{h_0-x} \tag{3.51}$$

$$\varepsilon_s=\varepsilon_c \tag{3.52}$$

式中　$\varepsilon_c,\varepsilon'_c$——分别为混凝土的受拉和受压平均应变；

ε_s——与混凝土的受拉平均应变为ε_c的同一水平位置处的钢筋平均拉应变；

x——受压区高度；

h_0——截面有效高度。

由弹性体假设可知，混凝土受压区的应力分布图形，可近似看作直线分布，从而受压区混凝土的应力与平均应变成正比，故有：

$$\sigma'_c=E_c\varepsilon'_c \tag{3.53}$$

同时,假定在受拉钢筋水平位置处混凝土的平均拉应变与应力成正比,即:

$$\sigma_c = E_c\varepsilon_c \tag{3.54}$$

由式(3.52)和式(3.54)可得:

$$\sigma_c = E_c\varepsilon_c = E_c\varepsilon_s$$

由胡克定律得:

$$\varepsilon_s = \frac{\sigma_s}{E_s}$$

故有:

$$\sigma_c = E_c\varepsilon_s = E_c\frac{\sigma_s}{E_s}$$

令 $\alpha_{Es} = \dfrac{E_s}{E_c}$,得:

$$\sigma_c = \frac{\sigma_s}{\alpha_{Es}} \tag{3.55}$$

式中 α_{Es}——钢筋混凝土构件截面的换算系数。

式(3.55)表明在钢筋同一水平位置处,混凝土拉应力 σ_c 为钢筋应力 σ_s 的 $1/\alpha_{Es}$ 倍,即钢筋的拉应力 σ_s 是同一水平位置处混凝土拉应力 σ_c 的 α_{Es} 倍。

由前述可知,钢筋混凝土受弯构件是由钢筋和混凝土两种性能完全不同的材料组成,实际截面是非匀质弹性材料组成的截面,无法运用材料力学的公式进行截面计算,所以,考虑将实际截面进行换算。具体方法是:将受拉区钢筋截面面积 A_s 换算成假想的受拉混凝土截面面积 A_{sc},如图 3.63 阴影部分。进行上述换算的原则是:

①换算得来的混凝土块仍位于钢筋的重心处。

②假想的混凝土块所承受的总拉力应该与钢筋承受的总拉力相等,即 $\sigma_sA_s = \sigma_cA_{sc}$,可得:

$$A_{sc} = A_s\frac{\sigma_s}{\sigma_c}$$

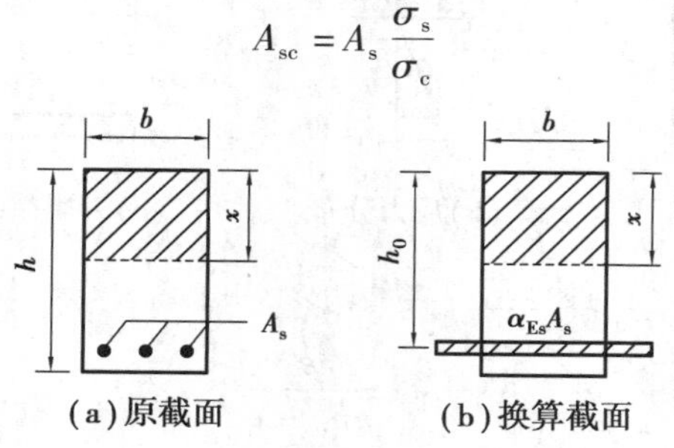

图 3.63 换算截面图

结合式(3.55)可得:

$$A_{sc} = \alpha_{Es}A_s \tag{3.56}$$

将 $A_{sc} = \alpha_{Es}A_s$ 称为钢筋的换算面积,而将受压区的混凝土面积和受拉区的钢筋换算面积所组成的截面称为钢筋混凝土构件开裂截面的换算截面。这样就可以按材料力学的方法来计算换算截面的几何特性。

3）开裂截面换算截面几何特性计算表达式

（1）单筋矩形截面

①开裂截面换算截面面积 A_{cr}：

$$A_{cr} = bx + \alpha_{Es}A_s \tag{3.57}$$

②开裂截面换算截面面积对中和轴的静矩（或面积矩）S_{0c}：

受压区

$$S_{0c} = \frac{1}{2}bx^2 \tag{3.58}$$

受拉区

$$S_{0t} = \alpha_{Es}A_s(h_0 - x) \tag{3.59}$$

③受压区高度 x。对于受弯构件开裂截面的中和轴，通过其换算截面的形心轴，所以受压区对中性轴的静矩与受拉区对中性轴的静矩相等，即 $S_{0c} = S_{0t}$，于是可得到：

$$\frac{1}{2}bx^2 = \alpha_{Es}A_s(h_0 - x)$$

解得换算截面的受压区高度为 x：

$$x = \frac{\alpha_{Es}A_s}{b}\left(\sqrt{1 + \frac{2bh_0}{\alpha_{Es}A_s}} - 1\right) \tag{3.60}$$

④开裂截面换算截面对中和轴的惯性矩 I_{cr}：

$$I_{cr} = \frac{1}{3}bx^3 + \alpha_{Es}A_s(h_0 - x)^2 \tag{3.61}$$

（2）双筋矩形截面

对于双筋矩形截面，截面变换的方法就是将受拉钢筋的截面面积 A_s 和受压钢筋截面面积 A'_s 分别用两个等效的混凝土块代替形成换算截面。它与单筋矩形截面的不同之处是受压区配置有受压钢筋，因此双筋矩形截面的几何特性表达式，可描述为在单筋矩形截面的基础上再计入受压区钢筋的换算截面 $\alpha_{Es}A'_s$ 即可。

《公路钢筋混凝土及预应力混凝土桥涵设计规范》（JTG 3362—2018）第 7.2.4～7.2.6 条文说明：当受压区配有纵向钢筋时，在计算受压区高度 x 和惯性矩 I_{cr} 的公式中受压钢筋的应力应符合 $\alpha_{Es}\sigma_{cc}^{t} \leqslant f'_{sd}$ 的条件；当 $\alpha_{Es}\sigma_{cc}^{t} > f'_{sd}$ 时，则各公式中所含的 $\alpha_{Es}A'_s$ 应以 $\frac{f'_{sd}}{\sigma_{cc}^{t}}A'_s$ 代替，此处，f'_{sd} 为受压钢筋强度设计值，σ_{cc}^{t} 为受压钢筋合力点相应的混凝土压应力。

（3）T 形截面

单筋 T 形截面的换算截面几何特性，根据受压区高度 x 的大小分为以下两种情况。图 3.64 为 T 形截面的换算截面计算图式。

当受压区高度 $x \leqslant h'_f$ 时为第一类 T 形截面，可按宽度为 b'_f 的矩形截面，应用式（3.57）—式（3.61）来计算开裂截面的换算截面几何特性。

当受压区高度 $x > h'_f$ 时为第二类 T 形截面，其开裂截面换算截面的几何特性表达式如下：

①开裂截面换算截面面积 A_{cr}：

$$A_{cr} = bx + (b'_f - b)h'_f + \alpha_{Es}A_s \tag{3.62}$$

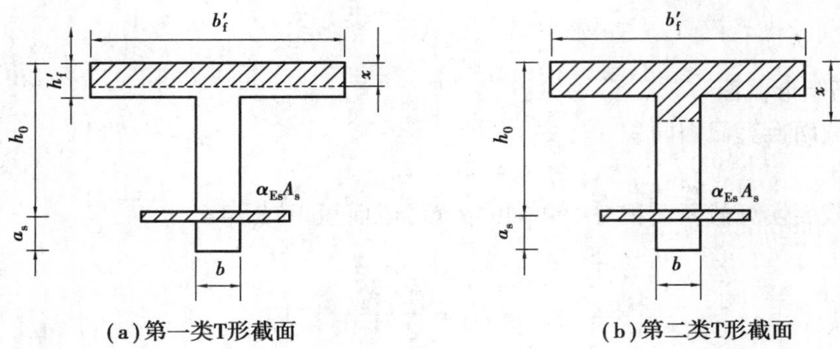

图 3.64　开裂状态下 T 形截面换算计算图式

②开裂截面换算截面面积对中和轴的静矩(或面积矩)S_{0c}:

受压区

$$S_{0c}=\frac{1}{2}bx^2+(b'_f-b)h'_f\left(x-\frac{1}{2}h'_f\right) \tag{3.63}$$

受拉区

$$S_{0t}=\alpha_{Es}A_s(h_0-x) \tag{3.64}$$

③受压区高度 x。对于受弯构件,开裂截面的中和轴通过其换算截面的形心轴,即 $S_{0c}=S_{0t}$,可得到:

$$\frac{1}{2}b'_fx^2-\frac{1}{2}(b'_f-b)(x-h'_f)^2=\alpha_{Es}A_s(h_0-x)$$

整理得方程为:

$$x^2+2Ax-B=0$$

其中,$A=\dfrac{\alpha_{Es}A_s+(b'_f-b)h'_f}{b}$;$B=\dfrac{2\alpha_{Es}A_sh_0+(b'_f-b)(h'_f)^2}{b}$

解得:

$$x=\sqrt{A^2+B}-A \tag{3.65}$$

④开裂截面换算截面对中和轴的惯性矩 I_{cr}:

$$I_{cr}=\frac{1}{3}b'_fx^3-\frac{1}{3}(b'_f-b)(x-h'_f)^3+\alpha_{Es}A_s(h_0-x)^2 \tag{3.66}$$

4)全截面换算截面几何特性计算表达式

在钢筋混凝土受弯构件使用阶段和施工阶段的计算中,有时会遇到全截面换算截面的情况。全截面的换算截面是混凝土全截面面积和钢筋的换算面积所组成的截面。

(1)矩形截面全截面换算截面几何特性表达式

①换算截面面积 A_0:

$$A_0=bh+(\alpha_{Es}-1)A_s \tag{3.67}$$

②受压区高度 x:

$$x=\frac{\frac{1}{2}bh^2+(\alpha_{Es}-1)A_sh_0}{A_0} \tag{3.68}$$

③换算截面对中和轴的惯性矩 I_0：

$$I_0=\frac{1}{12}bh^3+bh\left(\frac{1}{2}h-x\right)^2+(\alpha_{Es}-1)A_s(h_0-x)^2 \tag{3.69}$$

(2)T形截面全截面换算截面特性表达式(图3.65)

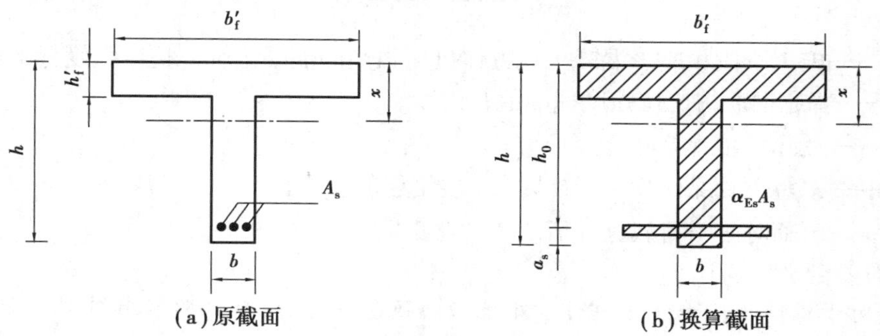

图3.65　全截面换算示意图

①换算截面面积 A_0：

$$A_0=bh+(b'_f-b)h'_f+(\alpha_{Es}-1)A_s \tag{3.70}$$

②受压区高度 x：

$$x=\frac{\frac{1}{2}bh^2+\frac{1}{2}(b'_f-b)(h'_f)^2+(\alpha_{Es}-1)A_sh_0}{A_0} \tag{3.71}$$

③换算截面对中和轴的惯性矩 I_0：

$$I_0=\frac{1}{12}bh^3+bh\left(\frac{1}{2}h-x\right)^2+\frac{1}{12}(b'_f-b)(h'_f)^3+(b'_f-b)h'_f\left(\frac{h'_f}{2}-x\right)^2+(\alpha_{Es}-1)A_s(h_0-x)^2 \tag{3.72}$$

3.3.2　短暂状况的应力计算

《公路钢筋混凝土及预应力混凝土桥涵设计规范》(JTG 3362—2018)规定:进行施工阶段应力验算时施工荷载除有特别规定外均采用标准值,当有荷载组合时不考虑荷载组合系数。当用吊机(车)行驶于桥梁进行安装时,应对已安装就位的构件进行验算,吊机(车)应乘以1.15的荷载系数,但当有吊机(车)产生的效应设计值小于按持久状况承载能力极限状态计算的荷载效应组合设计值时则可不必验算。当进行构件运输和安装计算时,构件自重应乘以动力系数,动力系数应按《公路桥涵设计通用规范》(JTG D60—2015)的规定采用。

1)正截面应力计算

(1)计算公式

《公路钢筋混凝土及预应力混凝土桥涵设计规范》(JTG 3362—2018)规定受弯构件正截面应力应符合下列条件:

受压区混凝土边缘的压应力:

$$\sigma_{cc}^{t}=\frac{M_{k}^{t}x}{I_{cr}}\leqslant 0.8f'_{ck} \tag{3.73}$$

受拉钢筋的应力：

$$\sigma_{si}^{t}=\alpha_{Es}\frac{M_{k}^{t}(h_{0i}-x)}{I_{cr}}\leqslant 0.75f_{sk} \tag{3.74}$$

式中　f'_{ck}——施工阶段相应于混凝土立方体抗压强度的混凝土轴心抗压强度标准值；

f_{sk}——普通钢筋的抗拉强度标准值；

σ_{cc}^{t}——受压区混凝土边缘压应力；

σ_{si}^{t}——按短暂状况计算时受拉区第 i 层钢筋的应力；

M_{k}^{t}——由临时施工荷载标准值产生的弯矩值。

其他符号含义同前述。

注意：对于钢筋的应力计算，当内、外排钢筋强度一样时，只需验算最外排受拉钢筋的应力；当内排钢筋强度小于外排钢筋强度时，则应分排验算。

(2)公式的应用

已知：梁的截面尺寸、材料强度、钢筋数量及布置以及梁在施工阶段控制截面上的弯矩 M_{k}^{t}。

求：受弯构件正截面的应力。

步骤：

①矩形截面。由式(3.60)计算受压区高度 x，再由式(3.61)求得开裂截面换算截面惯性矩 I_{cr}；

计算各层钢筋的截面有效高度 h_0；

代入公式(3.73)和式(3.74)进行截面应力验算。

②T 形截面。在施工阶段，T 形截面在弯矩作用下，其翼缘板可能位于受拉区[图 3.66(a)]，也可能位于受压区[图 3.66(b)、(c)]。

当翼缘板位于受拉区时，按照宽度为 b、高度为 h 的矩形截面按上述步骤进行应力验算。

当翼缘板位于受压区时，应先按照式(3.75)进行 T 形截面类型的判别。

$$\frac{1}{2}b'_{f}x^{2}=\alpha_{Es}A_{s}(h_{0}-x) \tag{3.75}$$

式中各符号含义同前。

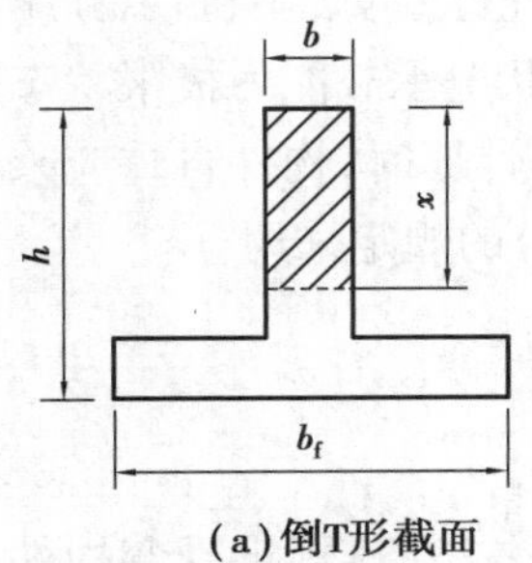

(a)倒T形截面

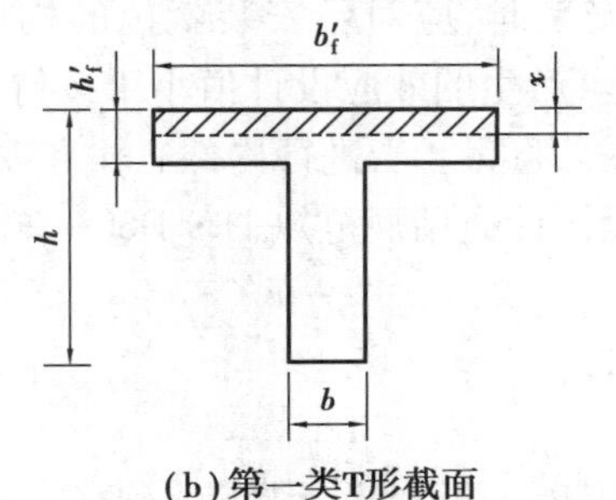

(b)第一类T形截面

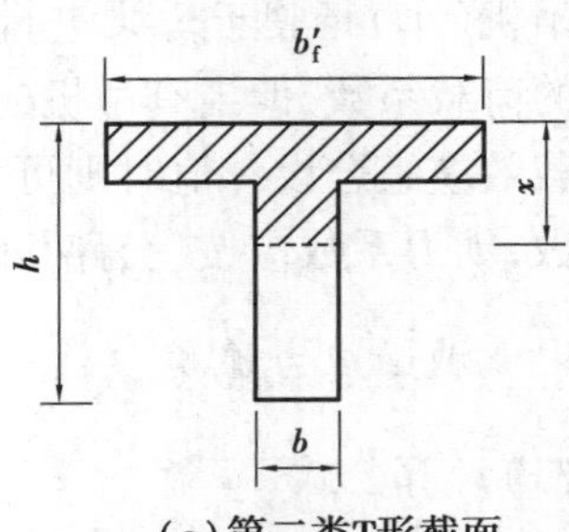

(c)第二类T形截面

图 3.66　T 形截面梁受力状态图

由式(3.75)计算出 x。

当 $x \leqslant h'_f$时,表明中和轴在翼缘板内,为第一类 T 形截面,则可按宽度为 b'_f,高度为 h 的矩形截面按上述步骤进行应力验算。

当 $x > h'_f$时,表明中和轴在梁肋内,为第二类 T 形截面,这时应由式(3.65)重新计算受压区高度 x,再由式(3.66)计算换算截面惯性矩 I_{cr}。

将各参数代入式(3.73)和式(3.74)进行截面应力验算。

当钢筋混凝土受弯构件施工阶段应力不满足式(3.73)和式(3.74)时,应该调整施工方法,或者补充、调整某些钢筋。

2)斜截面的应力计算

对钢筋混凝土受弯构件在施工阶段也应该进行的主应力验算。

由材料力学知识可知,在钢筋混凝土梁中性轴处及整个受拉区主拉应力达到最大值,主拉应力在数值上等于主压应力,且等于最大剪应力,其方向与梁轴线成45°角,即:

$$\sigma_{tp} = \sigma_{cp} = \tau_0 = \frac{V}{bz} \tag{3.76}$$

式中 V——作用(荷载)标准值产生的剪力;

b——所求应力的水平纤维处的截面宽度;

z——内力臂,可近似取下列数值:单筋矩形截面梁,$z = \frac{7}{8}h_0$;双筋矩形截面梁,$z = 0.9h_0$;T 形梁,$z = 0.92h_0$ 或 $z = h_0 - \frac{h'_f}{2}$。

由于主拉应力与主压应力及最大剪应力在数值上相等,且混凝土的抗拉强度最低,所以,在钢筋混凝土结构中只验算主拉应力,不必验算主压应力和剪应力。

这样,钢筋混凝土受弯构件按短暂状况计算时,中性轴处的主拉应力应符合下列规定:

$$\sigma_{tp}^{t} = \frac{V_k^t}{bz_0} \leqslant f'_{tk} \tag{3.77}$$

式中 V_k^t——由施工荷载标准值产生的剪力值;

b——矩形截面宽度,T 形、工形截面的腹板宽度;

z_0——受压区合力点至受拉钢筋合力点的距离,按受压区应力图形为三角形计算确定;

f'_{tk}——施工阶段的混凝土轴心抗拉强度标准值。

对于某些需要按短暂状况计算荷载或其他需按弹性分析允许应力法进行抗剪配筋设计的情况,应按下列方法处理。

钢筋混凝土受弯构件中性轴处的主拉应力,若符合下列条件:

$$\sigma_{tp}^{t} \leqslant 0.25 f'_{tk} \tag{3.78}$$

该区段的主拉应力全部由混凝土承受,此时抗剪钢筋按构造要求配置。

中性轴处的主拉应力不满足式(3.78)的区段,则主拉应力全部由箍筋和弯起钢筋承受。箍筋、弯起钢筋可按剪应力图配置,如图 3.67 所示,并按下列公式计算:

箍筋:

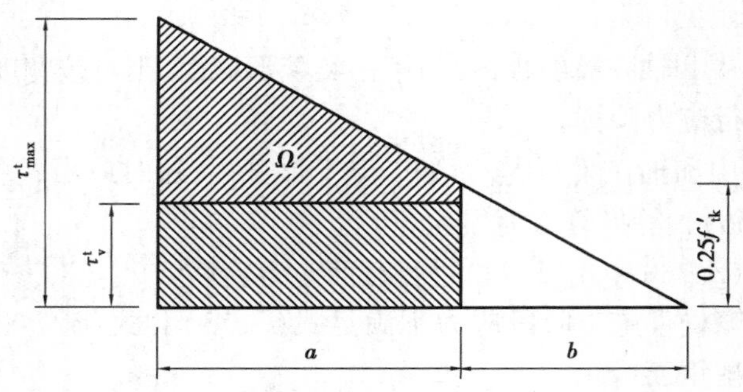

图 3.67　钢筋混凝土受弯构件剪应力图分配

$$\tau_{v}^{t}=\frac{nA_{sv1}[\sigma_{s}^{t}]}{bs_{v}} \tag{3.79}$$

弯起钢筋:

$$A_{sb}\geqslant\frac{b\Omega}{\sqrt{2}[\sigma_{s}^{t}]} \tag{3.80}$$

式中　τ_{v}^{t}——由箍筋承受的主拉应力(剪应力)值;

n——同一截面内箍筋的肢数;

$[\sigma_{s}^{t}]$——短暂状况时钢筋应力的限值,按 $0.75f_{sk}$ 取用;

A_{sv1}——一肢箍筋的截面面积;

s_{v}——箍筋的间距;

A_{sb}——弯起钢筋的总截面面积;

Ω——相应于由弯起钢筋承受的剪应力图的面积。

【例 3.16】已知等高度装配式简支 T 形截面梁(内梁),其跨中截面尺寸如图 3.68 所示,采用 C30 混凝土,$f_{ck}=20.1$ MPa,$f_{tk}=2.01$ MPa,$E_{c}=3.0\times10^{4}$ MPa,截面主筋为 HRB400 级,截面配筋为 8 ⌀32 + 2 ⌀16,$a_{s}=111$ mm,$E_{s}=2\times10^{5}$ MPa,$f_{sk}=400$ MPa,施工安装时,跨中承受主梁自重标准值产生的弯矩为 $M_{G1}=491.94$ kN·m,施工荷载标准值产生的弯矩 $M'_{Q}=1\ 094.4$ kN·m,验算跨中截面混凝土正应力和钢筋应力。

解:

(1)跨中截面弯矩

梁受压翼板的有效宽度为 $b'_{f}=1\ 500$ mm,而受压翼板平均厚度为 $h'_{f}=\frac{140+80}{2}=110(\text{mm})$。有效高度 $h_{0}=h-a_{s}=1\ 300-111=1\ 189(\text{mm})$,普通钢筋弹性模量与混凝土弹性模量的比值 $\alpha_{Es}=E_{s}/E_{c}=2\times10^{5}/3.0\times10^{4}=6.667$。

施工安装是,跨中截面弯矩为:

$$M_{k}^{t}=M_{G1}+M'_{Q}=491.91+1\ 094.4=1\ 586.34(\text{kN}\cdot\text{m})$$

(2)开裂截面的截面几何特性计算

计算截面混凝土受压区高度为:

$$\frac{1}{2}\times1\ 500\times x^{2}=6.667\times6\ 836\times(1\ 189-x)$$

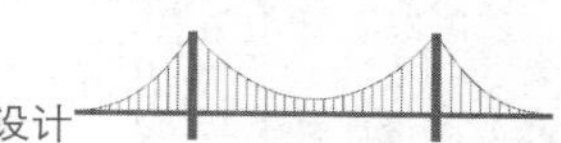

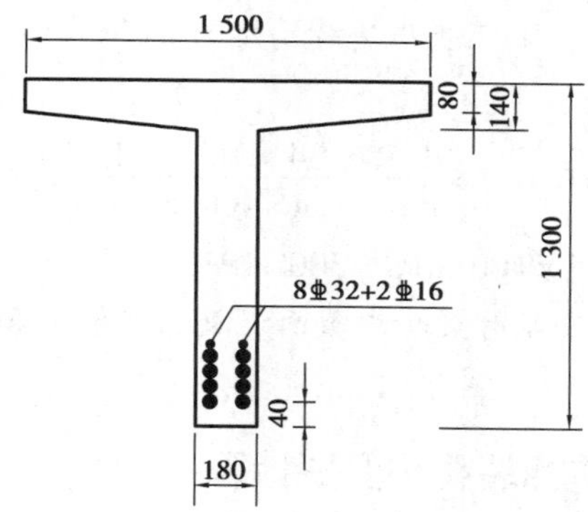

图 3.68　【例 3.16】梁跨中截面尺寸及配筋图(尺寸单位:mm)

整理得:$x^2+61x-72\ 253=0$

解得:$x=240\ \text{mm}>h'_f=110\ \text{mm}$

故为第二类 T 形截面。这时应重新确定换算截面受压区高度 x。

$$A=\frac{\alpha_{Es}A_s+h'_f(b'_f-b)}{b}=\frac{6.667\times 6\ 836+110\times(1\ 500-180)}{180}=1\ 059.86(\text{mm})$$

$$B=\frac{2\alpha_{Es}A_sh_0+(b'_f-b)h'^2_f}{b}=\frac{2\times 6.667\times 6\ 836\times 1\ 189+(1\ 500-180)\times 110^2}{180}=690\ 837.81(\text{mm}^2)$$

故

$$x=\sqrt{A^2+B}-A=\sqrt{1\ 059.86^2+690\ 837.81}-1\ 059.86=287(\text{mm})>h'_f=110\ \text{mm}$$

计算开裂截面的换算截面惯性矩 I_{cr} 为:

$$I_{cr}=\frac{b'_fx^3}{3}-\frac{(b'_f-\text{b})(x-h'_f)^3}{3}+\alpha_{Es}A_s(h_0-x)^2$$
$$=\frac{1\ 500\times 287^3}{3}-\frac{(1\ 500-180)(287-110)^3}{3}+6.667\times 6\ 836\times(1\ 189-287)^2$$
$$=46\ 460.55\times 10^6(\text{mm}^4)$$

(3)正应力验算

受压区混凝土边缘正应力为:

$$\sigma_{cc}^t=\frac{M_k^tx}{I_{cr}}=\frac{1\ 586.34\times 287}{46\ 460.55\times 10^6}=9.8(\text{MPa})<0.8f'_{ck}(=0.8\times 20.1\ \text{MPa}=16.08\ \text{MPa})$$

受拉钢筋面积重心处的应力为:

$$\sigma_s^t=\alpha_{Es}\frac{M_k^t(h_0-x)}{I_{cr}}=6.667\times\frac{1\ 586.34\times 10^6\times(1\ 189-287)}{46\ 460.55\times 10^6}=205.33(\text{MPa})$$
$$<0.75f_{sk}(=0.75\times 400\ \text{MPa}=300\ \text{MPa})$$

最下面一层钢筋(2⌀32)重心距受压边缘高度为 $h_{01}=1\ 300-40=1\ 260(\mathrm{mm})$,则钢筋应力为:

$$\sigma_{s1}^{t}=\alpha_{Es}\frac{M_{k}^{t}(h_{01}-x)}{I_{cr}}=6.667\times\frac{1\ 586.34\times10^{6}\times(1\ 260-287)}{46\ 460.55\times10^{6}}=221.49(\mathrm{MPa})$$

$$<0.75f_{sk}(=0.75\times400\ \mathrm{MPa}=300\ \mathrm{MPa})$$

验算结果表明,主梁施工安装时梁跨中截面混凝土压应力和钢筋拉应力满足要求。

3.4 钢筋混凝土受弯构件的裂缝和变形计算

知识点

①受弯构件裂缝宽度的计算;

②受弯构件变形量的计算;

③预拱度的设置。

钢筋混凝土构件如果变形或混凝土裂缝过大,将影响构件的适用性及耐久性,而达不到结构正常使用要求,因此,应该以第Ⅱ工作阶段为基础进行持久状况正常使用极限状态的计算。对于桥涵钢筋混凝土受弯构件设计,持久状况正常使用极限状态的计算内容是构件混凝土最大裂缝宽度和变形(挠度)验算。

与承载能力极限状态相比,超过正常使用极限状态所造成的后果的危害性和严重性,往往要小一些,轻一些,因而,对其可靠性的保证率可适当放宽一些。在进行正常使用极限状态的计算中,荷载及材料指标均采用标准值而不是设计值。

3.4.1 钢筋混凝土受弯构件的裂缝宽度计算

混凝土抗拉能力比抗压能力小很多,当混凝土结构中的拉应变超过了混凝土的极限拉应变时将出现裂缝。

1)裂缝的类型

钢筋混凝土结构的裂缝,按其产生的原因分为以下几类:

(1)由荷载效应(如弯矩、剪力、扭矩及拉力等)引起的裂缝

由直接作用引起的裂缝,一般是与受力钢筋以一定角度相交的横向裂缝。这类裂缝主要是通过设计进行理论验算和构造措施加以控制。

(2)由外加变形或约束变形引起的裂缝

外加变形一般有地基的不均匀沉降、混凝土的收缩及温差等。约束变形越大,裂缝宽度也越大。这类裂缝往往在构造上提出要求和在施工工艺上采取相应的措施予以控制。

(3)钢筋锈蚀裂缝

由于保护层混凝土碳化或氯离子侵入导致钢筋锈蚀,从而引起混凝土开裂,甚至保护层混凝土剥落。在实际工程中为了防止钢筋锈蚀裂缝的出现,一般认为必须有足够厚度的混凝土保护层和保证混凝土的密实性,严格控制早凝剂的掺入量,一旦钢筋锈蚀裂缝出现,应当及时处理。

在一般的钢筋混凝土结构构件的使用阶段，直接作用引起的混凝土裂缝，只要不是沿混凝土表面延伸过长或裂缝宽度的发展处于不稳定状态，均属正常。但在直接作用下，若裂缝宽度过大，仍会造成裂缝处钢筋锈蚀。

2）影响裂缝宽度的因素

根据试验研究结果，影响裂缝宽度的主要因素如下。

（1）受拉钢筋的应力 σ_{ss}

受拉钢筋的应力是影响裂缝开展宽度的最主要因素。在使用荷载作用下，最大裂缝宽度与受拉钢筋应力 σ_{ss} 呈线性关系，其表达式为，$W_f = k_1\sigma_s + k'_1$，式中 k_1 和 k'_1 为由试验资料确定的系数。

（2）钢筋直径

试验表明，在受拉钢筋配筋率和钢筋应力大致相同的情况下，裂缝宽度随钢筋直径的增加而增加。

（3）受拉钢筋配筋率

试验表明，在钢筋直径相同、钢筋应力大致相同的情况下，裂缝宽度随受拉钢筋配筋率的增加而减小，当配筋率增大至某一数值后，裂缝宽度基本不变。

（4）混凝土保护层厚度

保护层厚度对裂缝间距和裂缝宽度均有影响，保护层厚度越厚，裂缝宽度越宽。但是，从另一方面讲保护层越厚，钢筋锈蚀的可能性就越小。

（5）受拉钢筋的外形

受拉钢筋表面形状对钢筋与混凝土之间的黏结力有很大影响，而黏结力又对裂缝开展有一定影响。在裂缝宽度计算公式中引入系数 C_1 来反映这种影响。

（6）荷载作用性质

大量试验资料表明，构件的平均及最大裂缝宽度会随荷载作用时间的延续，以逐渐减小的比率增加。中国建筑科学研究院的试验资料指出，承受重复作用时裂缝宽度是承受初始作用时裂缝宽度的 1 ~ 1.5 倍，因而在裂缝宽度计算中取用长期效应影响系数 C_2 来考虑长期或重复荷载的影响。

（7）构件形式

试验表明，具有腹板的受弯构件抗裂性能比板式受弯构件稍好，因此，在裂缝宽度计算公式中引入了一个与构件形式有关的系数 C_3。

3）最大裂缝计算公式及裂缝限值

《公路钢筋混凝土及预应力混凝土桥涵设计规范》（JTG 3362—2018）规定，矩形、T 形和工字形截面的钢筋混凝土受弯构件，其最大裂缝宽度（mm）可按式（3.81）计算：

$$W_{cr} = C_1 C_2 C_3 \frac{\sigma_{ss}}{E_s} \cdot \frac{c + d}{0.36 + 1.7\rho_{te}} \tag{3.81}$$

式中　W_{cr}——受弯构件最大裂缝宽度，mm；

C_1——钢筋表面形状的系数，对于光圆钢筋，$C_1 = 1.4$；对于带肋钢筋，$C_1 = 1.0$；对环氧树脂涂层带肋钢筋，$C_1 = 1.15$；

C_2——作用(或荷载)长期效应影响系数,$C_2=1+0.5\dfrac{M_l}{M_s}$,其中 M_l 和 M_s 分别为按作用准永久组合和作用频遇组合计算的弯矩设计值;

C_3——与构件受力性质有关的系数,当为钢筋混凝土板式受弯构件 $C_3=1.15$;当为其他受弯构件时,$C_3=1.0$;

c——最外排纵向受拉钢筋的混凝土保护层厚度(mm),当 $c>50$ mm 时,取 50 mm;

d——纵向受拉钢筋直径(mm),当用不同直径的钢筋时,d 改用换算直径 d_e,$d_e=\dfrac{\sum n_i d_i^2}{\sum n_i d_i}$,对钢筋混凝土构件,$n_i$ 为受拉区第 i 种普通钢筋的根数;d_i 为受拉区第 i 种普通钢筋的公称直径;对钢筋混凝土构件中的焊接钢筋骨架,式中 d 或 d_e 应乘 1.3 的系数;

ρ_{te}——纵向受拉钢筋的有效配筋率,$\rho_{te}=\dfrac{A_s}{A_{te}}$,当 $\rho_{te}>0.1$ 时,取 $\rho_{te}=0.1$;当 $\rho_{te}<0.01$ 时,取 $\rho_{te}=0.01$;

A_s——受拉区纵向钢筋截面面积;

A_{te}——有效受拉混凝土截面面积,对于受弯构件 $A_{te}=2a_s b$,如图 3.69 所示。对于其他构件,参见《公路钢筋混凝土及预应力混凝土桥涵设计规范》(JTG 3362－2018)第 6.4.5 条;

b_f——构件受拉翼缘宽度;

h_f——构件受拉翼缘厚度;

σ_{ss}——由作用(或荷载)频遇组合的效应引起的开裂截面纵向受拉钢筋的应力(MPa),对于钢筋混凝土受弯构件,$\sigma_{ss}=\dfrac{M_s}{0.87A_s h_0}$,其他受力性质构件的 σ_{ss} 计算式参见《公路钢筋混凝土及预应力混凝土桥涵设计规范》(JTG 3362—2018)第 6.4.4 条规定;

M_s——按作用频遇组合计算的弯矩值,N · mm;

E_s——钢筋弹性模量,MPa。

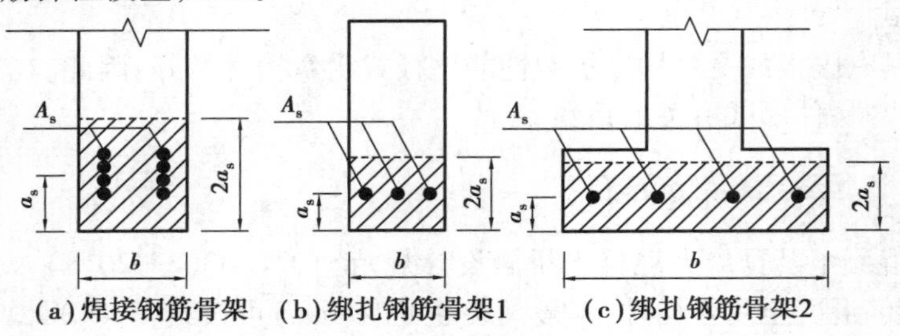

图 3.69　有效受拉混凝土截面面积

在正常使用极限状态下,钢筋混凝土构件的最大裂缝宽度应按作用(或荷载)频遇组合并考虑长期效应组合影响进行验算,且不得超过规定的下列裂缝限值:

①Ⅰ类(一般环境)、Ⅱ类(冻融环境)和Ⅶ类(磨蚀环境)环境:最大裂缝宽度不应超过

0.2 mm 。

②Ⅲ类(海洋氯化物环境)和Ⅳ类(除冰盐等其他氯化物环境)环境:最大裂缝宽度不应超过0.15 mm。

③Ⅴ类(盐结晶环境)和Ⅵ类(化学腐蚀环境)环境:最大裂缝宽度不应超过0.1 mm。

需说明一点,规范规定的混凝土裂缝宽度限值是对在作用(或荷载)频遇组合并考虑长期效应组合影响下与构件轴线方向呈垂直的裂缝而言,不包括施工中混凝土收缩、养护不当及钢筋锈蚀等引起的其他非受力裂缝。

【例 3.17】装配式钢筋混凝土简支 T 形截面梁,全长 15 m,计算跨径 $L=14.5$ m,C30 混凝土,$E_c=3.00\times10^4$ MPa,受拉主筋为 HRB400 级,钢筋截面面积 $A_s=6\ 158\ \text{mm}^2$(10⌀28),$a_s=69$ mm,$E_s=2.0\times10^5$ MPa,主筋布置如图 3.70 所示。Ⅰ类环境条件,安全等级为二级。

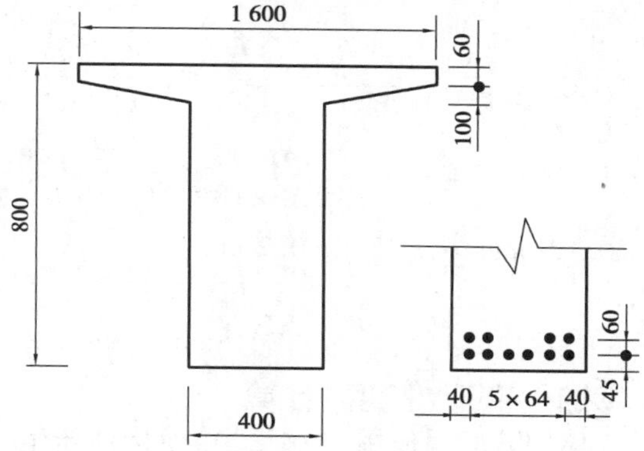

图 3.70　【例 3.17】截面尺寸及配筋图(尺寸单位:mm)

T 梁跨中截面使用阶段汽车荷载标准值产生的弯矩为 $M_{Q1}=321.15$ kN·m(未计入汽车冲击系数),人群荷载标准值产生的弯矩 $M_{Q2}=41.20$ kN·m,永久作用(恒载)标准值产生的弯矩 $M_G=389.47$ kN·m。试进行正常使用极限状态下钢筋混凝土构件的裂缝宽度验算。

解:

(1)作用效应组合

作用频遇组合下的弯矩:

$$M_s=M_G+\psi_{f_1}M_{Q1}+\psi_{q_2}M_{Q2}$$
$$=389.47+0.7\times321.15+0.4\times41.20=630.76(\text{kN}\cdot\text{m})$$

作用准永久组合效应组合下的弯矩:

$$M_l=M_G+\psi_{q_1}M_{Q1}+\psi_{q_2}M_{Q2}$$
$$=389.47+0.4\times321.15+0.4\times41.20=534.41(\text{kN}\cdot\text{m})$$

(2)最大裂缝宽度计算

由已知条件可知 $C_1=1.0$(带肋钢筋),$C_3=1.0$(钢筋混凝土梁),而作用长期效应影响系数 C_2 为:

$$C_2=1+0.5\frac{M_l}{M_s}=1.0+0.5\times\frac{534.41}{630.76}=1.424$$

纵向受拉钢筋为 10⌀28,$A_s=6\ 158\ \text{mm}^2$,$h_0=800-69=731$(mm),则配筋率为:

$$\rho_{te}=\frac{A_s}{2a_s b}=\frac{6\ 158}{2\times 69\times 400}=0.111\ 6>0.1$$

取 $\rho_{te}=0.1$。

作用频遇组合引起的开裂截面纵向受拉钢筋的应力 σ_{ss} 为：

$$\sigma_{ss}=\frac{M_s}{0.87A_s h_0}=\frac{630.75\times 10^6}{0.87\times 6\ 158\times 731}=161.06(\mathrm{MPa})$$

最外层纵向受拉钢筋的保护层厚度为：

$$c=45-\frac{31.6}{2}=29.2(\mathrm{mm})$$

而 $E_s=2.0\times 10^5\ \mathrm{MPa}$，纵向钢筋均为同一直径的普通钢筋，$d=28\ \mathrm{mm}$，则由式(3.81)求解最大裂缝宽度为：

$$\begin{aligned}W_{cr}&=C_1C_2C_3\frac{\sigma_{ss}}{E_s}\cdot\frac{c+d}{0.36+1.7\rho_{te}}\\&=1.0\times 1.424\times 1.0\times\frac{161.06}{2.0\times 10^5}\times\frac{29.2+28}{0.36+1.7\times 0.1}\\&=0.12(\mathrm{mm})<[W_{cr}]=0.2\ \mathrm{mm}\end{aligned}$$

故裂缝宽度满足要求。

3.4.2 钢筋混凝土受弯构件变形(挠度)计算

钢筋混凝土受弯构件在使用阶段因作用(或荷载)，使构件产生挠曲变形，而过大的挠曲变形将影响结构的正常使用。因此，为了确保桥梁的正常使用，受弯构件的变形计算成为持久状况正常使用极限状态计算的一项主要内容，要求受弯构件具有足够的刚度，使得构件在使用荷载作用下的最大变形挠度计算值不得超过容许的限值。

1)力学中挠度的计算

在使用阶段，钢筋混凝土受弯构件是带裂缝工作的，对这个阶段的计算，在前面已介绍了3个基本假定，即平截面假定、弹性体假定和不考虑受拉区混凝土参与工作。在此基础上，可以采用材料力学或结构力学中关于受弯构件变形的计算方法，例如：

在均布荷载作用下，简支梁的最大挠度为：

$$f=\frac{5ML^2}{48EI}\text{或}f=\frac{5qL^4}{384EI}\tag{3.82}$$

当集中荷载作用在简支梁跨中时，梁的最大挠度为：

$$f=\frac{ML^2}{12EI}\text{或}f=\frac{PL^3}{48EI}\tag{3.83}$$

由式(3.83)可见，不论作用的形式和大小如何，梁的挠度 f 总是与 EI 值成反比。EI 值反映了梁的抗弯曲变形的能力，故 EI 又称为受弯构件的抗弯刚度。

2)受弯构件的刚度计算

对钢筋混凝土梁来讲，由于材料的非弹性性质和受拉区裂缝的发展，梁的刚度不是常数，而是随着荷载的增加不断降低。也就是说,钢筋混凝土受弯构件的变形(挠度)计算中涉及的抗弯刚度不能直接采用匀质弹性梁的抗弯刚度 EI。为简化起见,把变刚度构件等效为等刚度构件,采用结构力学方法,按在两端部弯矩作用下构件转角相等的原则,可求得等刚度受弯构件的等效刚度 B,即为开裂构件等效截面的抗弯刚度。

对于钢筋混凝土受弯构件,《公路钢筋混凝土及预应力混凝土桥涵设计规范》(JTG 3362—2018)规定计算变形时的开裂构件抗弯刚度计算公式为:

$$B = \frac{B_0}{\left(\frac{M_{cr}}{M_s}\right)^2 + \left[1 - \left(\frac{M_{cr}}{M_s}\right)^2\right]\frac{B_0}{B_{cr}}} \tag{3.84}$$

$$M_{cr} = \gamma f_{tk} W_0 \tag{3.85}$$

$$\gamma = \frac{2S_0}{W_0} \tag{3.86}$$

式中 B——开裂构件等效截面的抗弯刚度;

B_0——全截面的抗弯刚度,$B_0 = 0.95E_cI_0$;

B_{cr}——开裂截面的抗弯刚度,$B_{cr} = E_cI_{cr}$;

E_c——混凝土的弹性模量;

I_0——全截面换算截面惯性矩;

I_{cr}——开裂截面的换算截面惯性矩;

M_s——按作用频遇组合计算的弯矩值;

M_{cr}——开裂弯矩;

f_{tk}——混凝土轴心抗拉强度标准值;

γ——构件受拉区混凝土塑性影响系数;

S_0——全截面换算截面重心轴以上(或以下)部分面积对重心轴的面积矩;

W_0——全截面换算截面抗裂验算边缘的弹性抵抗矩。

由此,用开裂构件等效截面的抗弯刚度 B 取代式(3.82)及式(3.83)中的 EI,即得到按作用频遇组合计算的挠度值 f_s:

$$f_s = \frac{5qL^4}{384B} \tag{3.87}$$

$$f_s = \frac{PL^3}{48B} \tag{3.88}$$

3)受弯构件在使用阶段的长期挠度 f_l 及挠度限值

《公路钢筋混凝土及预应力混凝土桥涵设计规范》(JTG 3362—2018)规定,受弯构件在使用阶段的挠度应考虑作用(或荷载)长期效应的影响,即按作用频遇组合和给定的刚度计算的挠度值 f_s,再乘以挠度长期增长系数 η_θ,挠度长期增长系数按下列规定取用:

①当采用 C40 以下混凝土时,$\eta_\theta = 1.6$;

②当采用 C40 ~ C80 混凝土时,$\eta_\theta = 1.45 \sim 1.35$,中间强度等级可按直线内插取用。

受弯构件在使用阶段的长期挠度 f_l 为:

$$f_l = \eta_\theta f_s \tag{3.89}$$

上述规范还规定，钢筋混凝土受弯构件，按上述计算的长期挠度值，在消除结构自重产生的长期挠度后：

梁式桥主梁的最大挠度处不应超过计算跨径的1/600；

梁式桥主梁的悬臂端不应超过悬臂长度的1/300，即：

$$\eta_\theta(f_s - f_G) \leqslant \frac{L}{600}\text{或}\frac{L}{300} \tag{3.90}$$

式中 f_G——结构自重产生的挠度；

L——结构的计算跨径或悬臂长度。

4）受弯构件的预拱度

对钢筋混凝土梁式桥，梁的变形是由永久作用（结构重力）和可变作用两部分产生的。对于由可变作用并考虑长期效应影响产生的挠度值应满足挠度限值的要求，而对于由结构重力引起的挠度值，一般采用在施工时设置预拱度的方法来加以消除。

钢筋混凝土受弯构件的预拱度可按下列规定设置：

①当由作用频遇组合并考虑作用长期效应影响产生的长期挠度不超过计算跨径 L 的1/1 600时，可不设预拱度。

②当不符合上述规定时应设置预拱度，其值应按结构自重和1/2可变作用频遇值计算的长期挠度值之和采用。

预拱的设置按最大的预拱值沿顺桥向做成平顺的曲线。

【例3.18】已知条件与例3.17相同。试计算：

(1)该T形截面梁挠度是否满足要求；

(2)是否应设置预拱度及预拱度大小。

解：

(1)T梁换算截面的几何特性

对T梁的开裂截面，计算开裂截面的受压区高度 x 为：

$$\frac{1}{2}\times 1\,600\times x^2 = 6.667\times 6\,158\times(731-x)$$

解得：$x=170\text{ mm}>h'_f=110\text{ mm}$

故该梁的跨中截面为第二类T形截面。

重新确定开裂截面受压区高度 x：

$$A=\frac{\alpha_{Es}A_s+h'_f(b'_{f1}-b)}{b}$$

$$=\frac{6.667\times 6\,158+110\times(1\,600-400)}{400}$$

$$=432.6(\text{mm})$$

$$B=\frac{2\alpha_{Es}A_s h_0+(b'_f-b)h'^2_f}{b}$$

$$=\frac{2\times 6.667\times 6\,158\times 731+(1\,600-400)\times 110^2}{400}$$

$$=186\ 357.4(\text{mm}^2)$$

则 $x=\sqrt{A^2+B}-A=\sqrt{432.6^2+186\ 357.4}-432.6=179(\text{mm})>h'_f=110\ \text{mm}$

开裂截面的换算截面惯性矩 I_{cr} 为：

$$I_{cr}=\frac{b'_f x^3}{3}-\frac{(b'_f-b)(x-h'_f)^3}{3}+\alpha_{Es}A_s(h_0-x)^2$$

$$=\frac{1\ 600\times179^3}{3}-\frac{(1\ 600-400)(179-110)^3}{3}+6.667\times6\ 158\times(731-179)^2$$

$$=15\ 437.2\times10^6(\text{mm}^4)$$

梁的全截面换算截面面积 A_0 为：

$$A_0=bh+(b'_f-b)h'_f+(\alpha_{Es}-1)A_s$$

$$=400\times800+(1\ 600-400)\times110+(6.667-1)\times6\ 158$$

$$=486\ 897(\text{mm}^2)$$

全截面换算截面受压区高度 x 为：

$$x=\frac{\frac{1}{2}bh^2+\frac{1}{2}(b'_f-b)(h'_f)^2+(\alpha_{Es}-1)A_s h_0}{A_0}$$

$$=\frac{\frac{1}{2}\times400\times800^2+\frac{1}{2}(1\ 600-400)\times110^2+(6.667-1)\times6\ 158\times731}{486\ 897}$$

$$=330(\text{mm})$$

全截面换算截面惯性矩 I_0 的计算为：

$$I_0=\frac{1}{12}bh^3+bh\left(\frac{h}{2}-x\right)^2+\frac{1}{12}(b'_f-b)(h'_f)^3+(b'_f-b)h'_f\left(\frac{h'_f}{2}-x\right)^2+(\alpha_{Es}-1)A_s(h_0-x)^2$$

$$=\frac{1}{12}\times400\times800^3+400\times800\times\left(\frac{800}{2}-330\right)^2+\frac{1}{12}\times(1\ 600-400)\times110^3+$$

$$(1\ 600-400)\times110\times\left(\frac{110}{2}-330\right)^2+(6.667-1)\times6\ 158\times(731-330)^2$$

$$=3.44\times10^{10}(\text{mm}^4)$$

(2)抗弯刚度计算

全截面抗弯刚度：

$$B_0=0.95E_cI_0=0.95\times3.0\times10^4\times3.44\times10^{10}=9.80\times10^{14}(\text{N}\cdot\text{mm}^2)$$

开裂截面抗弯刚度：

$$B_{cr}=E_cI_{cr}=3.0\times10^4\times15\ 437.2\times10^6=4.63\times10^{14}(\text{N}\cdot\text{mm}^2)$$

全截面换算截面受拉区边缘的弹性抵抗矩为：

$$W_0=\frac{I_0}{h-x}=\frac{3.44\times10^{10}}{800-330}=7.32\times10^7(\text{mm}^3)$$

全截面换算截面的面积矩为：

$$S_0=\frac{1}{2}b'_f x^2-\frac{1}{2}(b'_f-b)(x-h'_f)^2$$

$$=\frac{1}{2}\times1\ 600\times330^2-\frac{1}{2}\times(1\ 600-400)\times(330-110)^2$$

$=5.81\times10^{7}(\text{mm}^{3})$

塑性影响系数 γ 为：

$$\gamma=\frac{2S_0}{W_0}=\frac{2\times5.81\times10^{7}}{7.32\times10^{7}}=1.59$$

开裂弯矩：

$$M_{cr}=\gamma f_{tk}W_0=1.59\times2.01\times7.32\times10^{7}=233.94(\text{kN}\cdot\text{m})$$

计算变形时的抗弯刚度：

$$B=\frac{B_0}{\left(\frac{M_{cr}}{M_s}\right)^2+\left[1-\left(\frac{M_{cr}}{M_s}\right)^2\right]\frac{B_0}{B_{cr}}}$$

$$=\frac{9.80\times10^{14}}{\left(\frac{233.94}{630.76}\right)^2+\left[1-\left(\frac{233.94}{630.76}\right)^2\right]\times\frac{9.80\times10^{14}}{4.99\times10^{14}}}$$

$$=4.99\times10^{14}(\text{N}\cdot\text{mm}^2)$$

(3)受弯构件跨中处的长期挠度值

短期荷载效应组合下跨中截面弯矩标准值 $M_s=630.76\ \text{kN}\cdot\text{m}$，结构自重作用下跨中截面弯矩标准值 $M_G=389.47\ \text{kN}\cdot\text{m}$。对 C30 混凝土，挠度长期增长系数 $\eta_\theta=1.60$。

受弯构件在使用阶段的跨中截面的长期挠度值为：

$$f_l=\frac{5}{48}\times\frac{M_sL^2}{B}\times\eta_\theta=\frac{5}{48}\times\frac{630.76\times10^{6}\times(14.5\times10^{3})^2}{4.99\times10^{14}}\times1.60=44(\text{mm})$$

在结构自重作用下跨中截面的长期挠度值为：

$$f_G=\frac{5}{48}\times\frac{M_GL^2}{B}\times\eta_\theta=\frac{5}{48}\times\frac{389.47\times10^{6}\times(14.5\times10^{3})^2}{4.96\times10^{14}}\times1.60=28(\text{mm})$$

消除结构自重产生的长期挠度后计算值 f_Q 为：

$$f_Q=f_l-f_G=44-28=16(\text{mm})<\frac{L}{600}=\frac{14.5\times10^{3}}{600}=24(\text{mm})$$

故 T 形截面梁扰度满足要求。

(4)预拱度设置

在荷载短期效应组合并考虑荷载长期效应影响下梁跨中处产生的长期挠度为：

$$f_l=44\ \text{mm}>\frac{L}{1\,600}=\frac{14.5\times10^{3}}{1\,600}=9(\text{mm})$$

故跨中截面需设置预拱度。

根据规范对预拱度设置的规定，得到梁跨中处的预拱度为：

$$\Delta=f_G+\frac{1}{2}f_Q=28+\frac{1}{2}\times16=36(\text{mm})$$

3.5 混凝土结构的耐久性

知识点

①钢筋锈蚀的机理；

②耐久性损伤的原因；

③耐久性设计应包含的内容。

从工程角度来看，混凝土结构的耐久性是指混凝土结构和构件在自然环境、使用环境及材料内部因素的作用下，长期保持材料性能以及安全使用和结构外观要求的能力。

自然环境的作用造成混凝土材料劣变或整体性受损，称为混凝土结构耐久性损伤。例如温度和湿度及其变化（干湿交替、冻融循环等），环境中水、汽、盐、酸等介质作用会通过混凝土的孔隙、微裂缝等，以及混凝土结构表面裂缝和其他质量缺陷进入混凝土，与水泥石发生化学作用或者物理作用。

随着时间推移，结构耐久性损伤的积累与发展导致混凝土结构耐久性下降，严重时会导致结构的安全性降低，甚至破坏。因此，在设计桥梁混凝土结构时，除了进行混凝土结构和构件承载力计算、变形和裂缝验算外，还应在设计上考虑混凝土结构耐久性问题。

3.5.1　混凝土结构耐久性损伤

根据国内外广泛的现场调查资料及研究，桥涵混凝土结构和构件耐久性损伤现象主要有钢筋锈蚀、混凝土劣化、混凝土冻融破坏等。

1）钢筋锈蚀

钢筋锈蚀是指埋置在混凝土中的钢筋表面出现均匀锈蚀和局部锈蚀并出现褐红锈皮现象。所谓均匀锈蚀是指锈蚀分布于钢筋整个表面且以相同速率使钢筋截面减小的现象，而局部锈蚀是指钢筋表面上各处锈蚀程度不同，即一小部分表面锈蚀速率和锈蚀梯度远大于整个表面锈蚀速率平均值的现象。

由于混凝土发生水化反应形成大量的氢氧化钙，故新浇筑混凝土的 pH 值一般为 12 ~ 13，在这样强碱性环境中，埋置在其中的钢筋表面会生成一层钝化膜，这层钝化膜对钢筋有良好的保护作用。一旦这层钝化膜受到破坏，钢筋就会发生锈蚀。

钢筋锈蚀产物的体积比被锈蚀钢筋相应部分的体积要大 2 ~ 3 倍，以致能产生足够的膨胀挤压力使混凝土开裂，即钢筋所在位置的混凝土表面出现沿钢筋方向的裂缝（顺筋裂缝），这是钢筋严重锈蚀最早可看见的外观征兆。

（1）引起钢筋锈蚀的原因

通常有两种途径可以使钢筋表面的钝化膜遭受破坏，从而使钢筋锈蚀。

①混凝土碳化。混凝土是多孔性的材料，大气中的二氧化碳能够渗入到混凝土内与氢氧化钙产生化学反应：$Ca(OH)_2 + CO_2 \longrightarrow CaCO_3 + H_2O$，这种反应称为碳化，它使表层混凝土的碱性降低形成碳化层。随着二氧化碳逐渐被吸入，碳化层也逐渐向内发展，一旦发展到钢筋表面，钝化膜即遭到破坏，称为脱钝。

②氯离子侵入。氯离子也可以通过孔隙侵入混凝土内，与钢筋表面的氧化膜反应生成金属氧化物，从而使钝化膜遭到破坏。处在氯盐环境的构件此种破坏尤为明显，例如采用了除冰盐的桥面或海洋环境。

（2）影响钢筋锈蚀的因素

①保护层厚度。通过试验研究发现，如果在正常的保护层厚度情况下，需经 50 年钢筋才锈蚀的话，此时环境条件不变，若保护层的厚度减少一半，只需 12.5 年钢筋就会出现锈蚀。

因此,任何局部的保护层厚度减小,都将显著地降低结构的耐久性。

②水灰比。水灰比对混凝土的渗透性起决定性的作用,当水灰比超过 0.6 时,由于毛细孔的增加,渗透性将随水灰比的增加而急剧增大。

③养护。混凝土养护不足,即混凝土表面早期干燥,表层混凝土的渗透性将增加 5 ~ 10 倍。相关试验研究表明,养护不良对混凝土内部的质量影响不大,但对保护层混凝土的渗透性则有很大影响。养护不足会使表层混凝土迅速干燥,水泥水化作用不充分,渗透性增大。因此,保护层厚度越薄,越应重视混凝土的养护。

④水泥用量。水泥含量对混凝土渗透性的影响不如水灰比、振捣质量和养护的影响大,但对混凝土的和易性和养护敏感性有重要影响。通常,水灰比不超过0.5 ~0.6,采用300 kg/m^3 的水泥用量足以实现较低的渗透性和较高耐久性。

(3)钢筋锈蚀的后果

钢筋锈蚀是一种随时间而发展的渐进性病害,它造成混凝土结构耐久性损伤和结构破坏,主要有以下几个方面的表现:

①钢筋锈蚀使混凝土和钢筋之间的黏结性能退化和下降。

②钢筋锈蚀造成钢筋截面减少。

③钢筋混凝土构件的承载力受到影响。已有研究发现,当纵向受拉钢筋的锈蚀率超过 1.5% 时,钢筋混凝土梁的承载力下降约 12% 。

2)混凝土劣化

混凝土劣化是指结构混凝土材料物理力学性能变差、混凝土整体性削弱,甚至混凝土破碎的现象。

在混凝土桥梁上,主要现象有混凝土强度和弹性模量降低、混凝土分层变色、混凝土剥落(结构或构件混凝土表面水泥浆流失、骨料外露的现象)、混凝土剥离、混凝土表面磨损(局部混凝土表面的粗细骨料以及水泥浆都被均匀磨掉的现象)、混凝土破碎及超过宽度限值且仍在发展的混凝土裂缝等。

3)混凝土冻融破坏

桥梁处于Ⅱ类环境条件下,潮湿或水饱和的混凝土结构在冻融循环的反复作用下产生的混凝土冻害,称为混凝土冻融破坏。

混凝土冻融破坏通常发生在经常与水接触的结构水平表面,对结构立面造成的破坏,多发生于淹没在水中结构的水线附近。当温度下降,结构孔隙中的水转化成冰时,体积逐渐膨胀,这种膨胀会产生一种局部张力,使其周围的水泥基质断裂,造成结构破损,这种破损是从外向里混凝土一小片、一小片地破损。

盐冻破坏是盐溶液与冻融的共同作用引起的混凝土破坏,比单纯冻融严重得多。一般把盐冻破坏看作冻融破坏的一种特殊形式,即最严重的冻融破坏,混凝土的破坏程度和速率比普通冻融大数倍。

一般来讲,桥涵混凝土冻融破坏主要是混凝土受到反复冻融造成内部损伤,产生开裂甚至混凝土表面破碎,导致集料裸露。混凝土保护层遭受冻害后,钢筋更容易锈蚀。冻融破坏的主要条件是水、最低温度和反复冻融次数。

4）硫酸盐侵蚀

混凝土结构所处的土壤及水中富含硫酸钠、硫酸钙和硫酸镁等硫酸盐，通过混凝土表面裂缝和孔隙进入混凝土内部而产生的物理、化学破坏作用。

5）混凝土碱—骨料反应

水泥或混凝土中的碱与某些骨料发生化学反应，引起混凝土内部膨胀开裂，甚至破坏。

6）磨损破坏

遭受风或流水中夹杂物的摩擦、切削、冲击等作用，或因高速水流速度和方向变化产生的压力差形成气蚀导致混凝土结构物表面的磨损。

3.5.2　混凝土结构耐久性设计

行业标准《公路工程混凝土结构耐久性设计规范》（JTG/T 3310—2019）规定，公路工程混凝土结构耐久性设计，应根据结构的设计使用年限、结构所处的环境类别及作用等级，确定材料耐久性指标、减轻环境作用效应的结构构造措施、防腐蚀附加措施等。

混凝土结构耐久性设计包含下列内容：

①确定结构和构件的设计使用年限。

②确定结构和构件所处的环境类别及其作用等级。

③提出原材料、混凝土和水泥基灌浆材料的性能和耐久性控制指标。

④采用有利于减轻环境作用的结构形式、布置和构造措施。

⑤对于严重腐蚀环境条件下的混凝土结构，除了对混凝土本身提出相关的耐久性要求外，还应进一步采取必要的防腐蚀附加措施。

⑥采取适当的施工和养护措施，满足耐久性所需的施工和养护的基本要求。

1）原材料要求

（1）水泥

①应根据公路工程混凝土结构物的性能与特点、结构物所处环境及施工条件，选择合适的水泥品种；水泥强度等级应与混凝土设计强度等级相适应。

②对环境作用等级为 D 级及以上的混凝土结构，宜增加矿物掺合料用量。

③硅酸盐水泥或普通硅酸盐水泥的细度不宜超过 350 m^2/kg；水泥中铝酸三钙（C_3A）含量不宜超过 8%（海水中不宜超过 5%）。大体积混凝土宜采用硅酸二钙（C_2S）含量相对较高的水泥。

④应选用质量稳定、低水化热和碱含量偏低的水泥。水泥的碱含量（按 Na_2O 量计）不宜超过 0.6%。

（2）粗、细集料

①宜选用质地坚硬、级配良好、粒径合格、吸水率低、颗粒洁净、有害杂质含量少、无碱活性的粗、细集料，基本技术指标应按现行标准《公路桥涵施工技术规范》（JTG/T 3650—2020）的相关要求执行。

②主体结构应使用无碱活性反应的集料，非主体结构宜避免采用有碱活性反应的集料，或采取必要的控制措施。应对粗、细集料进行碱活性检验，具体试验方法应符合现行标准《公路工程集料试验规程》（JTG E42—2005）的规定。

③对处于环境作用等级为 D 级及以上的近海或海洋氯化物环境、除冰盐等其他氯化物环境中的公路工程混凝土结构，宜采用抗渗透性较好的岩石作为粗、细集料。

④粗集料的最大公称粒径不应超过结构最小边尺寸的 1/4 和钢筋最小净距的 3/4；在两层或多层密布钢筋结构中，不应超过钢筋最小净距的 1/2。

（3）矿物掺合料

①宜综合考虑环境、施工等情况，使用优质粉煤灰、磨细矿渣、硅灰等矿物掺合料或复合矿物掺合料。

②矿物掺合料中的碱含量应以其中的可溶性碱计算，按试样中碱的溶出量试验确定；当无检测条件时，对于粉煤灰，应以其总碱量的 1/6 计算粉煤灰中的可溶性碱，对于矿渣，以总碱量的 1/2 计算。

③公路工程混凝土结构宜采用 F 类Ⅰ级或Ⅱ级粉煤灰。对普通钢筋混凝土，粉煤灰烧失量不宜大于 8%；需水量比不宜大于 105%；Ⅰ级粉煤灰的 45 μm 方孔筛筛余量不宜大于 12%，Ⅱ级粉煤灰的筛余量不宜大于 20%。粉煤灰其他相关技术指标应符合现行国家标准《用于水泥和混凝土中的粉煤灰》（GB/T 1596—2017）的规定。

④磨细高炉矿渣的比表面积宜为 350 ~ 450 m^2/kg，需水量比不宜大于 100%，烧失量不应大于 3%，此外氯离子含量不应大于 0.02%。其他相关技术指标应按现行标准《公路桥涵施工技术规范》（JTG/T 3650—2020）的相关要求执行。

⑤硅灰中的二氧化硅含量不宜小于 85%，比表面积宜大于 18 000 m^2/kg。其他相关技术指标应按现行《公路桥涵施工技术规范》（JTG/T 3650—2020）的相关要求执行。硅灰宜与其他矿物掺合料复合使用，掺量不超过胶凝材料总量的 10%。

（4）水

①混凝土用水应清洁，不应采用污水或 pH 值小于 5 的酸性水。严禁采用未经处理的海水拌制钢筋混凝土和预应力混凝土。

②混凝土用水中不应含有影响水泥正常凝结与硬化的有害杂质、油脂、糖类及游离酸类等；其他指标应符合现行标准《公路桥涵施工技术规范》（JTG/T 3650—2020）的相关规定。

（5）外加剂

①应根据使用目的和混凝土性能、原材料性能、施工条件、配合比等因素，选择适宜外加剂，并通过试验及技术经济比较确定用量。

②当不同品种外加剂复合使用时，应事先通过试验验证其相容性及对混凝土性能的影响。

③各种外加剂中的氯离子总含量不宜大于混凝土中胶凝材料总质量的 0.02%，硫酸钠含量不宜大于减水剂干重的 15%。

④减水剂宜采用聚羧酸系减水剂。

⑤防冻剂中的氯离子含量不应大于 0.1%。

2)设计使用年限选用

结构设计使用年限是结构耐久性设计的依据,桥涵结构设计使用年限一般可参照表 2.1 或表 2.2 的规定选用。对有特殊要求的结构,其设计使用年限可在上述规定的基础上,经技术经济论证后予以适当调整。

设计使用年限应由业主或用户与设计人员共同确定,并满足有关法规的最低要求。因此,对于有特殊要求结构的设计使用年限,可在表 2.1 或表 2.2 的基础上经过技术经济论证后调整,其设计使用年限可以大于 100 年,如港珠澳大桥的设计使用年限为 120 年。

同一座公路桥梁中,不同构件的设计使用年限也可以不同,例如,桥梁主体结构构件和护栏、桥面铺装等可有不同的设计使用年限。桥梁结构及构件的使用年限可以通过维修延长。

3)桥梁结构使用环境类别与环境作用等级

混凝土结构的耐久性应根据使用环境类别和设计使用年限进行设计。

(1)使用环境类别

根据工程经验,并参考国外有关规范,公路桥涵混凝土结构及构件应根据其表面直接接触的环境按表 3.6 的规定确定所处环境类别,共分为 7 类。

表 3.6　公路桥涵混凝土结构及构件所处环境类别划分

环境类别	条件
Ⅰ类-一般环境	仅受混凝土碳化影响的环境
Ⅱ类-冻融环境	受反复冻融影响的环境
Ⅲ类-近海或海洋氯化物环境	受海洋环境下氯盐影响的环境
Ⅳ类-除冰盐等其他氯化物环境	受除冰盐等氯盐影响的环境
Ⅴ类-盐结晶环境	受混凝土孔隙中硫酸盐结晶膨胀影响的环境
Ⅵ类-化学腐蚀环境	受酸碱性较强的化学物质侵蚀的环境
Ⅶ类-磨蚀环境	受风、水流或水中夹杂物的摩擦、切削、冲击等作用的环境

(2)环境作用等级

用于描述环境对桥涵混凝土结构的作用程度,是根据环境作用对混凝土及结构破坏或腐蚀程度的不同而划分的等级,见表 3.7。

表 3.7　环境作用等级

环境类别	环境作用等级					
	A 轻微	B 轻度	C 中度	D 严重	E 非常严重	F 极端严重
一般环境(Ⅰ)	Ⅰ-A	Ⅰ-B	Ⅰ-C	—	—	
冻融环境(Ⅱ)	—	—	Ⅱ-C	Ⅱ-D	Ⅱ-E	—

续表

环境类别	环境作用等级					
	A 轻微	B 轻度	C 中度	D 严重	E 非常严重	F 极端严重
近海或海洋氯化物环境(Ⅲ)	—	—	Ⅲ-C	Ⅲ-D	Ⅲ-E	Ⅲ-F
除冰盐等其他氯化物环境(Ⅳ)	—	—	Ⅳ-C	Ⅳ-D	Ⅳ-E	—
盐结晶环境(Ⅴ)	—	—	—	Ⅴ-D	Ⅴ-E	Ⅴ-F
化学腐蚀环境(Ⅵ)	—	—	Ⅵ-C	Ⅵ-D	Ⅵ-E	Ⅵ-F
磨蚀环境(Ⅶ)	—	—	Ⅶ-C	Ⅶ-D	Ⅶ-E	Ⅶ-F

桥涵混凝土结构的耐久性设计,应根据结构所处区域位置和构件表面的局部环境特点,判断其所属的环境类别,根据进一步环境调研结果判定结构所属的环境作用等级,在设计时应注意:

①混凝土结构和构件应根据其表面直接接触的环境按表3.6的规定选择所处环境类别。

②当结构构件受到多种环境共同作用时,应分别满足每种环境类别单独作用下的耐久性要求。

③当结构的不同部位所受环境作用变化较大时,宜对不同部位所处环境类别和作用等级分别进行确定,并分段进行耐久性设计。

4)混凝土强度等级的要求

①《公路钢筋混凝土及预应力混凝土桥涵设计规范》(JTG 3362—2018)规定了各类环境桥梁结构混凝土强度等级最低要求应符合表3.8的规定。

②钢筋混凝土最小保护层厚度要满足规范的要求,见表3.1。

③有抗渗要求的混凝土结构,混凝土的抗渗等级要符合有关标准的要求。

④严寒和寒冷地区的潮湿环境中,混凝土应满足抗冻要求,混凝土抗冻等级符合有关标准的要求。

⑤桥涵结构形式、结构构造有利于排水、通风,避免水汽凝聚和有害物质积聚。

表3.8 混凝土强度等级最低要求

构件类别	梁、板、塔、拱圈、涵洞上部		墩台身、涵洞下部		承台、基础	
设计使用年限	100年	50年、30年	100年	50年、30年	100年	50年、30年
Ⅰ类——一般环境	C35	C30	C30	C25	C25	C25
Ⅱ类——冻融环境	C40	C35	C35	C30	C30	C25
Ⅲ类——近海或海洋氯化物环境	C40	C35	C35	C30	C30	C25
Ⅳ类——除冰盐等其他氯化物环境	C40	C35	C35	C30	C30	C25

续表

构件类别	梁、板、塔、拱圈、涵洞上部		墩台身、涵洞下部		承台、基础	
设计使用年限	100 年	50 年、30 年	100 年	50 年、30 年	100 年	50 年、30 年
Ⅴ类——盐结晶环境	C40	C35	C35	C30	C30	C25
Ⅵ类——化学腐蚀环境	C40	C35	C35	C30	C30	C25
Ⅶ类——磨蚀环境	C40	C35	C35	C30	C30	C25

思考题

第 3 章工程案例

1. 什么是单筋截面受弯构件和双筋截面受弯构件？

2. 什么是受弯构件截面中纵向受拉钢筋的配筋率？在截面配筋率的表达式中 h_0 的含义是什么？

3. 为什么钢筋要有足够的混凝土保护层厚度？钢筋的最小保护层厚度是如何选取的？

4. 主钢筋横向净距和层与层之间的竖向净距如何取值？

5. 钢筋混凝土适筋梁正截面受力全过程可划分为几个阶段？各阶段受力的主要特点是什么？

6. 什么是钢筋混凝土少筋梁、适筋梁和超筋梁？各自有什么样的破坏形态？

7. 钢筋混凝土适筋梁，当受拉钢筋屈服后能否再增加荷载？为什么？少筋梁当受拉钢筋屈服后能否再增加荷载？

8. 钢筋混凝土受弯构件正截面承载力计算有哪些基本假定？

9. 用等效矩形混凝土压应力分布图形来替换实际截面受压区混凝土压应力分布图形的原则是什么？

10. 什么是钢筋混凝土受弯构件的截面相对受压区高度 ξ 和相对界限受压区高度 ξ_b？ξ_b 取值与哪些因素有关？

11. 在什么情况下可采用钢筋混凝土双筋截面梁？为什么双筋截面梁一定要采用封闭式箍筋？

12. 钢筋混凝土双筋截面梁正截面承载力计算公式的适用条件是什么？

13. 什么是 T 形梁受压翼缘板的有效宽度？规范对 T 形梁受压翼缘板的有效宽度取值有何规定？

14. 从定义上如何区分第一类 T 形截面和第二类 T 形截面？

15. 在截面设计时，如何判别两类 T 形截面？在截面复核时，又如何判别？

16. 写出 T 形截面设计和截面复核的计算步骤。

17. 钢筋混凝土受弯构件沿斜截面破坏的形态有几种？各在什么情况下发生？一般各采用什么措施加以避免？

18. 影响钢筋混凝土受弯构件斜截面抗剪承载力的主要因素有哪些？

19. 钢筋混凝土受弯构件斜截面抗剪承载力基本公式的适用范围是什么？公式的上、下限值物理意义是什么？

20. 试解释以下术语：梁的腹筋、有腹筋梁、无腹筋梁、剪跨比、配箍率、剪压破坏、弯矩包络图、抵抗弯矩图、充分利用点、不需要点、斜截面投影长度。

21. 规范规定了截面最小尺寸的限制条件是什么？这种限制的目的是什么？

22. 规范规定仅按构造要求配置箍筋的条件是什么？

23. 等高度简支梁腹筋初步设计的步骤是什么？

24. 规范规定计算剪力 V_{sbi} 的取值方法是什么？

25. 规范对弯起钢筋的弯起角及弯筋之间的位置关系有何要求？

26. 规范规定关于弯起钢筋的弯起点至弯起钢筋强度充分利用截面的距离 s_1 满足什么条件就可不进行斜截面抗弯承载力的计算？

27. 钢筋混凝土梁抗剪承载力复核时，如何选择复核截面？

28. 采用试算方法确定斜截面顶端所对应的正截面位置的简化计算方法是什么？

29. 受弯构件在斜截面承载力计算中，箍筋的构造要求有哪些？弯起钢筋的构造要求有哪些？

30. 对于钢筋混凝土构件，持久状况正常使用极限状态计算与持久状况承载能力极限状态计算有何不同之处？

31. 什么是钢筋混凝土构件的换算截面？将钢筋混凝土开裂截面化为等效的换算截面的基本前提是什么？如何换算？

32. 如何计算钢筋混凝土构件截面的换算系数？

33. 规范规定进行施工阶段验算时，施工荷载如何取值？

34. 规范规定受弯构件正截面应力应符合哪些条件？

35. 对于钢筋的应力计算在验算钢筋时如何选取？

36. 钢筋混凝土结构的裂缝按产生的原因分哪几类？针对每一类型的处理措施是什么？

37. 引起钢筋混凝土构件裂缝的主要因素有哪些？如何减小裂缝宽度？

38. 规范规定钢筋混凝土构件最大裂缝宽度如何计算？公式中的每一项含义是什么？如何取值？

39. 规范规定在正常使用极限状态下，钢筋混凝土构件的最大裂缝宽度限值如何取值？

40. 规范规定受弯构件在使用阶段的挠度计算应考虑作用（或荷载）长期效应的影响，挠度长期增长系数 η_θ 如何取值？

41. 规范规定由汽车荷载（不计冲击力）和人群荷载频遇组合产生的钢筋混凝土受弯构件最大挠度限值如何取值？

42. 什么是抗弯刚度？

43. 如何将变刚度构件等效为等刚度构件，从而得到开裂构件等效截面的抗弯刚度？

44. 规范规定设置预拱度的条件是什么？如何计算预拱度值？

45. 什么是混凝土结构的耐久性？

46. 什么是混凝土劣化？

47. 什么是混凝土碳化？

48. 什么是混凝土冻融破坏？

49. 桥梁混凝土结构耐久性损伤的主要现象有哪些？

50. 钢筋锈蚀造成的混凝土结构耐久性损伤和结构破坏主要表现在哪几方面？

51. 混凝土耐久性损伤产生的原因有哪些？

52. 混凝土结构耐久性设计应考虑哪些问题？

53. 耐久性设计包含哪些内容？

练习题

1. 钢筋混凝土板厚 $h=300$ mm，跨中每米板宽承受恒载弯矩标准值 $M_{Gk}=37.1$ kN·m，汽车作用弯矩标准值 $M_{Q1k}=95.6$ kN·m。采用 C30 混凝土和 HRB400 级钢筋，Ⅰ类环境条件，安全等级为二级，设计使用年限为 50 年。试进行配筋计算。

2. 某钢筋混凝土矩形截面梁，截面尺寸为 $b\times h=200$ mm×500 mm，截面最大弯矩设计值 $M_d=150$ kN·m，采用 C30 混凝土，HRB400 级钢筋，箍筋直径 8 mm(HPB300 级钢筋)，Ⅰ类环境条件，设计使用年限 100 年，安全等级为一级，试进行截面设计。

3. 某钢筋混凝土矩形截面梁，截面尺寸为 $b\times h=200$ mm×400 mm，截面最大弯矩设计值 $M_d=90$ kN·m，采用 C30 混凝土，HRB400 级钢筋，箍筋直径 8 mm(HPB300 级钢筋)，Ⅰ类环境条件，设计使用年限 50 年，安全等级为二级，试进行截面设计。

4. 某钢筋混凝土矩形截面梁，尺寸为 $b\times h=250$ mm×500 mm，采用 C30 混凝土，HRB400 级钢筋(3 ⌀16)，$a_s=50$ mm，箍筋直径 8 mm(HPB300 级钢筋)；Ⅰ类环境条件，设计使用年限 50 年，安全等级为二级，截面最大弯矩设计值 $M_d=70$ kN·m。复核截面是否安全？

5. 矩形截面梁的截面尺寸为 $b\times h=200$ mm×500 mm，截面最大弯矩设计值 $M_d=230$ kN·m，采用 C30 混凝土，HRB400 级钢筋，箍筋直径 8 mm(HPB300 级钢筋)，Ⅰ类环境条件，设计使用年限 100 年，安全等级为一级，试进行截面设计。

6. 某钢筋混凝土矩形截面梁，截面尺寸为 $b\times h=200$ mm×450 mm，采用 C30 混凝土，HRB400 级钢筋，箍筋直径 8 mm(HPB300 级钢筋)；Ⅰ类环境条件，设计使用年限 100 年，安全等级为一级，最大弯矩设计值 $M_d=190$ kN·m。试按双筋截面求所需的钢筋截面积进行截面布置。

7. 已知条件与练习题 6 相同。由于构造要求截面受压区已配置了 3 ⌀20 的钢筋，$a'_s=45$ mm，试求所需的受拉钢筋截面面积。

8. 钢筋混凝土双筋矩形截面梁，截面尺寸为 $b\times h=300$ mm×500 mm，C30 混凝土，受拉区配有纵向受拉钢筋(HRB400 级钢筋)4 ⌀22($A_s=1\ 520$ mm^2)，$a_s=45$ mm；受压区配有纵向受力钢筋(HRB400 级钢筋)4 ⌀16($A_s=804$ mm^2)，$a'_s=40$ mm；承受弯矩设计值 $M_d=120$ kN·m；Ⅰ类环境条件，安全等级为二级。试进行承载能力复核。

9. 如图 3.71 所示为装配式 T 形截面简支梁桥横向布置图，简支梁的计算跨径为 24.2 m，试求边梁和中梁受压翼缘板的有效宽度 b'_f。

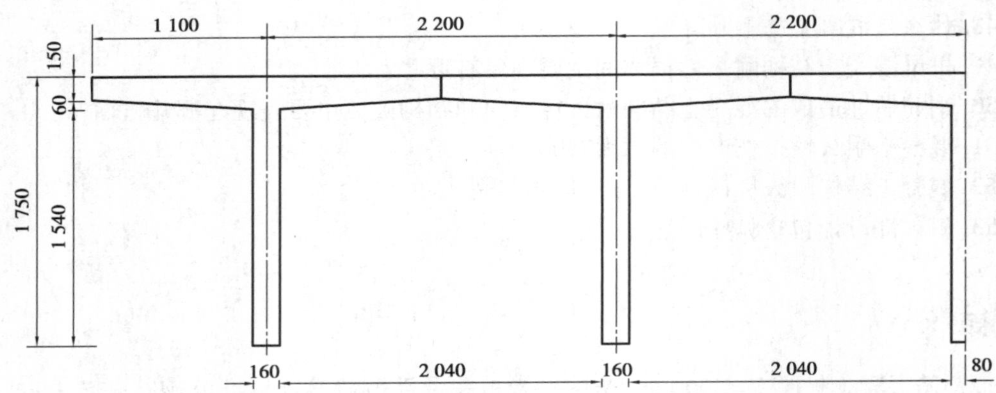

图 3.71　练习题 9 截面示意图(尺寸单位:mm)

10. T 形截面梁尺寸如图 3.72 所示,采用 C30 混凝土和 HRB400 级钢筋,箍筋采用 HPB300 级钢筋,直径为 8 mm,计算弯矩 $M=1\ 000$ kN · m, Ⅰ类环境条件,设计使用年限 100 年,安全等级为二级。试进行截面设计。

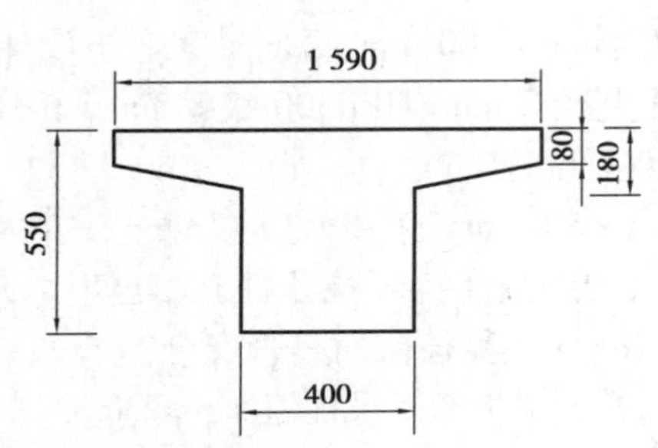

图 3.72　练习题 10 截面示意(尺寸单位:mm)

图 3.73　练习题 11 截面示意(尺寸单位:mm)

11. 装配式简支梁桥,计算跨径 $L=21.6$ m,相邻主梁间距为 1.6 m,截面尺寸如图 3.73 所示,采用 C30 混凝土和 HRB400 级钢筋,箍筋采用 HPB300 级钢筋,直径为 8 mm,恒载弯矩标准值 $M_{Gk}=983$ kN · m,汽车作用弯矩标准值 $M_{Q1k}=776$ kN · m, Ⅰ类环境条件,设计使用年限 100 年,安全等级为二级。试进行截面设计。

12. 钢筋混凝土简支 T 形截面梁,计算跨径 $L=13$ m,相邻两梁的中心间距为 2.1 m,$h'_f=120$ mm,$b=200$ mm,$h=1\ 350$ mm;C30 混凝土,在截面受拉区配有纵向受拉钢筋(HRB400 级钢筋,分 6 层布置)12 ⌀18($A_s=3\ 054\ mm^2$),$a_s=90$ mm,箍筋与水平纵向钢筋均采用 HPB300 级钢筋,直径均为 8 mm; Ⅰ类环境条件,设计使用年限 100 年,安全等级为二级;截面最大弯矩设计值 $M_d=1\ 190$ kN · m,试进行截面复核。

13. 钢筋混凝土矩形截面简支梁,计算跨径 $L=5$ m,截面尺寸为 $b\times h=200\ mm\times 400\ mm$,C30 混凝土; Ⅰ类环境条件,设计使用年限 50 年,安全等级为二级;已知简支梁跨中截面弯矩设计值 $M_{d,\frac{L}{2}}=160$ kN · m,支点处剪力设计值 $V_{d,0}=130$ kN,跨中处剪力设计值 $V_{d,\frac{L}{2}}=0$ kN。试求所需的纵向受拉钢筋 A_s(HRB400 级钢筋)和仅配置箍筋(HPB300 级)时的箍筋直径与布置间距 s_v,并绘制出配筋图。

14. 一装配式简支 T 梁,计算跨径为 12.6 m,相邻两梁的中心间距为 1.6 m,C30 混凝土,纵向受拉钢筋的保护层厚度为 30 mm，截面尺寸及配筋如图 3.74 所示。支点截面的剪力设计值 $V_{d,0}=341$ kN，跨中截面的剪力设计值 $V_{d,\frac{L}{2}}=71.5$ kN，跨中截面的弯矩设计值$M_{d,\frac{L}{2}}=$ 2 100 kN·m。Ⅰ类环境条件，$\gamma_0=1.0$。试进行腹筋设计并验算距支座 $h/2$ 处的斜截面抗剪承载力。

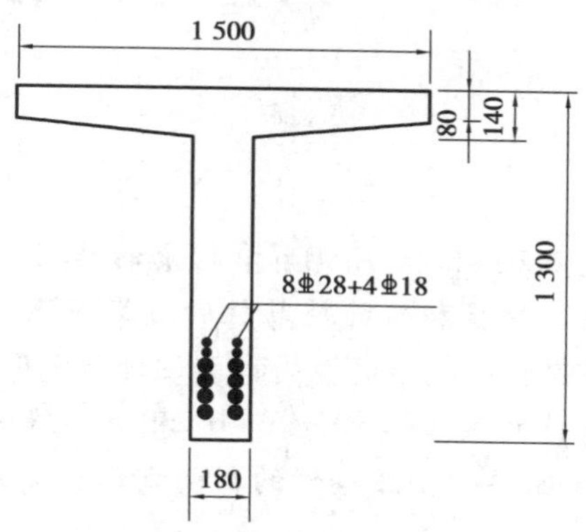

图 3.74　练习题 14 截面示意(尺寸单位:mm)

15. 钢筋混凝土简支 T 形截面梁，梁长 $L_0=20$ m，计算跨径 $L=19.5$ m，截面尺寸 $b'_f=$ 1 600 mm，$h'_f=110$ mm，$b=180$ mm，$h=1\ 300$ mm，$h_0=1\ 189$ mm；C30 混凝土，HRB400 级钢筋；在截面受拉区配有纵向受拉钢筋 8 ⌀ 32 + 2 ⌀ 16($A_s=6\ 836\ mm^2$)，$a_s=111$ mm，$f_{sk}=400$ MPa；简支梁吊装时，其吊点设在距梁端 $a=400$ mm 处，永久作用(恒载)在跨中截面产生的弯矩 $M_{G1}=505$ kN·m。Ⅰ类环境条件，安全等级为二级，试进行钢筋混凝土简支 T 梁截面应力的验算。

16. 已知矩形截面钢筋混凝土简支梁的截面尺寸为 $b\times h=250\ mm\times 500\ mm$，$a_s=45$ mm；C30 混凝土，HRB400 级钢筋；在截面受拉区配有纵向受拉钢筋 3 ⌀ 16($A_s=603\ mm^2$)；永久作用(恒载)产生的弯矩标准值 $M_G=40$ kN·m，汽车荷载产生的弯矩标准值 $M_{Q1}=15$ kN·m (未计入汽车冲击系数)。Ⅰ类环境条件，安全等级为一级，试求：

(1)钢筋混凝土梁的最大裂缝宽度。

(2)当配筋改为 2 ⌀ 20($A_s=628\ mm^2$)时，求梁的最大弯曲裂缝宽度。

17. 已知钢筋混凝土 T 形截面梁，计算跨径 $L=19.5$ m，截面尺寸 $b'_f=1\ 680$ mm，$h'_f=110$ mm，$b=180$ mm，$h=1\ 300$ mm，$h_0=1\ 180$ mm；C30 混凝土，HRB400 级钢筋；在截面受拉区配有纵向受拉钢筋 6 ⌀ 32 + 6 ⌀ 16($A_s=6\ 031\ mm^2$)；永久作用(恒载)产生的弯矩标准值 $M_G=$ 750 kN·m，汽车荷载产生的弯矩标准值 $M_{Q1}=710$ kN·m(未计入汽车冲击系数)。Ⅰ类环境条件，安全等级为二级，试验算此梁跨中挠度并确定是否应设计预拱度，如需设置，预拱度应设置为多少？

第4章　受压构件设计

知识目标

(1)掌握受压构件的分类以及纵向受压钢筋和箍筋的作用,熟悉箍筋的构造要求;

(2)理解普通箍筋柱长柱与短柱和螺旋箍筋柱的破坏机理,熟悉普通箍筋柱和螺旋箍筋柱的构造要求,掌握普通箍筋柱和螺旋箍筋柱的截面设计和截面复核;

(3)理解截面偏心受压构件的破坏形态和 N_u-M_u 相关曲线的含义,掌握偏心距增大系数的计算以及矩形截面和圆形截面偏心受压构件的截面设计和截面复核。

受压构件是以承受压力为主的构件,当压力作用线与构件轴线重合时,此受压构件为轴心受压构件;当压力作用线与构件轴线不重合时为偏心受压构件。

由于作用位置的偏差、混凝土材料的非均匀性、节点构造、纵向钢筋的布置和施工误差等原因,受压构件或多或少存在弯矩的作用,因此,在实际结构中,真正意义上的轴心受压构件是不存在的。如果偏心距很小,在实际的工程中允许忽略不计,即可按轴心受压构件进行设计,例如钢筋混凝土桁架拱中的受压腹杆。另外,由于轴心受压构件计算方法简便,也可以作为受压构件初步估算截面和承载力的手段。

4.1　受压构件的基本知识

知识点

①普通箍筋柱和螺旋箍筋柱的概念;

②偏心受压构件的配筋要求;

③纵筋和箍筋的作用。

4.1.1　轴心受压构件的分类

钢筋混凝土轴心受压构件根据箍筋的功能和配置方式可分为两类:

①配有纵向钢筋和普通箍筋的轴心受压构件,称为普通箍筋柱,如图4.1(a)所示。

轴心受压构件概述

②配有纵向钢筋和螺旋箍筋的轴心受压构件,称为螺旋箍筋柱,也称为间接箍筋柱,如图4.1(b)所示。

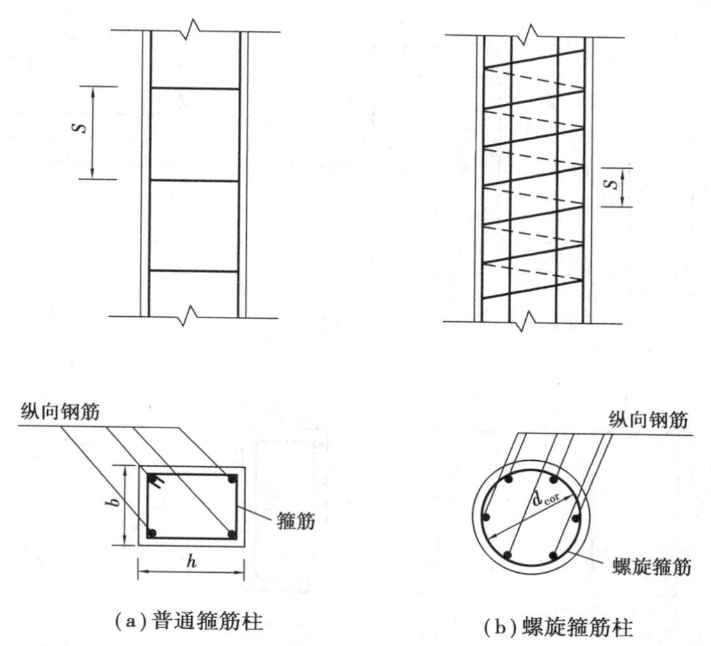

(a)普通箍筋柱　　(b)螺旋箍筋柱

图 4.1　轴心受压构件配筋

普通箍筋柱的截面形式多为矩形和圆形,纵向受力钢筋在截面对称布置,并沿构件高度设置等间距的箍筋。构件的承载力主要由混凝土提供,而纵向钢筋主要有以下 3 个方面的作用:

①协助混凝土承受压力,可以减小构件截面尺寸;

②承受可能存在的弯矩;

③防止构件突然发生脆性破坏。

普通箍筋的作用是防止纵向钢筋局部压屈并与纵向钢筋形成钢筋骨架,便于施工。

螺旋箍筋柱的截面多为圆形或正多边形,纵向钢筋外围设有连续环绕的间距较小的螺旋箍筋或焊接环形箍筋。螺旋箍筋的作用除了满足施工需要,还可以使截面中间部分(核心)混凝土成为侧向受约束的混凝土,从而提高混凝土的承载力和延性。

4.1.2　偏心受压构件的截面形式及布筋要求

当轴向压力 N 的作用线偏离受压构件的轴线时,此受压构件称为偏心受压构件,如图 4.2(a)所示。根据力的平移法则,可以将偏心压力 N 平移到轴线位置,同时产生附加弯矩 M($M=Ne_0$)。偏心压力 N 的作用点离构件截面形心的距离 e_0 称为偏心距。截面上同时承受轴心压力和弯矩的构件,称为压弯构件,如图 4.2(b)所示。压弯构件与偏心受压构件的受力特点是基本一致的。

钢筋混凝土偏心受压构件(压弯构件)是实际工程中应用较为广泛的受力构件之一。例如,钢筋混凝土拱肋、刚架的立柱、墩(台)柱、桩基础等都属于偏心受压构件。

钢筋混凝土偏心受压构件的截面形式比较多,其中矩形截面为最常用的截面形式,如图 4.3 所示。截面高度大于 600 mm 的偏心受压构件多采用工字形或箱形截面,圆形截面多用于柱式墩台及桩基础。

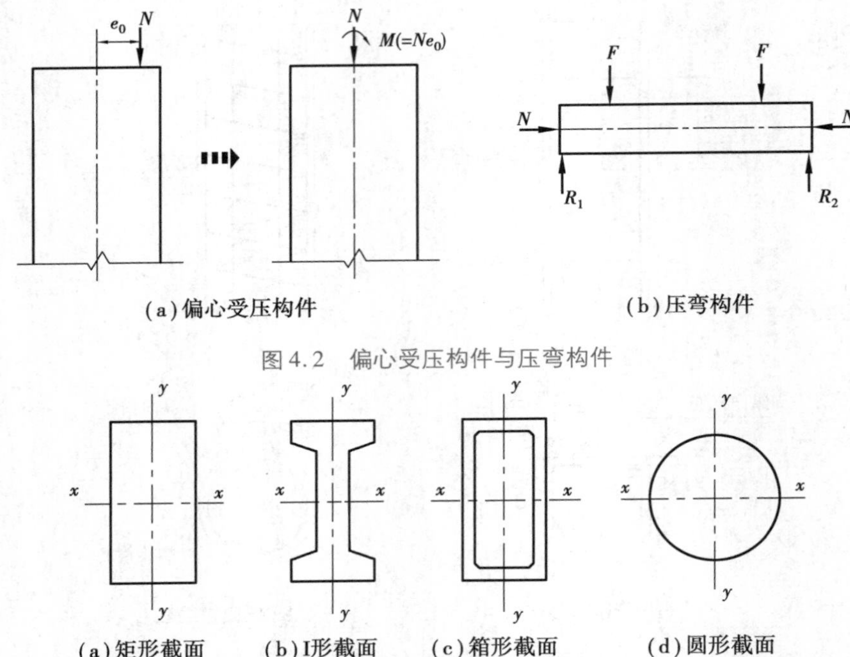

(a) 偏心受压构件　　(b) 压弯构件

图 4.2　偏心受压构件与压弯构件

(a) 矩形截面　　(b) I形截面　　(c) 箱形截面　　(d) 圆形截面

图 4.3　偏心受压构件截面形式

在钢筋混凝土偏心受压构件中，矩形截面一般将纵向受力钢筋布置在偏心方向的两侧[图 4.4(a)]，其数量通过承载力计算确定；对于圆形截面，采用沿截面周边均匀配筋的方式[图 4.4(b)]。箍筋的作用与轴心受压构件普通箍筋柱中的箍筋作用基本相同，箍筋的数量及间距按照轴心受压构件普通箍筋柱的构造要求确定。此外，偏心受压构件中还存在着一定的剪力，但因剪力的数值一般比较小，可由箍筋承担，故一般不进行抗剪计算。

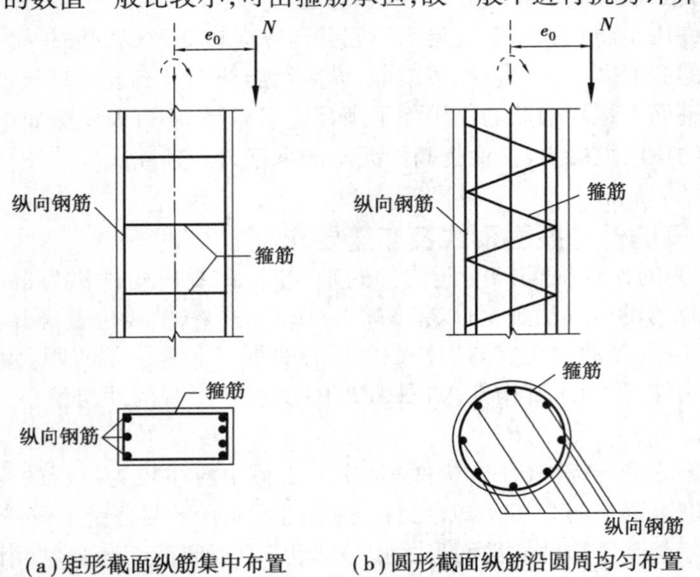

(a) 矩形截面纵筋集中布置　　(b) 圆形截面纵筋沿圆周均匀布置

图 4.4　钢筋的布置

4.2　轴心受压普通箍筋柱承载力计算

知识点

①短柱与长柱的破坏形态；
②正截面承载力计算；
③构造要求。

4.2.1　破坏形态

按照构件的长细比不同，轴心受压构件可以分为短柱和长柱，它们的侧向变形和破坏形态各不相同。所谓的长细比也称为压杆的柔度，是一个没有单位的参数，它综合反映了杆件长度、支撑条件、截面尺寸和截面形态对临界力的影响。

普通箍筋柱的破坏特征

轴心受压构件的破坏试验采用 A、B 两种试件，它们的材料强度等级、截面尺寸和配筋情况均相同，唯有构件长度不同，如图 4.5 所示。轴心压力用油压千斤顶施加，由平衡条件可知，压力的读数就等于试验柱截面所受到的轴心压力值。同时在柱的中部设置百分表，测量其侧向挠度。

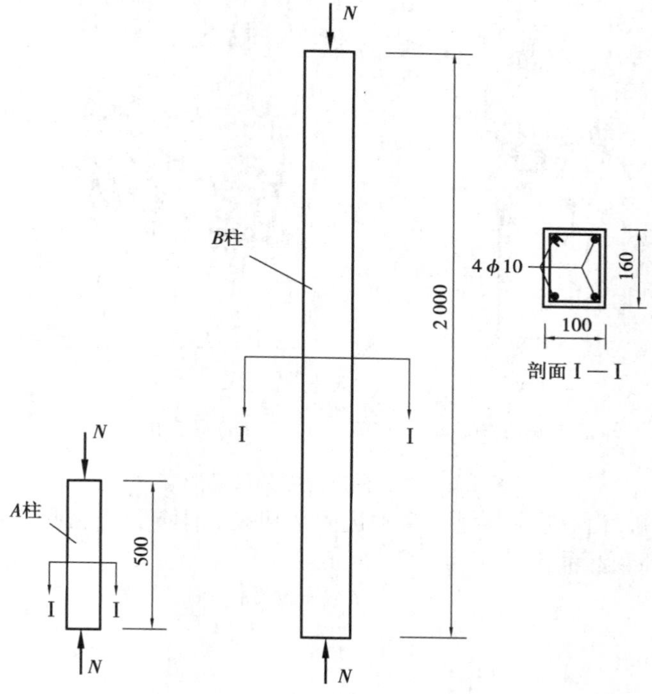

图 4.5　轴心受压试验柱(尺寸单位:mm)

1) 短柱

随着压力的增加,试验柱(A 柱)也随之缩短,通过应变测量,可以证明混凝土全截面和纵向钢筋均发生压缩变形。

当轴向力达到破坏荷载的90%左右时,柱四周混凝土表面开始出现纵向裂缝等压坏的痕迹,混凝土保护层剥落,最后箍筋间的纵向钢筋发生压屈,向外鼓出,直至混凝土被压碎而整个试验柱破坏(图4.6)。破坏时,混凝土的压应变大于 1.8×10^{-3},而柱中部的侧向挠度很小。钢筋混凝土短柱的破坏为材料破坏,即混凝土被压碎而破坏。许多试验证明,钢筋混凝土短柱破坏时,混凝土的压应变均在 2.0×10^{-3} 左右,此时混凝土已经达到其棱柱体抗压强度,一般中等强度的纵向钢筋均能达到抗压屈服强度。对于高强度钢筋,混凝土压应变达到 2.0×10^{-3} 时,钢筋可能尚未达到其屈服强度,在设计时如果采用这样的钢筋,则它的抗压强度设计值最多只能取为 $f'_{sd}=\varepsilon_c E_s=0.002\times200\ 000\ \text{MPa}=400\ \text{MPa}$,因此在短柱的设计中,一般不宜采用高强度钢筋作为受压纵筋。

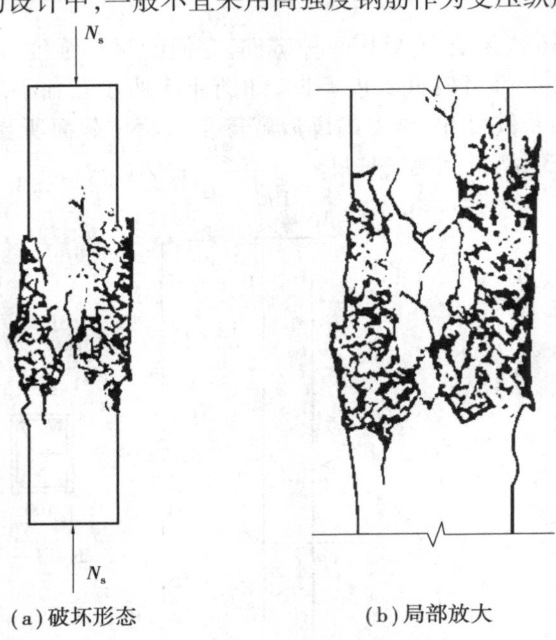

(a) 破坏形态　　(b) 局部放大

图4.6　轴心受压短柱的破坏形态

当短柱破坏时,破坏截面的混凝土达到极限压应变,钢筋受压屈服。根据轴向力平衡条件就可以得到短柱的承载能力:

$$N_{us}=f_{cd}A+f'_{sd}A'_s \tag{4.1}$$

2) 长柱

试验柱(B 柱)在压力较小时,仍是全截面受压,但随着压力的增大,长柱不仅发生压缩变形,同时长柱中部产生较大的侧向挠度,凹侧压应力较大,凸侧压应力较小。长细比较大的长柱在破坏前,侧向挠度增加得较快,使长柱的破坏比较突然,从而发生失稳破坏。破坏时,凹侧混凝土首先被压碎,混凝土表面出现纵向裂缝,纵向钢筋被压弯而向外鼓出,混凝土保护层脱落;凸侧则由受压突然转变为受拉,出现横向裂缝,如图 4.7 所示。

轴心受压长柱的破坏特征

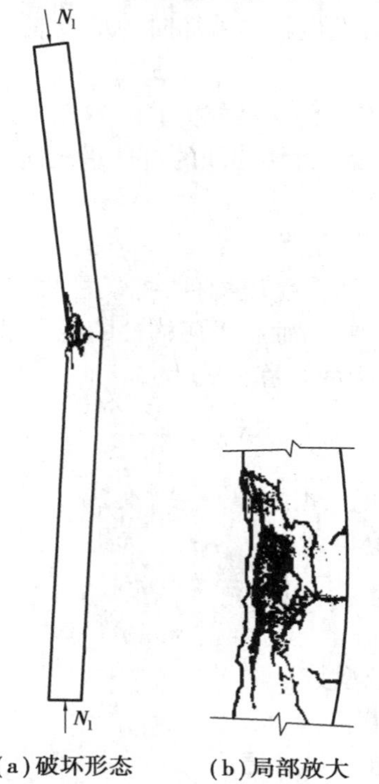

(a)破坏形态　(b)局部放大

图 4.7　轴心受压长柱的破坏形态

大量的试验资料表明(图 4.8),短柱总是受压破坏,长柱则是失稳破坏;长柱发生临界破

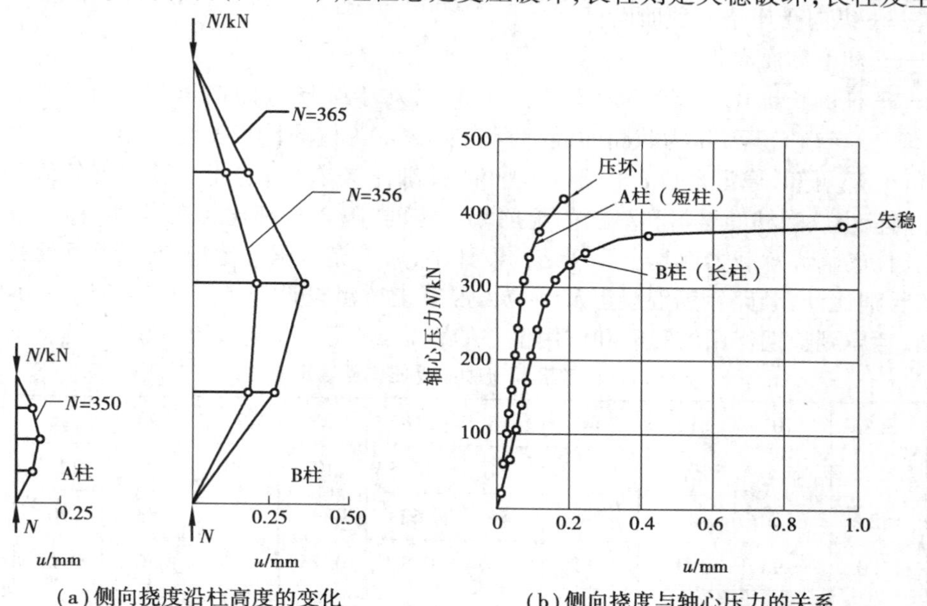

(a)侧向挠度沿柱高度的变化　(b)侧向挠度与轴心压力的关系

图 4.8　轴心受压构件的侧向挠度

坏时的承载能力要小于相同截面、配筋、材料的短柱的承载能力。因此,将短柱的承载能力乘以折减系数 φ 来表示相同的长柱发生临界破坏时的承载能力 N_{ul}。

$$N_{ul} = \varphi N_{us} \tag{4.2}$$

式中 N_{ul}——长柱发生临界破坏时的承载能力;

N_{us}——与长柱的截面、配筋、材料相同的短柱承载能力。

4.2.2 稳定系数

如前所述,对于钢筋混凝土轴心受压构件,把长柱失稳破坏时的承载力与相同截面、配筋、材料的短柱承载能力的比值,称为轴心受压构件的稳定系数 φ。

根据材料力学,长柱临界压力的计算公式为:

$$N_{cr} = \frac{\pi^2 EI}{l_0^2} \tag{4.3}$$

令 $N_{ul} = N_{cr}$,并将式(4.1)和式(4.3)代入式(4.2),再考虑混凝土开裂后刚度的降低(柱开裂后的刚度为 $\beta_1 E_c I_c$),便可以得到稳定系数 φ 的表达式:

$$\varphi = \frac{\pi^2 \beta_1 E_c}{f_{cd} + f'_{sd}\rho'} \cdot \frac{1}{\lambda^2} \tag{4.4}$$

式中 β_1——柱开裂后刚度折减系数;

E_c——混凝土的弹性模量;

f_{cd}——混凝土轴心抗压强度设计值;

f'_{sd}——纵向受压钢筋抗压强度设计值;

ρ'——纵向受压钢筋的截面配筋率,$\rho' = A'_s/A$;

A'_s——纵向受压钢筋截面面积;

A——柱毛截面面积;

λ——柱的长细比,对于矩形截面:$\lambda = l_0/b$;对于圆形截面:$\lambda = l_0/d$;对于一般截面:$\lambda = l_0/i$,其中 i 为截面的最小回转半径,l_0 为柱的计算长度。

由式(4.4)可知,稳定系数 φ 主要与构件的长细比 λ 有关,混凝土的强度等级和配筋率 ρ' 对其影响较小。当柱的材料和纵筋的配筋率一定时,随着长细比 λ 的增加,稳定系数 φ 值就越小,长柱的临界承载力就越小。在结构设计中,为了提高压杆的稳定性,往往采取措施降低压杆的长细比。《公路钢筋混凝土及预应力混凝土桥涵设计规范》(JTG 3362—2018)根据试验资料,考虑到长期作用的影响和作用偏心的影响,规定了稳定系数的取值,见表 4.1。

表 4.1 钢筋混凝土轴心受压构件稳定系数

l_0/b	≤8	10	12	14	16	18	20	22	24	26	28
l_0/d	≤7	8.5	10.5	12	14	15.5	17	19	21	22.5	24
l_0/i	≤28	35	42	48	55	62	69	76	83	90	97
φ	1.00	0.98	0.95	0.92	0.87	0.81	0.75	0.70	0.65	0.60	0.56
l_0/b	30	32	34	36	38	40	42	44	46	48	50
l_0/d	26	28	29.5	31	33	34.5	36.5	38	40	41.5	43

续表

l_0/i	104	111	118	125	132	139	146	153	160	167	174
φ	0.52	0.48	0.44	0.40	0.36	0.32	0.29	0.26	0.23	0.21	0.19

注：1. 表中 l_0 为构件的计算长度；b 为矩形截面的短边尺寸；d 为圆形截面的直径；i 为截面最小回转半径，$i=\sqrt{I/A}$（I 为截面惯性矩，A 为截面面积）。

2. 构件计算长度 l_0 的取值。当构件两端固定时取 $0.5l$；当一端固定一端为不移动的铰时取 $0.7l$；当两端均为不移动的铰时取 $1.0l$；当一端固定一端自由时取 $2.0l$。l 为构件支点间长度。

4.2.3　构造要求

1）混凝土

轴心受压构件正截面承载力主要由混凝土提供，故一般多采用 C30 及以上强度等级的混凝土。

2）截面尺寸

轴心受压构件截面尺寸一般不宜太小，因长细比越大，纵向弯曲的影响就越大，承载能力也就越小，故长细比过大不能充分利用材料强度。构件截面尺寸（矩形截面以短边尺寸计）不宜小于 250 mm。当截面尺寸为 250～800 mm 时，通常按 50 mm 为一级增加；当在 800 mm 以上时，则按 100 mm 为一级增加。

3）纵向受力钢筋

纵向受力钢筋的直径不应小于 12 mm，在构件截面上，纵向受力钢筋至少有 4 根并且在截面每一角隅处必须布置一根。

纵向受力钢筋的净间距不应小于 50 mm，也不应大于 350 mm；水平浇筑的预制构件纵向受力钢筋的最小净间距应满足施工要求，使振捣器可以顺利插入，具体数值同受弯构件。

钢筋的保护层厚度不应小于最小保护层厚度的要求（表 3.1）和钢筋直径。

在设计轴心受压构件时，所有纵向受压钢筋的配筋率不宜大于 5%。当纵向钢筋的配筋率很小时，纵筋对构件承载力的影响很小，此时受压构件接近素混凝土柱，纵筋将起不到防止脆性破坏的缓冲作用。同时为了承受可能存在的较小弯矩，以及混凝土收缩、温度变化引起的拉应力，《公路钢筋混凝土及预应力混凝土桥涵设计规范》（JTG 3362—2018）规定：轴心受压构件、偏心受压构件全部纵向钢筋的配筋率不小于 0.5%，对于混凝土强度等级 C50 及以上时不应小于 0.6%；同时一侧钢筋的配筋率不应小于 0.2%。计算构件的配筋率应按构件的全截面面积计算。

4）箍筋

箍筋必须采用封闭式，箍筋的直径不应小于纵向钢筋直径的 1/4 且不小于 8 mm。

箍筋的间距应不大于纵向钢筋直径的 15 倍、不大于构件短边尺寸（圆形截面为 0.8 倍直径)并不大于 400 mm。

在纵向受力钢筋搭接范围内的箍筋间距,不应大于主钢筋直径的 10 倍,且不大于 200 mm。

当纵向钢筋的截面面积大于混凝土截面面积的 3% 时,箍筋间距应不应大于主钢筋直径的 10 倍,且不大于 200 mm。

构件内纵向受力钢筋应设置在离角筋(位于箍筋折角处的纵筋)中心距离 s 不大于 150 mm 和 15 倍箍筋直径中较大者的范围内,即 $s=\max(150\ \text{mm}, 15d_{sv})$,如果超出此范围设置纵向受力钢筋,应设置复合箍筋、系筋,如图 4.9 和图 4.10 所示。相邻箍筋的弯钩接头,在纵向应错开布置。

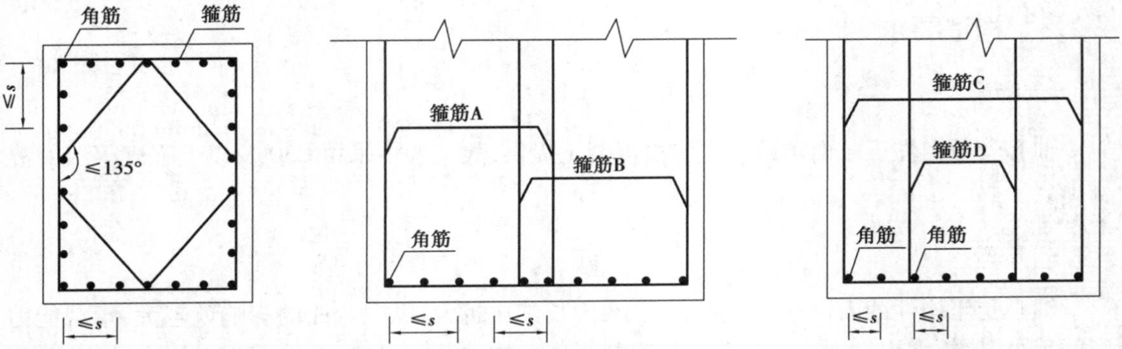

(a) s内设置3根纵向受力钢筋　(b) s内设置3根纵向受力钢筋　(c) s内设置2根纵向受力钢筋

图 4.9　柱内复合箍筋的布置

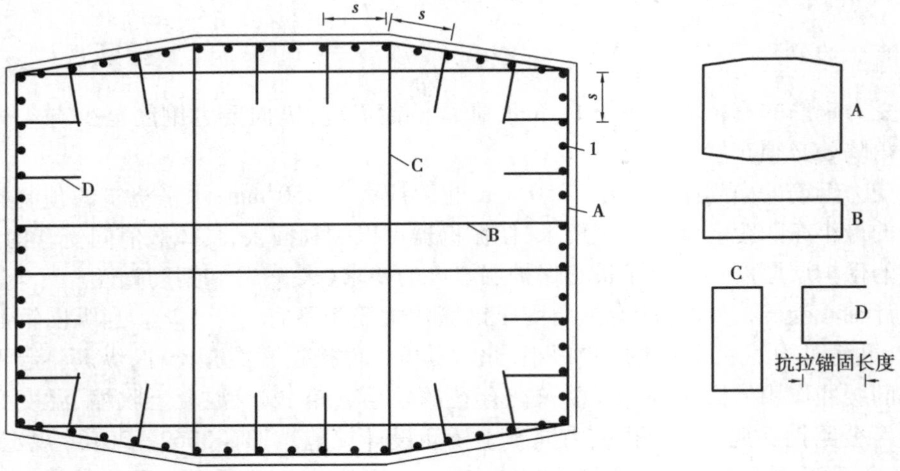

图 4.10　柱内复核箍筋和系筋布置

1—纵筋;A、B、C—箍筋;D—系筋

4.2.4　正截面承载力计算

根据以上分析,由图 4.11 可得普通箍筋柱正截面承载力计算公式:

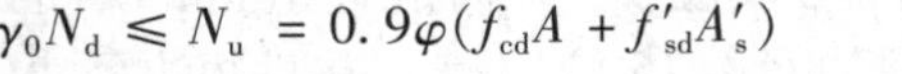

$$\gamma_0 N_d \leqslant N_u = 0.9\varphi(f_{cd}A + f'_{sd}A'_s) \tag{4.5}$$

普通箍筋柱截面设计及构造要求

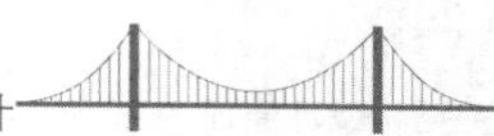

式中　N_d——作用基本组合时的轴向力设计值；

γ_0——结构的重要性系数，对应于结构设计安全等级一级、二级、三级时的取值分别为 1.1、1.0、0.9。

其他符号见式(4.4)。系数 0.9 是为了使轴心受压构件的承载力与考虑初始偏心距影响的偏心受压构件正截面承载力计算具有相似的可靠度而提出来的折减系数。

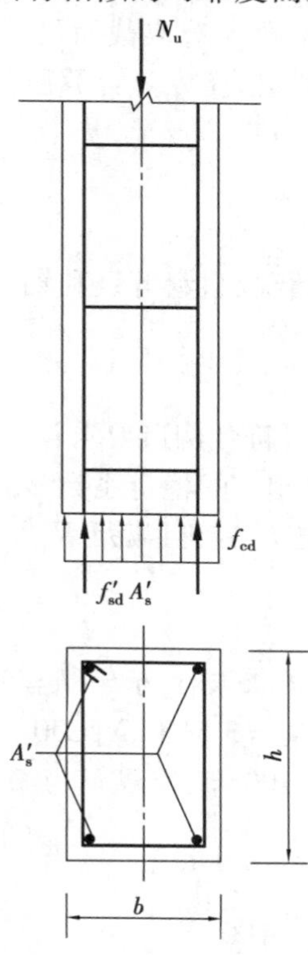

图 4.11　普通箍筋柱正截面承载力计算图示

当纵向钢筋的配筋率 $\rho' = A'_s/A > 3\%$ 时，式(4.5)中 A 应改为混凝土截面的净面积 A_n，$A_n = A - A'_s$。

普通箍筋柱的正截面承载力计算包括截面设计和截面复核两种情况。

1）截面设计

已知：截面尺寸、计算长度、轴向压力设计值、材料等级和安全等级。

求：纵向钢筋截面面积 A'_s。

步骤：

(1)计算长细比 λ，由表 4.1 查得相应的稳定系数 φ。

(2)由式(4.5)计算所需的钢筋截面面积：

$$A'_s = \frac{\gamma_0 N_d - 0.9\varphi f_{cd} A}{0.9\varphi f'_{sd}}$$

(3)由计算的 A'_s 和构造要求选择并布置钢筋。

若截面尺寸未知，可先假定配筋率 $\rho' = 0.8\% \sim 1.5\%$ 和稳定系数 $\varphi = 1$，此时将 $A'_s = \rho A$ 代

入式(4.5)得：

$$\gamma_0 N_d \leqslant 0.9\varphi(f_{cd}A + f'_{sd}\rho A)$$

则

$$A \geqslant \frac{\gamma_0 N_d}{0.9\varphi(f_{cd} + f'_{sd}\rho)}$$

构件的截面面积确定后，结合构造要求选取截面尺寸(截面的边长取整数)，然后按照构件的实际长细比确定稳定系数 φ，再利用式(4.5)计算所需的钢筋截面面积 A'_s，最后结合构造要求选择和布置钢筋。

2)截面复核

已知：截面尺寸、计算长度、配筋情况、材料等级和轴向压力设计值。

求：截面承载力 N_u。

步骤：

(1)检查纵向钢筋和箍筋布置是否符合构造要求；

(2)计算长细比 λ，由表4.1查得相应的稳定系数 φ；

(3)由式(4.5)计算正截面承载能力 N_u，且满足 $N_u > \gamma_0 N_d$。

3)应用举例

【例4.1】已知轴心受压柱式墩的截面尺寸为 $b \times h = 500\ \text{mm} \times 500\ \text{mm}$，墩高 $l = 8.5\ \text{m}$，柱一端铰接一端固定，轴力组合设计值 $N_d = 3\ 510\ \text{kN}$，C30 混凝土，HRB400 级钢筋，安全等级为二级，Ⅰ类环境条件，设计使用年限为100年，求纵筋的面积及其布置。

解：

(1)查表确定计算参数

$f_{cd} = 13.8\ \text{MPa}$、$f'_{sd} = 330\ \text{MPa}$、$\gamma_0 = 1.0$。

(2)计算稳定系数

计算长度：$l_0 = 0.7l = 0.7 \times 8.5 = 5.959(\text{m})$，$l_0/b = 5\ 950/500 = 11.9$，查表得：$\varphi = 0.952$。

(3)计算钢筋面积并布置钢筋

所需钢筋截面面积：

$$\begin{aligned} A'_s &= \frac{\gamma_0 N_d - 0.9\varphi f_{cd}A}{0.9\varphi f'_{sd}} \\ &= \frac{1.0 \times 3.51 \times 10^6 - 0.9 \times 0.952 \times 13.8 \times 500 \times 500}{0.9 \times 0.952 \times 330} \\ &= 1\ 960(\text{mm}^2) \end{aligned}$$

选用8⌀18，提供的截面面积 $A'_s = 2\ 036\ \text{mm}^2$，满足纵筋直径不小于12 mm和根数为4根的构造要求。箍筋选用Φ8，直径大于 $d/4 = 4.5\ \text{mm}$。箍筋间距：$s \leqslant 15d = 15 \times 18 = 270\ \text{mm}$、$s \leqslant b = 500\ \text{mm}$ 和 $s \leqslant 400\ \text{mm}$，取 $s = 250\ \text{mm}$。

对于全部纵筋：

$$\rho' = \frac{A'_s}{A} = \frac{2\ 036}{500 \times 500} = 0.81\% < 5\%\ \text{且} > \rho_{min} = 0.5\%$$

对于一侧配筋率：

$$\rho' = \frac{1\ 018}{500 \times 500} = 0.41\% > \rho_{\min} = 0.2\%$$

故配筋率满足规范要求。

最小 $a_s = 25 + 8 + 20.5/2 = 43.25$(mm)，实际取 $a_s = 45$ mm。

$s_n = (500 - 2 \times 45 - 2 \times 20.5)/2 = 184.5$ mm > 50 mm 且 < 350 mm，满足要求。纵筋间距为 205 mm。

钢筋布置图如图 4.12 所示。

【例 4.2】已知某工厂预制的轴心受压柱的截面尺寸为 $b \times h = 220$ mm $\times 280$ mm，计算长度 $l_{oy} = 4.0$ m，$l_{ox} = 3.0$ m，轴力组合设计值 $N_d = 1\ 000$ kN，C30 混凝土，HRB400 级钢筋，截面配筋如图 4.13 所示。安全等级为二级，Ⅰ类环境条件，设计使用年限为 50 年，试进行截面复核。

解：

(1)查取计算参数

$f_{cd} = 13.8$ MPa、$f'_{sd} = 330$ MPa、$\gamma_0 = 1.0$、$A'_s = 1\ 520$ mm^2。

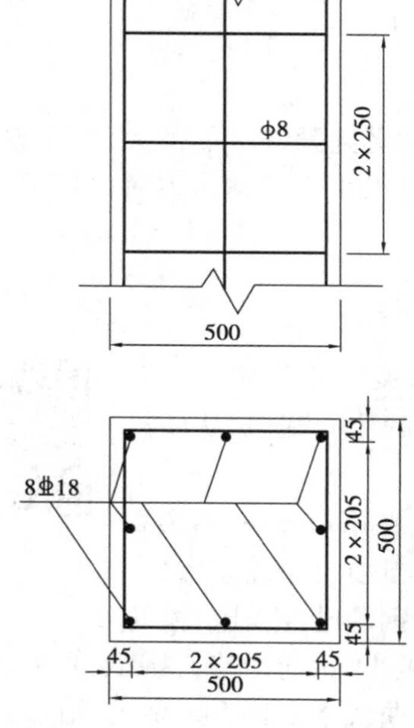

图 4.12 例 4.1 钢筋布置(尺寸单位：mm)

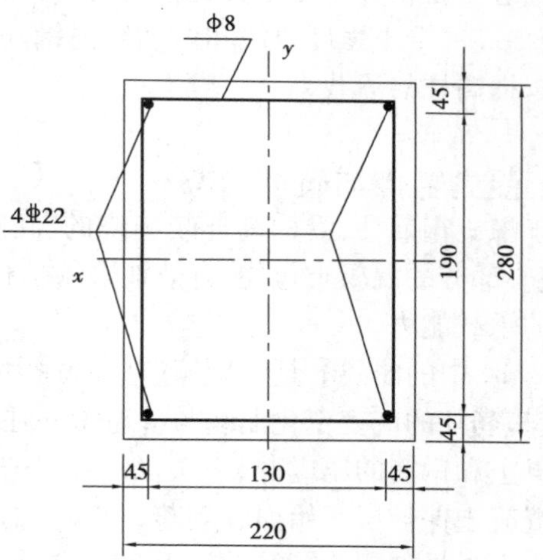

图 4.13 例 4.2 钢筋布置(尺寸单位：mm)

(2)检查构造要求

钢筋净间距 $s_n = 130 - 25.1 = 104.9$(mm)，满足构造要求。

箍筋保护层厚度 $c = 45 - 25.1/2 - 8 = 24.45$(mm) $> c_{\min} = 20$ mm 及箍筋直径 $d = 8$ mm，满足最小保护层厚度的要求。

主筋保护层厚度 $c = 45 - 25.1/2 = 32.45$(mm) $> c_{\min} = 20$ mm 及主筋直径 $d = 22$ mm，满足最小保护层厚度的要求。

全部纵筋的配筋率 $\rho' = \frac{A'_s}{A} = \frac{1\ 520}{220 \times 280} = 2.47\% > \rho_{min} = 0.5\%$ 且小于 5%。一侧纵筋的配筋率为 1.23% >0.2%，故配筋率满足要求。

(3)计算稳定系数 φ

x 方向的长细比为 $\lambda_x = 3 \times 10^3/220 = 13.6$，$y$ 方向的长细比为 $\lambda_y = 4 \times 10^3/280 = 14.3$，因 $\lambda_y > \lambda_x$，故以 y 方向作为计算方向。查表可得稳定系数 $\varphi = 0.913$。

(4)计算正截面承载能力 N_u

$$\begin{aligned} N_u &= 0.9\varphi(f_{cd}A + f'_{sd}A'_s) \\ &= 0.9 \times 0.913 \times (13.8 \times 220 \times 280 + 330 \times 1\ 520) \\ &= 1\ 110.7(\text{kN}) > \gamma_0 N_d = 1\ 000\ \text{kN} \end{aligned}$$

故承载力满足要求。

4.3 轴心受压螺旋箍筋柱承载力计算

知识点

①螺旋箍筋柱的破坏形态；

②正截面承载力计算公式的应用；

③螺旋箍筋柱的构造要求。

当轴心受压构件承受很大的轴向压力，而截面尺寸又受到限制不能加大，若用普通箍筋柱，即使提高混凝土强度等级和增加纵向钢筋用量也不足以承受该轴向力时，可以采用螺旋箍筋柱以提高柱的承载力。

4.3.1 受力特点与破坏形态

螺旋箍筋柱的破坏特征

对于螺旋箍筋柱，沿柱高连续缠绕的、间距很密的螺旋箍筋犹如一个套筒，将核心部分的混凝土包住，有效地限制了核心混凝土的侧向变形，从而提高了柱的承载能力。

图 4.14 中的曲线③是螺旋箍筋柱的轴力-应变曲线，在压应变 $\varepsilon = 0.002$ 前，螺旋箍筋柱的应变变化曲线与普通箍筋柱基本相同，当轴向力继续增加，直至混凝土和钢筋的压应变 $\varepsilon = 0.003 \sim 0.003\ 5$ 时，纵向钢筋已经屈服，箍筋外面的混凝土保护层开始崩裂剥落，混凝土的截面面积减小，轴向力略有降低，这时，核心部分混凝土由于受到螺旋箍筋的约束，仍能继续承担压力，曲线逐渐回升。随着轴向力不断增大，螺旋箍筋中的环向拉力也不断增大，直至螺旋箍筋达到屈服，不能再约束核心混凝土的侧向变形，核心部分混凝土的抗压强度不再提高，混凝土被压碎，即宣告构件破坏，这时轴向力达到第二个峰值，柱的纵向压应变可以达到 0.01 以上。

从图 4.14 中还可以看出，螺旋箍筋柱具有很好的延性，在承载能力不降低的情况下，其变形能力比普通箍筋柱提高很多。

考虑到螺旋箍筋柱承载能力的提高，是通过螺旋箍筋或焊接环式箍筋受拉而间接达到的，因此常将螺旋箍筋或焊接环式箍筋称为间接钢筋，相应的也称螺旋箍筋柱为间接钢筋柱。

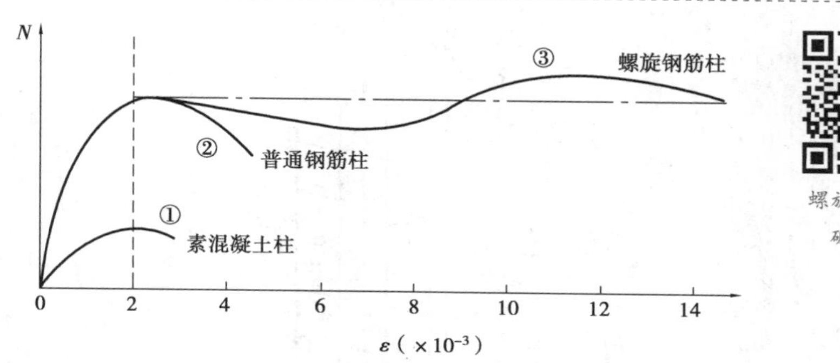

螺旋箍筋柱的破坏形式

图 4.14　柱的轴向力与应变关系

4.3.2　构造要求

①螺旋箍筋柱的纵向钢筋应沿圆周均匀布置，其截面面积应不小于核心混凝土截面面积的 0.5%，即配筋率 $\rho' = A'_s/A_{cor}$ 不小于 0.5%。常用的配筋率为 0.8% ~1.2%。

②构件核心混凝土截面面积 A_{cor} 应不小于构件毛截面面积 A 的 2/3。

③螺旋箍筋的直径不应小于纵向钢筋直径的 1/4 且不小于 8 mm。为了保证螺旋箍筋对核心混凝土的约束作用，螺旋箍筋的间距 s 应满足：

a. s 应不大于核心混凝土直径 d_{cor} 的 1/5，即 $s \leqslant \frac{1}{5} d_{cor}$。

b. s 应不大于 80 mm 且不小于 40 mm，以便施工。

其余构造要求与普通箍筋柱相同。

4.3.3　正截面承载力计算

由于螺旋箍筋柱正截面破坏时核心混凝土被压碎，纵向钢筋屈服，此时混凝土的保护层已经剥落，不再提供抗压能力，因此，螺旋箍筋柱的正截面抗压承载力是由核心混凝土、纵向钢筋、螺旋箍筋或焊接环式箍筋 3 部分组成，如图 4.15 所示。

螺旋箍筋柱的承载力计算方法

根据图 4.15 的螺旋箍筋柱的受力图式，由平衡条件可以得到：

$$N_u = f_{cc} A_{cor} + f'_{sd} A'_s \tag{4.6}$$

式中　f_{cc}——核心混凝土处于三向受压时的抗压强度；

A_{cor}——核心混凝土的面积；

f'_{sd}——纵向钢筋的抗压强度设计值；

A'_s——纵向钢筋的面积。

螺旋箍筋对其核心混凝土的约束作用使混凝土抗压强度提高。根据圆柱体三向受压试验结果，约束混凝土的轴心抗压强度的近似表达式为：

$$f_{cc} = f_c + k' \sigma_2 \tag{4.7}$$

式中　σ_2——作用于核心混凝土的径向压应力值。

螺旋箍筋柱破坏时，螺旋箍筋应力达到了屈服强度。取螺旋箍筋间距 s 范围内构件，沿螺旋箍筋的直径切开成脱离体（图 4.16），以脱离体为研究对象列平衡条件，则可得由螺旋箍

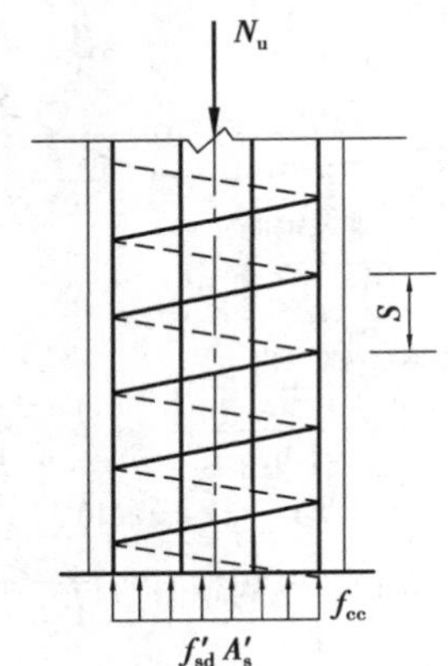

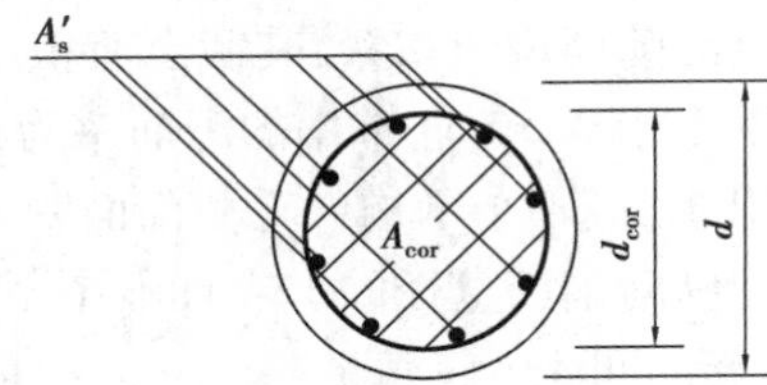

图 4.15　螺旋箍筋柱受力计算图式

筋提供的侧压力 σ_2 的计算式：

$$\sigma_2 = \frac{2f_{sd}A_{s01}}{d_{cor}s} \tag{4.8}$$

式中　A_{s01}——单根螺旋箍筋的截面面积；

f_{sd}——螺旋箍筋的抗拉强度设计值；

s——螺旋箍筋的间距；

d_{cor}——截面核心混凝土的直径，$d_{cor} = d - 2c$，其中 c 为纵向钢筋至柱截面边缘的径向混凝土保护层厚度。

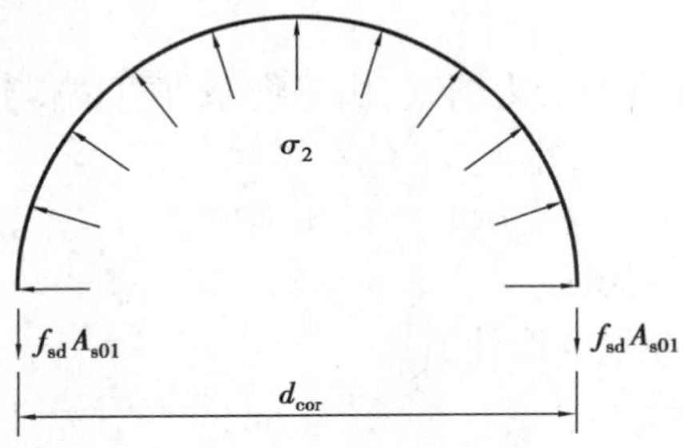

图 4.16　螺旋箍筋的受力状态

将间距为 s 的螺旋箍筋按钢筋体积相等的原则换算成纵向钢筋的面积，称为螺旋箍筋柱的间接钢筋换算截面面积，用符号 A_{s0} 表示，A_{s0} 可按下列公式计算：

$$A_{s0} = \frac{\pi d_{cor}A_{s01}}{s} \tag{4.9}$$

将式(4.9)和式(4.8)带入式(4.7)便可以得到：

$$f_{cc} = f_c + \frac{k' f_{sd} A_{s0}}{2A_{cor}} \tag{4.10}$$

再将式(4.10)代入式(4.6),即得到螺旋箍筋柱正截面承载力的计算公式:

$$\gamma_0 N_d \leqslant N_u = 0.9(f_{cd}A_{cor} + kf_{sd}A_{s0} + f'_{sd}A'_s) \tag{4.11}$$

k 称为间接钢筋影响系数,$k=k'/2$,混凝土强度等级为 C50 及以下时取 $k=2.0$;C50 ~ C80 时取 $k=2.0 \sim 1.7$,中间值线性内插求得。需要注意的是:式(4.11)中 f_{sd} 为螺旋箍筋的抗拉强度设计值,f'_{sd} 为纵向受压钢筋的抗压强度设计值。

上述公式是针对长细比较小的螺旋箍筋柱进行分析得到的,对于长细比较大的螺旋箍筋柱有可能发生失稳破坏,构件破坏时核心混凝土的侧向变形不大,螺旋箍筋的约束作用不能有效发挥,甚至不起作用。也就是说,螺旋箍筋的作用只能提高核心混凝土的抗压强度,而不能增加柱的稳定性。因此,《公路钢筋混凝土及预应力混凝土桥涵设计规范》(JTG 3362—2018)进行了如下规定:

①为了保证构件在使用荷载作用下,螺旋箍筋的保护层不致过早剥落,螺旋箍筋柱的承载力计算值[按式(4.11)]不应大于按普通箍筋柱算得的承载力[式(4.5)]的50%,即:

$$0.9(f_{cd}A_{cor} + kf_{sd}A_{s0} + f'_{sd}A'_s) \leqslant 1.5 \times 0.9\varphi(f_{cd}A + f'_{sd}A'_s)$$

②当遇到下列任意一种情况时,不考虑螺旋箍筋的作用,而按式(4.5)计算构件的承载力:

a. 当间接钢筋的换算截面面积 A_{s0} 小于全部纵向钢筋截面面积的25%,即 $A_{s0} < 0.25A'_s$ 时,说明螺旋箍筋配置的太少,不能起到约束核心混凝土的作用。

b. 当间接钢筋的间距大于80 mm或大于核心混凝土直径的1/5时。

c. 当构件的长细比 $l_0/b > 14$(矩形截面)或 $l_0/d > 12$(圆形截面)或 $l_0/i > 48$(其他截面)时,由于纵向弯曲的影响,核心混凝土的强度得不到充分利用,相当于螺旋箍筋不能发挥其作用。

d. 当按螺旋箍筋柱计算的承载力[按式(4.11)]小于按普通箍筋柱算得的承载力[按式(4.5)]时,说明该构件的混凝土保护层较厚,而核心混凝土截面面积较小,此时混凝土保护层不会完全剥落,还可以承担一部分压力,这时应该按照普通箍筋柱计算承载力[按式(4.5)]。

螺旋箍筋柱的正截面承载力的计算也包括截面设计和截面复核两个方面。

(1)截面设计

已知:截面尺寸、计算长度、轴向压力设计值、材料等级和安全等级。

求:纵向钢筋截面面积 A'_s 和螺旋箍筋相关参数。

步骤:

①计算长细比,检查是否可以设计成螺旋箍筋柱,并计算稳定系数 φ。

②假设纵向钢筋的配筋率($\rho' = A'_s/A_{cor}$)并计算纵向钢筋用量 A'_s。纵向钢筋的常用配筋率为0.8% ~1.2%。

③拟订箍筋强度等级和直径,计算箍筋间距 s,结合构造要求,最终确定箍筋间距 s。

④绘制截面钢筋布置图。

(2)截面复核

已知:截面尺寸、计算长度、配筋情况、材料等级和轴向压力设计值。

求:截面承载力 N_u。

步骤:

①检查相关构造是否满足要求,主要包括钢筋保护层厚度、净间距和最小配筋率。

②由式(4.11)计算承载力 N_u,并要求 $N_u \geq N = \gamma_0 N_d$。

③检验保护层混凝土是否会过早剥落。

【例4.3】有一水平浇筑的圆形截面预制墩柱,直径 $d=500$ mm,柱高5 m,两端均为铰接,C30混凝土,纵向钢筋采用HRB400,箍筋采用HPB300,Ⅰ类环境条件,安全等级为二级,设计使用年限为50年,轴向压力组合设计值 $N_d=3\ 000$ kN,试进行截面设计和承载力复核。

解:

优先考虑设计成螺旋箍筋柱。

(1)截面设计

①查取计算参数。

$f_{cd}=13.8$ MPa、$f'_{sd}=330$ MPa、$f_{sd}=250$ MPa、$\gamma_0=1.0$。

②计算纵向钢筋截面面积。

柱的计算长度 $l_0=l=5\ 000$ mm,则长细比 $l_0/d=5\ 000/500=10<12$,可以按螺旋箍筋柱设计,稳定系数 $\varphi=0.958$。

拟定箍筋直径为10 mm,则可取纵向钢筋的混凝土保护层厚度 $c=20+10=30$(mm),故有

核心混凝土直径:

$$d_{cor} = d - 2c = 500 - 60 = 440(\text{mm})$$

柱毛截面面积:

$$A = \frac{\pi d^2}{4} = \frac{3.14 \times 500^2}{4} = 196\ 250(\text{mm}^2)$$

核心混凝土面积:

$$A_{cor} = \frac{\pi d_{cor}^2}{4} = \frac{3.14 \times 440^2}{4} = 151\ 976\ \text{mm}^2 > \frac{2}{3}A = 130\ 833(\text{mm}^2)$$

假设纵向钢筋的配筋率为1%,则有

$$A'_s = \rho' A_{cor} = 0.01 \times 151\ 976 = 1\ 520(\text{mm}^2)$$

现选用6Φ20,提供的截面面积 $A'_s=1\ 884\ \text{mm}^2$。

③确定箍筋直径和间距。

取 $N_u=N=\gamma_0 N_d=3\ 000$ kN,由式(4.11)可得到螺旋箍筋换算截面面积:

$$\begin{aligned}
A_{s0} &= \frac{N/0.9 - f_{cd}A_{cor} - f'_{sd}A'_s}{kf_{sd}} \\
&= \frac{3 \times 10^6/0.9 - 13.8 \times 151\ 976 - 330 \times 1\ 884}{2 \times 250} \\
&= 1\ 229(\text{mm}^2) > 0.25A'_s = 471\ \text{mm}^2
\end{aligned}$$

Φ10 单肢箍筋的截面面积 $A_{s01}=78.5\ \text{mm}^2$，螺旋箍筋所需的间距为：

$$s=\frac{\pi d_{cor}A_{s01}}{A_{s0}}=\frac{3.14\times440\times78.5}{1\ 229}=88(\text{mm})$$

根据箍筋构造要求，其间距应同时满足 $s\leqslant d_{cor}/5=430/5=86(\text{mm})$ 和 $s\leqslant80$ mm 且 $s\geqslant40$ mm，可取 $s=70$ mm。

单根钢筋截面形心至截面边缘的距离为 $20+10+22.7/2=41.35(\text{mm})$，实际取 45 mm。

截面钢筋布置如图 4.17 所示。

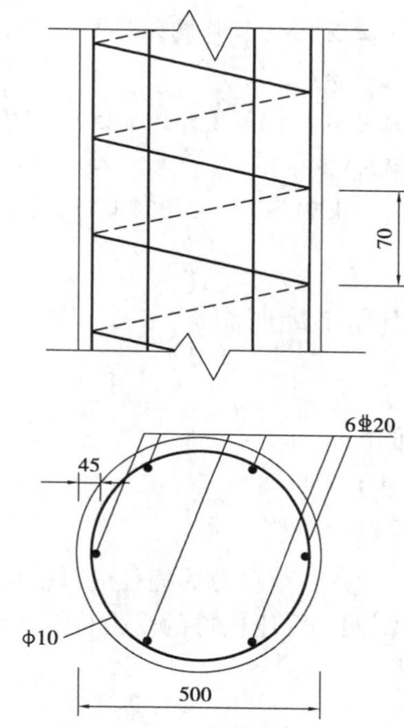

图 4.17　例 4.3 钢筋布置(尺寸单位：mm)

(2)截面复核

箍筋的保护层厚度为 $c=45-22.7/2-10=24(\text{mm})$，满足不小于 $c_{min}=20$ mm 和 $d=10$ mm 的要求。

纵向钢筋的保护层厚度 $c=45-22.7/2=34(\text{mm})$，满足不小于 $c_{min}=20$ mm 和 $d=20$ mm 的要求。

钢筋净间距 $s_n\approx(2\times3.14\times205-6\times22.7)/6=192(\text{mm})$，满足不小于 30 mm 和 $d=20$ mm 的要求。

实际纵筋的保护层厚度为 $c=45-22.7/2=34(\text{mm})$，$d_{cor}=500-68=432(\text{mm})$，$A_{cor}=\frac{\pi d_{cor}^2}{4}=\frac{3.14\times432^2}{4}=146\ 500(\text{mm}^2)$，截面配筋率 $\rho'=A'_s/A_{cor}=1\ 884/146\ 500=1.3\%>0.5\%$，满足配筋率的要求。

螺旋箍筋换算截面面积：

$$A_{s0}=\frac{\pi d_{cor}A_{s01}}{s}=\frac{3.14\times432\times78.5}{70}=1\ 521(\mathrm{mm}^2)$$

则由式(4.11)可得到:

$$\begin{aligned}N_u&=0.9(f_{cd}A_{cor}+kf_{sd}A_{s0}+f'_{sd}A'_s)\\&=0.9\times(13.8\times146\ 500+2\times250\times1\ 521+330\times1\ 884)\\&=3\ 064(\mathrm{kN})>N=3\ 000\ \mathrm{kN}\end{aligned}$$

承载力满足要求。

再按式(4.5)计算承载力,以检查混凝土保护层是否会过早剥落。

$$\begin{aligned}N'_u&=0.9\varphi(f_{cd}A+f'_{sd}A'_s)\\&=0.9\times0.958\times(13.8\times196\ 250+330\times1\ 884)\\&=2\ 871(\mathrm{kN})\end{aligned}$$

因 $1.5N'_u=1.5\times2\ 871=4\ 307(\mathrm{kN})>N_u=3\ 064\ \mathrm{kN}$,故混凝土保护层不会过早剥落。

4.4 偏心受压构件受力特点和破坏形态

知识点

①受拉破坏和受压破坏的形态;

②判别大、小偏心破坏的方法;

③轴力与弯矩对构件承载力的影响。

钢筋混凝土受压构件按照长细比一般可分为短柱、长柱和细长柱。本节以矩形截面偏心受压短柱的试验结果为依据,介绍偏心受压构件的受力特点和破坏形态。

4.4.1 破坏形态

钢筋混凝土偏心受压构件随着偏心距的大小和纵向钢筋配筋情况的不同,主要有两种破坏形态。

大偏心受压破坏

1)受拉破坏(大偏心受压破坏)

在相对偏心距(e_0/h)较大,且受拉钢筋(远离偏心压力一侧的钢筋)布置不太多时,会发生受拉破坏。图4.18所示为矩形截面大偏心受压短柱试件尺寸、配筋和截面应变、应力及侧向挠度的发展情况。短柱受力后,靠近偏心压力 N 一侧的钢筋(截面面积为 A'_s)受压,另一侧(远离偏心压力 N)的钢筋(截面面积为 A_s)受拉。随着荷载的增大,受拉区混凝土先出现横向裂缝,裂缝的开展使受拉钢筋(A_s)的应力增长较快,首先达到屈服,中性轴向受压边移动,受压区混凝土压应变迅速增大,最后,受压区钢筋(A'_s)屈服,混凝土达到其极限压应变而压碎(图4.19)。其破坏形态与双筋矩形截面梁的破坏形态相似。

大偏心受压构件的破坏过程

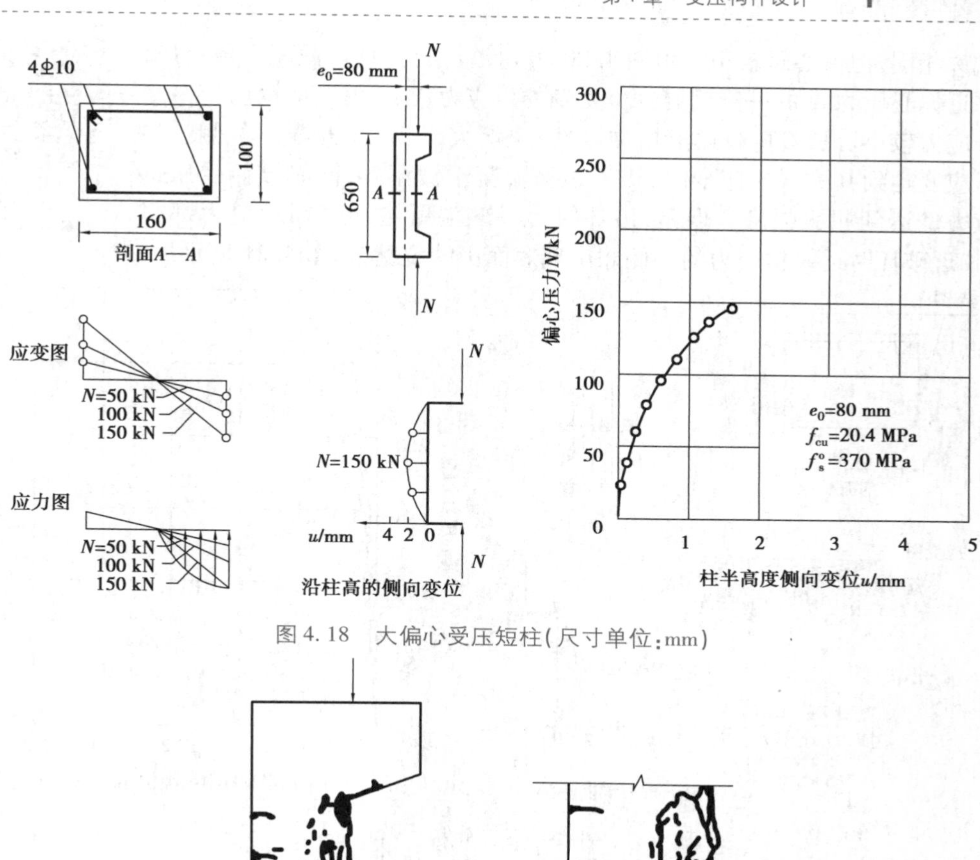

图 4.18　大偏心受压短柱(尺寸单位:mm)

(a)破坏形态　　(b)局部破坏

图 4.19　大偏心受压短柱破坏形态

许多大偏心受压短柱试验表明,当偏心距较大且受拉钢筋配筋率不高时。偏心受压构件的破坏是由于受拉钢筋首先达到屈服强度而导致受压区混凝土被压碎。临近破坏时有明显的预兆,裂缝显著开展,称为受拉破坏。构件的承载力主要取决于受拉钢筋的强度和数量。

2)受压破坏(小偏心受压破坏)

小偏心受压破坏

小偏心受压就是偏心压力 N 的初始偏心距较小。图 4.20 所示为矩形截面小偏心受压短柱试件的试验结果。该试件的截面尺寸、配筋均与图 4.18

所示试件相同，但偏心距较小。由图 4.20 可知，短柱受力后，截面全部受压，其中靠近偏心压力 N 的一侧钢筋(A_s')受到的压应力较大，另一侧钢筋(A_s)受到的压应力较小。随着荷载逐渐增加，应力也增大，当靠近压力 N 一侧的混凝土压应变达到其极限压应变时，该侧边缘混凝土被压碎，同时该侧受压钢筋的应力也达到屈服强度。但是，破坏时另一侧混凝土和钢筋的应力都很小，在临近破坏时远离偏心力的一侧才出现短而小的裂缝，如图 4.21 所示。

小偏心受压构件的破坏过程

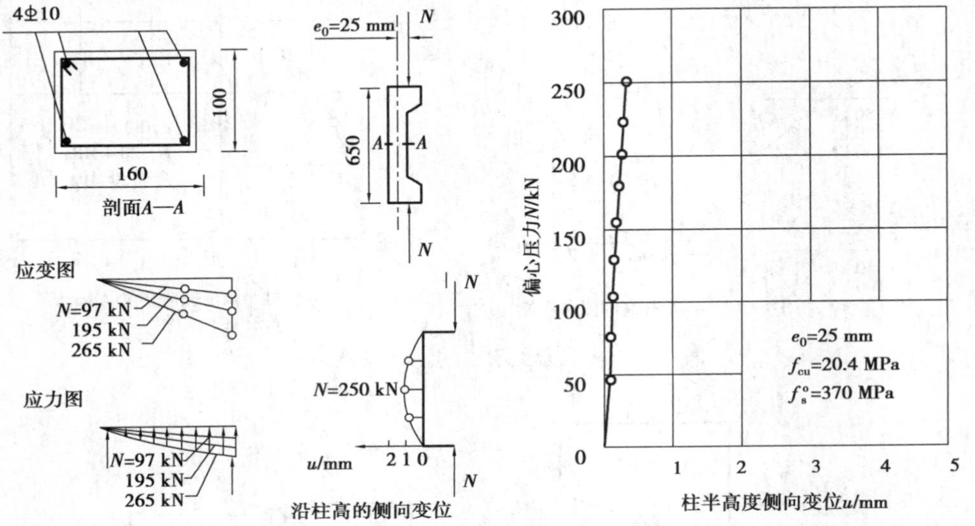

图 4.20　小偏心受压短柱(单位:mm)

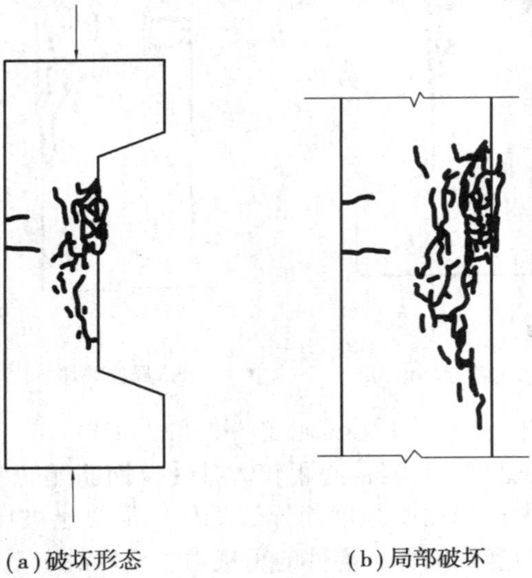

(a)破坏形态　　(b)局部破坏

图 4.21　小偏心受压短柱破坏形态

根据以上试验及其他短柱的试验结果，小偏心受压短柱破坏时的截面应力分布，根据偏心距 e_0 的大小及远离偏心压力一侧的纵向钢筋的数量，可分为图 4.22 所示几种情况。

①当偏心压力的偏心距 e_0 很小时，构件截面将全部受压，中性轴位于截面以外，如图 4.

22(a)所示。破坏时，靠近压力 N 一侧的混凝土应变达到其极限压应变，钢筋 A_s' 达到屈服强度。而离轴心压力 N 较远一侧的混凝土和钢筋 A_s 均未达到其抗压强度。

②当偏心压力的偏心距 e_0 较小时，或偏心距较大而远离纵向力一侧的钢筋 A_s 较多时，如图 4.22(b)所示。截面大部分受压而小部分受拉，中性轴距受拉钢筋 A_s 很近，钢筋 A_s 中的拉应力很小，达不到屈服强度。

③当偏心压力的偏心距 e_0 很小，但离纵向压力较远一侧的钢筋面积 A_s 很小，而靠近纵向力 N 一侧的钢筋面积 A_s' 较大时，截面实际的重心轴就不在混凝土截面形心轴 $O-O$ 处，而向右偏移至 1—1 轴，如图 4.22(c)所示。这样，截面远离纵向压力 N 的一侧，即原来压应力较小而 A_s 布置得很少的一侧，将承受较大的压应力。尽管仍是全截面受压，但远离偏心压力 N 一侧的钢筋 A_s 将由于混凝土的应变达到极限压应变而屈服，而靠近纵向力 N 一侧的钢筋 A_s' 的应力有可能达不到屈服强度，这种破坏也称为“反向破坏”。

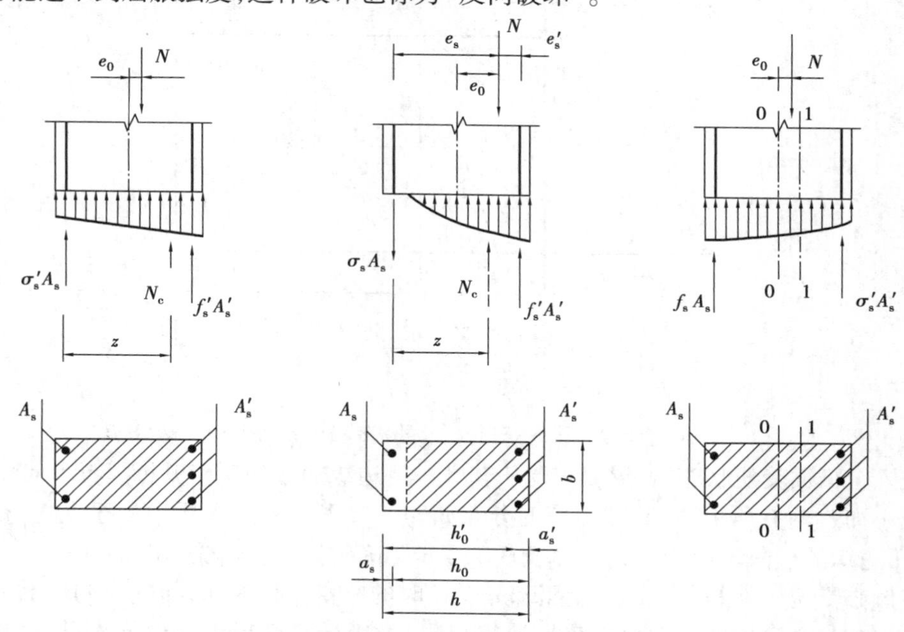

(a)全截面受压的应力图　(b)截面部分受压部分受拉的应力图　(c)反向破坏

图 4.22　小偏心受压短柱截面受力的几种情况

总之，小偏心受压构件的破坏一般是受压区边缘混凝土的压应变达到极限压应变，受压区混凝土被压碎；同一侧的钢筋压应变达到屈服强度，而另一侧的钢筋，不论是受拉还是受压，其应力均达不到屈服强度，破坏前构件侧向变形无明显急剧增长，故称这种破坏为“受压破坏”。其正截面承载力取决于受压区混凝土抗压强度和受压钢筋强度及数量。

综上所述，形成受拉破坏的条件是偏心距较大且受拉钢筋的数量不多的情况，这类构件也称为大偏心受压构件；形成受压破坏的条件是偏心距较小而受拉钢筋数量过多的情况，这类构件称为小偏心受压构件。钢筋混凝土偏心受压短柱的“受拉破坏”和“受压破坏”都属于材料破坏。两种破坏形态的相同之处是：构件截面破坏都会使截面受压区边缘混凝土达到极限压应变而被压碎；不同之处是：截面破坏的起因不同，受拉破坏的起因是受拉钢筋屈服，而受压破坏的起因是截面受压区边缘混凝土被压碎。

4.4.2 大、小偏心受压的界限

图 4.23 表示偏心受压构件的截面应变分布图形。图中 ab,ac 线表示在大偏心受压状态下的截面应变状态。随着纵向压力的偏心距减小或受拉钢筋配筋率的增加,在破坏时形成斜线 ad 所示的应变分布状态,即当受拉钢筋达到屈服应变 ε_y 时,受压边缘混凝土也刚好达到极限压应变 ε_{cu},此时称为界限状态。随着压力偏心距进一步减小或受拉钢筋配筋率进一步增大,截面破时将形成斜线 ae 所示的受拉钢筋应变达不到屈服应变的状态,即小偏心受压状态。

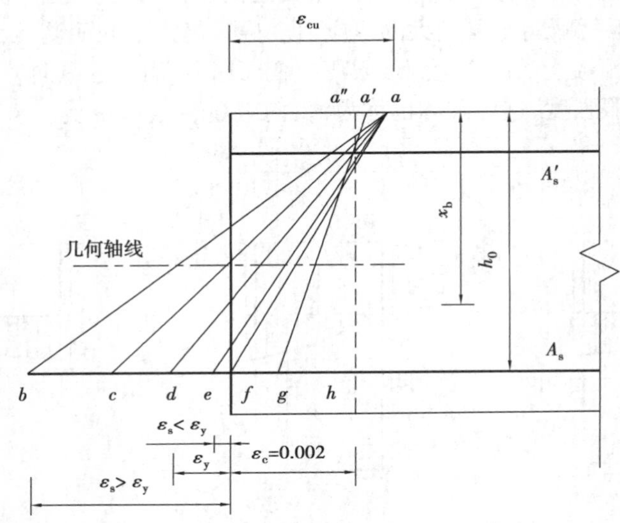

图 4.23 偏心受压构件的截面应变分布

当进入全截面受压状态后,混凝土受压较大一侧边缘的极限压应变将随着纵向压力 N 的偏心距减小而逐渐有所下降,其截面应变分布如 af,$a'g$ 和垂线 $a''h$ 所示顺序变化,在变化过程中,受压边缘的极限压应变由 $\varepsilon_{cu}=0.0033$ 逐步下降到接近轴心受压时的 0.002。

上述偏心受压构件是截面部分受压部分受拉时的应变变化规律,与受弯构件截面应变变化相似,因此,与受弯构件正截面承载力计算相同,可用受压区界限高度 x_b 或相对界限受压区高度 ξ_b 来判别两种不同偏心受压状态。

①当 $\xi\leq\xi_b$ 时,截面为大偏心受压破坏;

②当 $\xi>\xi_b$ 时,截面为小偏心受压破坏。

4.4.3 N_u-M_u 相关曲线

偏心受压构件是弯矩和轴向力共同作用的构件,轴向力与弯矩对构件的作用存在着叠加和制约的关系,即当给定轴向力时,有其唯一对应的弯矩,或者说构件可以在不同的轴向力和弯矩的共同作用下达到其极限承载力。

N-M 相关曲线

对钢筋混凝土偏心受压构件(短柱)截面承载力进一步计算分析可以得到图 4.24 中曲线 abc 所示的偏心受压构件正截面轴向承载力 N_u 与相应的 M_u 之间的关系,简称 N_u-M_u 相关曲线。

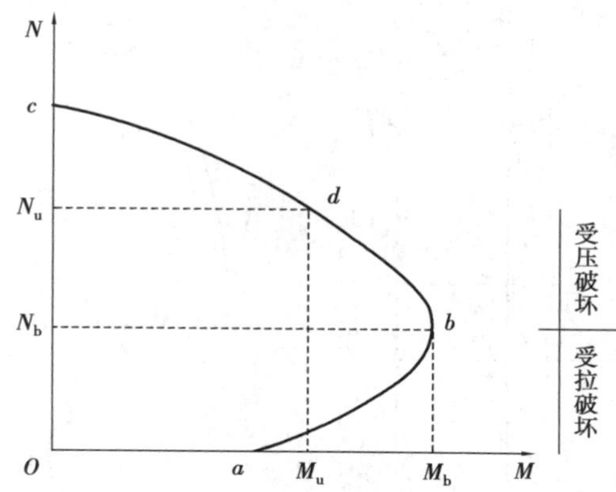

图 4.24　偏心受压构件的 N_u-M_u 相关曲线

在图 4.24 中，ab 段为大偏心受压时的 N_u-M_u 相关曲线，为二次抛物线。随着轴向力的增大，截面能承担的弯矩也相应增大。

b 点为钢筋与受压混凝土同时达到其强度极限值的界限状态，也就是界限破坏时的状态，此时偏心受压构件能够承受的弯矩 M_u 最大。

bc 段表示小偏心受压时的 N_u-M_u 相关曲线，是一条接近于直线的二次抛物线。由曲线走向可以看出，在小偏心受压情况下，随着轴向压力的增大，截面所能承担的弯矩反而降低。

c 点($M=0$)代表轴心受压构件的情况，a 点($N=0$)代表受弯构件的情况。图中曲线上的任意点 d 的坐标(M_d,N_d)就代表该截面强度的一种 M 和 N 的组合。若任意点 d 位于曲线 abc 的内侧，则说明截面在该点坐标给出的 M 和 N 组合下，未达到承载能力极限状态，即此时截面处于可靠状态；若任意点 d 位于曲线 abc 的外侧，则表明截面的承载能力不足，此时截面处于失效状态。

4.5　偏心受压构件的纵向弯曲

知识点

①偏心受压构件的破坏类型；

②偏心距增大系数的计算。

钢筋混凝土受压构件在承受偏心力作用后，将产生纵向弯曲变形，即会产生侧向变形。由于侧向变形的影响，各截面所受的弯矩不再是 Ne_0，而变成了 $N(e_0+y)$，y 为构件任意截面的水平侧向变形，如图 4.25 所示。在柱高度中点截面处侧向变形最大，截面上的弯矩为 $N(e_0+u)$。u 随着荷载的增大而不断增大，因而弯矩的增长也越来越快。一般把偏心受压构件截面弯矩中的 Ne_0 称为初始弯矩或一阶弯矩，将 Nu 或 Ny 称为附加弯矩或二阶弯矩，由于二阶弯矩的影响，将造成偏心受压构件不同的破坏类型。

4.5.1　偏心受压构件的破坏类型

钢筋混凝土偏心受压构件按长细比可分为短柱、长柱和细长柱。

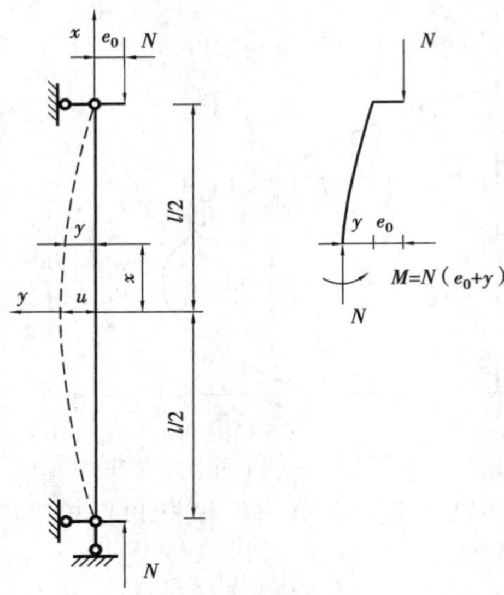

图 4.25　偏心受压构件的受力图式

1)短柱

在偏心受压短柱中,虽然偏心力作用将产生一定的侧向变形,但其 u 值很小,一般可忽略不计。例如,由于 u 产生的二阶弯矩 Nu 与初始弯矩 Ne_0 相比小于 5% 时,可不考虑二阶弯矩的影响。此时,各个截面中的弯矩均可认为等于初始弯矩 Ne_0,即弯矩 M 与轴向力 N 呈线性关系。

对于矩形截面,长细比 $l_0/h \leqslant 5$;圆形截面,长细比 $l_0/d \leqslant 4.4$;其他截面,长细比 $l_0/i \leqslant 17.5$ 时,可以不考虑侧向挠度的影响。

短柱随着荷载的增大,当达到极限承载力时,柱的截面由于材料达到其极限强度而破坏。在 N_u-M_u 相关图中,从加载到破坏的受力路径为图 4.26 中的 OB 直线。

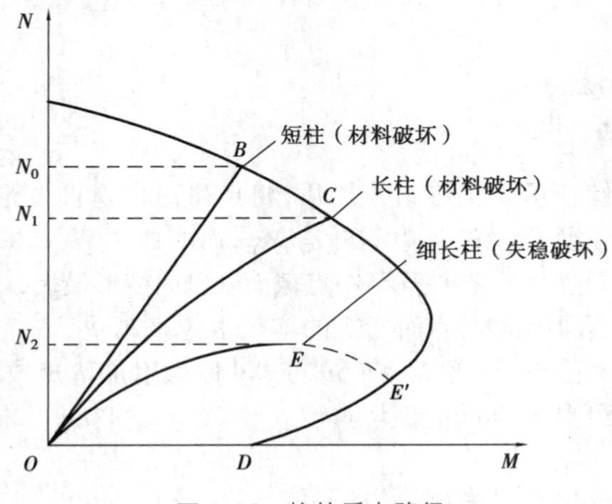

图 4.26　柱的受力路径

2)长柱

对于矩形截面柱,当 $5 < l_0/h \leqslant 30$ 时,即为长柱。长柱受偏心力作用时的侧向变形 u 较大,二阶弯矩的影响不可忽略,因此,实际偏心距是随荷载的增大而呈非线性增加。构件控制截面最终仍是由于截面中材料达到其强度极限而破坏,属于材料破坏。

偏心受压长柱的 N_u-M_u 相关曲线从加载到破坏的受力路径为曲线,与截面承载能力曲线相交于 C 点而发生材料破坏,即图4.26中的 OC 曲线。

3)细长柱

对于矩形截面柱,当 $l_0/h > 30$ 时,即为细长柱。当偏心压力 N 达到最大值时(图4.26中 E 点),侧向变形 u 突然剧增,此时,偏心受压构件截面上钢筋和混凝土的应变均未达到材料破坏时的极限值。因此,细长柱达到最大承载能力时,发生在其控制截面的材料强度还未达到其极限强度,这种破坏类型称为失稳破坏。在构件失稳后,若构件上的压力逐渐减小,以保持构件继续变形,则随着 u 值增大到一定值和相应的荷载时,截面也可达到材料破坏点(E'),但这时的承载能力也明显低于失稳时的破坏荷载。由于失稳破坏与材料破坏有本质的区别,故设计中一般尽量不要采用细长柱。

在图4.26中短柱、长柱和细长柱的初始偏心距是相同的,但破坏类型不同。短柱和长柱的受力路径分别为 OB 和 OC,都为材料破坏;细长柱受力路径为 OE,为失稳破坏。随着长细比的增大,其承载力 N 也不同,如果短柱、长柱和细长柱的承载能力分别用 N_0,N_1 和 N_2 来表示,则有 $N_0 > N_1 > N_2$。

4.5.2　偏心距增大系数

工程中最常遇到的是长柱,由于其最终破坏是材料破坏,因此在设计计算中需考虑由于构件侧向变形而引起的二阶弯矩的影响。偏心受压构件控制截面的实际弯矩为:

纵向弯曲

$$M = N(e_0 + u) = N\frac{e_0 + u}{e_0}e_0$$

令

$$\eta = \frac{e_0 + u}{e_0} = 1 + \frac{u}{e_0}$$

则

$$M = N \cdot \eta e_0 \tag{4.12}$$

式中　η——偏心受压构件考虑纵向弯曲影响(二阶效应)的轴向力偏心距增大系数。

η 越大,二阶弯矩的影响越大,则截面所承担的一阶弯矩在总弯矩中所占的比例就越小。需要注意的是:当 $e_0 = 0$ 时,式(4.12)无意义的;当偏心受压构件为短柱时,则 $\eta = 1$。

《公路钢筋混凝土及预应力混凝土桥涵设计规范》(JTG 3362—2018)根据偏心受压构件的极限曲率理论,偏心距增大系数的计算表达式为:

$$\eta = 1 + \frac{1}{1\,300(e_0/h_0)}\left(\frac{l_0}{h}\right)^2\zeta_1\zeta_2 \tag{4.13}$$

$$\zeta_1 = 0.2 + 2.7\frac{e_0}{h_0} \leqslant 1.0 \tag{4.14}$$

$$\zeta_2 = 1.15 - 0.01\frac{l_0}{h} \leqslant 1.0 \tag{4.15}$$

式中 l_0——构件的计算长度；

e_0——轴向力对截面重心轴的偏心距，不小于 20 mm 和偏压方向截面最大尺寸的 1/30 中的较大值；

h_0——截面的有效高度，对圆形截面取 $h_0 = r + r_s$，其中 r 和 r_s 的意义见 4.7 节；

h——截面的高度，对圆形截面取 $h = d$，其中 d 为圆形截面的直径；

ζ_1——荷载偏心率对截面曲率的影响系数；

ζ_2——构件长细比对截面曲率的影响系数，ζ_2 不小于 0.85。

《公路钢筋混凝土及预应力混凝土桥涵设计规范》(JTG 3362—2018)规定，计算偏心受压构件正截面承载力时，对于矩形截面，长细比 $l_0/h > 5$；圆形截面，长细比 $l_0/d > 4.4$；对于其他截面，长细比 $l_0/i > 17.5$ 时，应考虑构件在弯矩作用平面内的变形对轴向力偏心距的影响。此时，应将轴向力对截面重心轴的偏心距 e_0 乘以偏心距增大系数 η。

4.6 矩形截面偏心受压构件

知识点

①基本公式的适用范围；

②矩形截面非对称配筋计算方法；

③矩形截面对称配筋计算方法。

钢筋混凝土矩形截面偏心受压构件是工程中应用最广泛的构件，其截面长边用 h 来表示，短边用 b 来表示。在设计中应该以长边方向的截面主轴面 x-x 为弯矩作用平面，以保证构件具有较高的稳定性，如图 4.27 所示。

矩形截面偏心受压构件的纵向钢筋一般集中布置在弯矩作用方向的截面两对边位置上，即沿着两短边方向布置，用 A_s 和 A_s'分别表示离偏压力较远一侧和较近一侧的钢筋截面面积。当 $A_s = A_s'$时称为对称布筋；当 $A_s \neq A_s'$时称为非对称布筋。

4.6.1 基本公式及适用条件

同受弯构件，偏心受压构件正截面承载力计算采用如下基本假定：

①截面应变分布符合平截面假定；

②不考虑混凝土的抗拉强度；

③受压混凝土的极限压应变取 $\varepsilon_{cu} = 0.003 \sim 0.0033$；

④混凝土的压应力分布图形简化为矩形，应力集度为 f_{cd}，矩形应力图的高度为 $x = \beta x_c$。

矩形截面偏心受压构件正截面承载力计算图式如图 4.28 所示。在图中，用 ηe_0 表示纵向弯曲的影响。只要是材料破坏，无论是大偏心受压破坏还是小偏心受压破坏，受压区混凝土

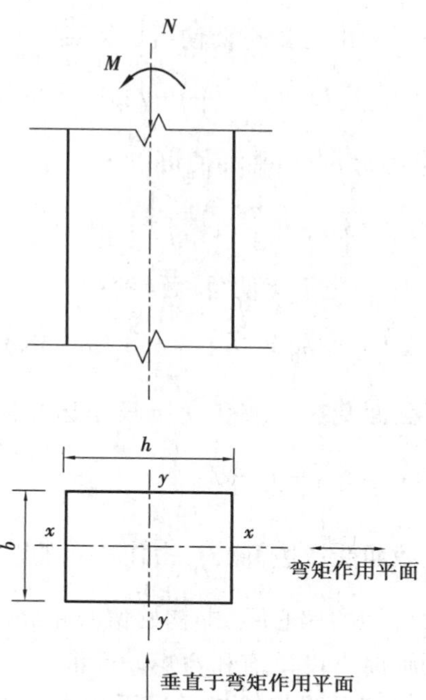

图 4.27　弯矩作用平面示意图

边缘都达到了极限压应变，同一侧的受压钢筋 A'_s 都能达到抗压强度设计值 f'_{sd}。而另一侧的钢筋 A_s 的应力，对于大偏心受压破坏可以达到抗拉强度设计值 f_{sd}；对于小偏心受压破坏，有可能受拉也可能受压，但均没有达到抗拉强度设计值 f_{sd} 或抗压强度设计值 f'_{sd}。因此图 4.28 中假设为受拉，并用 σ_s 表示钢筋的拉应力。这样便可以建立既适用于大偏心受压破坏又适用于小偏心受压破坏的计算公式。

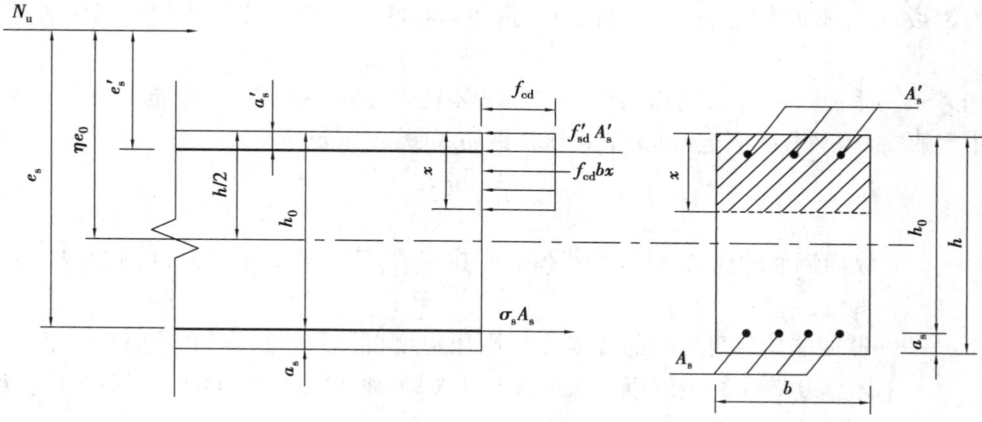

图 4.28　矩形截面偏心受压构件正截面计算图式

以图 4.28 偏心受压构件的截断体为研究对象，便可以推出下列基本公式。

沿构件轴线方向的合力为零，可以得到：

$$N_u = f_{cd}bx + f'_{sd}A'_s - \sigma_s A_s \tag{4.16}$$

以钢筋 A_s 合力作用点为矩心，由力矩平衡便可以得到：

$$N_u e_s = f_{cd} b x\left(h_0 - \frac{x}{2}\right) + f'_{sd} A'_s (h_0 - a'_s) \tag{4.17}$$

以钢筋 A'_s 合力作用点为矩心，由力矩平衡便可以得到：

$$N_u e'_s = -f_{cd} b x\left(\frac{x}{2} - a'_s\right) + \sigma_s A_s (h_0 - a'_s) \tag{4.18}$$

以 N_u 合力作用点为矩心，由力矩平衡便可以得到：

$$f_{cd} b x\left(e_s - h_0 + \frac{x}{2}\right) = \sigma_s A_s e_s - f'_{sd} A'_s e'_s \tag{4.19}$$

式中 e_s——轴向力作用点至截面受拉边或者受压较小边纵向钢筋合力作用点的距离，$e_s = \eta e_0 + h_0 - \frac{h}{2}$ 或者 $e_s = \eta e_0 + h_0 - a_s$；

e'_s——轴向力作用点至截面受压边钢筋合力作用点的距离，$e'_s = \eta e_0 + a'_s - \frac{h}{2}$；

e_0——轴向力对截面重心轴的偏心距，即初始偏心距，$e_0 = M_d / N_d$；

N_d，M_d——基本组合的轴向力设计值和弯矩设计值；

h_0——截面受压较大边边缘距受拉侧或者受压较小侧纵向钢筋合力作用的距离，$h_0 = h - a_s$；

η——偏心受压构件轴向力偏心距增大系数；

f_{cd}——混凝土轴心抗压强度设计值。

需要说明的是，虽然推出了 4 个基本公式，但是独立的仍然只有 2 个，只能求解 2 个未知数。在应用基本公式时还需要注意下列事项：

①钢筋 A_s 的应力 σ_s 的取值：

当 $\xi \leq \xi_b$ 时，属于大偏心受压构件，此时远离偏心压力一侧钢筋 A_s 是受拉屈服的，所以取 $\sigma_s = f_{sd}$。

当 $\xi > \xi_b$ 时，属于小偏心受压构件，此时远离偏心压力一侧钢筋 A_s 可能受拉也可能受压，但都不屈服，根据平截面假定，可按下式计算钢筋 A_s 的应力 σ_s。

$$\sigma_s = \varepsilon_{cu} E_s \left(\frac{\beta h_0}{x} - 1\right) \tag{4.20}$$

式中 σ_s——纵向钢筋的应力，计算为正值表示拉应力，负值表示压应力，且范围为 $-f'_{sd} \leq \sigma_s \leq f_{sd}$；

ε_{cu}——截面非均匀受压时的混凝土极限压应变，混凝土强度等级为 C50 及以下时取 $\varepsilon_{cu} = 0.003\,3$，当混凝土强度等级为 C80 时，取 $\varepsilon_{cu} = 0.003$，中间强度等级用直线插入法求得；

E_s——钢筋的弹性模量；

β——截面受压区矩形应力图高度与实际受压区高度的比值，按表 3.2 取用；

x——截面受压区高度；

h_0——纵向钢筋截面重心至受压较大边缘的距离。

②为了保证构件破坏时大偏心受压构件截面上的受压钢筋能够达到抗压强度设计值f'_{sd}，必须满足：

$$x \geqslant 2a'_s$$

当$x<2a'_s$时，受压钢筋的应力可能达不到f'_{sd}，与双筋截面受弯构件类似，近似取$x=2a'_s$，截面应力分布如图 4.29 所示。受压区混凝土所承担的压应力合力作用位置与受压钢筋承担的压力$f'_{sd}A'_s$作用位置重合。由截面受力平衡条件（对钢筋A'_s合力点的力矩之和为零）可以得出：

$$N_u e'_s = f_{sd}A_s(h_0 - a'_s) \tag{4.21}$$

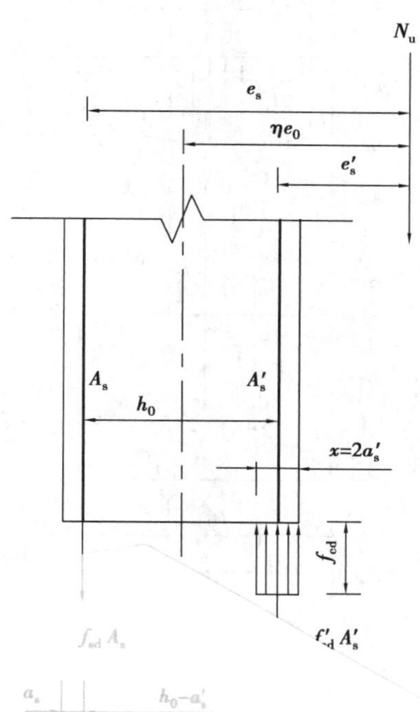

图 4.29 当$x<2a'_s$时，大偏

③偏心压力作用的偏心距很小，即小偏心受压[illegible]近偏心压力一侧的纵向钢筋A'_s配置较多，而远离偏心压力一侧的纵向钢[illegible]较少时，则钢筋A_s的应力可能达到受压屈服强度，离偏心压力较远一侧的混凝土也[illegible]可能被压坏，如图 4.22(c)所示。为使远侧钢筋的数量不至于过少，防止出现这种破坏，《公路钢筋混凝土及预应力[illegible]混凝土桥涵设计规范》(JTG 3362—2018)规定：对于小偏心受压构件，当偏心压力作用于钢筋A_s合力点和A'_s合力点之间时，即满足$\eta e_0<h/2-a'_s$，还应该满足下列条件：

$$N_u e' \leqslant f_{cd}bh\left(h'_0 - \frac{h}{2}\right) + f'_{sd}A_s(h'_0 - a_s) \tag{4.22}$$

式中 h'_0——纵向钢筋A'_s合力点离偏心压力较远一侧边缘的距离，即$h'_0=h-a'_s$，如图 4.30 所示；

e'——按$e'=\dfrac{h}{2}-e_0-a'_s$计算。

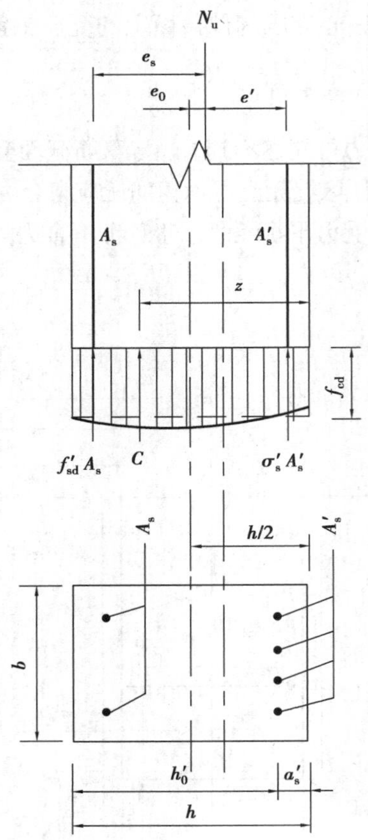

图 4.30　偏心距很小时截面计算图式

4.6.2　构造要求

矩形截面偏心受压构件的构造要求与普通箍筋柱的构造要求基本相同。

1）截面尺寸

矩形截面的最小尺寸不宜小于 300 mm，同时截面的长边 h 和短边 b 的比值常为 $h/b=1.5\sim3.0$。为了模板尺寸的模数化，边长宜采用 50 mm 的倍数。矩形截面的长边应设置在弯矩作用方向。

2）纵向钢筋的配筋率

矩形截面偏心受压构件的纵向受力钢筋沿截面短边 b 配置。配筋率为钢筋截面面积与构件截面面积 bh 之比。截面的全部纵向钢筋的配筋率$[\rho=(A_s+A'_s)/(bh)]$不应小于 0.5%；一侧钢筋的配筋率$[\rho=A_s/(bh)$或$\rho'=A'_s/(bh)]$不应小于 0.2%。全部纵向钢筋常用的配筋率，对大偏心受压构件宜为$\rho=0.5\%\sim3\%$；对于小偏心受压构件宜为$\rho=0.5\%\sim2\%$。

当截面长边 $h\geqslant600$ mm 时，应在长边 h 方向设置直径为 10～16 mm 的纵向构造钢筋，必要时相应地设置附加箍筋或复合箍筋，以保持钢筋骨架的刚度，如图 4.31 所示。

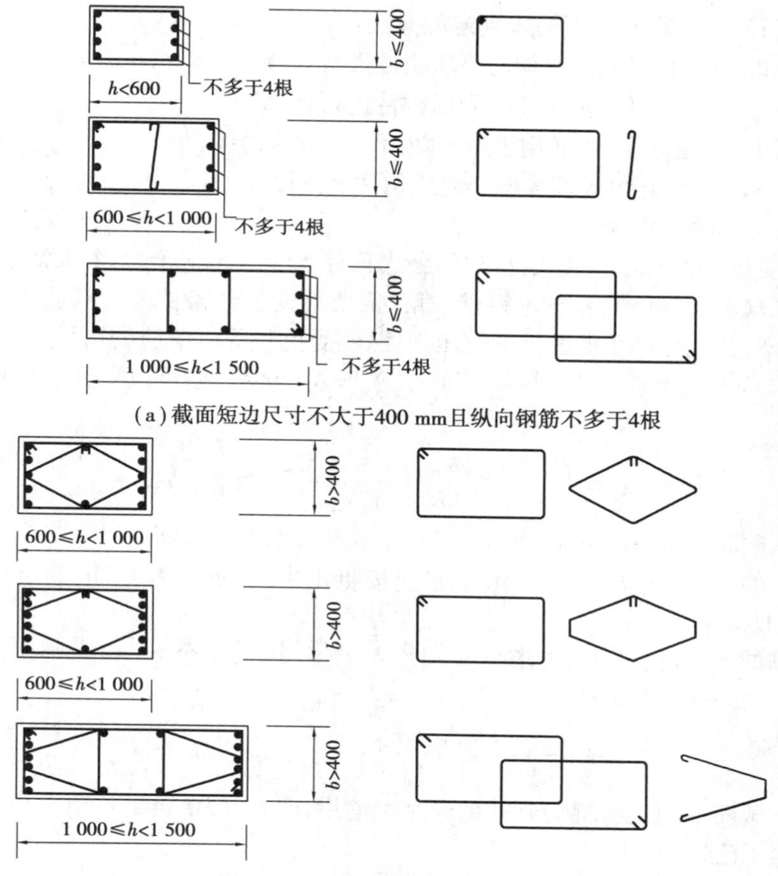

图 4.31　矩形截面偏心受压构件箍筋的布置形式(尺寸单位:mm)

4.6.3　非对称配筋的计算方法

1)截面设计

已知:截面尺寸(或者根据经验和以往设计资料确定)、构件的安全等级、轴向力设计值 N_d、弯矩设计值 M_d、材料的强度等级、构件的计算长度 l_0。

求:钢筋的截面面积 A_s 和 A'_s。

步骤:

(1)判别大、小偏心受压

对大、小偏心受压构件,由于基本公式中远侧钢筋的应力 σ_s 的取值不一样,因此在进行截面设计之前需要判别是大偏心受压构件还是小偏心受压构件。由前面的知识可知,当 $\xi \leq \xi_b$ 时为大偏心受压构件;当 $\xi > \xi_b$ 时为小偏心受压构件。但在进行截面设计时,由于纵向受力钢筋的数量未知,也就无法计算 ξ 的值,因此,需要用其他的方法判断大、小偏心受压构件的问题。

对常用混凝土强度、常用热轧钢筋等级的偏心受压构件在界限破坏形态计算图式的基础上进行计算分析和简化得到以下初步判定的方法：

①当 $\eta e_0 \leqslant 0.3h_0$ 时，可先按小偏心受压构件进行计算；

②当 $\eta e_0 > 0.3h_0$ 时，可先按大偏心受压构件进行计算。

对以上的初步判定方法，仅适用于矩形截面偏心受压构件。

(2)当 $\eta e_0 > 0.3h_0$ 时，可先按大偏心受压构件进行设计

• 情况一：A_s 和 A'_s 均未知

根据偏心受压构件的基本公式，独立的公式只有 2 个，只能求解 2 个未知数，但公式中包含有 3 个未知数（A_s，A'_s 和 x），不能求得唯一解，需要补充设计条件。与双筋矩形截面受弯构件截面设计相似，从充分利用混凝土的抗压强度、使受拉和受压钢筋的用量最少的原则出发，近似取 $x = \xi_b h_0$ 为补充条件，则由式(4.17)，取 $N_u = N = \gamma_0 N_d$，便可以得到受压钢筋的截面面积 A'_s 为：

$$A'_s = \frac{Ne_s - f_{cd}bh_0^2\xi_b(1 - 0.5\xi_b)}{f'_{sd}(h_0 - a'_s)} \geqslant \rho'_{min}bh$$

式中　ρ'_{min}——截面一侧（受压侧）钢筋的最小配筋率，取 $\rho'_{min} = 0.002$。

Ⅰ. 当计算的 $A'_s < \rho'_{min}bh$ 或 A'_s 为负值时，应按照 $A'_s \geqslant \rho'_{min}bh$ 配置钢筋，然后按 A'_s 为已知的情况（情况二）计算 A_s。

Ⅱ. 当计算的 $A'_s \geqslant \rho'_{min}bh$ 时，将求得的 A'_s 代入式(4.16)，且令 $\sigma_s = f_{sd}$，则所需要的钢筋面积 A_s 为：

$$A_s = \frac{f_{cd}bh_0\xi_b + f'_{sd}A'_s - N}{f_{sd}} \geqslant \rho_{min}bh$$

式中　ρ_{min}——截面一侧（受拉侧）钢筋的最小配筋率，取 $\rho_{min} = 0.002$。

• 情况二：A'_s 已知，A_s 未知

此时，基本公式中只有 A_s 和 x 两个未知数，故可以用基本公式直接求解。由式(4.17)，取 $N_u = N = \gamma_0 N_d$，则可以得到关于 x 的一元二次方程，从而求得受压区高度 x 的值为：

$$x = h_0 - \sqrt{h_0^2 - \frac{2[Ne_s - f'_{sd}A'_s(h_0 - a'_s)]}{f_{cd}b}}$$

Ⅰ. 当 $2a'_s \leqslant x \leqslant \xi_b h_0$ 时，则由式(4.16)，取 $\sigma_s = f_{sd}$，可得到受拉区所需钢筋的数量 A_s 为：

$$A_s = \frac{f_{cd}bx + f'_{sd}A'_s - N}{f_{sd}}$$

Ⅱ. 当 $x \leqslant \xi_b h_0$ 且 $x < 2a'_s$ 时，则按式(4.21)计算所需钢筋的数量 A_s 为：

$$A_s = \frac{Ne'_s}{f_{sd}(h_0 - a'_s)}$$

(3)当 $\eta e_0 \leqslant 0.3h_0$ 时，可先按小偏心受压构件进行设计

• 情况一：A_s 和 A'_s 均未知

此时，独立的公式仍只有 2 个，只能求解 2 个未知数，但基本公式中却包含有 3 个未知数（A_s，A'_s 和 x），同样不能求得唯一解。试验表明，对于小偏心受压的一般情况，即图 4.22(a)、(b)所示的情况，远离偏心压力一侧的钢筋无论是受压还是受拉，其应力均未达到屈服强度，因此，可以按照远离偏心压力一侧钢筋用量最少的原则来确定 A_s 的值，即取 $A_s = \rho_{min}bh = 0.002bh$。剩下的两个未知数（$A'_s$ 和 x）便可以直接应用基本公式进行求解。

令 $N_u = N = \gamma_0 N_d$，由式(4.18)和式(4.20)联立便可以得到关于 x 的一元三次方程：

$$Ax^3 + Bx^2 + Cx + D = 0 \tag{4.23}$$

$$A = -0.5 f_{cd} b \tag{4.24a}$$

$$B = f_{cd} b a'_s \tag{4.24b}$$

$$C = \varepsilon_{cu} E_s A_s (a'_s - h_0) - Ne'_s \tag{4.24c}$$

$$D = \beta \varepsilon_{cu} E_s A_s (h_0 - a'_s) h_0 \tag{4.24d}$$

式中，$e'_s = \eta e_0 - h/2 + a'_s$。

可以采用牛顿迭代法求解一元三次方程的根。

采用手算的方法求解一元三次方程的根是比较烦琐的，为了手算方便，根据我国大量的试验资料，可以将式(4.20)的双曲线函数简化成一个线性函数：

$$\sigma_s = \frac{f_{sd}}{\xi_b - \beta}(\xi - \beta)\quad(-f'_{sd} \leqslant \sigma_s \leqslant f_{sd}) \tag{4.25}$$

将式(4.25)代入式(4.18)便可以得到关于 x 的一元二次方程：

$$Ax^2 + Bx + C = 0 \tag{4.26}$$

$$A = -0.5 f_{cd} b h_0 \tag{4.27a}$$

$$B = \frac{h_0 - a'_s}{\xi_b - \beta} f_{sd} A_s + f_{cd} b h_0 a'_s \tag{4.27b}$$

$$C = -\beta \frac{h_0 - a'_s}{\xi_b - \beta} f_{sd} A_s h_0 - Ne'_s h_0 \tag{4.27c}$$

需要注意的是，利用式(4.25)求解的 x 为近似值，但一般都能满足工程精度的要求，并且只适用于 C50 以下混凝土强度等级制作的构件。

Ⅰ. 当 $\xi_b < \xi < h/h_0$，即 $x_b < x < h$ 时，意味着截面存在受拉区，截面为部分受压部分受拉的情况[图 4.22(b)]，可以将 x 代入式(4.20)或者将 ξ 代入式(4.25)求得钢筋 A_s 的应力 σ_s。再将钢筋面积 A_s、钢筋应力 σ_s 和 x 代入式(4.16)中，便可以求得钢筋面积 A'_s：

$$A'_s = \frac{N + \sigma_s A_s - f_{cd} b x}{f'_{sd}} \geqslant \rho'_{min} b h$$

Ⅱ. 当 $\xi \geqslant h/h_0$，即 $x \geqslant h$ 时，为全截面受压的情况[图 4.22(a)]，但实际的受压区高度 x 不可能大于截面高度 h，因此可近似取 $x = h$，则由式(4.17)便可以求得钢筋面积：

$$A'_s = \frac{Ne_s - f_{cd} b h\left(h_0 - \frac{h}{2}\right)}{f'_{sd}(h_0 - a'_s)} \geqslant \rho'_{min} b h$$

• 情况二：A'_s已知，A_s 未知

此时，基本公式中只有 A_s 和 x 两个未知数，故可以用基本公式直接求解。由式(4.17)，取 $N_u = N = \gamma_0 N_d$，便可以求得受压区高度 x：

$$x = h_0 - \sqrt{h_0^2 - \frac{2[Ne_s - f'_{sd} A'_s (h_0 - a'_s)]}{f_{cd} b}}$$

Ⅰ. 当 $\xi_b < \xi < h/h_0$，即 $x_b < x < h$ 时，截面为部分受压部分受拉的情况[图 4.22(b)]，可以将 x 代入式(4.20)或者将 ξ 代入式(4.25)求得钢筋 A_s 的应力 σ_s。再将钢筋应力 σ_s 和 x 代入式(4.16)中，便可以求得钢筋面积 A_s：

$$A_s = \frac{f_{cd}bx + f'_{sd}A'_s - N}{\sigma_s} \geqslant \rho_{min}bh$$

Ⅱ. 当 $\xi \geqslant h/h_0$，即 $x \geqslant h$ 时，为全截面受压的情况[图 4.22(a)]，可以将 x 代入式(4.20)或者将 ξ 代入式(4.25)求得钢筋 A_s 的应力 σ_s。由于实际的受压区高度 x 不可能大于截面高度 h，因此可近似取 $x = h$，代入式(4.16)便可以求得钢筋面积 A_{s1}：

$$A_{s1} = \frac{f_{cd}bx + f'_{sd}A'_s - N}{\sigma_s} \geqslant \rho_{min}bh$$

若满足 $\eta e_0 < h/2 - a'_s$，意味着偏心压力作用于钢筋 A_s 合力点和 A'_s 合力点之间，即图 4.22(c)的情况，此时还应该按照式(4.22)计算钢筋数量 A_{s2}：

$$A_{s2} = \frac{Ne' - f_{cd}bh\left(h'_0 - \frac{h}{2}\right)}{f'_{sd}(h'_0 - a_s)} \geqslant \rho_{min}bh$$

最终设计中所配置的钢筋面积 A_s 应取 A_{s1}，A_{s2} 中的较大值并且要求 $A_s \geqslant \rho_{min}bh$。

2)截面复核

《公路钢筋混凝土及预应力混凝土桥涵设计规范》(JTG 3362—2018)规定：矩形、T 形和 I 形截面偏心受压构件除应计算弯矩作用平面抗压承载力外，还应按轴心受压构件验算垂直于弯矩作用平面的抗压承载力，此时不考虑弯矩作用，但应考虑稳定系数 φ 的影响。

已知：截面尺寸 b 和 h、钢筋截面面积 A_s 和 A'_s、构件长细比 l_0/b、材料强度等级、轴向力设计值 N_d、弯矩设计值 M_d。

求：构件的承载能力 N_u。

步骤：

①检查配筋率、混凝土保护层厚度、钢筋净间距是否满足构造要求。

②计算承载能力 N_u。

a. 弯矩作用平面内承载力复核。截面复核时，A_s 和 A'_s 均为已知，应通过实际的 ξ 与 ξ_b 的大小关系来判别截面是大偏心还是小偏心。可以先假设为大偏心受压，此时可令 $\sigma_s = f_{sd}$ 代入式(4.19)中可求出 x，进而求出 $\xi = x/h_0$。

当 $\xi \leqslant \xi_b$ 时，截面为大偏心受压。若 $2a'_s \leqslant x \leqslant \xi_b h_0$，直接将计算得到的 x 和 $\sigma_s = f_{sd}$ 代入式(4.16)便可以求出截面承载力 N_u；若 $2a'_s > x$，则由式(4.21)求出截面承载力 N_u。

当 $\xi > \xi_b$ 时，截面为小偏心受压。按照式(4.19)计算的 x 不能用于小偏心受压，这时，需要联立式(4.19)和式(4.20)可以得到关于 x 的一元三次方程：

$$Ax^3 + Bx^2 + Cx + D = 0 \tag{4.28}$$

$$A = 0.5f_{cd}b \tag{4.29a}$$

$$B = f_{cd}b(e_s - h_0) \tag{4.29b}$$

$$C = \varepsilon_{cu}E_sA_se_s + f'_{sd}A'_se'_s \tag{4.29c}$$

$$D = -\beta\varepsilon_{cu}E_sA_se_sh_0 \tag{4.29d}$$

式中 $e'_s = \eta e_0 - h/2 + a'_s$。

将式(4.19)与式(4.25)联立，便可以得到关于 x 的一元二次方程：

$$Ax^2 + Bx + C = 0 \tag{4.30}$$

$$A = 0.5f_{cd}bh_0 \tag{4.31a}$$

$$B = f_{cd}bh_0(e_s - h_0) - \frac{f_{sd}A_s e_s}{\xi_b - \beta} \tag{4.31b}$$

$$C = \left(\frac{\beta f_{sd}A_s e_s}{\xi_b - \beta} + f'_{sd}A'_s e'_s\right)h_0 \tag{4.31c}$$

Ⅰ. 当 $\xi_b < \xi < h/h_0$，即 $x_b < x < h$ 时，截面为部分受压部分受拉的情况［图 4.22(b)］，可以将 x 代入式(4.20)或者将 ξ 代入式(4.25)求得钢筋 A_s 的应力 σ_s。再将钢筋应力 σ_s 和 x 代入式(4.16)中，便可以求得截面承载力 N_u。

Ⅱ. 当 $\xi \geqslant h/h_0$，即 $x \geqslant h$ 时，为全截面受压的情况［图 4.22(a)］，可以将 x 代入式(4.20)或者将 ξ 代入式(4.25)求得钢筋 A_s 的应力 σ_s。由于实际的受压区高度 x 不可能大于截面高度 h，因此可近似取 $x = h$ 代入式(4.16)便可以求得截面承载力 N_{u1}。

若满足 $\eta e_0 < h/2 - a'_s$，意味着偏心压力作用于钢筋 A_s 合力点和 A'_s 合力点之间，即图 4.22(c)的情况，此时还应该按照式(4.22)计算截面承载力 N_{u2}。

最终，N_u 的值取 N_{u1}，N_{u2} 中的较小值，且 $N_u \geqslant \gamma_0 N_d$ 截面承载力才满足要求。

b. 垂直于弯矩作用平面的承载力复核。偏心受压构件除了在弯矩作用平面内由于轴向力 N 和偏心弯矩 M 的作用下发生破坏以外，还有可能在垂直于弯矩作用平面在轴向力 N 的作用下发生破坏。例如，轴向力 N 较大而偏心弯矩 M 较小时，或者垂直于弯矩作用平面构件的长细比 l_0/b 较大时。

关于垂直于弯矩作用平面的承载力复核，与轴心受压构件普通箍筋柱截面承载力复核的方法相同，在此不再赘述。

3) 应用举例

【例 4.4】有一矩形截面偏心受压构件，计算长度 $l_0 = 4$ m，截面尺寸为 $b \times h = 300$ mm × 400 mm，承受轴向力计算值 $N = 473$ kN，弯矩计算值 $M = 152$ kN·m，拟采用 C30 级混凝土，HRB400 级钢筋，Ⅰ类环境条件，设计使用年限为 100 年。试进行截面设计。

解：

查表可得相关参数：$f_{cd} = 13.8$ MPa、$f_{sd} = 330$ MPa、$f'_{sd} = 330$ MPa、$E_s = 2 \times 10^5$ MPa、$\xi_b = 0.53$。

(1)计算偏心距增大系数

因 $l_0/h = 4\,000/400 = 10 > 5$，故应考虑偏心距增大系数 η 的影响。

假设 $a_s = a'_s = 45$ mm，则 $h_0 = h - a_s = 400 - 45 = 355$(mm)。

$e_0 = \dfrac{M}{N} = \dfrac{152}{473} \times 10^3 = 321$(mm) > 20 mm 和 $\dfrac{h}{30} = \dfrac{400}{30} = 13.3$(mm)。

$\zeta_1 = 0.2 + 2.7 \times \dfrac{e_0}{h_0} = 0.2 + 2.7 \times \dfrac{321}{355} = 2.6 > 1$，取 $\zeta_1 = 1$。

$\zeta_2 = 1.15 - 0.01\dfrac{l_0}{h} = 1.15 - 0.01 \times \dfrac{4\,000}{400} = 1.05 > 1$，取 $\zeta_2 = 1$。

则偏心距增大系数为：

$$\eta = 1 + \frac{1}{1\,300e_0/h_0}\left(\frac{l_0}{h}\right)^2\zeta_1\zeta_2 = 1 + \frac{1}{1\,300 \times 321/355} \times \left(\frac{4\,000}{400}\right)^2 \times 1 \times 1 = 1.09$$

(2)初步判别大、小偏心受压

$\eta e_0 = 1.09 \times 321 = 350(\text{mm}) > 0.3h_0 = 0.3 \times 355 = 106.5(\text{mm})$，初步判定为大偏心受压构件，故取 $\sigma_s = f_{sd} = 330$ MPa。

$$e_s = \eta e_0 + \frac{h}{2} - a_s = 350 + \frac{400}{2} - 45 = 505(\text{mm})$$

$$e_s' = \eta e_0 - \frac{h}{2} + a_s' = 350 - \frac{400}{2} + 45 = 195(\text{mm})$$

(3)计算钢筋截面面积

把 $x = \xi_b h_0 = 0.53 \times 355 = 188(\text{mm})$ 代入式(4.17)，求得受压钢筋截面面积：

$$A_s' = \frac{Ne_s - f_{cd}bx\left(h_0 - \frac{x}{2}\right)}{f_{sd}'(h_0 - a_s')}$$

$$= \frac{473 \times 10^3 \times 505 - 13.8 \times 300 \times 188 \times \left(355 - \frac{188}{2}\right)}{330 \times (355 - 45)}$$

$$= 349(\text{mm}^2) > \rho_{\min}' bh = 0.002 \times 300 \times 400 = 240(\text{mm}^2)$$

①解法一

把所需的受压钢筋面积计算值 $A_s' = 349\ \text{mm}^2$ 和 $x = \xi_b h_0 = 188$ mm 代入式(4.16)，得所需的受拉钢筋的面积为：

$$A_s = \frac{f_{cd}bx + f_{sd}'A_s' - N}{f_{sd}}$$

$$= \frac{13.8 \times 300 \times 188 + 330 \times 349 - 473 \times 10^3}{330}$$

$$= 1\,274(\text{mm}^2) > \rho_{\min} bh = 0.002 \times 300 \times 400 = 240(\text{mm}^2)$$

选择受拉钢筋为3 ⌀25，外径为28.4 mm，提供的面积 $A_s = 1\,473\ \text{mm}^2$；受压钢筋为2 ⌀16，外径为18.4 mm，提供的面积 $A_s' = 402\ \text{mm}^2$，$\rho = \frac{1\,473}{300 \times 400} = 1.23\% > 0.2\%$，$\rho' = \frac{402}{300 \times 400} = 0.34\% > 0.2\%$，$\rho + \rho' = 1.23\% + 0.34\% = 1.57\% > 0.5\%$，配筋率满足要求。

②解法二

选择受压钢筋为2 ⌀16，外径为18.4 mm，提供的面积 $A_s' = 402\ \text{mm}^2$，大于计算所需要的面积402 mm²，$\rho' = 0.34\% > 0.2\%$，取 $a_s' = 45$ mm。

此时按 A_s' 已知的情况，由式(4.17)计算混凝土的受压区高度 x：

$$Ne_s = f_{cd}bx\left(h_0 - \frac{x}{2}\right) + f_{sd}'A_s'(h_0 - a_s')$$

$$473 \times 10^3 \times 505 = 13.8 \times 300x\left(355 - \frac{x}{2}\right) + 330 \times 402 \times (355 - 45)$$

整理后得：

$$x^2 - 710x + 95\,527 = 0$$

解得：

$$x = 180\ \text{mm} < \xi_b h_0 = 0.53 \times 355 = 188(\text{mm})$$
$$> 2a'_s = 2 \times 45 = 90(\text{mm})$$

将所求得的 x 代入式(4.16)，求得受拉钢筋的面积为：

$$A_s = \frac{f_{cd}bx + f'_{sd}A'_s - N}{f_{sd}}$$
$$= \frac{13.8 \times 300 \times 180 + 330 \times 402 - 473 \times 10^3}{330}$$
$$= 1\ 227(\text{mm}^2) > \rho_{min}bh = 0.002 \times 300 \times 400 = 240(\text{mm}^2)$$

选择3⌀25，外径为28.4 mm，提供的面积 $A_s = 1\ 473\ \text{mm}^2$，$\rho = 1.23\% > 0.2\%$，全部钢筋的配筋率 $\rho + \rho' = 1.23\% + 0.34\% = 1.57\% > 0.5\%$，故配筋率满足构造要求。

综上所述，解法一和解法二求得的纵向钢筋的数量差别不大，但解法有差别。解法一是以假定的 $x = \xi_b h_0$ 来直接求解所需要的受压钢筋和受拉钢筋的计算面积，然后选择钢筋；解法二是先由假定的 $x = \xi_b h_0$ 求出受压钢筋的计算面积，选择受压钢筋，此时受压钢筋已配置完成，故以受压钢筋面积 A'_s 为已知的情况，求出实际的受压区高度 x，然后求解受拉钢筋的计算面积，最后选择受拉钢筋的数量。

采用直径为 8 mm 的 HPB300 双肢箍筋，箍筋间距 $s = 200$ mm，小于 $15d = 15 \times 25 = 375$(mm)且小于 $b = 300$ mm 和 400 mm 的要求。

最小的 $a_s = 25 + 8 + 28.4/2 = 47.2$(mm)，实际取 $a_s = 50$ mm。受拉钢筋的净间距 $s_n = (300 - 2 \times 50 - 2 \times 28.4)/2 = 71.6$(mm)，大于 50 mm 且小于 350 mm，满足构造要求。

纵筋的布置如图4.32所示。

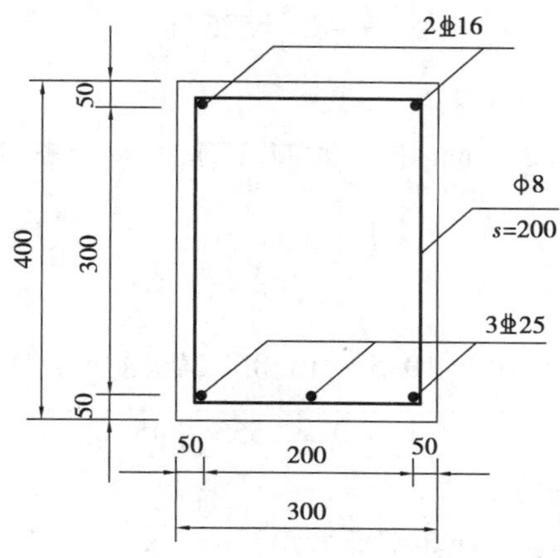

图4.32　例4.4截面配筋图(尺寸单位:mm)

【例4.5】有一水平浇筑混凝土预制构件，计算长度 $l_0 = 10$ m，截面尺寸为 $b \times h = 300\ \text{mm} \times 600\ \text{mm}$，承受轴向力设计值 $N_d = 315$ kN，弯矩设计值 $M_d = 210$ kN·m，拟采用 C30 级混凝土，HRB400 级钢筋，Ⅰ类环境条件，安全等级为二级，设计使用年限为100年。试进行配筋计算并进行截面复核。

解：

查表可得相关参数：$f_{cd}=13.8$ MPa、$f_{sd}=330$ MPa、$f'_{sd}=330$ MPa、$E_s=2\times10^5$ MPa、$\xi_b=0.53$、$\gamma_0=1.0$。

(1)截面设计

①计算偏心距增大系数。

因 $l_0/h=10\ 000/600=16.67>5$，故应考虑偏心距增大系数 η 的影响。

假设 $a_s=a'_s=45$ mm，则 $h_0=h-a_s=600-45=555$(mm)。

$e_0=\dfrac{M_d}{N_d}=\dfrac{210}{315}\times10^3=666.7$(mm) >20 mm 和 $\dfrac{h}{30}=\dfrac{600}{30}=20$(mm)。

$\zeta_1=0.2+2.7\times\dfrac{e_0}{h_0}=0.2+2.7\times\dfrac{666.7}{555}=3.44>1$，取 $\zeta_1=1$。

$\zeta_2=1.15-0.01\dfrac{l_0}{h}=1.15-0.01\times\dfrac{10\ 000}{600}=0.98<1$，取 $\zeta_2=0.98$。

则偏心距增大系数为：

$$\eta=1+\frac{1}{1\ 300e_0/h_0}\left(\frac{l_0}{h}\right)^2\zeta_1\zeta_2=1+\frac{1}{1\ 300\times666.7/555}\times\left(\frac{10\ 000}{600}\right)^2\times1\times0.98=1.17$$

②初步判别大、小偏心受压。

$\eta e_0=1.17\times666.7=780$(mm) $>0.3h_0=0.3\times555=166.5$(mm)，初步判定为大偏心受压构件，故取 $\sigma_s=f_{sd}=330$ MPa。

$$e_s=\eta e_0+h_0-\frac{h}{2}=1.17\times666.7+555-\frac{600}{2}=1\ 035(\text{mm})$$

$$e'_s=\eta e_0-\frac{h}{2}+a'_s=1.17\times666.7-\frac{600}{2}+45=525(\text{mm})$$

③计算钢筋截面面积。

以 $x=\xi_b h_0=0.53\times555=294$ mm 代入式(4.17)，求得受压钢筋截面面积：

$$A'_s=\frac{\gamma_0N_de_s-f_{cd}bx\left(h_0-\dfrac{x}{2}\right)}{f'_{sd}(h_0-a'_s)}$$

$$=\frac{1.0\times315\times10^3\times1035-13.8\times300\times294.15\times\left(555-\dfrac{294}{2}\right)}{330\times(555-45)}$$

$$=-1\ 015(\text{mm}^2)$$

A'_s 为负值，则应按最小配筋率计算钢筋面积：

$$A'_s=0.002bh=0.002\times300\times600=360(\text{mm}^2)$$

选择3⏀14，外径为16.2 mm，提供的面积 $A'_s=462\ \text{mm}^2$，取 $a'_s=45$ mm。

此时按 A'_s 已知的情况，由式(4.17)计算混凝土的受压区高度 x：

$$\gamma_0N_de_s=f_{cd}bx\left(h_0-\frac{x}{2}\right)+f'_{sd}A'_s(h_0-a'_s)$$

$$1.0\times315\times10^3\times1\ 035=13.8\times300x\left(555-\frac{x}{2}\right)+330\times462\times(555-45)$$

整理后得：

$$x^2 - 1\ 110x + 119\ 937 = 0$$

解得：

$$x = 121\ \text{mm} < \xi_b h_0 = 0.53 \times 555 = 294.15(\text{mm})$$
$$> 2a'_s = 2 \times 45 = 90(\text{mm})$$

将所求得的 x 代入式(4.16)，求得受拉钢筋的面积为：

$$A_s = \frac{f_{cd}bx + f'_{sd}A'_s - \gamma_0 N_d}{f_{sd}}$$
$$= \frac{13.8 \times 300 \times 121 + 330 \times 462 - 1.0 \times 315 \times 10^3}{330}$$
$$= 1\ 025(\text{mm}^2) > \rho_{min} bh = 0.002 \times 300 \times 600 = 360(\text{mm}^2)$$

选择 4 ⌀20，外径为 22.7 mm，提供的面积 $A_s = 1\ 256\ \text{mm}^2$。

受压钢筋的配筋率 $\rho' = \dfrac{462}{300 \times 600} = 0.26\% > 0.2\%$；受拉钢筋的配筋率 $\rho = \dfrac{1256}{300 \times 600} = 0.70\% > 0.2\%$，全部钢筋的配筋率 $\rho + \rho' = 0.70\% + 0.26\% = 0.96\% > 0.5\%$，故配筋率满足构造要求。

箍筋采用 HPB300，直径为 8 mm，箍筋间距 $s = 200$ mm，小于 $15d = 15 \times 20$ mm $= 300$ mm 且小于 $b = 300$ mm 和 400 mm 的要求。纵向构造钢筋的直径为 14 mm。最小 $a_s = 25 + 8 + 22.7/2 = 44.35$ (mm)，实际取 $a_s = 45$ mm。受拉钢筋的间距 $s_n = (300 - 2 \times 45 - 3 \times 22.7)/3 = 47.3$ (mm)，大于 30 mm 及钢筋直径 20 mm，满足构造要求。

纵筋的布置如图 4.33 所示。

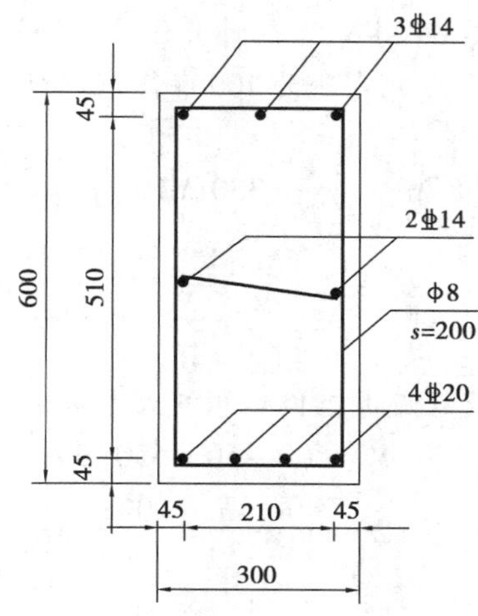

图 4.33　例 4.5 截面配筋图(尺寸单位：mm)

(2)截面复核

由截面设计可知，配筋率、混凝土保护层厚度、钢筋净间距等构造要求均满足规范要求。

①垂直于弯矩作用平面的截面复核。因 $l_0/b = 10\ 000/300 = 33.3 > 8$，应考虑稳定系数的影响，查得 $\varphi = 0.467$，则有：

$$N_u = 0.9\varphi[f_{cd}bh + f'_{sd}(A_s + A'_s)]$$

$$= 0.9 \times 0.467 \times [13.8 \times 300 \times 600 + 330 \times (462 + 1256)]$$
$$= 1\,282.3(\text{kN}) > \gamma_0 N_d = 315 \text{ kN}$$

承载力满足要求。

②弯矩作用平面的截面复核。因截面实际的 $a_s = 45$ mm，与截面设计中假设的 a_s 一致，故按实际的 a_s 计算的偏心距增大系数仍为 $\eta = 1.17$，偏心距仍为 $e_s = 1\,035$ mm，$e'_s = 525$ mm。否则，应按实际的 a_s 重新计算 η, e_s, e'_s。

假定为大偏心受压，则有 $\sigma_s = f_{sd}$，由式(4.19)便可以求得混凝土受压区高度 x：

$$f_{cd}bx\left(e_s - h_0 + \frac{x}{2}\right) = f_{sd}A_s e_s - f'_{sd}A'_s e'_s$$

$$13.8 \times 300x\left(1\,035 - 555 + \frac{x}{2}\right) = 330 \times 1\,256 \times 1\,035 - 330 \times 462 \times 525$$

整理后可得：

$$x^2 + 960x - 168\,573 = 0$$

解得：

$$x = 151.6 \text{ mm} < \xi_b h_0 = 294.15 \text{ mm 且} > 2a'_s = 90 \text{ mm}$$

将所得的 x 代入式(4.16)可得：

$$N_u = f_{cd}bx + f'_{sd}A'_s - f_{sd}A_s$$
$$= 13.8 \times 300 \times 151.6 + 330 \times 462 - 330 \times 1\,256$$
$$= 365.6(\text{kN}) > \gamma_0 N_d = 315 \text{ kN}$$

满足承载力的要求。

【例 4.6】有一矩形截面偏心受压构件，计算长度 $l_0 = 6$ m，截面尺寸为 $b \times h = 400$ mm × 600 mm，承受轴向力计算值 $N = 3\,045$ kN，弯矩计算值 $M = 137$ kN · m，拟采用 C30 级混凝土，HRB400 级钢筋，Ⅰ类环境条件，设计使用年限为 100 年。试进行配筋计算并进行承载力复核。

解：

查表可得相关参数：$f_{cd} = 13.8$ MPa、$f_{sd} = 330$ MPa、$f'_{sd} = 330$ MPa、$E_s = 2 \times 10^5$ MPa、$\xi_b = 0.53$。

(1) 截面设计

①计算偏心距增大系数。

因 $l_0/h = 6\,000/600 = 10 > 5$，故应考虑偏心距增大系数 η 的影响。

假设 $a_s = a'_s = 50$ mm，则 $h_0 = h - a_s = 600 - 50 = 550$(mm)。

$e_0 = \dfrac{M}{N} = \dfrac{137}{3\,045} \times 10^3 = 45(\text{mm}) > 20$ mm 和 $\dfrac{h}{30} = \dfrac{600}{30} = 20(\text{mm})$。

$\zeta_1 = 0.2 + 2.7 \times \dfrac{e_0}{h_0} = 0.2 + 2.7 \times \dfrac{45}{550} = 0.42 < 1$，取 $\zeta_1 = 0.42$。

$\zeta_2 = 1.15 - 0.01\dfrac{l_0}{h} = 1.15 - 0.01 \times \dfrac{6\,000}{600} = 1.05 > 1$，取 $\zeta_2 = 1$。

则偏心距增大系数为：

$$\eta = 1 + \frac{1}{1\,300e_0/h_0}\left(\frac{l_0}{h}\right)^2 \zeta_1\zeta_2 = 1 + \frac{1}{1\,300 \times 45/550} \times \left(\frac{6\,000}{600}\right)^2 \times 0.42 \times 1 = 1.39$$

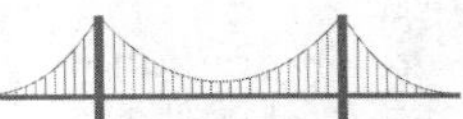

②初步判别大、小偏心受压。

$\eta e_0 = 1.39 \times 45 = 63(\mathrm{mm}) > 0.3h_0 = 0.3 \times 550 = 165(\mathrm{mm})$，初步判定为小偏心受压构件。又因为 $\eta e_0 = 63 < h/2 - a_s' = 300 - 50 = 250(\mathrm{mm})$，表明偏心压力作用在 A_s 合力点和 A_s' 合力点之间。

$$e_s = \eta e_0 + \frac{h}{2} - a_s = 63 + \frac{600}{2} - 50 = 313(\mathrm{mm})$$

$$e_s' = \eta e_0 - \frac{h}{2} + a_s' = 63 - \frac{600}{2} + 50 = -187\ (\mathrm{mm})$$

③计算钢筋面积。

对于小偏心受压构件，远离偏心压力一侧的钢筋均不屈服，故可取：

$$A_s = \rho_{\min} bh = 0.002 \times 400 \times 600 = 480(\mathrm{mm}^2)$$

由式(4.23)便可以求得受压区高度 x：

$$Ax^3 + Bx^2 + Cx + D = 0$$

其中

$A = -0.5f_{cd}b = -0.5 \times 13.8 \times 400 = -2\ 760$

$B = f_{cd}ba_s' = 13.8 \times 400 \times 50 = 276\ 000$

$C = \varepsilon_{cu}E_sA_s(a_s' - h_0) - Ne_s'$

$= 0.003\ 3 \times 2 \times 10^5 \times 480 \times (50 - 550) - 3045 \times 10^3 \times (-187)$

$= 411\ 015\ 000$

$D = \beta\varepsilon_{cu}E_sA_s(h_0 - a_s')h_0$

$= 0.8 \times 0.003\ 3 \times 2 \times 10^5 \times 480 \times (550 - 50) \times 550$

$= 6.969\ 6 \times 10^{10}$

用牛顿迭代法求得 $x = 499\ \mathrm{mm} > \xi_b h_0 = 0.53 \times 550 = 292(\mathrm{mm})$，表明确为小偏心受压。

也可以由式(4.25)求受压区高度 x：

$$Ax^2 + Bx + C = 0$$

其中

$A = -0.5f_{cd}bh_0 = -0.5 \times 13.8 \times 400 \times 550 = -1\ 518\ 000$

$B = \dfrac{h_0 - a_s'}{\xi_b - \beta}f_{sd}A_s + f_{cd}bh_0a_s'$

$= \dfrac{550 - 50}{0.53 - 0.8} \times 330 \times 480 + 13.8 \times 400 \times 550 \times 50$

$= -141\ 533\ 333$

$C = -\beta\dfrac{h_0 - a_s'}{\xi_b - \beta}f_{sd}A_sh_0 - Ne_s'h_0$

$= -0.8 \times \dfrac{550 - 50}{0.53 - 0.8} \times 330 \times 480 \times 550 - 3\ 045\ 000 \times (-187) \times 550$

$= 4.422\ 45 \times 10^{11}$

解得 $x = 495\ \mathrm{mm}$，与按式(4.23)求得的 $x = 499\ \mathrm{mm}$ 相比。其误差仅为 0.8%，现取 $x = 499\ \mathrm{mm}$(也可取 $x = 495\ \mathrm{mm}$)代入式(4.20)得：

$$\sigma_s = \varepsilon_{cu}E_s\left(\frac{\beta h_0}{x} - 1\right)$$
$$= 0.003\,3 \times 2 \times 10^5 \times \left(\frac{0.8 \times 550}{499} - 1\right)$$
$$= -78(\text{MPa})(\text{压应力})$$

再由式(4.16)求得受压钢筋的面积为：

$$A'_s = \frac{N - f_{cd}bx + \sigma_s A_s}{f'_{sd}}$$
$$= \frac{3\,045\,000 - 13.8 \times 400 \times 499 - 78 \times 480}{330}$$
$$= 767(\text{mm}^2) > \rho'_{\min}bh = 0.002 \times 400 \times 600 = 480(\text{mm}^2)$$

现选择受压钢筋为4⌀16，外径为18.4 mm，提供的面积A'_s=804 mm^2。受拉钢筋也选为4⌀16，此处受拉钢筋的配筋远大于需要的钢筋数量，主要是为了垂直于弯矩作用平面的截面复核能满足要求，并且还可以利用对称配筋的优点，关于对称配筋，将在下节详细论述。$\rho=\rho'=0.34\%>0.2\%$，$\rho+\rho'=0.68\%>0.5\%$，故配筋率满足要求。

箍筋采用HPB300，直径为8 mm，箍筋间距s=200 mm，小于$15d$=15×16 mm=240 mm且小于b=400 mm和400 mm的要求。纵向构造钢筋的直径为16 mm。最小a_s=25+8+18.4/2=42.2(mm)，实际取a_s=45 mm。受拉钢筋的间距s_n=(400−2×45−3×18.4)/3=85(mm)，大于50 mm且小于350 mm，满足构造要求。

纵筋的布置如图4.34所示。

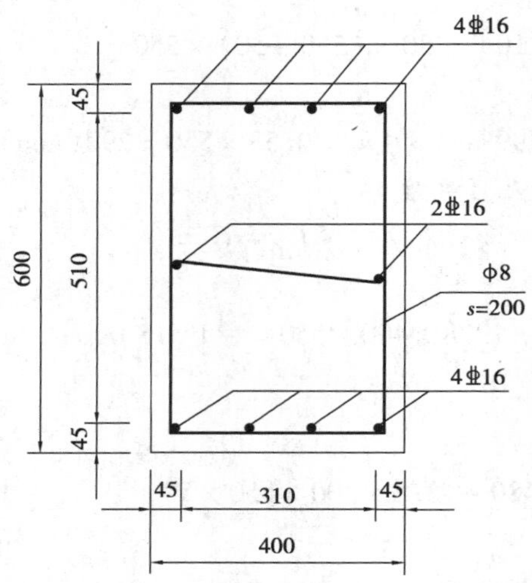

图4.34　例4.6截面配筋图(尺寸单位：mm)

(2)截面复核

由截面设计可知，配筋率、混凝土保护层厚度、钢筋净间距等构造要求均满足规范要求。

①垂直于弯矩作用平面。

长细比l_0/b=6 000/400=15>8，查表4.1可得φ=0.895。由式(4.5)得：

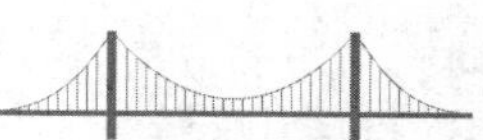

$$\begin{aligned}N_u &= 0.9\varphi(f_{cd}A + f'_{sd}A'_s)\\ &= 0.9 \times 0.895 \times [13.8 \times 400 \times 600 + 330 \times (804 + 804)]\\ &= 3\ 095\ (\text{kN}) > N = 3\ 045\ \text{kN}\end{aligned}$$

承载力满足要求。

②弯矩作用平面。

由图 4.34 可知，实际的 $a_s = a'_s = 45$ mm，$h_0 = h - a_s = 600 - 45 = 555$(mm)。

$\zeta_1 = 0.2 + 2.7 \times \dfrac{e_0}{h_0} = 0.2 + 2.7 \times \dfrac{45}{555} = 0.42 < 1$，取 $\zeta_1 = 0.42$。

$\zeta_2 = 1.15 - 0.01\dfrac{l_0}{h} = 1.15 - 0.01 \times \dfrac{6\ 000}{600} = 1.05 > 1$，取 $\zeta_2 = 1$。

则偏心距增大系数为：

$$\eta = 1 + \frac{1}{1\ 300 e_0/h_0}\left(\frac{l_0}{h}\right)^2 \zeta_1\zeta_2 = 1 + \frac{1}{1\ 300 \times 45/555} \times \left(\frac{6\ 000}{600}\right)^2 \times 0.42 \times 1 = 1.40$$

$\eta e_0 = 1.40 \times 45 = 63$ mm

$e_s = \eta e_0 + \dfrac{h}{2} - a_s = 63 + \dfrac{600}{2} - 45 = 318$(mm)

$e'_s = \eta e_0 - \dfrac{h}{2} + a'_s = 63 - \dfrac{600}{2} + 45 = -192$(mm)

假设为大偏心受压构件，则有 $\sigma_s = f_{sd}$，由式(4.19)可得受压区高度 x：

$$f_{cd}bx\left(e_s - h_0 + \frac{x}{2}\right) = f_{sd}A_s e_s - f'_{sd}A'_s e'_s$$

$$13.8 \times 400x\left(318 - 555 + \frac{x}{2}\right) = 330 \times 804 \times 318 - 330 \times 804 \times (-192)$$

整理得：

$$x^2 - 474x - 49\ 027 = 0$$

解得：

$$x = 561\ \text{mm} > \xi_b h_0 = 0.53 \times 555 = 294(\text{mm})$$

故应为小偏心受压，则应按小偏心重新计算受压区高度 x，由式(4.28)可得：

$$Ax^3 + Bx^2 + Cx + D = 0$$

其中

$A = 0.5f_{cd}b = 0.5 \times 13.8 \times 400 = 2\ 760$

$B = f_{cd}b(e_s - h_0) = 13.8 \times 400 \times (318 - 555) = -1\ 308\ 240$

$$\begin{aligned}C &= \varepsilon_{cu}E_sA_se_s + f'_{sd}A'_se'_s = 0.003\ 3 \times 2 \times 10^5 \times 804 \times 318 + 330 \times 804 \times (-192)\\ &= 117\ 802\ 080\end{aligned}$$

$$\begin{aligned}D &= -\beta\varepsilon_{cu}E_sA_se_sh_0 = -0.8 \times 0.003\ 3 \times 2 \times 10^5 \times 804 \times 318 \times 555\\ &= -7.492\ 21 \times 10^{10}\end{aligned}$$

用牛顿迭代法求得 $x = 498$ mm $> \xi_b h_0 = 294$ mm，计算表明确为小偏心受压。

若采用式(4.30)求解受压区高度 x，则有：

$$Ax^2 + Bx + C = 0$$

其中

$$A = 0.5 f_{cd} b h_0 = 0.5 \times 13.8 \times 400 \times 555 = 1\ 531\ 800$$

$$B = f_{cd} b h_0 (e_s - h_0) - \frac{f_{sd} A_s e_s}{\xi_b - \beta} = 13.8 \times 400 \times 555 \times (318 - 555) - \frac{330 \times 804 \times 318}{0.53 - 0.8}$$

$$= -413\ 585\ 200$$

$$C = \left(\frac{\beta f_{sd} A_s e_s}{\xi_b - \beta} + f'_{sd} A'_s e'_s\right) h_0 = \left[\frac{0.8 \times 330 \times 804 \times 318}{0.53 - 0.8} + 330 \times 804 \times (-190)\right] \times 555$$

$$= -1.670\ 17 \times 10^{11}$$

解得 $x = 492$ mm，与按式(4.28)解得的 $x = 498$ mm 相比，其误差为 1.2%，完全满足工程精度的要求。

现取 $x = 498$ mm，由式(4.20)可求得：

$$\sigma_s = \varepsilon_{cu} E_s \left(\frac{\beta h_0}{x} - 1\right) = 0.003\ 3 \times 2 \times 10^5 \times \left(\frac{0.8 \times 555}{498} - 1\right)$$

$$= -71.6\ (\text{MPa})(\text{压应力})$$

由式(4.16)可求得截面承载力 N_{u1} 为：

$$N_{u1} = f_{cd} b x + f'_{sd} A'_s - \sigma_s A_s$$

$$= 13.8 \times 400 \times 498 + 330 \times 804 - (-71.6) \times 804$$

$$= 3\ 072(\text{kN}) > N = 3\ 045\ \text{kN}$$

因 $\eta e_0 = 63\ \text{mm} < h/2 - a'_s = 300 - 45 = 255(\text{mm})$，意味着偏心压力的作用点位于 A_s 合力点和 A'_s 合力点之间，故还需由式(4.22)计算承载力 N_{u2} 为：

$$e' = \frac{h}{2} - e_0 - a'_s = \frac{600}{2} - 45 - 45 = 210(\text{mm})$$

$$N_{u2} = \frac{1}{e'}\left[f_{cd} b h \left(h'_0 - \frac{h}{2}\right) + f'_{sd} A_s (h'_0 - a_s)\right]$$

$$= \frac{1}{210} \times [13.8 \times 400 \times 600 \times (555 - 300) + 330 \times 804 \times (555 - 45)]$$

$$= 4\ 666(\text{kN}) > N = 3\ 045\ \text{kN}$$

综上，满足正截面承载力要求。

4.6.4 对称配筋计算方法

在桥涵结构中，常由于作用位置不同，在截面中会产生方向相反的弯矩，当弯矩绝对值相差不大时，为使构造简单、施工方便，可以采用对称配筋的方法。装配式偏心受压构件为了保证安装不出错，一般也采用对称配筋。

对称配筋是指截面的两侧用相同钢筋等级和数量的配筋方法，即有 $A_s = A'_s$，$f_{sd} = f'_{sd}$，$a_s = a'_s$。

对矩形截面偏心受压构件，还是用前述基本公式(4.16)—式(4.19)，也需要进行截面设计和截面复核。

1）截面设计

已知：截面尺寸（或者根据经验和以往设计资料确定）、构件的安全等级、轴向力设计值

N_d、弯矩设计值 M_d、材料的强度等级、构件的计算长度 l_0。

求：钢筋的截面面积 $A_s(A'_s=A_s)$。

步骤：

(1)判别大、小偏心受压构件

首先假设为大偏心受压，对于对称配筋有：$A_s=A'_s$、$\sigma_s=f_{sd}=f'_{sd}$，于是由式(4.16)可以得到：

$$N=f_{cd}bx$$

或写成：

$$x=\frac{N}{f_{cd}b} \tag{4.32}$$

当 $\xi=x/h_0\leqslant\xi_b$ 时，截面按大偏心受压进行设计；当 $\xi>\xi_b$ 时，截面按照小偏心受压进行设计。

(2)按大偏心受压进行计算($\xi\leqslant\xi_b$)

当 $2a'_s\leqslant x\leqslant\xi_b h_0$ 时，直接利用式(4.17)便可以得到：

$$A_s=A'_s=\frac{Ne_s-f_{cd}bx(h_0-0.5x)}{f'_{sd}(h_0-a'_s)} \tag{4.33}$$

式中，$e_s=\eta e_0+h/2-a_s$。

当 $x<2a'_s$时，按照式(4.21)便可以得到：

$$A_s=A'_s=\frac{Ne'_s}{f_{sd}(h_0-a'_s)} \tag{4.34}$$

(3)按小偏心受压进行计算($\xi>\xi_b$)

对于对称配筋的小偏心受压构件，由于 $A_s=A'_s$，即使是在全截面受压的情况下，也不会出现远离偏心压力作用点一侧混凝土先破坏的情况。对于小偏心受压的情况，按照式(4.32)计算的 x 不能继续使用，需重新计算受压区高度 x。

《公路钢筋混凝土及预应力混凝土桥涵设计规范》(JTG 3362—2018)建议矩形截面对称配筋的小偏心受压构件截面相对受压区高度 ξ 按照式(4.35)计算。

$$\xi=\frac{N-f_{cd}bh_0\xi_b}{\dfrac{Ne_s-0.43f_{cd}bh_0^2}{(\beta-\xi_b)(h_0-a'_s)}+f_{cd}bh_0}+\xi_b \tag{4.35}$$

2)截面复核

对于偏心受压构件对称配筋截面复核的方法和非对称配筋相同，也需要对垂直于弯矩作用方向和弯矩作用方向均进行计算，在此不再赘述。

3)应用举例

【例4.7】有一矩形截面偏心受压构件，计算长度 $l_0=4$ m，截面尺寸为 $b\times h=300$ mm×400 mm，承受轴向力计算值 $N=373$ kN，弯矩计算值 $M=152$ kN·m，拟采用C30级混凝土，HRB400级钢筋，对称配筋，Ⅰ类环境条件，设计使用年限为50年。试进行配筋计算并进行承载力复核。

解：

查表可得相关参数：$f_{cd}=13.8\ \text{MPa}$、$f_{sd}=330\ \text{MPa}$、$f'_{sd}=330\ \text{MPa}$、$E_s=2\times10^5\ \text{MPa}$、$\xi_b=0.53$。

(1)截面设计

①计算偏心距增大系数。

因 $l_0/h=4\ 000/400=10>5$，故应考虑偏心距增大系数 η 的影响。

假设 $a_s=a'_s=45\ \text{mm}$，则 $h_0=h-a_s=400-45=355(\text{mm})$。

$e_0=\dfrac{M}{N}=\dfrac{152\times10^6}{373\times10^3}=408(\text{mm})>20\ \text{mm}$ 和 $\dfrac{h}{30}=\dfrac{400}{30}=13.3(\text{mm})$。

$\zeta_1=0.2+2.7\times\dfrac{e_0}{h_0}=0.2+2.7\times\dfrac{408}{355}=3.3>1$，取 $\zeta_1=1$。

$\zeta_2=1.15-0.01\dfrac{l_0}{h}=1.15-0.01\times\dfrac{4\ 000}{400}=1.05>1$，取 $\zeta_2=1$。

则偏心距增大系数为：

$$\eta=1+\frac{1}{1\ 300e_0/h_0}\left(\frac{l_0}{h}\right)^2\zeta_1\zeta_2=1+\frac{1}{1\ 300\times408/355}\times\left(\frac{4\ 000}{400}\right)^2\times1\times1=1.07$$

②判别大、小偏心受压。

假设为大偏心受压，则 $\sigma_s=f_{sd}=330\ \text{MPa}$，由式(4.32)可以求得混凝土的受压区高度 x：

$$x=\frac{N}{f_{cd}b}=\frac{373\ 000}{13.8\times300}=90(\text{mm})\begin{cases}<\xi_b h_0=0.53\times355=188(\text{mm})\\=2a'_s=2\times45=90(\text{mm})\end{cases}$$

可以按大偏心受压构件进行设计。

$$\eta e_0=1.07\times408=437(\text{mm})$$

$$e_s=\eta e_0+\frac{h}{2}-a_s=437+\frac{400}{2}-45=592(\text{mm})$$

$$e'_s=\eta e_0-\frac{h}{2}+a'_s=437-\frac{400}{2}+45=282(\text{mm})$$

③计算纵向钢筋截面面积。

由式(4.33)可得：

$$\begin{aligned}A_s=A'_s&=\frac{Ne_s-f_{cd}bx(h_0-0.5x)}{f'_{sd}(h_0-a'_s)}\\&=\frac{373\ 000\times592-13.8\times300\times90\times(355-0.5\times90)}{330\times(355-45)}\\&=1\ 029(\text{mm}^2)>\rho_{\min}bh=0.002\times300\times400=240(\text{mm}^2)\end{aligned}$$

每侧选择钢筋为 3 ⌀22，外径为 25.1 mm，提供的面积 $A_s=A'_s=1\ 140\ \text{mm}^2$。$\rho=\rho'=0.95\%>0.2\%$，$\rho+\rho'=1.9\%>0.5\%$，配筋率满足要求。

采用直径为 8 mm 的 HPB300 双肢箍筋，箍筋间距 $s=200\ \text{mm}$，小于 $15d=15\times22=330(\text{mm})$ 且小于 $b=300\ \text{mm}$ 和 400 mm 的要求。最小 $a_s=20+8+25.1/2=40.55(\text{mm})$，实际取 $a_s=45\ \text{mm}$。受拉钢筋的净间距 $s_n=(300-2\times45-2\times25.1)/2=79.9\ (\text{mm})$，大于 50

mm 且小于 350 mm，满足构造要求。

纵筋的布置如图 4.35 所示。

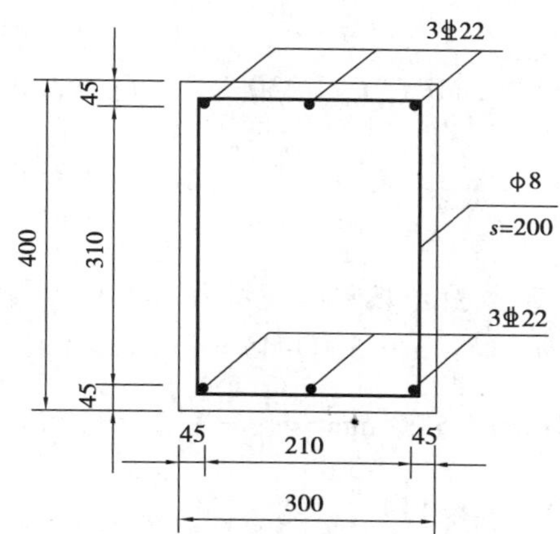

图 4.35 例 4.7 截面配筋图（尺寸单位：mm）

（2）截面复核

由截面设计可知，配筋率、混凝土保护层厚度、钢筋净间距等构造要求均满足规范要求。

①垂直于弯矩作用平面。

长细比 $l_0/b = 4\ 000/300 = 13 > 8$，查表 4.1 可得 $\varphi = 0.935$。由式（4.5）得：

$$N_u = 0.9\varphi(f_{cd}A + f'_{sd}A'_s)$$
$$= 0.9 \times 0.935 \times [13.8 \times 300 \times 400 + 330 \times (1\ 140 + 1\ 140)]$$
$$= 2\ 027(\text{kN}) > N = 373\ \text{kN}$$

承载力满足要求。

②由图 4.35 可知，实际的 $a_s = a'_s = 45$ mm，有效高度 $h_0 = h - a_s = 400 - 45 = 355$（mm），与截面设计中假设的值一致，由前面的计算可知：$\eta e_0 = 437$ mm，$e_s = 592$ mm，$e'_s = 282$ mm。

假定为大偏心受压，即有 $\sigma_s = f_{sd}$，由式（4.19）可得：

$$f_{cd}bx\left(e_s - h_0 + \frac{x}{2}\right) = f_{sd}A_s e_s - f'_{sd}A'_s e'_s$$

$$13.8 \times 300x\left(592 - 355 + \frac{x}{2}\right) = 330 \times 1\ 140 \times 592 - 330 \times 1140 \times 282$$

整理得：

$$x^2 + 474x - 56\ 339 = 0$$

解得：

$$x = 98\ \text{mm}\begin{cases} < \xi_b h_0 = 188\ \text{mm} \\ > 2a'_s = 90\ \text{mm} \end{cases}$$

计算表明确为大偏心受压，其承载力为：

$$N_u = f_{cd}bx = 13.8 \times 300 \times 98 = 406(\text{kN}) > N = 373\ \text{kN}$$

满足正截面承载力的要求。

【例 4.8】有一矩形截面偏心受压构件，计算长度 $l_0 = 4$ m，截面尺寸为 $b \times h = 300$ mm × 500 mm，承受轴向力计算值 $N = 1\ 125$ kN，弯矩计算值 $M = 128$ kN·m，拟采用 C30 级混凝土，

HRB400 级钢筋，对称配筋，Ⅰ类环境条件，设计使用年限为 100 年。试进行配筋计算并进行承载力复核。

解：

查表可得相关参数：$f_{cd}=13.8\ \text{MPa}$、$f_{sd}=330\ \text{MPa}$、$f'_{sd}=330\ \text{MPa}$、$E_s=2\times10^5\ \text{MPa}$、$\xi_b=0.53$。

(1)截面设计

①计算偏心距增大系数。

因 $l_0/h=4\ 000/500=8>5$，故应考虑偏心距增大系数 η 的影响。

假设 $a_s=a'_s=45\ \text{mm}$，则 $h_0=h-a_s=500-45=455(\text{mm})$。

$e_0=\dfrac{M}{N}=\dfrac{128\times10^6}{1\ 125\ 000}=114(\text{mm})>20\ \text{mm}$ 和 $\dfrac{h}{30}=\dfrac{500}{30}=16.7(\text{mm})$。

$\zeta_1=0.2+2.7\times\dfrac{e_0}{h_0}=0.2+2.7\times\dfrac{114}{455}=0.88<1$，取 $\zeta_1=0.88$。

$\zeta_2=1.15-0.01\dfrac{l_0}{h}=1.15-0.01\times\dfrac{4\ 000}{500}=1.07>1$，取 $\zeta_2=1$。

则偏心距增大系数为：

$$\eta=1+\frac{1}{1\ 300e_0/h_0}\left(\frac{l_0}{h}\right)^2\zeta_1\zeta_2=1+\frac{1}{1\ 300\times114/455}\times\left(\frac{4\ 000}{500}\right)^2\times0.88\times1=1.17$$

②初步判别大、小偏心受压。

假设为大偏心受压，则有 $\sigma_s=f_{sd}$，由式(4.32)可得受压区高度为：

$$x=\frac{N}{f_{cd}b}=\frac{1\ 125\ 000}{13.8\times300}=272(\text{mm})>\xi_bh_0=0.53\times455=241(\text{mm})$$

故应按小偏心受压计算。

$\eta e_0=1.17\times114=133(\text{mm})<h/2-a'_s=250-45=205(\text{mm})$，表明偏心压力作用在 A_s 合力点和 A'_s 合力点之间。

$$e_s=\eta e_0+\frac{h}{2}-a_s=133+\frac{500}{2}-45=338(\text{mm})$$

$$e'_s=\eta e_0-\frac{h}{2}+a'_s=133-\frac{500}{2}+45=-72(\text{mm})$$

③计算钢筋面积。

对于小偏心受压构件，应按式(4.35)重新计算相对受压区高度 ξ：

$$\xi=\frac{N-f_{cd}bh_0\xi_b}{\dfrac{Ne_s-0.43f_{cd}bh_0^2}{(\beta-\xi_b)(h_0-a'_s)}+f_{cd}bh_0}+\xi_b$$

$$=\frac{1\ 125\ 000-13.8\times300\times455\times0.53}{\dfrac{1\ 125\ 000\times338-0.43\times13.8\times300\times455^2}{(0.8-0.53)\times(455-45)}+13.8\times300\times455}+0.53$$

$$=0.59>\xi_b=0.53$$

将 $x=\xi h_0=0.59\times455=268(\text{mm})$ 代入式(4.33)得：

$$A_s = A'_s = \frac{Ne_s - f_{cd}bx(h_0 - 0.5x)}{f'_{sd}(h_0 - a'_s)}$$

$$= \frac{1\ 125\ 000 \times 338 - 13.8 \times 300 \times 268 \times (455 - 0.5 \times 268)}{330 \times (455 - 45)}$$

$$= 178(\text{mm}^2) < \rho_{min}bh = 0.002 \times 300 \times 500 = 300(\text{mm}^2)$$

每侧选择钢筋为3⌀14，外径为16.2 mm，提供的面积 $A_s = A'_s = 462\ \text{mm}^2$。$\rho = \rho' = 0.31\% > 0.2\%$，$\rho + \rho' = 0.62\% > 0.5\%$，配筋率满足要求。

箍筋采用HPB300，直径为8 mm，箍筋间距 $s = 200$ mm，小于 $15d = 15 \times 14$ mm $= 210$ mm 且小于 $b = 300$ mm 和400 mm的要求。最小 $a_s = 25 + 8 + 16.2/2 = 41.1$(mm)，实际取 $a_s = 45$ mm。受拉钢筋的间距 $s_n = (300 - 2 \times 45 - 2 \times 16.2)/2 = 88.8$(mm)，大于50 mm小于350 mm，满足构造要求。

纵筋的布置如图4.36所示。

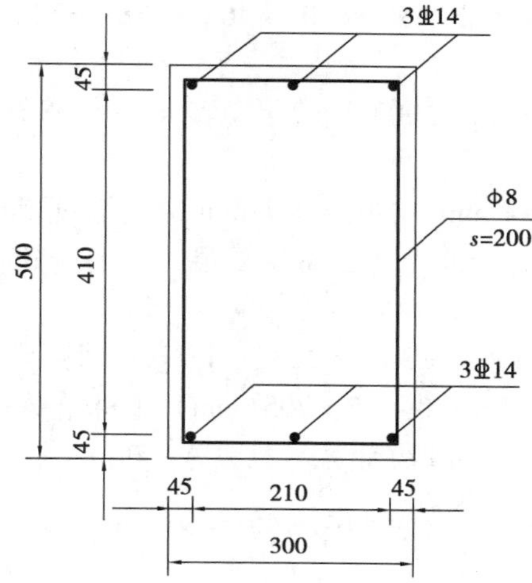

图4.36　【例4.8】截面配筋图(尺寸单位:mm)

(2)截面复核

由截面设计可知，配筋率、混凝土保护层厚度、钢筋净间距等构造要求均满足规范要求。

①垂直于弯矩作用平面。

长细比 $l_0/b = 4\ 000/300 = 13 > 8$，查表可得 $\varphi = 0.935$。由式(4.5)得：

$$N_u = 0.9\varphi(f_{cd}A + f'_{sd}A'_s)$$

$$= 0.9 \times 0.935 \times [13.8 \times 300 \times 500 + 330 \times (462 + 462)]$$

$$= 1\ 998(\text{kN}) > N = 1\ 125\ \text{kN}$$

承载力满足要求。

②弯矩作用平面。

由图4.36可知，实际的 $a_s = a'_s = 45$ mm，$h_0 = h - a_s = 500 - 45 = 455$(mm)，与截面设计中的数据相同，故有 $\eta e_0 = 133$ mm，$e_s = 338$ mm，$e'_s = -72$ mm。

假设为大偏心受压构件，则有 $\sigma_s = f_{sd}$，由式(4.19)可得受压区高度 x：

$$f_{cd}bx\left(e_s - h_0 + \frac{x}{2}\right) = f_{sd}A_se_s - f'_{sd}A'_se'_s$$

$$13.8\times300x\left(338-455+\frac{x}{2}\right)=330\times462\times338-330\times462\times(-72)$$

整理得：

$$x^2-234x-30\ 197=0$$

解得：

$$x=326\ \text{mm}\begin{cases}>\xi_b h_0=0.53\times555=294(\text{mm})\\>2a_s'=90\ \text{mm}\end{cases}$$

故应为小偏心受压，则应按小偏心重新计算受压区高度 x，由式(4.28)可得：

$$Ax^3+Bx^2+Cx+D=0$$

其中

$A=0.5f_{cd}b=0.5\times13.8\times300=2\ 070$

$B=f_{cd}b(e_s-h_0)=13.8\times300\times(338-455)=-484\ 380$

$C=\varepsilon_{cu}E_sA_se_s+f'_{sd}A'_se'_s=0.003\ 3\times2\times10^5\times462\times338+330\times462\times(-72)$

$=103\ 026\ 736$

$D=-\beta\varepsilon_{cu}E_sA_se_sh_0=-0.8\times0.003\ 3\times2\times10^5\times462\times338\times455$

$=-3.751\ 49\times10^{10}$

用牛顿迭代法求得 $x=284\ \text{mm}>\xi_b h_0=241\ \text{mm}$，计算表明确为小偏心受压。

此处也可以采用式(4.30)计算受压区高度 x，在此不再赘述。

由式(4.32)可得截面的承载力 N_{u1} 为：

$$N_{u1}=f_{cd}bx=13.8\times300\times284=1\ 176(\text{kN})>N=1\ 125\ \text{kN}$$

因 $\eta e_0=133\ \text{mm}<h/2-a_s'=250-45=205(\text{mm})$，意味着偏心压力的作用点位于 A_s 合力点和A_s'合力点之间，故还需由式(4.22)计算承载力 N_{u2} 为：

$$e'=\frac{h}{2}-e_0-a_s'=\frac{500}{2}-114-45=91(\text{mm})$$

$$N_{u2}=\frac{1}{e'}\left[f_{cd}bh\left(h_0'-\frac{h}{2}\right)+f'_{sd}A_s(h_0'-a_s)\right]$$

$$=\frac{1}{91}\times[13.8\times300\times500\times(455-250)+330\times462\times(455-45)]$$

$$=5\ 350(\text{kN})>N=1\ 125\ \text{kN}$$

综上，满足正截面承载力要求。

对于对称配筋，即使是全截面受压且满足 $\eta e_0<h/2-a_s'$，也不会发生图4.22(c)所示的反向破坏，故此处可以不用计算 N_{u2}。

4.7 圆形截面偏心受压构件

知识点

①正截面承载力计算的基本假定；

②正截面承载力计算的基本公式。

在桥涵结构中，圆形截面主要用于桥梁墩(台)身及基础工程，如圆柱形桥墩、钻(挖)孔灌注桩等。

对于一般的钢筋混凝土圆形截面偏心受压构件，其纵向受力钢筋沿截面圆周均匀布置，总根数不应少于 6 根，钢筋直径不应小于 12 mm；箍筋采用连续的螺旋形布置的普通箍筋。其他的构造要求同普通箍筋柱轴心受压构件一样，在此不再赘述。

对于圆形截面的钻（挖）孔灌注桩，其纵向受力钢筋也沿截面圆周均匀布置，但由于其直径一般较大，故要求总根数不应少于 8 根，钢筋直径不应小于 14 mm，相邻纵向受力钢筋之间净间距不宜小于 50 mm，纵向受力钢筋的混凝土保护层厚度不小于 60 ~ 80 mm；箍筋采用连续的螺旋形布置的普通箍筋，箍筋间距一般为 200 ~ 400 mm。

4.7.1　正截面承载力计算的基本假定

试验研究表明，钢筋混凝土圆形截面偏心受压构件的破坏，最终表现为受压区混凝土被压碎。同矩形截面偏心受压构件类似，随着轴向力偏心距的增加，构件的破坏由“受压破坏”向“受拉破坏”过渡。但是，对于钢筋沿圆周均匀布置的圆形截面来说，构件破坏时各根钢筋的应力和应变并不是完全相同的，只有部分钢筋的应力达到了屈服强度。

沿截面周边均匀配置钢筋的圆形截面偏心受压构件，其正截面承载力计算的基本假定为：

①截面变形符合平截面假定；

②对于 C50 及其以下的混凝土，构件破坏时，其受压边缘处混凝土的极限压应变为 $\varepsilon_{cu} = 0.003\,3$；

③受压区混凝土应力分布采用等效矩形应力图，其应力集度为 f_{cd}；

④不考虑受拉区混凝土参加工作，拉应力全部由钢筋承担；

⑤将钢筋视为理想的弹塑性体，其应力-应变关系表达式为 $\sigma_{si} = E_s \varepsilon_{si}$。

根据以上的基本假定，便可以建立正截面承载力计算的图式，从而由外力平衡关系推导出承载力计算的基本公式。对于周边均匀配置钢筋的圆形截面偏心受压构件，当纵向钢筋不少于 6 根时，可以将纵向钢筋转换为总面积为 A_s、半径为 r_s 的等效钢环，A_s 为所有纵向钢筋的截面面积之和，如图 4.37 所示。这样处理是为了采用连续函数推导钢筋的抗力。

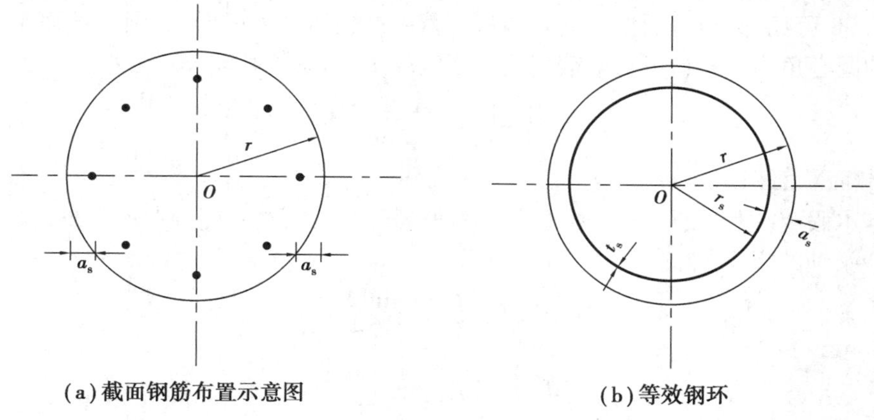

图 4.37　等效钢环示意图

4.7.2 正截面承载力计算的基本公式

根据基本假定,可以建立圆形截面偏心受压构件正截面承载力计算图示(图 4.38),并可以根据平衡条件列出方程。

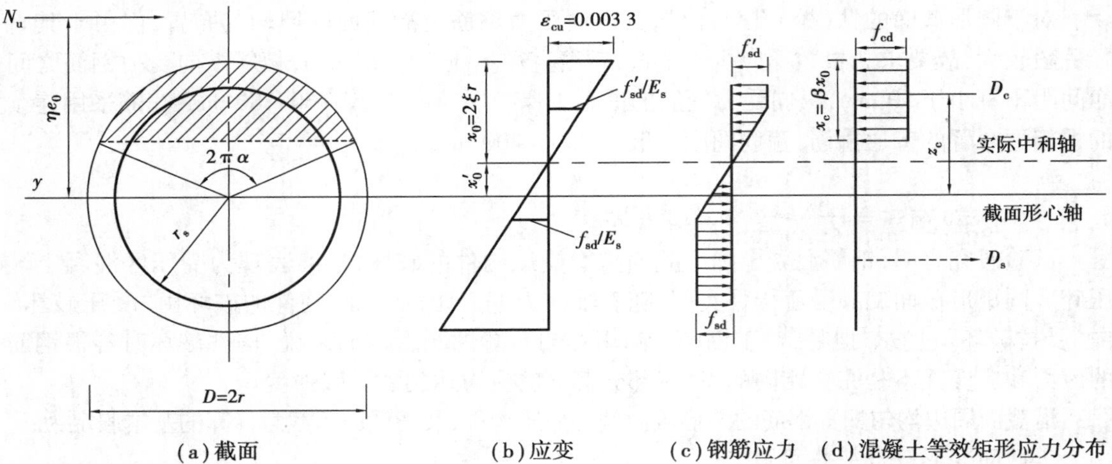

(a)截面 (b)应变 (c)钢筋应力 (d)混凝土等效矩形应力分布

图 4.38 计算简图

由截面上沿构件纵轴方向力平衡条件可得:

$$N_u = D_c + D_s \tag{4.36}$$

由截面上所有力对截面形心轴 y-y 的合力矩平衡条件可得:

$$M_u = M_c + M_s \tag{4.37}$$

式中 D_c,D_s——分别为受压区混凝土压应力的合力和所有钢筋的应力合力;

M_c,M_s——分别为受压区混凝土应力的合力对 y-y 轴之矩和所有钢筋的应力合力对 y-y 轴之矩。

(1)混凝土压应力的合力 D_c 和力矩 M_c 的计算

由图 4.38 可见,圆形截面偏心受压构件正截面的受压区为弓形,若圆形截面半径为 r,受压区对应的圆心角为 $2\pi\alpha$(rad),则截面受压区混凝土面积 A_c 可以表示为:

$$A_c = \alpha\left(1 - \frac{\sin 2\pi\alpha}{2\pi\alpha}\right)A \tag{4.38}$$

式中,A 为截面总面积,$A = \pi r^2$。

根据基本假定,假设受压区混凝土应力相等,其应力集度为 f_{cd},则受压区混凝土的合力 D_c 及其对 y-y 轴的矩 M_c 为:

$$D_c = \alpha f_{cd}A\left(1 - \frac{\sin 2\pi\alpha}{2\pi\alpha}\right) \tag{4.39}$$

$$M_c = \frac{2}{3}f_{cd}Ar\,\frac{\sin^3\pi\alpha}{\pi} \tag{4.40}$$

(2)钢筋应力的合力 D_s 和力矩 M_s 的计算

一般情况下,靠近受压或受拉边缘的钢筋可能达到屈服强度,而接近中和轴的钢筋一般达不到屈服强度,如图 4.38(c)所示。为简化计算,近似将受拉区和受压区钢环的应力等效为钢筋强度f_s和f'_s的均匀分布，等效后受压区钢环所对应的圆心角近似取为α，受拉区钢环所对应的圆心角取为α_t，则α_t可表示为：

$$\alpha_t = 1.25 - 2\alpha \geqslant 0 \tag{4.41}$$

等效后受压区钢环和受拉区钢环的面积分别为αA_s和$\alpha_t A_s$，假设$f_s = f'_s$，截面中钢筋的合力D_s以及合力对y-y轴的矩为：

$$D_s = (\alpha - \alpha_t) f_{sd} A_s \tag{4.42}$$

$$M_s = f_{sd} A_s r_s \frac{\sin \pi\alpha + \sin \pi\alpha_t}{\pi} \tag{4.43}$$

式中　r_s——钢环的半径。

将式(4.39)、式(4.40)、式(4.42)、式(4.43)分别代入式(4.36)、式(4.37)，可以得到圆形截面偏心受压构件正截面承载力计算表达式为：

$$N_u \leqslant \alpha f_{cd} A\left(1 - \frac{\sin 2\pi\alpha}{2\pi\alpha}\right) + (\alpha - \alpha_t) f_{sd} A_s \tag{4.44}$$

$$N_u \eta e_0 \leqslant \frac{2}{3} f_{cd} A r \frac{\sin^3 \pi\alpha}{\pi} + f_{sd} A_s r_s \frac{\sin \pi\alpha + \sin \pi\alpha_t}{\pi} \tag{4.45}$$

式中　A——圆形截面面积，$A = \pi r^2$；

A_s——全部纵向普通钢筋截面面积；

r——圆形截面半径；

r_s——纵向普通钢筋重心所在圆周的半径，即等效钢环的半径；

e_0——轴向力对截面重心的偏心距；

α——圆形截面受压区混凝土截面面积所对应的圆心角(rad)与2π的比值；

α_t——纵向受拉普通钢筋截面面积与全部纵向普通钢筋截面面积的比值，当$\alpha > 0.625$时，取$\alpha_t = 0$，即$\alpha_t \geqslant 0$；

η——偏心距增大系数，按式(4.13)计算。

采用手算法进行圆形截面偏心受压构件正截面承载力计算时，一般假设α，然后利用式(4.44)和式(4.45)进行迭代计算，计算过程比较复杂。在工程中，对混凝土强度等级为C30～C50，纵向钢筋配筋率ρ为0.5%～4%，沿周边均匀配置纵向钢筋的圆形截面钢筋混凝土偏心受压构件，为避免迭代计算，多采用查表法。将式(4.45)除以式(4.44)便可以得到：

$$\eta \frac{e_0}{r} = \frac{\dfrac{2}{3}\dfrac{\sin^3 \pi\alpha}{\pi} + \rho \dfrac{f_{sd}}{f_{cd}} \dfrac{r_s}{r} \dfrac{\sin \pi\alpha + \sin \pi\alpha_t}{\pi}}{\alpha\left(1 - \dfrac{\sin 2\pi\alpha}{2\pi\alpha}\right) + (\alpha - \alpha_t)\rho \dfrac{f_{sd}}{f_{cd}}} \tag{4.46}$$

取

$$n_u = \alpha\left(1 - \frac{\sin 2\pi\alpha}{2\pi\alpha}\right) + (\alpha - \alpha_t)\rho \frac{f_{sd}}{f_{cd}} \tag{4.47}$$

式中　n_u——构件的相对抗压承载力。

则式(4.46)可写成：

$$\eta \frac{e_0}{r} = \frac{\dfrac{2}{3}\dfrac{\sin^3 \pi\alpha}{\pi} + \rho \dfrac{f_{sd}}{f_{cd}} \dfrac{r_s}{r} \dfrac{\sin \pi\alpha + \sin \pi\alpha_t}{\pi}}{n_u} \tag{4.48}$$

式中　$\rho=\dfrac{A_s}{\pi r^2}$——截面纵向钢筋的配筋率。

由式(4.44)可以得到圆形截面偏心受压构件的正截面承载力表达式为：

$$N \leqslant N_u = n_u A f_{cd} \tag{4.49}$$

一般情况下，钢筋所在钢环半径与构件半径之比 $r_s/r=0.85\sim0.95$，可取 $r_s/r=0.9$ 进行计算，再给定 $\eta\dfrac{e_0}{r}$和 $\rho\dfrac{f_{sd}}{f_{cd}}$的值，便可由式(4.46)求得半压力角 α 的值，然后代入式(4.47)求得 n_u 的值，最后由式(4.49)便可以求得圆形截面偏心受压构件正截面承载力的值 N_u。

《公路钢筋混凝土及预应力混凝土桥涵设计规范》(JTG 3362—2018)给出了关于 n_u，$\eta\dfrac{e_0}{r}$和 $\rho\dfrac{f_{sd}}{f_{cd}}$的计算表格(见附录3)，通过表格查取相关参数，可以避免由式(4.46)和式(4.47)计算 α 和 n_u，从而减少计算量。

4.7.3　计算方法

圆形截面偏心受压构件的正截面承载力计算也分为截面设计和截面复核。

1)截面设计

已知：圆形截面直径 d、构件计算长度 l_0、材料强度等级、轴向力计算值 N 和弯矩计算值 M。

求：所需的纵向钢筋面积 A_s。

步骤：

(1)计算截面偏心距

当长细比 $l_0/d>4.4$ 时，需要考虑纵向弯曲对偏心距的影响，假定纵向钢筋沿圆周连续布置的半径 $r_s=0.9r$，再由式(4.13)计算偏心距增大系数 η，进而计算 $\eta\dfrac{e_0}{r}$的值。若长细比 $l_0/d\leqslant4.4$，此时直接令 $\eta=1$ 即可。最后由式(4.49)计算 n_u 的值，即 $n_u=\dfrac{N}{Af_{cd}}$。

(2)计算所需钢筋面积 A_s

由计算得到的 $\eta\dfrac{e_0}{r}$和 n_u 值查附录3 便可以得到 $\rho\dfrac{f_{sd}}{f_{cd}}$的值。当不能直接查到时，可以采用线性内插法求得。根据 $\rho\dfrac{f_{sd}}{f_{cd}}$的值计算配筋率 ρ，从而计算所需钢筋面积 A_s($A_s=\rho\pi r^2$)。

(3)选择钢筋并进行截面布置

对于一般的圆形截面受压构件要求纵向钢筋沿圆周均匀布置，总根数不应少于 6 根，直径不应小于 12 mm；对于钻(挖)孔桩要求纵向钢筋沿圆周均匀布置，总根数不应少于 8 根，直径不应小于 14 mm。纵向受力钢筋的净间距不宜小于 50 mm，也不宜大于 350 mm。

2)截面复核

已知：圆形截面直径 d、纵向受力钢筋的面积及布置、构件计算长度 l_0、材料强度等级、轴

向力计算值 N 和弯矩计算值 M。

求：截面抗压承载力 N_u。

步骤：

(1)计算截面偏心距

当长细比 $l_0/d>4.4$ 时，需要考虑纵向弯曲对偏心距的影响，由纵向钢筋沿圆周连续布置的半径 r_s，按式(4.13)计算偏心距增大系数 η，进而计算 $\eta\frac{e_0}{r}$的值。若长细比 $l_0/d\leqslant 4.4$，此时直接令 $\eta=1$ 即可。最后根据截面直径、配筋情况和材料等级计算 $\rho\frac{f_{sd}}{f_{cd}}$的值。

(2)计算相对抗压承载力 n_u

由 $\eta\frac{e_0}{r}$和$\rho\frac{f_{sd}}{f_{cd}}$的值查附录3 便可以得到 n_u 的值。当不能直接查到时，可以采用线性内插法求得 n_u。

(3)计算截面抗压承载力 N_u

将得到的 n_u 代入式(4.49)便可以求出截面抗压承载力 N_u。

3)应用举例

【例 4.9】已知柱式桥墩的柱截面直径 $d=1.2$ m，计算长度 $l_0=7.5$ m，承受轴向力计算值 $N=9\ 720$ kN，弯矩计算值 $M=2\ 002.3$ kN·m，拟采用 C30 级混凝土，HRB400 级钢筋，Ⅰ类环境条件，设计使用年限为 100 年。试进行配筋计算并进行承载力复核。

解：

查表可得相关参数：$f_{cd}=13.8$ MPa、$f_{sd}=330$ MPa、$f'_{sd}=330$ MPa、$\xi_b=0.53$。

(1)截面设计

①计算偏心距增大系数。

因 $l_0/d=7500/1\ 200=6.25>4.4$，故应考虑偏心距增大系数 η 的影响。

假设 $r_s=0.9r=0.9\times600=540$(mm)，则 $h_0=r+r_s=600+540=1\ 140$(mm)。

$$e_0=\frac{M}{N}=\frac{2\ 002.3\times10^6}{9\ 720\times10^3}=206(\text{mm})>20\text{ mm 和}\frac{h}{30}=\frac{1\ 200}{30}=40\text{ mm。}$$

$$\zeta_1=0.2+2.7\times\frac{e_0}{h_0}=0.2+2.7\times\frac{206}{1\ 140}=0.69<1\text{，取}\zeta_1=0.69\text{。}$$

$$\zeta_2=1.15-0.01\frac{l_0}{d}=1.15-0.01\times6.25=1.09>1\text{，取}\zeta_2=1\text{。}$$

则偏心距增大系数为：

$$\eta=1+\frac{1}{1\ 300e_0/h_0}\left(\frac{l_0}{d}\right)^2\zeta_1\zeta_2=1+\frac{1}{1\ 300\times206/1\ 140}\times(6.25)^2\times0.69\times1=1.11$$

则有：

$$\eta\frac{e_0}{r}=1.11\times\frac{206}{600}=0.38$$

②计算 n_u 和 $\rho\frac{f_{sd}}{f_{cd}}$的值。

圆形截面面积 $A=\pi r^2=3.14\times 600^2=1\ 130\ 400(\text{mm}^2)$，则有：

$$n_u=\frac{N}{Af_{cd}}=\frac{9\ 720\times 10^3}{1\ 130\ 400\times 13.8}=0.623\ 1$$

根据附录 3 可知，满足 $\eta\dfrac{e_0}{r}=0.38$ 和 $n_u=0.623\ 1$ 的值，在 $\eta\dfrac{e_0}{r}=0.35\sim 0.40$ 和 $\rho\dfrac{f_{sd}}{f_{cd}}=0.06\sim 0.09$，故需要采取线性内插法，求得 $\rho\dfrac{f_{sd}}{f_{cd}}$。

当 $\rho\dfrac{f_{sd}}{f_{cd}}$ 取附录 3 中 0.06，$\eta\dfrac{e_0}{r}$ 取附录 3 中 0.35 和 0.40 时，线性内插计算 $\eta\dfrac{e_0}{r}=0.38$ 时对应的 n_{u1} 值为：

$$n_{u1}=0.643\ 2+\frac{(0.587\ 8-0.643\ 2)\times(0.38-0.35)}{0.40-0.35}=0.610\ 0$$

当 $\rho\dfrac{f_{sd}}{f_{cd}}$ 取附录 3 中 0.09，$\eta\dfrac{e_0}{r}$ 取附录 3 中 0.35 和 0.40 时，采用线性内插法计算 $\eta\dfrac{e_0}{r}=0.38$ 时对应的 n_{u2} 值为：

$$n_{u2}=0.668\ 4+\frac{(0.614\ 2-0.668\ 4)\times(0.38-0.35)}{0.40-0.35}=0.635\ 9$$

在 $\rho\dfrac{f_{sd}}{f_{cd}}$ 分别取附录 3 中 0.06 和 0.09，与之对应的 $n_{u1}=0.610\ 0$ 和 $n_{u2}=0.635\ 9$ 之间线性内插，计算 $n_u=0.623\ 1$ 所对应的 $\rho\dfrac{f_{sd}}{f_{cd}}$ 为：

$$\rho\frac{f_{sd}}{f_{cd}}=0.06+\frac{(0.09-0.06)\times(0.623\ 1-0.610\ 0)}{0.635\ 9-0.610\ 0}=0.075$$

③计算所需的钢筋截面面积。

纵向钢筋的配筋率为：

$$\rho=\frac{0.075f_{cd}}{f_{sd}}=\frac{0.075\times 13.8}{330}=0.003\ 1<0.005$$

由于 $\rho=0.003\ 1$ 小于最小配筋率 0.005，故取 $\rho=0.005$，从而算得所需的钢筋截面面积为：

$$A_s=\rho\pi r^2=0.005\times 3.14\times 600^2=5\ 652(\text{mm}^2)$$

现选用 20 ⌀20，外径为 22.7 mm，提供的面积 $A_s=6\ 283\ \text{mm}^2$，实际配筋率 $\rho=6\ 283/(3.14\times 600^2)=0.56\%$，最小 $a_s=25+8+22.7/2=44.35(\text{mm})$，实际取 $a_s=45$ mm。纵向钢筋的净间距 $s_n\approx(2\times 3.14\times 555-20\times 22.7)/20=152(\text{mm})$，大于 50 mm 且小于 350 mm，满足要求。

钢筋布置如图 4.39 所示。

(2)截面复核

由截面设计可知，配筋率、混凝土保护层厚度、钢筋净间距等构造要求均满足规范要求。

①垂直于弯矩作用平面内。

因 $l_0/d=7\ 500/1\ 200=6.25<7$，故稳定系数 $\varphi=1$，则垂直于弯矩作用平面内的截面抗压承载力为：

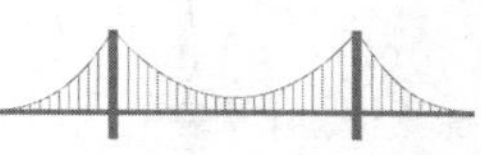

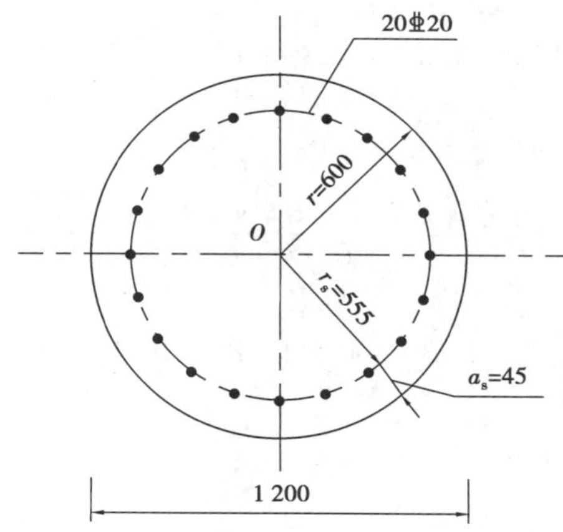

图4.39　例4.9截面配筋图(尺寸单位:mm)

$$
\begin{aligned}
N_u &= 0.9\varphi(f_{cd}A + f'_{sd}A'_s) \\
&= 0.9 \times 1 \times (13.8 \times 1\ 130\ 400 + 330 \times 6\ 283) \\
&= 15\ 906(\text{kN}) > N = 9\ 720\ \text{kN}
\end{aligned}
$$

②弯矩作用平面内。

因 $l_0/d = 7\ 500/1\ 200 = 6.25 > 4.4$，故应考虑偏心距增大系数 η 的影响。

由截面设计可知 $r_s = 555$ mm，则 $h_0 = r + r_s = 600 + 555 = 1\ 155$(mm)。

$\zeta_1 = 0.2 + 2.7 \times \dfrac{e_0}{h_0} = 0.2 + 2.7 \times \dfrac{206}{1\ 155} = 0.68 < 1$，取 $\zeta_1 = 0.68$。

$\zeta_2 = 1.15 - 0.01\dfrac{l_0}{d} = 1.15 - 0.01 \times 6.25 = 1.09 > 1$，取 $\zeta_2 = 1$。

则偏心距增大系数为：

$$
\eta = 1 + \frac{1}{1\ 300e_0/h_0}\left(\frac{l_0}{d}\right)^2\zeta_1\zeta_2 = 1 + \frac{1}{1\ 300 \times 206/1\ 155} \times (6.25)^2 \times 0.68 \times 1 = 1.11
$$

则有：

$$
\eta\frac{e_0}{r} = 1.11 \times \frac{206}{600} = 0.38
$$

$$
\rho\frac{f_{sd}}{f_{cd}} = 0.005\ 6 \times \frac{330}{13.8} = 0.13
$$

满足 $\eta\dfrac{e_0}{r} = 0.38$ 和 $\rho\dfrac{f_{sd}}{f_{cd}} = 0.13$ 的 n_u 值位于附录3中 $\eta\dfrac{e_0}{r} = 0.35 \sim 0.40$ 和 $\rho\dfrac{f_{sd}}{f_{cd}} = 0.12 \sim 0.15$，故需要采用线性内插法，求得 n_u。

当 $\rho\dfrac{f_{sd}}{f_{cd}}$ 取附录3中0.12，$\eta\dfrac{e_0}{r}$ 取附录3中0.35和0.40时，$\eta\dfrac{e_0}{r} = 0.38$ 所对应的 n_{u1} 为：

$$
n_{u1} = 0.692\ 8 + \frac{(0.639\ 3 - 0.692\ 8) \times (0.38 - 0.35)}{0.40 - 0.35} = 0.660\ 7
$$

当 $\rho\dfrac{f_{sd}}{f_{cd}}$ 取附录3中0.15，$\eta\dfrac{e_0}{r}$ 取附录3中0.35和0.40时，$\eta\dfrac{e_0}{r} = 0.38$ 所对应的 n_{u2} 为：

$$
n_{u2} = 0.716\ 5 + \frac{(0.663\ 5 - 0.716\ 5) \times (0.38 - 0.35)}{0.40 - 0.35} = 0.684\ 7
$$

在$\rho\frac{f_{sd}}{f_{cd}}$分别取附录中0.12和0.15，与之对应的$n_{u1}=0.6607$和$n_{u2}=0.6847$之间线性内插，计算$\rho\frac{f_{sd}}{f_{cd}}=0.13$所对应的$n_u$为：

$$n_u = 0.6607 + \frac{(0.6847 - 0.6607) \times (0.13 - 0.12)}{0.15 - 0.12} = 0.6687$$

由式(4.49)可得承载力为：

$$N_u = n_u A f_{cd} = 0.6687 \times 1\,130\,400 \times 13.8 = 10\,431(\text{kN}) > N = 9\,720\ \text{kN}$$

抗压承载力满足要求。

第4章工程案例

思考题

1. 什么是普通箍筋柱和螺旋箍筋柱？
2. 普通箍筋柱和螺旋箍筋柱在构造上有哪些不同？
3. 轴心受压构件中纵向钢筋和箍筋各有什么作用？
4. 如何划分受压构件长柱与短柱，它们的破坏形态有何区别？
5. 影响稳定系数φ的主要因素有哪些？
6. 在哪些情况下不考虑螺旋箍筋的作用？
7. 要保证混凝土保护层不会过早剥落应满足什么条件？
8. 为什么螺旋箍筋柱承载力计算式中不考虑稳定系数φ？
9. 大、小偏心受压破坏的特征是什么？
10. 如何判别大、小偏心受压破坏？
11. 简述N_u-M_u相关曲线的含义。
12. 针对不同的截面形式，什么情况下需要考虑纵向弯曲的影响？
13. 矩形截面偏心受压构件正截面承载力计算的基本公式及其适用条件是什么？
14. 在进行截面设计时，对于矩形截面偏心受压构件如何判定大、小偏心？
15. 在什么条件下一般宜采用对称配筋？
16. 圆形截面偏心受压构件正截面承载力计算的基本假定有哪些？

练习题

1. 已知轴心受压柱的截面尺寸为$b \times h = 250\ \text{mm} \times 250\ \text{mm}$，柱高$l = 7\ \text{m}$，柱的两端固定，轴力组合设计值$N_d = 900\ \text{kN}$，C30级混凝土，HRB400级钢筋，安全等级为二级，Ⅰ类环境条件，设计使用年限为100年，试进行截面设计。

2. 已知某水平预制的钢筋混凝土轴心受压柱的截面尺寸为$b \times h = 300\ \text{mm} \times 350\ \text{mm}$，计算长度$l_0 = 4.5\ \text{m}$，轴力组合设计值$N_d = 1\,600\ \text{kN}$，C30级混凝土，HRB400级钢筋，安全等级为二级，Ⅰ类环境条件，设计使用年限为100年，试进行截面设计。

3. 某钢筋混凝土轴心受压柱的计算长度$l_0 = 8\ \text{m}$，拟采用方形截面，C30级混凝土，HRB400级钢筋，承受轴向力组合设计值$N_d = 3\,500\ \text{kN}$，安全等级为一级，Ⅰ类环境条件，设计使用年限为100年，试进行截面设计和截面复核。

4. 某轴心受压构件截面尺寸为 $b \times h = 250\ \text{mm} \times 250\ \text{mm}$,构件计算长度 $l_0 = 5\ \text{m}$,C30 级混凝土,HRB400 级钢筋,截面配筋如图 4.40 所示,安全等级为二级,Ⅰ类环境条件,设计使用年限为 100 年,轴力组合设计值 $N_d = 560\ \text{kN}$,试进行截面复核。

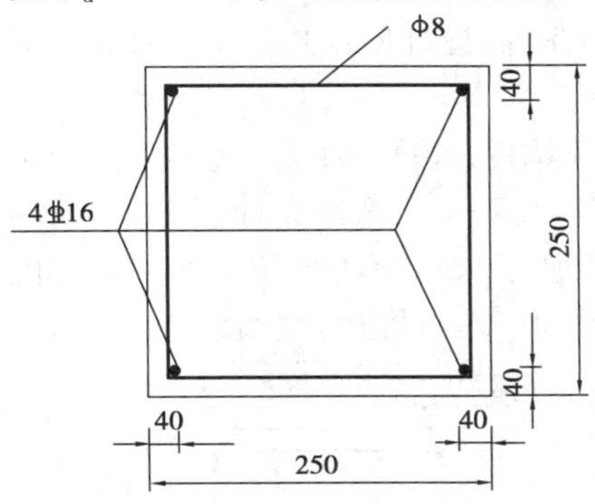

图 4.40　练习题 4(尺寸单位:mm)

5. 某轴心受压构件截面尺寸为 $b \times h = 350\ \text{mm} \times 350\ \text{mm}$,构件计算长度 $l_0 = 4.8\ \text{m}$,C30 级混凝土,HRB400 级钢筋,截面配筋如图 4.41 所示,安全等级为二级,Ⅰ类环境条件,设计使用年限为 100 年,试计算该构件能够承受的最大轴向力设计值。

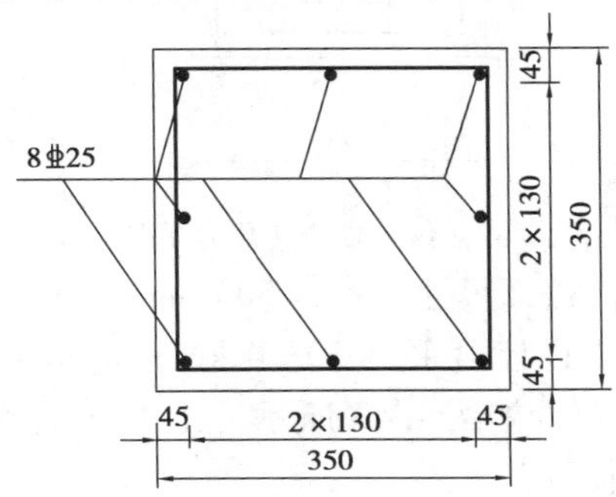

图 4.41　练习题 5(尺寸单位:mm)

6. 有一圆形截面柱,直径 $d = 450\ \text{mm}$,计算长度 $l_0 = 3\ \text{m}$,C30 级混凝土,纵向钢筋采用 HRB400,箍筋采用 HPB300,Ⅰ类环境条件,安全等级为二级,设计使用年限为 100 年,轴向压力组合设计值 $N_d = 2\ 100\ \text{kN}$,试按螺旋箍筋柱进行截面设计。

7. 有一圆形截面螺旋箍筋柱,柱高 5.5 m,两端均为固接,C30 级混凝土,纵向钢筋采用 HRB400,箍筋采用 HPB300,Ⅰ类环境条件,安全等级为二级,设计使用年限为 100 年,轴向压力组合设计值 $N_d = 1\ 890\ \text{kN}$,求此柱的截面尺寸并配筋。

8. 圆形截面轴心受压构件直径 $d = 400\ \text{mm}$,计算长度 $l_0 = 2.5\ \text{m}$,C30 级混凝土,纵向钢筋采用 8⏀18,箍筋采用Φ10,箍筋间距 $s = 60\ \text{mm}$,混凝土保护层厚度 $c = 35\ \text{mm}$,Ⅰ类环境条件,安全等级为二级,设计使用年限为 100 年,轴向压力组合设计值 $N_d = 2\ 000\ \text{kN}$,试进行截面复核。

9. 圆形截面螺旋箍筋柱,直径 $d = 350\ \text{mm}$,计算长度 $l_0 = 2.4\ \text{m}$,C30 级混凝土,纵向钢筋采用 6⏀20,箍筋采用Φ8,箍筋间距 $s = 50\ \text{mm}$,混凝土保护层厚度 $c = 30\ \text{mm}$,Ⅰ类环境条件,安全等级为二级,设计使用年限为 100 年,轴向压力组合设计值 $N_d = 2\ 000\ \text{kN}$,试求该构件能承受的最大轴向力设计值。

10. 有一矩形截面偏心受压构件，计算长度 $l_0=2.5$ m，截面尺寸为 $b\times h=350$ mm $\times 500$ mm，承受轴向力计算值 $N=359$ kN，弯矩计算值 $M=104$ kN · m，拟采用 C30 级混凝土，HRB400 级钢筋，箍筋采用Φ8。Ⅰ类环境条件，设计使用年限为 100 年。试进行非对称配筋计算并进行承载力复核。

11. 有一矩形截面偏心受压构件，计算长度 $l_{0x}=6$ m，$l_{0y}=4$ m，截面尺寸为 $b\times h=300$ mm $\times$ 400 mm，承受轴向力设计值 $N_d=373$ kN，弯矩设计值 $M_d=152$ kN · m，拟采用 C30 级混凝土，HRB400 级钢筋。受压区已经配有 2 Φ 18 钢筋，箍筋采用Φ8（图 4.42）。Ⅰ类环境条件，安全等级为二级，设计使用年限为 100 年。试进行截面设计。

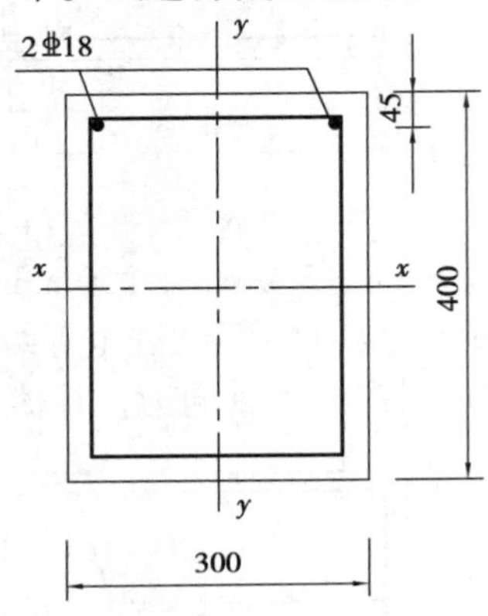

图 4.42 练习题 11（尺寸单位：mm）

12. 矩形截面偏心受压构件截面尺寸 $b\times h=300$ mm $\times 400$ mm，计算长度 $l_0=6$ m，承受轴向力设计值 $N_d=1\ 000$ kN，弯矩设计值 $M_d=303.4$ kN · m，拟采用 C30 级混凝土，HRB400 级钢筋，箍筋采用Φ8。截面钢筋布置如图 4.43 所示。Ⅰ类环境条件，安全等级为二级，设计使用年限为 100 年。试进行截面复核。

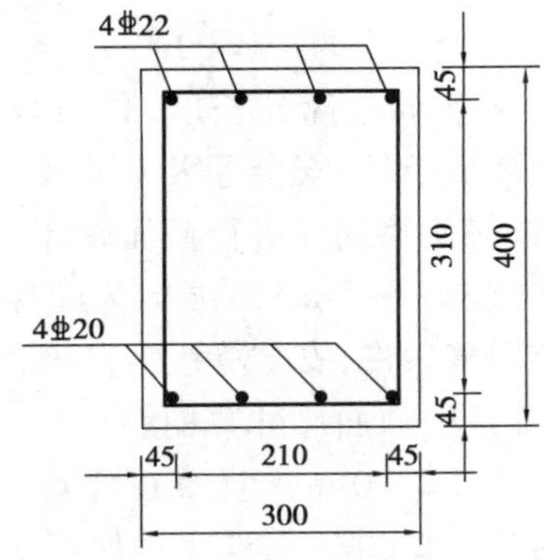

图 4.43 练习题 12（尺寸单位：mm）

13. 矩形截面偏心受压构件截面尺寸 $b\times h=400$ mm $\times 600$ mm，计算长度 $l_0=4.5$ m，承受轴向力设计值 $N_d=2\ 200$ kN，弯矩设计值 $M_d=293$ kN · m，拟采用 C30 级混凝土，HRB400 级钢筋，箍筋采用Φ8。Ⅰ类环境条件，安全等级为二级，设计使用年限为 100 年。试进行非对称配筋计算并复核承载力。

14. 矩形截面偏心受压构件截面尺寸 $b\times h=400\ \text{mm}\times 500\ \text{mm}$,计算长度 $l_0=6\ \text{m}$,承受轴向力设计值 $N_\text{d}=2\ 645\ \text{kN}$,弯矩设计值 $M_\text{d}=85\ \text{kN}\cdot\text{m}$,拟采用 C30 级混凝土,HRB400 级钢筋,箍筋采用Φ8。Ⅰ类环境条件,安全等级为二级,设计使用年限为 50 年。试进行非对称配筋计算并复核承载力。

15. 矩形截面偏心受压构件截面尺寸 $b\times h=400\ \text{mm}\times 500\ \text{mm}$,计算长度 $l_0=4\ \text{m}$,承受轴向力设计值 $N_\text{d}=600\ \text{kN}$,弯矩设计值 $M_\text{d}=300\ \text{kN}\cdot\text{m}$,拟采用 C30 级混凝土,HRB400 级钢筋,箍筋采用Φ8。Ⅰ类环境条件,安全等级为二级,设计使用年限为 50 年。试进行对称配筋计算并复核承载力。

16. 矩形截面偏心受压构件截面尺寸 $b\times h=400\ \text{mm}\times 600\ \text{mm}$,计算长度 $l_0=4.5\ \text{m}$,承受轴向力设计值 $N_\text{d}=3\ 000\ \text{kN}$,弯矩设计值 $M_\text{d}=235\ \text{kN}\cdot\text{m}$,拟采用 C30 级混凝土,HRB400 级钢筋,箍筋采用Φ8。Ⅰ类环境条件,安全等级为二级,设计使用年限为 100 年。试进行对称配筋计算。

17. 圆形截面偏心受压构件截面半径 $r=400\ \text{mm}$,计算长度 $l_0=8.8\ \text{m}$,承受轴向力设计值 $N_\text{d}=1\ 454\ \text{kN}$,弯矩设计值 $M_\text{d}=465\ \text{kN}\cdot\text{m}$,拟采用 C30 级混凝土,HRB400 级钢筋,箍筋采用Φ8。Ⅰ类环境条件,安全等级为二级,设计使用年限为 100 年。试进行配筋计算并复核承载力。

18. 已知墩柱截面半径 $r=600\ \text{mm}$,计算长度 $l_0=6.8\ \text{m}$,承受轴向力设计值 $N_\text{d}=1\ 538\ \text{kN}$,弯矩设计值 $M_\text{d}=1\ 103\ \text{kN}\cdot\text{m}$,拟采用 C30 级混凝土,HRB400 级钢筋,箍筋采用Φ8。Ⅰ类环境条件,安全等级为二级,设计使用年限为 100 年。试进行配筋计算并复核承载力。

第 5 章　受拉构件设计

知识目标

(1) 熟悉受拉构件的构造要求，理解大、小偏心受拉构件的破坏机理；
(2) 掌握受拉构件的截面设计和截面复核。

在钢筋混凝土中，常见的受拉构件有桁架拱、桁梁中的拉杆和系杆拱桥中的系杆等。

受拉构件根据拉力作用线的位置可以分为轴心受拉构件和偏心受拉构件两类。当纵向拉力作用线与截面形心轴线重合时称为轴心受拉构件；当纵向拉力作用线偏离截面形心轴线时，或者构件上既有拉力又有弯矩时，称为偏心受拉构件。

钢筋混凝土受拉构件需要配置纵向钢筋和箍筋，箍筋直径应不小于 8 mm，间距一般为 150 ~ 200 mm，如图 5.1 所示。由于混凝土的抗拉强度很低，钢筋混凝土构件即使在拉力不大时也会形成裂缝，因此，可以给钢筋混凝土构件施加一定的预应力以改善受拉构件的抗裂性能。

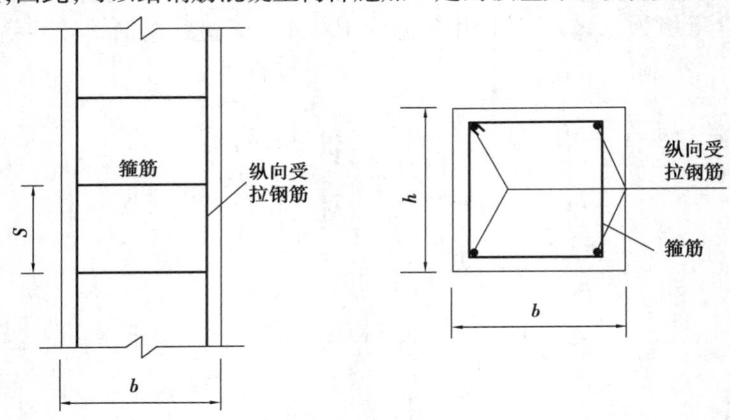

图 5.1　钢筋混凝土受拉构件的钢筋配置

5.1　轴心受拉构件

知识点

①轴心受拉构件的破坏特点；
②基本公式的应用。

对钢筋混凝土轴心受拉构件，在混凝土开裂以前，混凝土和钢筋共同承担拉力；当构件开裂后，裂缝截面处的混凝土已经全部退出工作，所有拉力由钢筋承担，当钢筋的拉应力达到屈服强度时，意味着构件达到了其极限承载力。

钢筋混凝土轴心受拉构件的承载力计算公式为：

$$\gamma_0 N_d \leq N_u = f_{sd} A_s \tag{5.1}$$

式中　f_{sd}——钢筋的抗拉强度设计值；

A_s——全部纵向受拉钢筋的截面面积。

《公路钢筋混凝土及预应力混凝土桥涵设计规范》(JTG 3362—2018)规定：轴心受拉构件一侧纵筋的配筋率应按毛截面面积计算，其值应不小于 $45f_{td}/f_{sd}$ 和 0.2 中的较大值。

【例 5.1】钢筋混凝土桁架梁某一杆件截面尺寸 $b \times h = 200\ \text{mm} \times 200\ \text{mm}$，承受轴向拉力设计值 $N_d = 165$ kN，拟采用 C30 混凝土，HRB400 级钢筋，箍筋采用Φ8。Ⅱ类环境条件，安全等级为二级，设计使用年限为 50 年。试进行截面配筋计算。

解：

查表可得相关参数：$f_{cd} = 13.8$ MPa、$f_{td} = 1.39$ MPa、$f_{sd} = 330$ MPa、$\gamma_0 = 1.0$。

由式(5.1)可得：

$$A_s = \frac{\gamma_0 N_d}{f_{sd}} = \frac{1.0 \times 165 \times 10^3}{330} = 500(\text{mm}^2)$$

选用 4 ⌀14 的钢筋，外径为 16.2 mm，提供的面积为 $A_s = 616\ \text{mm}^2$。箍筋选用Φ8 双肢箍筋，间距为 200 mm，最小 $a_s = 25 + 8 + 16.2/2 = 41.1$(mm)，实际取 $a_s = 45$ mm。$45\dfrac{f_{td}}{f_{sd}} = 45 \times \dfrac{1.39}{330} = 0.19\%$，$\rho_{min} = \max\left(45\dfrac{f_{td}}{f_{sd}}, 0.2\right) = 0.2\%$，一侧纵筋的配筋率为：

$$\rho = \frac{A_s/2}{bh} = \frac{616}{2 \times 200 \times 200} = 0.77\% > \rho_{min} = 0.2\%$$

满足最小配筋率的要求。

截面配筋如图 5.2 所示。

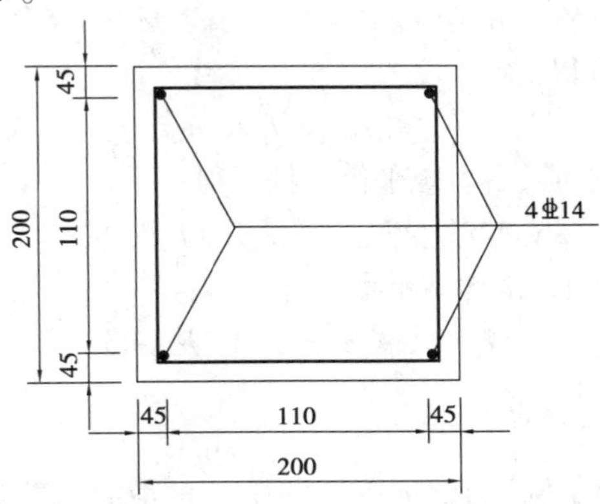

图 5.2　例 5.1 截面配筋图(尺寸单位：mm)

5.2　偏心受拉构件

①大、小偏心受拉构件的判别标准；

②大、小偏心受拉构件的计算方法。

按照纵向偏心拉力作用位置的不同,偏心受拉构件可以分为两种:

(1)当偏心拉力的作用点位于截面钢筋 A_s 和 A'_s 合力点之间($e_0 \leqslant h/2 - a_s$)时,称为小偏心受拉构件。

(2)当偏心拉力的作用点位于截面钢筋 A_s 和 A'_s 合力点之外($e_0 > h/2 - a_s$)时,称为大偏心受拉构件。

习惯上将靠近偏心拉力一侧的钢筋截面面积用 A_s 表示,而远离偏心拉力一侧的钢筋截面面积用 A'_s 表示。

5.2.1 小偏心受拉构件正截面承载力计算

小偏心受拉构件在破坏前混凝土已经全部裂通,拉力全部由钢筋承担,因此,小偏心受拉构件正截面承载力计算图式如图 5.3 所示。构件破坏时,钢筋 A_s 和 A'_s 的应力均达到抗拉强度设计值 f_{sd}。其正截面承载力的基本公式如下:

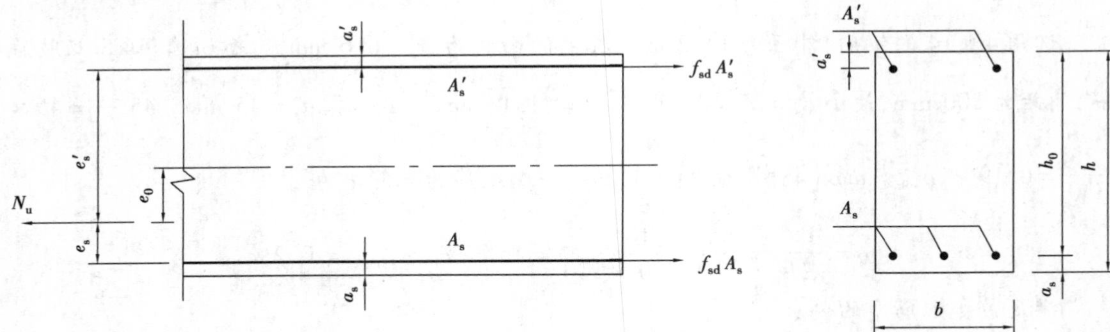

图 5.3 小偏心受拉构件正截面承载力计算图式

由轴向的力平衡条件可得:

$$\gamma_0 N_d \leqslant N_u = f_{sd}A_s + f_{sd}A'_s \tag{5.2}$$

以 A_s 的合力作用点为矩心,由力矩平衡条件可得:

$$\gamma_0 N_d e_s \leqslant N_u e_s = f_{sd}A'_s(h_0 - a'_s) \tag{5.3}$$

以 A'_s 的合力作用点为矩心,由力矩平衡条件可得:

$$\gamma_0 N_d e'_s \leqslant N_u e'_s = f_{sd}A_s(h_0 - a'_s) \tag{5.4}$$

式中 $e_s = \dfrac{h}{2} - e_0 - a_s, e'_s = \dfrac{h}{2} + e_0 - a'_s$。

当采用对称配筋时,离偏心拉力较远一侧钢筋 A'_s 的应力可能达不到其抗拉强度设计值,因此,在截面设计时,钢筋截面面积 A_s 和 A'_s 均按照式(5.4)计算。

同轴心受拉构件一样,《公路钢筋混凝土及预应力混凝土桥涵设计规范》(JTG 3362—2018)规定:小偏心受拉构件一侧纵筋的配筋率应按毛截面面积计算,其值应不小于 $45f_{td}/f_{sd}$ 和 0.2 中的较大值。

【例 5.2】某水平浇筑混凝土桁架梁某一杆件截面尺寸 $b \times h = 300\ \text{mm} \times 450\ \text{mm}$,纵向拉力设计值 $N_d = 684$ kN,弯矩设计值 $M_d = 65$ kN·m,拟采用 C30 混凝土,HRB400 级钢筋,箍筋

采用Φ8。Ⅱ类环境条件,安全等级为二级,设计使用年限为 50 年。试进行截面配筋计算并复核承载力。

解:

查表可得相关参数:$f_{cd}=13.8$ MPa, $f_{td}=1.39$ MPa, $f_{sd}=330$ MPa、$\gamma_0=1.0$。

$45\dfrac{f_{td}}{f_{sd}}=45\times\dfrac{1.39}{330}=0.19\%$,$\rho_{min}=\max\left(45\dfrac{f_{td}}{f_{sd}},0.2\right)=0.2\%$ 。

(1)截面设计

①判定大、小偏心受拉。

设 $a_s=a'_s=45$ mm,$h_0=h-a_s=450-45=405$(mm),则偏心距 e_0 为:

$$e_0=\frac{M_d}{N_d}=\frac{65\times10^6}{684\times10^3}=95(\text{mm})<\frac{h}{2}-a_s=\frac{450}{2}-45=180(\text{mm})$$

属于小偏心受拉。

$$e_s=\frac{h}{2}-e_0-a_s=\frac{450}{2}-95-45=85(\text{mm})$$

$$e'_s=\frac{h}{2}+e_0-a'_s=\frac{450}{2}+95-45=275(\text{mm})$$

②计算所需的钢筋截面面积。

由式(5.3)可得:

$$A'_s=\frac{\gamma_0N_de_s}{f_{sd}(h_0-a'_s)}=\frac{1.0\times684\ 000\times85}{330\times(405-45)}=489(\text{mm}^2)$$

选用 2 ⌀18 的钢筋,外径为 20.5 mm,提供的面积 $A'_s=509\ \text{mm}^2$,配筋率 $\rho'=\dfrac{A'_s}{bh}=\dfrac{509}{300\times450}=0.38\%>\rho'_{min}=0.2\%$ 。

由式(5.4)可得:

$$A_s=\frac{\gamma_0N_de'_s}{f_{sd}(h_0-a'_s)}=\frac{1.0\times684\ 000\times275}{330\times(405-45)}=1\ 583(\text{mm}^2)$$

选用 3 ⌀28 的钢筋,外径为 31.6 mm,提供的面积 $A_s=1\ 847\ \text{mm}^2$,配筋率 $\rho=\dfrac{A_s}{bh}=\dfrac{1\ 847}{300\times450}=1.37\%>\rho_{min}=0.2\%$ 。

近侧钢筋截面重心至近侧混凝土边缘的最小距离 $a_s=25+8+31.6/2=48.8$(mm),实际取 $a_s=50$ mm;远侧钢筋截面重心至远侧混凝土边缘的最小距离 $a'_s=25+8+20.5/2=43.25$(mm),为了施工方便实际取 $a'_s=50$ mm。本构件为水平浇筑的预制构件,故其纵向钢筋的净间距应不小于 30 mm 和钢筋直径 d,$s_n=(300-2\times50-2\times31.6)/2=68.4$(mm),满足规范要求。

纵向钢筋的布置如图 5.4 所示。

(2)截面复核

由截面设计可知,配筋率、混凝土保护层厚度、钢筋净间距等构造要求均满足规范要求。

①判定大、小偏心受拉。

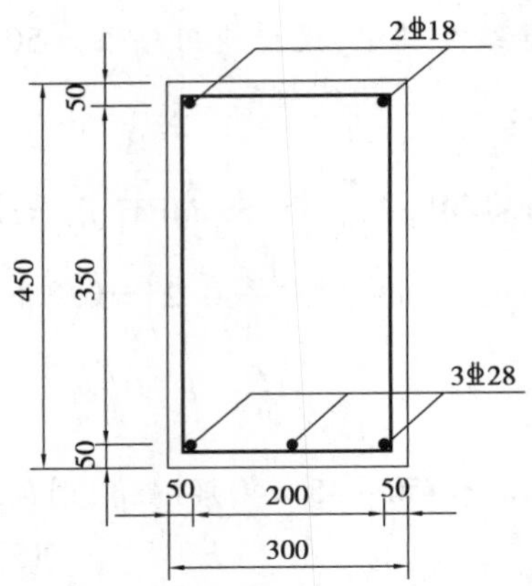

图 5.4 例 5.2 截面配筋图(尺寸单位:mm)

实际 $a_s = a'_s = 50$ mm,$h_0 = h - a_s = 450 - 50 = 400$(mm),则偏心距 e_0 为:

$$e_0 = \frac{M_d}{N_d} = \frac{65 \times 10^6}{684 \times 10^3} = 95(\text{mm}) < \frac{h}{2} - a_s = \frac{450}{2} - 50 = 175(\text{mm})$$

属于小偏心受拉。

$$e_s = \frac{h}{2} - e_0 - a_s = \frac{450}{2} - 95 - 50 = 80(\text{mm})$$

$$e'_s = \frac{h}{2} + e_0 - a'_s = \frac{450}{2} + 95 - 50 = 270(\text{mm})$$

②计算截面承载力。

$$\begin{aligned} N_u &= f_{sd}A_s + f_{sd}A'_s \\ &= 330 \times 1\ 847 + 330 \times 509 \\ &= 777.5(\text{kN}) > N = 684 \text{ kN} \end{aligned}$$

承载力满足要求。

5.2.2 大偏心受拉构件正截面承载力计算

对大偏心正常配筋的矩形截面,当偏心拉力作用于钢筋 A_s 合力点和 A'_s合力点之外,即 $e_0 > h/2 - a_s$时,离偏心拉力较近的一侧将产生裂缝,而离偏心拉力较远一侧的混凝土受压,因此裂缝不会贯通整个截面。破坏时,离偏心拉力较近一侧的钢筋 A_s 达到其抗拉强度,裂缝开展很大,受压区混凝土被压碎;当受拉钢筋配筋不是很多时,受压区混凝土的压碎程度不是很明显。一般以裂缝开展宽度超过某一限值作为截面破坏的标志,此类破坏称为大偏心受拉破坏。

在配筋比较合理的情况下,受拉钢筋 A_s 和受压钢筋 A'_s的应力均可以达到其抗拉强度设计值f_{sd}和抗压强度设计值f'_{sd},因此矩形截面大偏心受拉构件的正截面承载力计算图式如图 5.5 所示。

由轴向的力平衡条件可得:

$$N_u = f_{sd}A_s - f'_{sd}A'_s - f_{cd}bx \tag{5.5}$$

以 A_s 的合力作用点为矩心,由力矩平衡条件可得:

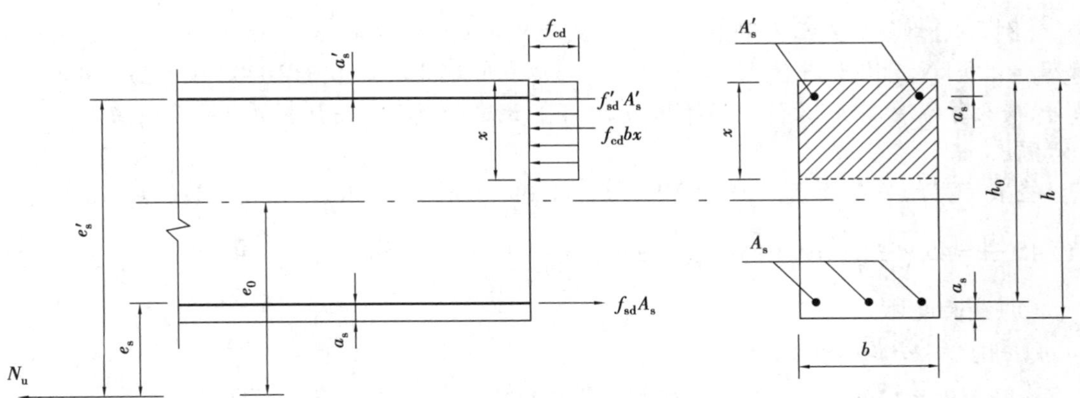

图5.5　小偏心受拉构件正截面承载力计算图式

$$N_u e_s = f_{cd} bx\left(h_0 - \frac{x}{2}\right) + f'_{sd} A'_s (h_0 - a'_s) \tag{5.6}$$

以 N_u 的作用点为矩心，由力矩平衡条件可得：

$$f_{sd} A_s e_s - f'_{sd} A'_s e'_s = f_{cd} bx\left(e_s + h_0 - \frac{x}{2}\right) \tag{5.7}$$

式中　$e_s = e_0 - \dfrac{h}{2} + a_s$，$e'_s = e_0 + \dfrac{h}{2} - a'_s$。

以上基本公式是在受压钢筋和受拉钢筋均屈服的情况提出来的，也就是要求 $2a'_s \leqslant x \leqslant \xi_b h_0$。若 $x < 2a'_s$，意味着受压钢筋离中性轴很近，破坏时其应力达不到其抗压强度设计值，可以同双筋矩形截面受弯构件取 $x = 2a'_s$，此时相当于混凝土的合力作用点与受压钢筋 A'_s 作用点重合，其承载力的计算公式为：

$$N_u e'_s = f_{sd} A_s (h_0 - a'_s) \tag{5.8}$$

在利用上述基本公式进行承载力计算时，应注意以下几个方面的问题：

①在进行截面设计时，如果 A_s 和 A'_s 均未知，此时同样存在2个独立方程3个未知数的问题，得不到唯一解，因此同双筋矩形截面受弯构件一样，以充分发挥材料强度和最经济为目的，取 $x = \xi_b h_0$，此时由式(5.6)和式(5.5)便可以得到：

$$A'_s = \frac{Ne_s - f_{cd} b h_0^2 \xi_b (1 - 0.5\xi_b)}{f'_{sd}(h_0 - a'_s)} \tag{5.9}$$

$$A_s = \frac{N + f'_{sd} A'_s + f_{cd} b h_0 \xi_b}{f_{sd}} \tag{5.10}$$

若按照式(5.9)计算的 A'_s 过小或者为负值时，实际配置的 A'_s 应不小于 $\rho'_{min} bh_0$ 和相关构造要求，然后按照实际的 A'_s 由式(5.5)～式(5.8)计算 A_s。

②当计算的 $x < 2a'_s$ 时，直接按照式(5.8)计算 A_s。

③当为对称配筋的大偏心受拉构件时，由于 $f_{sd} = f'_{sd}$，$A_s = A'_s$，按照式(5.5)计算的 x 为负值，此时属于 $x < 2a'_s$ 的情况，应按照式(5.8)计算 A_s。

《公路钢筋混凝土及预应力混凝土桥涵设计规范》(JTG 3362—2018)规定：大偏心受拉构件受压纵筋的配筋率应按毛截面面积(bh)计算；大偏心受拉构件受拉纵筋的配筋率同受弯构件，按有效面积(bh_0)计算。其值应不小于 $45f_{td}/f_{sd}$ 和0.2中的较大值。

【例5.3】钢筋混凝土桁架梁某一杆件截面尺寸 $b \times h = 400\ \text{mm} \times 600\ \text{mm}$，纵向拉力设计值 $N_d = 225\ \text{kN}$，弯矩设计值 $M_d = 182\ \text{kN} \cdot \text{m}$，拟采用C30混凝土，HRB400级钢筋。Ⅱ类环境条件，安全等级为二级，设计使用年限为50年。试进行截面配筋计算并复核承载力。

解：

查表可得相关参数：$f_{cd} = 13.8\ \text{MPa}$，$f_{td} = 1.39\ \text{MPa}$，$f_{sd} = 330\ \text{MPa}$，$\gamma_0 = 1.0$，$\xi_b = 0.53$。

$45\dfrac{f_{td}}{f_{sd}} = 45 \times \dfrac{1.39}{330} = 0.19\%$，$\rho_{min} = \max\left(45\dfrac{f_{td}}{f_{sd}}, 0.2\right) = 0.2\%$。

(1)截面设计

①判定大、小偏心受拉。

设 $a_s = a'_s = 45\ \text{mm}$，$h_0 = h - a_s = 600 - 45 = 555(\text{mm})$，则偏心距 e_0 为：

$$e_0 = \frac{M_d}{N_d} = \frac{182 \times 10^6}{225 \times 10^3} = 809(\text{mm}) > \frac{h}{2} - a_s = \frac{600}{2} - 45 = 255(\text{mm})$$

属于大偏心受拉。

$$e_s = e_0 - \frac{h}{2} + a_s = 809 - \frac{600}{2} + 45 = 554(\text{mm})$$

$$e'_s = e_0 + \frac{h}{2} - a'_s = 809 + \frac{600}{2} - 45 = 1\ 064(\text{mm})$$

②计算所需的钢筋截面面积。

假设 $x = \xi_b h_0 = 0.53 \times 555 = 294(\text{mm})$，则由式(5.6)可得：

$$\begin{aligned} A'_s &= \frac{\gamma_0 N_d e_s - f_{cd} bx(h_0 - 0.5x)}{f'_{sd}(h_0 - a'_s)} \\ &= \frac{1.0 \times 225\ 000 \times 554 - 13.8 \times 400 \times 294 \times (555 - 0.5 \times 294)}{330 \times (555 - 45)} \\ &= -3\ 194(\text{mm}^2) \end{aligned}$$

计算得 A'_s 为负值，说明此时可以不必配置受压钢筋，但应满足最小配筋率的要求，则最小配筋面积为 $A'_s = \rho'_{min} bh = 0.002 \times 400 \times 600 = 480(\text{mm}^2)$，现选用2⌀18，外径为20.5 mm，提供的面积为 $A'_s = 509\ \text{mm}^2$，实际受压侧的配筋率为 $\rho' = \dfrac{A'_s}{bh} = \dfrac{509}{400 \times 600} = 0.21\% > 0.2\%$，满足规范要求。

由式(5.6)按实际的配筋面积计算受压区高度 x：

$$\gamma_0 N_d e_s = f_{cd} bx\left(h_0 - \frac{x}{2}\right) + f'_{sd} A'_s (h_0 - a'_s)$$

$$1.0 \times 225\ 000 \times 554 = 13.8 \times 400x\left(555 - \frac{x}{2}\right) + 330 \times 509 \times (555 - 45)$$

整理得：

$$x^2 - 1\ 110x + 14\ 125 = 0$$

解得

$$x = 13\ \text{mm} < 2a'_s = 90\ \text{mm}$$

此时应由式(5.8)计算所需的 A_s 值，即

$$A_s = \frac{\gamma_0 N_d e'_s}{f_{sd}(h_0 - a'_s)} = \frac{1.0 \times 225\ 000 \times 1\ 064}{330 \times (555 - 45)} = 1\ 422(\text{mm}^2)$$

现选用3⌀25，外径为28.4 mm，提供的面积为$A_s = 1\ 473\ \text{mm}^2$，受拉侧的配筋率为$\rho = \frac{A_s}{bh_0} = \frac{1\ 473}{400 \times 555} = 0.66\% > 0.2\%$，满足规范要求。

箍筋选用Φ8的双肢箍筋，间距为150 mm。近侧钢筋截面重心至近侧混凝土边缘的最小距离$a_s = 25 + 8 + 28.4/2 = 47.2(\text{mm})$，实际取$a_s = 50$ mm；远侧钢筋截面重心至远侧混凝土边缘的最小距离$a'_s = 25 + 8 + 20.5/2 = 43.25(\text{mm})$，为了施工方便实际取$a'_s = 50$ mm。钢筋净间距$s_n = (400 - 2 \times 50 - 2 \times 28.4)/2 = 107.4(\text{mm})$，满足规范要求。

截面钢筋布置如图5.6所示。

(2)截面复核

由截面设计可知，配筋率、混凝土保护层厚度、钢筋净间距等构造要求均满足规范要求。

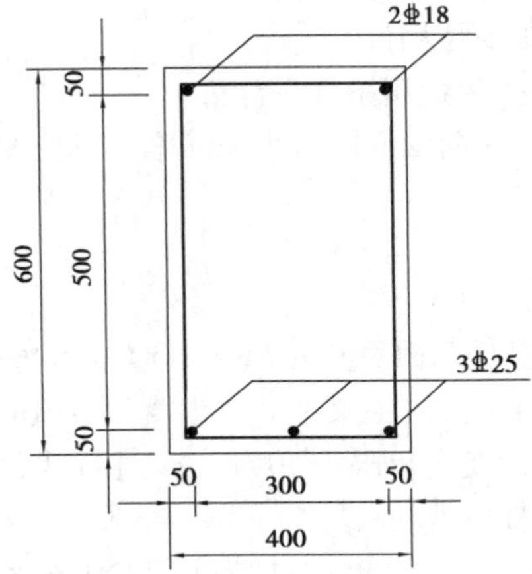

图5.6　例5.3截面配筋图(尺寸单位：mm)

①判定大、小偏心受拉。

实际$a_s = a'_s = 50$ mm，$h_0 = h - a_s = 600 - 50 = 550(\text{mm})$，则偏心距$e_0$为：

$$e_0 = \frac{M_d}{N_d} = \frac{182 \times 10^6}{225 \times 10^3} = 809(\text{mm}) > \frac{h}{2} - a_s = \frac{600}{2} - 50 = 250(\text{mm})$$

属于大偏心受拉。

$$e_s = e_0 - \frac{h}{2} + a_s = 809 - \frac{600}{2} + 50 = 559(\text{mm})$$

$$e'_s = e_0 + \frac{h}{2} - a'_s = 809 + \frac{600}{2} - 50 = 1\ 059(\text{mm})$$

②计算截面承载力。

由式(5.7)可得：

$$f_{sd}A_s e_s - f'_{sd}A'_s e'_s = f_{cd}bx\left(e_s + h_0 - \frac{x}{2}\right)$$

$$330 \times 1\ 473 \times 559 - 330 \times 509 \times 1\ 059 = 13.8 \times 400x\left(559 + 550 - \frac{x}{2}\right)$$

整理得:

$$x^2 - 2\,218x + 34\,001 = 0$$

解得:

$$x = 15 \text{ mm} < 2a'_s = 90 \text{ mm}$$

此时应由式(5.8)计算承载力为:

$$N_u = \frac{f_{sd}A_s(h_0 - a'_s)}{e'_s} = \frac{330 \times 1\,473 \times (550 - 50)}{1\,059} = 229.5(\text{kN}) > N = 225 \text{ kN}$$

故承载力满足要求。

第5章工程案例

思考题

1. 如何判定大、小偏心受拉构件?
2. 大、小偏心受拉构件的受力特点与破坏特征是什么?
3. 在工程中,哪些构件属于受拉构件?
4. 大偏心受拉构件基本公式的适用条件是什么?
5. 对于大、小偏心受拉构件纵向钢筋的最小配筋率有哪些要求?

练习题

1. 钢筋混凝土桁架梁某一杆件截面尺寸为 $b \times h = 300$ mm × 450 mm,纵向拉力设计值 $N_d = 672$ kN,弯矩设计值 $M_d = 60.5$ kN · m,拟采用 C30 混凝土,HRB400 级钢筋,箍筋为ϕ8。Ⅰ类环境条件,安全等级为二级,设计使用年限为 50 年。试进行截面配筋计算并复核承载力。

2. 钢筋混凝土桁架梁某一杆件截面尺寸为 $b \times h = 300$ mm × 400 mm,截面钢筋布置见图 5.7。纵向拉力设计值 $N_d = 480$ kN,弯矩设计值 $M_d = 50.4$ kN · m,拟采用 C30 混凝土,HRB400 级钢筋,Ⅰ类环境条件,安全等级为二级,设计使用年限为 50 年。试计算该构件最大承载力。

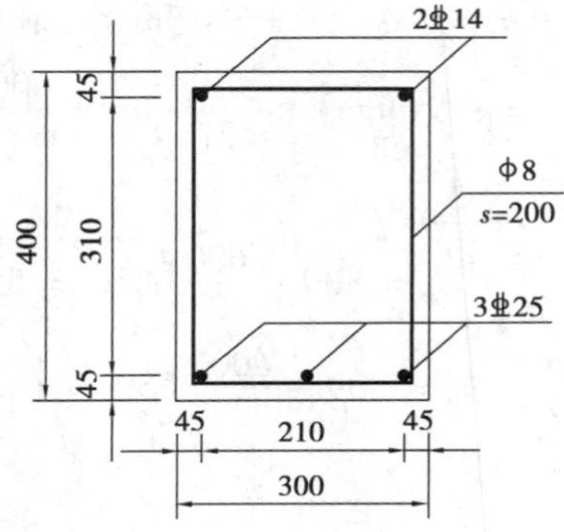

图 5.7　练习题 2 截面配筋图(尺寸单位:mm)

3. 钢筋混凝土桁架梁某一杆件截面尺寸为 $b \times h = 1\,300$ mm × 400 mm,纵向拉力设计值 $N_d = 240.6$ kN,弯矩设计值 $M_d = 115$ kN · m,拟采用 C30 混凝土,HRB400 级钢筋,箍筋为ϕ8。

Ⅰ类环境条件，安全等级为二级，设计使用年限为 50 年。试进行截面配筋计算并复核承载力。

4. 钢筋混凝土桁架梁某一杆件截面尺寸 $b \times h = 400\ \text{mm} \times 600\ \text{mm}$，受压区已经配置了 3 ⌀16，截面钢筋布置如图 5.8 所示。纵向拉力设计值 $N_d = 960\ \text{kN}$，弯矩设计值 $M_d = 376\ \text{kN} \cdot \text{m}$，拟采用 C30 混凝土，HRB400 级钢筋，箍筋为Φ8。Ⅰ类环境条件，安全等级为二级，设计使用年限为 50 年。试进行配筋计算。

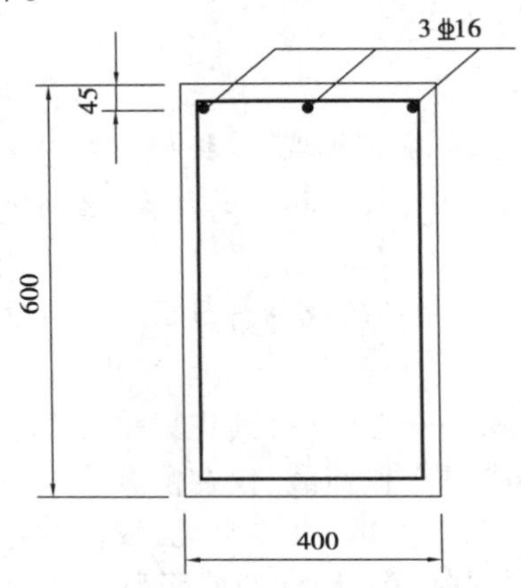

图 5.8　练习题 4 截面配筋图(尺寸单位:mm)

5. 钢筋混凝土桁架梁某一杆件截面尺寸为 $b \times h = 300\ \text{mm} \times 600\ \text{mm}$，截面钢筋布置如图 5.9 所示。纵向拉力设计值 $N_d = 136.6\ \text{kN}$，弯矩设计值 $M_d = 112\ \text{kN} \cdot \text{m}$，拟采用 C30 混凝土，HRB400 级钢筋。Ⅰ类环境条件，安全等级为二级，设计使用年限为 100 年。试进行截面复核。

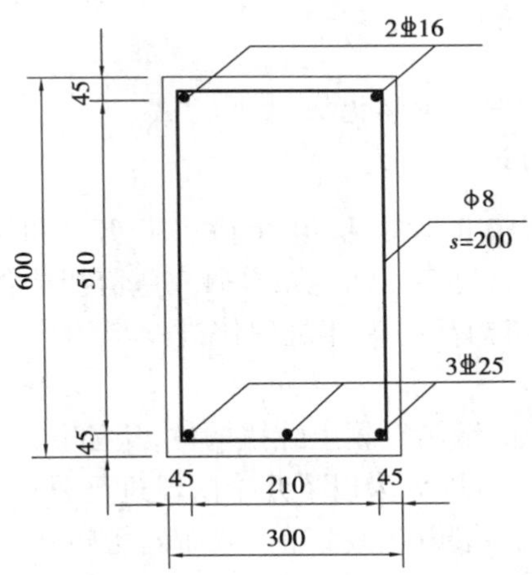

图 5.9　练习题 5 截面配筋图(尺寸单位:mm)

第 6 章　受扭构件设计

知识目标

(1) 理解纯扭构件的破坏过程和破坏机理,掌握规范对纯扭承载力的计算方法;

(2) 掌握弯剪扭构件的抗剪箍筋和抗扭箍筋的计算,理解采用叠加原理布置钢筋的方法,熟悉弯剪扭构件的构造要求;

(3) 了解 T 形、工字形截面受扭构件的配筋计算。

在桥涵工程中,由于汽车荷载的偏心作用,其主梁一般都会受到扭矩的作用,另外,钢筋混凝土弯梁和斜梁(板),即使不考虑车辆荷载,仅在恒载作用下,梁内也会受到扭矩的作用。

在工程中,纯扭构件(其内力只有扭矩)并不常见,较多的是弯矩、扭矩和剪力共同作用的构件。由于弯矩、剪力和扭矩的共同作用,构件的截面上将产生相应的主拉应力,当主拉应力超过混凝土的抗拉强度时,构件就会开裂。因此,必须配置适量的钢筋来限制裂缝的开展和提高钢筋混凝土构件的承载能力。

6.1　纯扭构件的破坏特征和承载力计算

知识点

①矩形纯扭构件的破坏机理和破坏特征;

②矩形纯扭构件的承载力计算方法。

虽说纯扭构件在实际工程中并不常见,但由于弯矩、剪力和扭矩共同作用的相互影响,使得弯、剪、扭构件的受力状况非常复杂。而纯扭是研究弯剪扭构件受力的基础,只有对纯扭构件有深入的了解,才能对弯剪扭构件的破坏机理作进一步的分析和研究,也才能对构件进行比较合理的配筋。

对于配有适量箍筋和纵筋的钢筋混凝土纯扭构件,从加载到破坏全过程的扭矩 T 和扭转角 θ 的关系曲线如图 6.1 所示,可以分为以下几个阶段进行分析:

①在加载的初期(OA 段),即裂缝出现以前,截面的扭转变形很小,其性能与素混凝土受扭构件相似,T-θ 为直线关系。

②当斜裂缝出现以后,由于开裂部分混凝土退出工作,钢筋应力明显增大,扭转角增大,扭转刚度明显降低,在 T-θ 关系曲线上出现长度不大的水平段,即图 6.1 中的 AB 段。

③当继续施加荷载,变形增长较快,裂缝的数量逐渐增多,裂缝的宽度逐渐增大,在构件的 4 个面上形成连续的或者不连续的与构件纵轴线成一定角度的螺旋形裂缝,如图 6.2 所示。这时的 T-θ 关系曲线呈直线变化。随着荷载的继续增加,在构件截面长边上的斜裂缝中

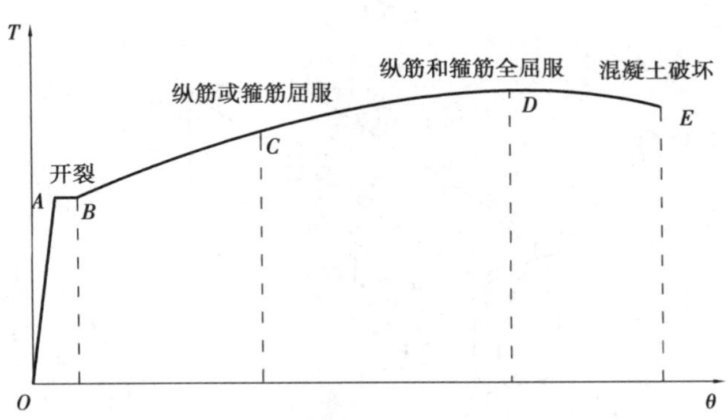

图6.1　钢筋混凝土纯扭构件 $T\text{-}\theta$ 曲线

有一条发展为临界斜裂缝,与这条临界斜裂缝相交的部分箍筋(长肢)或部分纵筋首先屈服,即图6.1中的 BC 段。

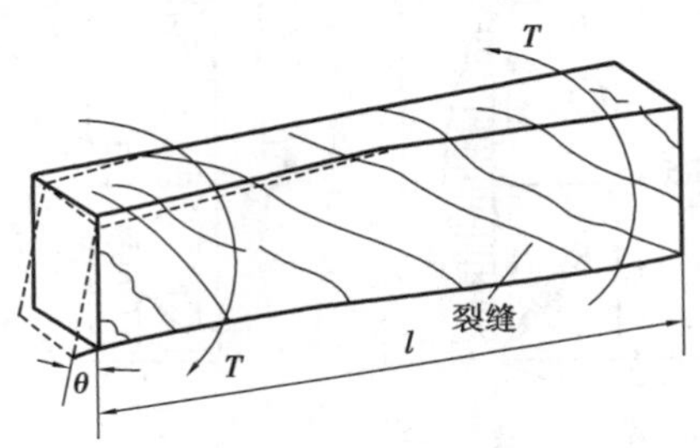

图6.2　扭转裂缝分布

④随着荷载的继续增加,此时的 $T\text{-}\theta$ 关系为曲线,产生较大的非弹性变形。荷载到达极限扭矩时,和临界斜裂缝相交的箍筋短肢和纵向钢筋都屈服,但没有与临界斜裂缝相交的箍筋和纵筋并没有屈服,此时的 $T\text{-}\theta$ 关系趋于水平,即图6.1中的 CD 段。

⑤图6.1中 D 点以后,这时斜裂缝宽度已经很大,混凝土逐步退出工作,构件的抵抗扭矩逐步下降,最后在构件的另一长边出现压区塑性铰或出现两个裂缝间混凝土被压碎的破坏现象。

6.1.1　矩形截面纯扭构件的开裂扭矩

由于钢筋混凝土受扭构件在开裂前处于弹性阶段工作,钢筋中的应力很小,构件的变形也很小,因此,可以忽略钢筋对开裂扭矩的影响,将构件处理成素混凝土受扭构件来分析其开裂扭矩。

图6.3所示为矩形截面素混凝土纯扭构件。如果将混凝土看成理想的匀质弹性材料,在扭矩作用下其截面的剪应力分布如图6.4(a)所示,截面长边中点的剪应力最大。由平衡条件可得主拉应力 $\sigma_{tp}=\tau$,主拉应力的方向与构件轴线成 $\theta=45°$ 角,当主拉应力 σ_{tp} 超过混凝土的抗拉强度 f_t 时,混凝土将在垂直于主拉应力的方向开裂。在纯扭作用下,裂缝总是与构件中轴线成 $\theta=45°$,开裂扭矩即为主拉应力 $\sigma_{tp}=\tau=f_t$ 时的扭矩。

如果将混凝土看成理想塑性材料,则截面上某一点的应力达到材料的屈服强度时,只是意味着局部的材料开始进入塑性状态,此时构件仍能继续承受荷载,直到截面上的应力全部达到材料的屈服强度时,构件才能达到其极限承载力,此时截面上的剪应力分布如图6.4(b)

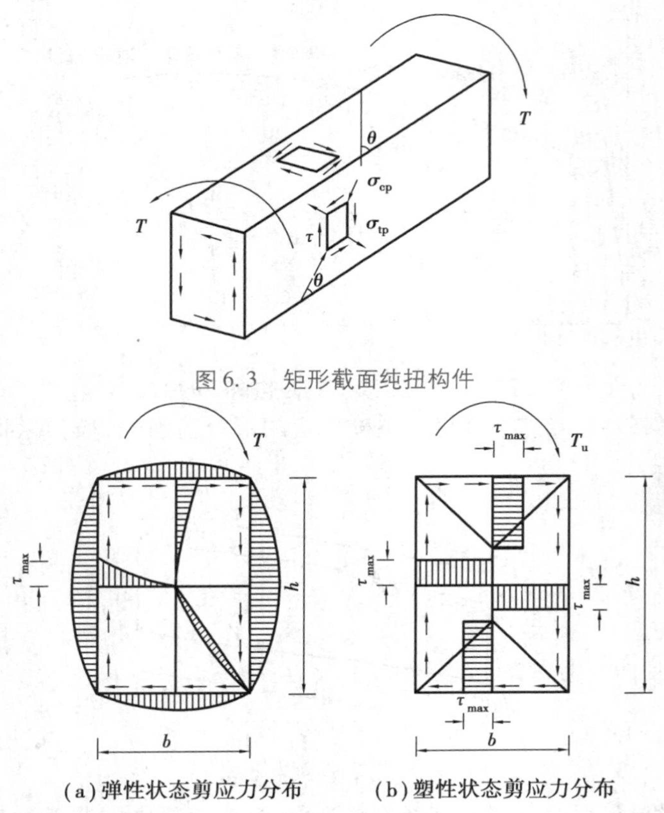

图 6.3 矩形截面纯扭构件

(a)弹性状态剪应力分布 (b)塑性状态剪应力分布

图 6.4 矩形截面纯扭构件剪应力分布

所示。假定钢筋混凝土矩形截面进入全塑性状态时,出现与截面各边成 45°角的剪应力分布区,形成的剪应力$\tau_{max}=f_{td}$时为构件的开裂扭矩,由平衡条件可得:

$$T = W_t \tau_{max} \tag{6.1}$$

式中 W_t——矩形截面抗扭塑性抵抗矩,$W_t=\frac{1}{6}b^2(3h-b)$。

但是混凝土既不是理想的弹性材料也不是理想的塑性材料,而是介于两者之间的弹塑性材料。一般来说,低强度混凝土的塑性性能要好于高强度的混凝土。按照理想的弹性材料来计算构件的开裂扭矩是偏低的,即低估了构件的抗扭开裂能力。此外,构件除了作用有主拉应力还有主压应力,在拉、压复合应力状态下混凝土的抗拉强度要比单向受拉时低,再加上混凝土内部的微裂缝、裂隙和局部缺陷引起的应力集中都会降低构件的承载能力。考虑以上因素影响,矩形截面钢筋混凝土受扭构件的开裂扭矩近似采用理想塑性材料来计算,并在试验资料的基础上乘以 0.7 的折减系数得到,即:

$$T_{cr} = 0.7W_t f_{td} \tag{6.2}$$

式中 T_{cr}——矩形截面纯扭构件的开裂扭矩;

f_{td}——混凝土抗拉强度设计值;

W_t——矩形截面抗扭塑性抵抗矩。

6.1.2 矩形截面纯扭构件的破坏类型

由前面的分析可知,对于纯扭构件,主拉应力迹线与构件纵轴线成45°角,从理论上讲,在纯扭构件中配置抗扭钢筋最理想的方案是沿45°方向布置螺旋箍筋,使其与主拉应力方向一致,这样会得到较好的抗扭效果。但是螺旋箍筋只能承受一个方向的扭矩,当扭矩的方向发生改变,螺旋箍筋将不再发挥预期的作用,而在桥涵工程中,由于车辆荷载的作用,扭矩的方向是变化的。如果沿着可能的扭矩方向均设置螺旋箍筋,会导致配筋过于复杂。因此,在实际工程中采用横向箍筋和纵筋组成的空间骨架来承担扭矩,且抗扭纵筋沿截面周边布置,以增加结构的抗扭能力。在抗扭钢筋骨架中,箍筋可以抵抗主拉应力,限制裂缝的发展;纵筋用来平衡构件中的纵向分力,且在斜裂缝处产生销栓作用抵抗部分扭矩,从而抑制斜裂缝的开展。

图6.5所示为不同抗扭配筋率的受扭构件 T-θ 关系曲线,图中的 ρ_v 为纵筋和箍筋的配筋率之和。由图6.5可知,抗扭钢筋的配置对矩形截面构件的抗扭能力有很大影响。抗扭钢筋越少,裂缝出现引起的钢筋应力突变就越大,水平段也就越长。因此,抗扭钢筋的数量在很大程度上决定了极限扭矩和抗扭刚度的大小。

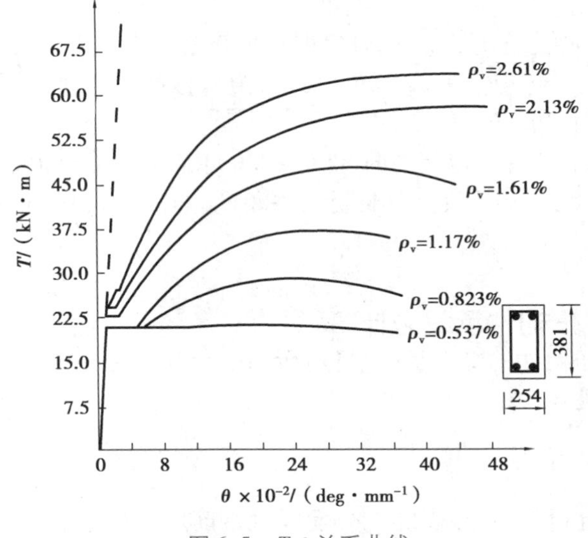

图6.5　T-θ 关系曲线

根据抗扭配筋率的大小,钢筋混凝土矩形截面受扭构件的破坏形态一般可以分为以下4种:

①少筋破坏。当抗扭钢筋过少时,在构件受扭开裂后,由于钢筋没有足够的能力承受由混凝土开裂后转移给它的那部分扭矩,构件会立即破坏,其破坏性质与素混凝土构件一样,为脆性破坏,且与受弯构件少筋梁破坏相似。

②适筋破坏。在正常配筋情况下,随着外扭矩的不断增加,抗扭箍筋和纵筋首先达到屈服强度,然后主裂缝迅速开展,最后使混凝土受压面被压碎而宣告构件破坏。这种构件的破坏是可以预见的,属于塑性破坏,其破坏性质与受弯构件适筋梁破坏相似。

③部分超筋破坏。当抗扭箍筋和纵筋中有一种配置过多时,构件破坏时只有一种抗扭钢筋(箍筋或纵筋)屈服,而另一种抗扭钢筋(纵筋或箍筋)不会屈服。这种破坏的构件称为部

分超筋构件，其破坏具有一定的脆性性质。

④完全超筋破坏。当箍筋和纵筋（抗扭钢筋）均配置过多或混凝土强度过低时，随着外扭矩的增加，构件混凝土先被压碎，而此时抗扭箍筋和纵筋均未达到屈服强度。这种破坏特征与受弯构件超筋梁破坏类似，属于脆性破坏，在设计时应予以避免。

由以上的分析可知，抗扭钢筋是由箍筋和纵筋组成的，因此，纵筋的数量、强度和箍筋的数量、强度对抗扭承载力有影响。当箍筋用量相对较少时，构件的抗扭承载力由箍筋控制，此时即便增加纵筋的数量也不能提高其抗扭承载力；反之，当纵筋用量较少时，构件的抗扭承载力由纵筋控制，增加箍筋的用量对提高承载力作用不大。

为了表示受扭构件的纵筋和箍筋在数量上和强度上的相对关系，将纵筋的数量、强度与箍筋的数量、强度之比称为配筋强度比，用ζ表示，其计算表达式为：

$$\zeta = \frac{f_{sd}A_{st}s_v}{f_{sv}A_{sv1}U_{cor}} \tag{6.3}$$

式中 A_{st}，f_{sd}——对称布置的全部纵筋截面面积和纵筋的抗拉强度设计值；

A_{sv1}，f_{sv}——单肢箍筋的截面面积和箍筋的抗拉强度设计值；

s_v——箍筋的间距；

U_{cor}——截面核心混凝土的周长，计算时可取箍筋内表面以内混凝土的周长；对于矩形截面 $U_{cor}=2(b_{cor}+h_{cor})$，$b_{cor}$ 及 h_{cor} 为从箍筋内表面计算的截面核心混凝土的短边和长边尺寸。

试验表明，只有当ζ值在一定范围内（0.5～2.0）内时，才能保证构件破坏时纵筋和箍筋都能屈服。《公路钢筋混凝土及预应力混凝土桥涵设计规范》（JTG 3362—2018）一般将其限制为$0.6 \leqslant \zeta \leqslant 1.7$，设计时可取$\zeta = 1.0 \sim 1.2$。

6.1.3 矩形截面纯扭构件承载力计算

对钢筋混凝土纯扭构件的受力状况，目前所用的计算模型主要有2种，分别是变角度空间桁架模型和斜弯曲破坏理论。

1）变角度空间桁架模型

试验研究和理论分析表明，在裂缝充分发展且钢筋应力接近屈服强度时，构件截面核心混凝土退出工作，故实心截面的钢筋混凝土受扭构件可以假想为一箱型截面构件。具有螺旋形裂缝的混凝土外壳、纵筋和箍筋共同组成空间桁架，以抵抗外扭矩的作用。

变角度空间桁架模型是基于以下基本假定提出的：

①混凝土只承受压力，具有螺旋形裂缝的混凝土外壳组成桁架的斜压杆。

②纵筋和箍筋只承受拉力，分别构成桁架的弦杆和腹杆。

③忽略核心混凝土的抗扭作用和钢筋的销栓作用。

通过以上基本假定，实心截面构件可以看成一箱型截面构件或一薄壁管构件，从而在受扭承载力计算中可以应用薄壁管理论。

2）斜弯曲破坏理论

斜弯曲破坏理论又称为扭曲破坏面极限平衡理论。对于纯扭钢筋混凝土构件，在扭矩作用下，构件总是在已经形成螺旋形裂缝的某一最薄弱空间曲面发生破坏，取破坏面作为隔离体，从而可以导出与纵筋、箍筋用量有关的抗扭承载力计算公式。

斜弯曲破坏理论的基本假定有：

①通过空间破坏面的纵向钢筋、箍筋在构件破坏时均达到了屈服强度。

②受压区高度近似地取为两倍的保护层厚度，即受压区重心位于箍筋处，受压区的合力近似地作用于受压区的形心。

③混凝土的抗扭能力忽略不计，扭矩全部由抗扭纵筋和箍筋承担。

④抗扭纵筋沿构件截面核心周边对称、均匀布置，抗扭箍筋沿构件轴线方向等间距布置，且均锚固可靠。

不管是变角度空间桁架模型还是斜弯曲破坏理论，推导出来的抗扭承载力的计算公式均为：

$$T_u = 2\sqrt{\zeta}\frac{A_{sv1}f_{sv}A_{cor}}{s_v} \tag{6.4}$$

式中符号的含义同式(6.3)。

3)规范对抗扭承载力的计算方法

由式(6.4)可以看出，抗扭钢筋对抗扭承载力的贡献。但试验结果表明，低配筋时按式(6.4)计算的值偏小；而高配筋时，由于纵筋和箍筋不能同时屈服，计算值又偏大。当构件开裂以后，由于钢筋对混凝土的约束，裂缝的开展将会受到一定的限制，因此裂缝间骨料的咬合力比较大，使得混凝土仍具有一定的抗扭能力。同时，受扭裂缝往往是许多分布在 4 个侧面上相互平行、断断续续、前后交错的斜裂缝，这些斜裂缝只是从表面延伸到一定深度而不会贯穿整个截面，最终也不完全形成连续的、通长的螺旋形裂缝，混凝土本身没有被分割成可动机构，在开裂后仍然能承担一部分扭矩。因此，在外扭矩作用下，钢筋混凝土受扭构件的抗扭承载力 T_u 由钢筋承担的扭矩 T_s 和混凝土承担的扭矩 T_c 组成。即有：

$$T_u = T_c + T_s$$

《公路钢筋混凝土及预应力混凝土桥涵设计规范》(JTG 3362—2018)中采用的矩形截面构件抗扭承载力的计算公式为：

$$\gamma_0 T_d \leqslant T_u = 0.35 f_{td} W_t + 1.2\sqrt{\zeta}\frac{f_{sv}A_{sv1}A_{cor}}{s_v} \tag{6.5}$$

式中　T_d——抗扭设计值，N · mm；

T_u——抗扭承载力，N · mm；

W_t——矩形截面受扭塑性抵抗矩，mm³，$W_t = b^2(3h - b)/6$；

A_{sv1}——箍筋单肢截面面积，mm²；

A_{cor}——箍筋内表面所围成的核心混凝土面积，mm²，$A_{cor} = b_{cor}h_{cor}$，b_{cor} 和 h_{cor} 分别为核心混凝土面积的短边和长边边长，mm；

s_v——抗扭箍筋间距，mm；

f_{td}——混凝土轴心抗压强度设计值，MPa；

f_{sv}——抗扭箍筋抗拉强度设计值，MPa；

ζ——纯扭构件纵向钢筋与箍筋的配筋强度比，按式(6.3)计算；对于钢筋混凝土构件，ζ 值应符合 $0.6 \leqslant \zeta \leqslant 1.7$，当 $\zeta > 1.7$ 时，取 $\zeta = 1.7$。

应用公式(6.5)计算构件的抗扭承载力时，应该满足以下限制条件：

(1)截面尺寸限值条件

当抗扭钢筋配置过多时，受扭构件可能在抗扭钢筋屈服以前便由于混凝土被压碎而破坏，即使进一步增加钢筋，构件的抗扭承载能力几乎不再增长，此时构件的破坏扭矩取决于混凝土的强度和截面尺寸。因此，钢筋混凝土矩形截面纯扭构件的截面尺寸应符合式(6.6)的要求：

$$\frac{\gamma_0 T_d}{W_t} \leqslant 0.51\sqrt{f_{cu,k}} \quad (\text{N/mm}^2) \tag{6.6}$$

式中　$f_{cu,k}$——混凝土立方体抗压强度标准值，MPa。

(2)构造配筋条件

当抗扭钢筋布置过少或过稀时，过少的配筋无助于开裂后构件的抗扭能力，为防止纯扭构件在低配筋时混凝土发生断裂，应使配筋纯扭构件所承担的扭矩不小于其抗裂扭矩。因此，当钢筋混凝土纯扭构件满足式(6.7)时，可以不进行抗扭承载力计算，但必须按构造要求配置抗扭钢筋。

$$\frac{\gamma_0 T_d}{W_t} \leqslant 0.50 f_{td} \quad (\text{N/mm}^2) \tag{6.7}$$

式中　f_{td}——混凝土抗拉强度设计值，MPa。

《公路钢筋混凝土及预应力混凝土桥涵设计规范》(JTG 3362—2018)还规定，纯扭构件的箍筋配筋率应满足：

$$\rho_{sv} = \frac{A_{sv}}{s_v b} \geqslant 0.055\frac{f_{cd}}{f_{sv}} \tag{6.8}$$

纵向受力钢筋配筋率应该满足：

$$\rho_{st} = \frac{A_{st}}{bh} \geqslant 0.08\frac{f_{cd}}{f_{sd}} \tag{6.9}$$

式中各符号的含义已在前面内容中涉及，在此不再赘述。

6.2　弯剪扭共同作用下矩形截面构件的承载力计算

知识点

①弯剪扭构件的破坏类型；

②弯剪扭构件的配筋计算。

6.2.1　弯扭构件

图6.6所示为弯扭构件的 $\frac{T}{T_0}$-$\frac{M}{M_0}$ 相关曲线，图中 T 和 M 分别是弯扭组合作用下，构件破坏时的极限扭矩和极限弯矩；T_0 和 M_0 分别是纯扭和纯弯时构件的极限扭矩和极限弯矩。曲线①的 $\gamma = 1$，即对称配筋时；曲线②的 $\gamma = 2$；曲线③的 $\gamma = 3$，γ 为下部纵筋与上部纵筋的承载力

比。从图中可以看出,当受弯构件同时受到扭矩作用时,其受弯承载力会降低。

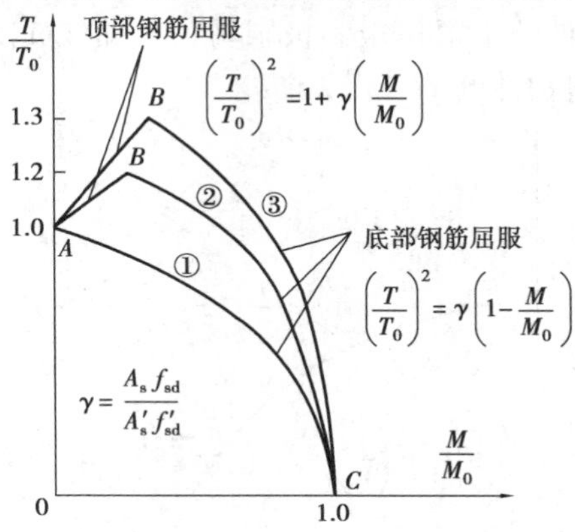

图 6.6　弯-扭相关曲线

对非对称配筋弯扭构件,当承受的弯矩 M 较大,扭矩 T 较小时(图 6.6 中 BC 曲线),二者的叠加效果使截面上部纵筋的压应力减小,下部纵筋中拉应力增大,因而加速了下部纵筋的屈服,使受弯承载力降低。构件的破坏是下部纵筋首先屈服,然后是上部混凝土被压碎,下部纵筋对截面的承载力起控制作用,这种破坏称为弯型破坏,如图 6.7(a)所示。

当承受的弯矩 M 较小,扭矩 T 较大时(图 6.6 中 AB 曲线),扭矩引起的上部纵筋拉应力很大,而弯矩引起的压应力很小,由于下部纵筋的数量多于上部纵筋,因而下部纵筋的拉应力会低于上部纵筋,截面承载力由上部纵筋控制。这种破坏是由于上部纵筋首先屈服,然后截面下部混凝土被压碎,称为扭型破坏,如图 6.7(b)所示。

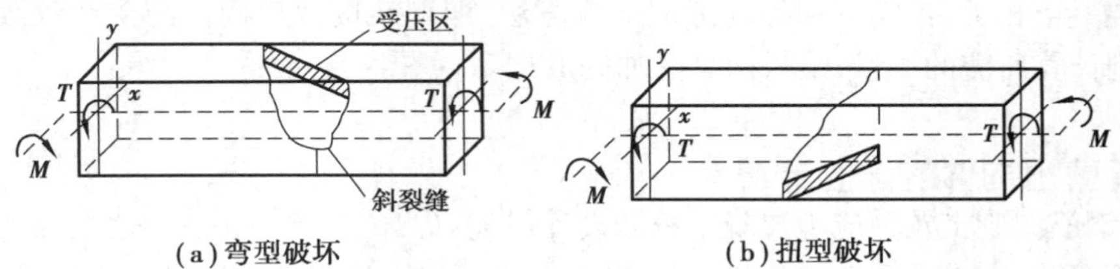

图 6.7　弯扭构件的类型

在对称配筋的情况下(图 6.6 中 AC 曲线),将不可能出现扭型破坏,而总是出现弯型破坏。

如果截面的高宽比较大,而侧面的箍筋和纵筋配置又较少时,可能出现侧面纵筋或箍筋先屈服而破坏。此时的受扭承载力与弯矩的大小无关。

综上所述,弯扭构件的承载力受很多因素的影响,如弯扭比 M/T、下部纵筋与上部纵筋的承载力比 γ、截面高宽比、纵筋与箍筋的配筋强度比 ζ、混凝土强度等级等。精确的计算比较复杂,通常采用一种较简单和偏于安全的方法,即将受弯所需的纵筋和受扭所需的纵筋进行叠加。

6.2.2　剪扭构件

图 6.8 所示为剪扭构件的 T-V 相关曲线,图中 T 和 V 分别是剪扭组合作用下,有腹筋构件破坏时的极限扭矩和极限剪力;T_0 和 V_0 分别是有腹筋纯扭和纯剪构件的极限扭矩和极限

剪力；T_c 和 V_c 分别是剪扭组合作用下，无腹筋构件破坏时的极限扭矩和极限剪力；T_{c0} 和 V_{c0} 分别是无腹筋纯扭和纯剪构件的极限扭矩和极限剪力。曲线①为无腹筋剪扭构件的 T-V 相关曲线；曲线②为有腹筋剪扭构件的 T-V 相关曲线。

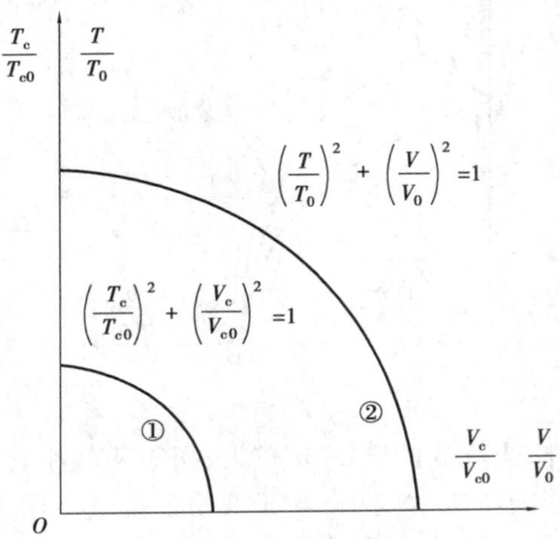

图 6.8　剪扭构件的 T-V 相关曲线

从图 6.8 中可以看出，剪扭构件的承载力总是低于剪力或扭矩单独作用时的承载力，这是因为二者的剪应力在梁的一个侧面上总是叠加的。试验表明有腹筋构件和无腹筋构件的剪扭相关曲线基本上符合 1/4 圆的规律。

剪扭构件的受力性能比较复杂。完全按照其相关关系进行承载力的计算是比较困难的，一般采用混凝土相关、钢筋不相关的近似计算方法，即箍筋按剪扭构件的受剪承载力和受扭承载力分别计算所需的用量，最后两者叠加完成配筋。

6.2.3　弯剪扭构件的配筋计算

《公路钢筋混凝土及预应力混凝土桥涵设计规范》(JTG 3362—2018) 规定，对弯剪扭共同作用构件的配筋计算，采取先按单独承受弯矩、剪力和扭矩的要求分别进行配筋计算，然后再把这些配筋叠加完成截面设计。正截面的受弯承载力的配筋计算已在第 3 章中讲述，现在主要分析剪扭共同作用下构件的抗扭承载力和抗剪承载力计算问题。

1) 剪扭构件的承载力计算

如前所述，目前钢筋混凝土剪扭构件的承载力一般按受扭和受剪构件分别计算承载力，然后叠加。但是对于剪扭构件，剪力和扭矩对混凝土和钢筋的承载能力均有一定的影响。试验表明，剪扭构件的截面某一受压区内承受剪力和扭矩应力的双重作用，将降低构件内混凝土的抗剪和抗扭能力。鉴于受扭构件受力状态的复杂性，目前钢筋所承担的承载力采用简单的叠加，混凝土的抗扭和抗剪承载力考虑其相互影响，在混凝土的承载力计算公式中引入剪扭构件混凝土抗扭承载力降低系数 β_t。

(1) 剪扭构件抗剪承载力计算公式

$$V_u = 0.5 \times 10^{-4}\alpha_1\alpha_3(10 - 2\beta_t)bh_0\sqrt{(2 + 0.6p)\sqrt{f_{cu,k}}\rho_{sv}f_{sv}} \quad (\mathrm{kN}) \qquad (6.10)$$

$$\beta_t = \frac{1.5}{1 + 0.5\dfrac{V_d W_t}{T_d b h_0}} \tag{6.11}$$

式中　V_u——剪扭构件的抗剪承载力，kN；

β_t——剪扭构件混凝土抗扭承载力降低系数，当 $\beta_t < 0.5$ 时，取 $\beta_t = 0.5$；当 $\beta_t > 1.0$ 时，取 $\beta_t = 1.0$；

W_t——矩形截面受扭塑性抵抗矩，mm^3，$W_t = b^2(3h - b)/6$；

T_d, V_d——分别为剪扭构件的扭矩设计值（N·mm）和剪力设计值（N）。

其他符号的含义同式（3.40）。

（2）剪扭构件抗扭承载力计算公式

$$T_u = 0.35\beta_t f_{td} W_t + 1.2\sqrt{\zeta}\frac{f_{sv} A_{sv1} A_{cor}}{s_v} \tag{6.12}$$

式中　T_u——剪扭构件的抗扭承载力，N·mm。

2）弯剪扭构件承载力计算的限制条件

（1）截面尺寸限制条件

当构件抗扭钢筋配筋量过大时，构件将由于混凝土首先被压碎而破坏，因此必须规定截面的限制条件，以防止出现这种破坏现象。

《公路钢筋混凝土及预应力混凝土桥涵设计规范》（JTG 3362—2018）规定，在弯剪扭共同作用下，矩形截面构件的截面尺寸必须符合下列条件。

$$\frac{\gamma_0 V_d}{b h_0} + \frac{\gamma_0 T_d}{W_t} \leqslant 0.51\sqrt{f_{cu,k}} \quad (N/mm^2) \tag{6.13}$$

式中　V_d——剪力设计值，N；

T_d——扭矩设计值，N·mm；

b——垂直弯矩作用平面的矩形或箱型截面腹板总宽度，mm；

h_0——平行于弯矩作用平面的矩形或箱型截面腹板有效高度，mm；

W_t——截面受扭塑性抵抗矩，mm^3；

$f_{cu,k}$——混凝土立方体抗压强度标准值，MPa。

（2）构造配筋的条件

承受弯剪扭共同作用的矩形截面构件，当符合式（6.14）时，可不进行构件的抗扭承载力计算，仅需要按构造要求配置钢筋。

$$\frac{\gamma_0 V_d}{b h_0} + \frac{\gamma_0 T_d}{W_t} \leqslant 0.50 f_{td} \quad (N/mm^2) \tag{6.14}$$

式中　f_{td}——混凝抗拉强度设计值，MPa。

其余符号同式（6.13）。

剪扭构件的箍筋配箍率应该满足：

$$\rho_{sv} \geqslant \rho_{sv,min} = (2\beta_t - 1)\left(0.055\frac{f_{cd}}{f_{sv}} - c\right) + c \tag{6.15}$$

式中的 β_t 按式（6.11）计算；对于 c 的取值，当箍筋采用 HPB300 时取 $c = 0.0014$，当箍筋采用

HRB400 时取 $c=0.0011$。

纵向受力钢筋的配筋率应满足：

$$\rho_{st} \geqslant \rho_{st,min} = \frac{A_{st,min}}{bh} = 0.08(2\beta_t - 1)\frac{f_{cd}}{f_{sd}} \tag{6.16}$$

式中 $A_{st,min}$——纯扭构件全部纵向钢筋最小截面面积，mm^2；

h——矩形截面的长边边长，mm；

b——矩形截面的短边边长，mm；

ρ_{st}——纵向抗扭钢筋配筋率，$\rho_{st}=\frac{A_{st}}{bh}$；

A_{st}——全部纵向钢筋截面面积，mm^2。

(3)弯剪扭构件的配筋计算

对弯剪扭共同作用下的构件，其纵向钢筋和箍筋应按下列规定计算并分别进行配置。

①抗弯纵向钢筋按受弯构件正截面承载力计算，抗弯纵向受拉钢筋 A_s 和纵向受压钢筋 A_s'分别配置在截面受拉边缘和受压边缘，称为集中配筋布置。

②按剪扭构件计算纵筋和箍筋。由抗扭承载力计算公式计算所需的纵向抗扭钢筋面积，抗扭纵筋应均匀、对称布置在矩形截面的周边，其间距不应大于 300 mm。如果将抗扭纵向钢筋面积 A_{st}设计为沿截面高度方向分 n 层均匀布置，则每层抗扭纵向钢筋所需的计算面积为 A_{st}/n，再与所需的抗弯纵向钢筋面积叠加，则配置在截面受拉边缘的纵筋面积为 A_s+A_{st}/n，配置在截面受压边缘的纵筋面积为 $A_s'+A_{st}/n$，即按照叠加后钢筋截面面积来选择钢筋直径和布置钢筋。沿截面高度方向上按每层抗扭纵筋面积为 A_{st}/n 来选择钢筋直径和布置钢筋，如图 6.9 所示。

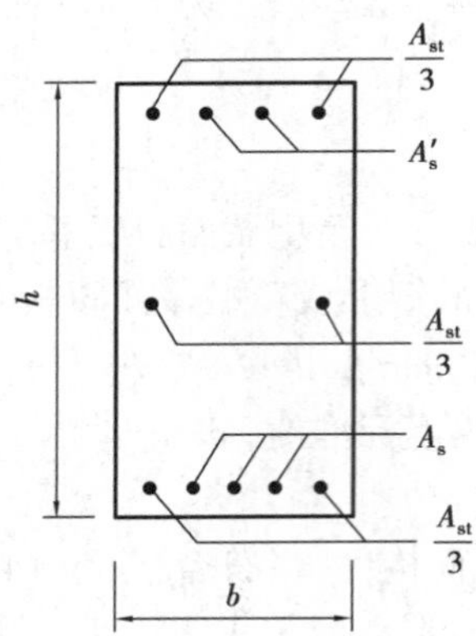

图 6.9　弯剪扭构件的纵向钢筋配筋示意图

③箍筋按照抗剪和抗扭承载力计算所需的面积之和进行布置。抗剪所需的箍筋截面面积 A_{sv} 指同一截面上箍筋各肢的全部截面面积 nA_{sv1}，其中 n 为同一截面上箍筋的肢数，A_{sv1} 为单肢箍筋的截面面积。抗扭所需的箍筋截面面积 A_{sv1} 为沿截面周边配置的单肢箍筋截面面积，因此按式(6.10)和式(6.12)分别求得所需的抗剪箍筋 A_{sv}/s_v 和抗扭箍筋 A_{sv1}/s_v 不能直接叠加，只能以抗剪单肢箍筋 A_{sv1}/s_v 和抗扭箍筋 A_{sv1}/s_v 相加后统一配筋，因为采用复合箍筋时位于截面内部的箍筋只能抗剪而不能抗扭，如图 6.10 所示。

④矩形截面弯剪扭构件的截面纵向钢筋配筋率，不应小于按单独受弯构件截面的纵向受

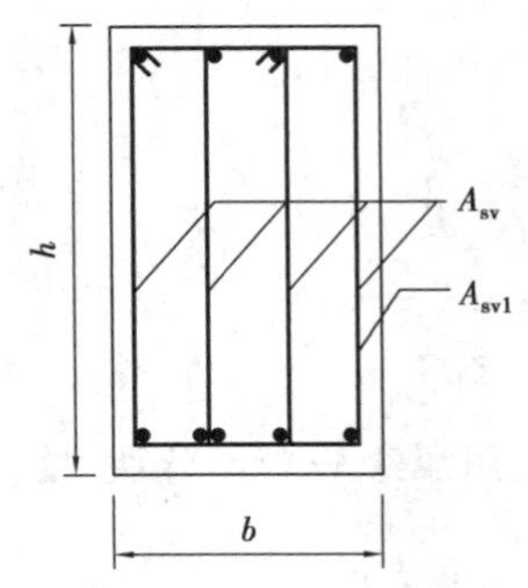

(a)抗剪箍筋（封闭式四肢箍筋）

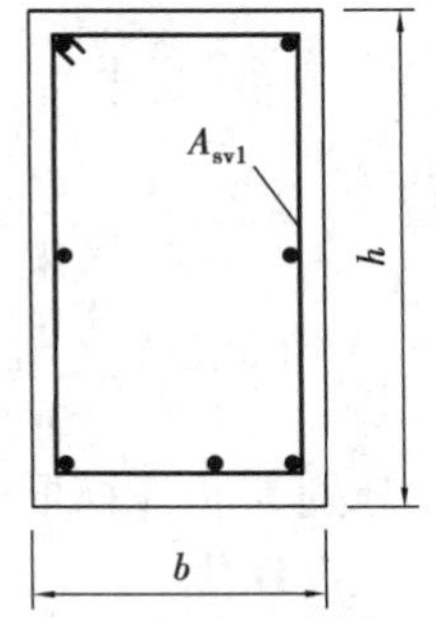

(b)抗扭钢筋

图6.10　弯剪扭构件的纵向钢筋配筋示意图

力钢筋最小配筋率与按单独受扭构件的纵向受力钢筋最小配筋率之和。对按单独受扭构件的纵向受力钢筋最小配筋率规定分别见式(6.9)(纯扭时)和式(6.16)(剪扭时)。箍筋的配筋率ρ_{sv}不应小于箍筋的最小配筋率规定值,箍筋的最小配筋率分别见式(6.8)(纯扭时)和式(6.15)(剪扭时)。

6.3　T形、工字形截面受扭构件的配筋计算

知识点

①截面划分的原则及各分块的扭矩设计值;

②配筋计算方法。

T形、工字形截面可以看成由矩形肋板和翼缘板组成的整体截面。已有的试验结果表明,T形、工字形截面受扭构件破坏时截面的受扭塑性抵抗矩与肋板、翼缘板的分块矩形截面受扭塑性抵抗矩的总和接近。因此可以把T形、工字形截面按规定原则划分成分块矩形,这样就可以利用矩形截面受扭构件计算方法进行T形、工字形截面构件受扭或受弯剪扭的计算。

首先按照T形或工字形截面的总高度划分出矩形截面,然后再分别划出受压或受拉翼缘板的矩形截面,如图6.11所示。

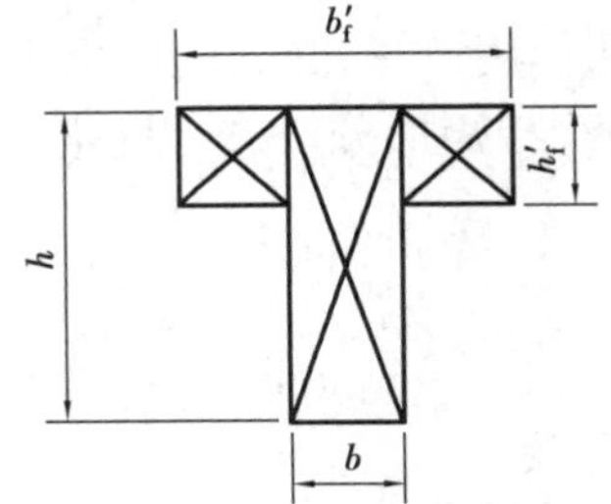

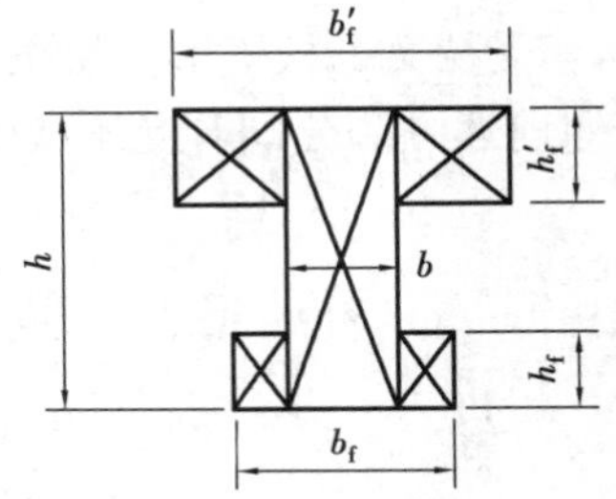

图6.11　T形、工字形截面分块示意图

划分的各矩形截面所承担的扭矩设置值,按照各矩形截面的受扭塑性抵抗矩与截面总的受扭塑性抵抗矩的比值进行分配。

$$T_{wd}=\frac{W_{tw}}{W_t}T_d,\ W_{tw}=\frac{1}{6}b^2(3h-b) \tag{6.17}$$

$$T'_{fd}=\frac{W'_{tf}}{W_t}T_d,\ W'_{tf}=\frac{1}{2}h'^2_f(b'_f-b) \tag{6.18}$$

$$T_{fd}=\frac{W_{tf}}{W_t}T_d,\ W_{tf}=\frac{1}{2}h_f^2(b_f-b) \tag{6.19}$$

式中 T_{wd},T'_{fd},T_{fd}——分别为肋板矩形分块、受压翼缘板矩形分块、受拉翼缘板矩形分块的扭矩设计值；

T_d——T形或工字形截面构件承受的扭矩设计值；

W_{tw},W'_{tf},W_{tf}——分别为肋板矩形分块、受压翼缘板矩形分块、受拉翼缘板矩形分块的受扭塑性抵抗矩；

W_t——截面总的受扭塑性抵抗矩，对T形截面 $W_t=W_{tw}+W'_{tf}$；对于工字形截面 $W_t=W_{tw}+W'_{tf}+W_{tf}$。

试验研究表明，充分参与腹板受力的伸出翼缘宽度一般不超过翼缘厚度的3倍，故进行矩形分块受扭塑性抵抗矩计算时，T形或工字形截面的受压翼缘板矩形分块宽度和厚度应满足 $b'_f\leqslant b+6h'_f$；工字形截面的受拉翼缘板矩形分块宽度和厚度应满足 $b_f\leqslant b+6h_f$。

T形、工字形截面弯剪扭构件设计计算的叠加原则、纵向钢筋和箍筋计算方法与矩形截面相同，由于截面形式的不同，在配筋设计计算方法上有如下特点：

①按考虑受压翼缘板有效宽度的T形、工字形截面受弯构件正截面抗弯承载力计算所需的纵向钢筋面积 A_s。

②划分的肋板矩形分块按受剪扭作用计算，所受剪力为构件截面的剪力设计值 V_d，所受扭矩为按式(6.17)计算的由肋板矩形分块得到的扭矩设计值 T_{wd}。在按式(6.10)和式(6.12)计算所需的抗剪箍筋 A_{sv}/s_v 和抗扭箍筋 A_{st1}/s_v 时，应以 T_{wd} 和 W_{tw} 分别取代式中的 T_d 和 W_t。以抗剪箍筋 A_{sv1}/s_v 和抗扭箍筋 A_{st1}/s_v 相加后统一配置肋板箍筋。

③假设抗扭构件的配筋强度比 ζ，把抗扭箍筋计算值 A_{st1}/s_v 代入式(6.3)求得所需的抗扭纵向钢筋计算面积 A_{st}，计算中涉及的截面几何特性均按肋板矩形分块取用，再与正截面抗弯承载力计算所需的纵向钢筋面积 A_s 按照6.2.3节中的方法叠加来选择纵向钢筋直径和布置。

④划分的受压和受拉翼缘板矩形分块按受纯扭作用计算，受到的扭矩按照式(6.18)和式(6.19)计算后，按照前述方法分别对受压和受拉翼缘板矩形分块进行抗扭纵向钢筋和箍筋的计算。

6.4 构造要求

抗扭箍筋和纵筋的构造要求。

由于外荷载扭矩是靠抗扭钢筋的抵抗矩来平衡的，因此在保证必要的保护层厚度的前提下，箍筋与纵筋应尽可能地布置在构件周边表面处，以增大抗扭效果。此外，由于位于角隅、棱边处的纵筋受到主压应力的作用，易产生弯曲变形，使混凝土保护层剥落，因此，纵向钢筋必须布置在箍筋的内侧，靠箍筋来限制其外鼓，如图 6.12 所示。

抗扭纵筋间距不宜大于 300 mm，直径不应小于 8 mm，数量至少要有 4 根，布置在矩形截面的 4 个角隅处。纵筋末端应留有足够的锚固长度。为保证箍筋在连续裂缝上都能有效地承受主拉应力，抗扭箍筋必须做成闭合式，箍筋端部应做成 135°弯钩，并将弯钩锚固在混凝土核心内，锚固长度不得小于 10 倍的箍筋直径，如图 6.13 所示。为防止箍筋间纵筋向外鼓出而导致保护层剥落，箍筋间距不宜过大，箍筋最大间距根据抗扭要求不宜大于梁高的 1/2 且不大于 400 mm，也不宜大于抗剪箍筋的最大间距，箍筋的直径不小于 8 mm，且不小于 1/4 主钢筋直径。

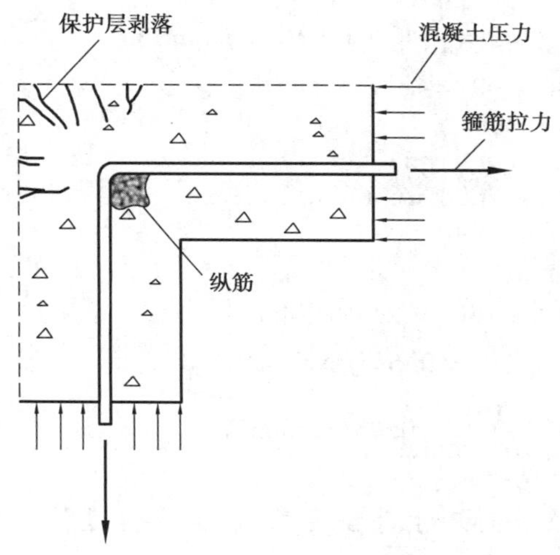

图 6.12　配筋位置图

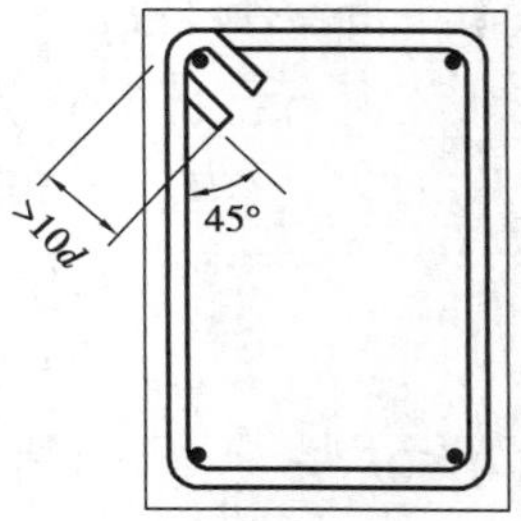

≥10d
45°

图 6.13　闭合式箍筋

在梁的截面拐角处，由于箍筋受拉，有可能使混凝土保护层开裂，甚至向外推出而剥落（图 6.12），因此在进行抗扭承载力设计时，都是取混凝土核心面积作为有效计算面积。

对于由若干个矩形截面组成的 T 形、L 形、工字形等复杂截面的受扭构件，必须将各个矩形截面的抗扭钢筋配成笼状骨架，且使复杂截面内各个矩形单元部分的抗扭钢筋相互交错牢固连成整体，如图 6.14 所示。

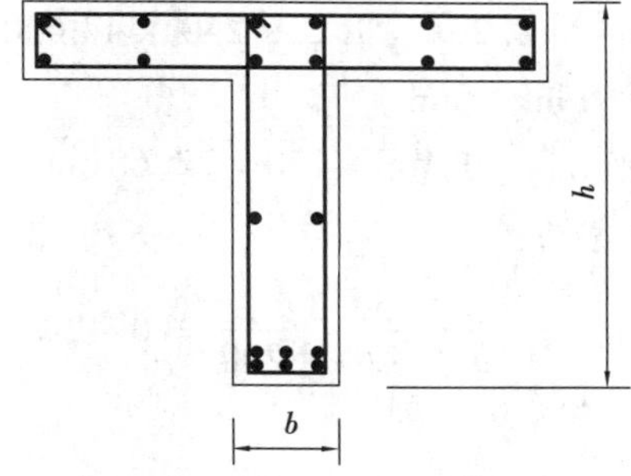

图 6.14　T 形截面箍筋配置

【例 6.1】钢筋混凝土矩形截面梁的截面尺寸为 $b \times h = 200\ \mathrm{mm} \times 400\ \mathrm{mm}$，扭矩组合设计值 $T_d = 6.2\ \mathrm{kN \cdot m}$，采用 C30 的混凝土，HPB300 级钢筋，Ⅰ类环境条件，安全等级为二级，设

计使用年限为50年。试进行截面设计和承载力复核。

解：

查表可得相关参数为：$f_{cd}=13.8$ MPa、$f_{td}=1.39$ MPa、$f_{cu,k}=30$ MPa、$f_{sd}=250$ MPa、$f_{sv}=250$ MPa、$\xi_b=0.58$、$\gamma_0=1.0$。

(1)截面设计

①计算截面参数。

假定 $a_s=40$ mm，箍筋内表面至构件表面距离为30 mm，则截面有效高度 $h_0=h-a_s=400-40=360(\text{mm})$。

截面核心混凝土尺寸 $b_{cor}=200-2\times30=140(\text{mm})$，$h_{cor}=400-2\times30=340(\text{mm})$。

截面核心混凝土周长 $U_{cor}=2(h_{cor}+b_{cor})=2\times(340+140)=960(\text{mm})$。

截面核心混凝土面积 $A_{cor}=h_{cor}b_{cor}=340\times140=47\ 600(\text{mm}^2)$。

截面受扭塑性抵抗矩

$W_t=\dfrac{1}{6}b^2(3h-b)=\dfrac{1}{6}\times200^2\times(3\times400-200)=6.667\times10^6(\text{mm}^3)$

②截面适用条件检查。

$$0.51\sqrt{f_{cu,k}}=0.51\times\sqrt{30}=2.79(\text{N/mm}^2)$$

$$0.50f_{td}=0.50\times1.39=0.695(\text{N/mm}^2)$$

$$\frac{\gamma_0T_d}{W_t}=\frac{1.0\times6.2\times10^6}{6.667\times10^6}=0.93(\text{N/mm}^2)$$

因为 $0.50f_{td}<\dfrac{\gamma_0T_d}{W_t}<0.51\sqrt{f_{cu,k}}$，所以截面尺寸符合要求，但需要通过计算配置抗扭钢筋。

③配筋计算。

取 $\zeta=1.2$，由式(6.5)可得到：

$$\begin{aligned}\frac{A_{sv1}}{s_v}&=\frac{\gamma_0T_d-0.35f_{td}W_t}{1.2\sqrt{\zeta}f_{sv}A_{cor}}\\&=\frac{1.0\times6.2\times10^6-0.35\times1.39\times6.667\times10^6}{1.2\times\sqrt{1.2}\times250\times47\ 600}\\&=0.189(\text{mm}^2/\text{mm})\end{aligned}$$

箍筋间距取 $s_v=120$ mm，则 $A_{sv1}=0.189\times120=22.68(\text{mm}^2)$，选用双肢Φ8封闭式箍筋，实际 $A_{sv1}=50.3\ \text{mm}^2$，箍筋配筋率为：

$$\rho_{sv}=\frac{A_{sv}}{s_vb}=\frac{50.3\times2}{120\times200}=0.42\%$$

箍筋最小配筋率：

$$\rho_{sv,min}=0.055\frac{f_{cd}}{f_{sv}}=0.055\times\frac{13.8}{250}=0.30\%$$

$\rho_{sv}>\rho_{sv,min}$，满足规范要求。

由式(6.3)计算纯扭构件全部纵向钢筋截面面积为：

$$A_{st}=\frac{\zeta f_{sv}A_{sv1}U_{cor}}{f_{sd}s_v}=1.2\times 0.189\times 960\times \frac{250}{250}=218(\mathrm{mm}^2)$$

取纵向钢筋为4 Φ10,提供的面积为 $A_{st}=314\ \mathrm{mm}^2>218\ \mathrm{mm}^2$,纵向钢筋的实际配筋率为:

$$\rho_{st}=\frac{A_{st}}{bh}=\frac{314}{200\times 400}=0.39\%<\rho_{st,\min}=0.08\frac{f_{cd}}{f_{sd}}=0.08\times\frac{13.8}{250}=0.44\%$$

不满足最小配筋率的要求,取钢筋6 Φ10,提供的面积 $A_{st}=471\ \mathrm{mm}^2$,此时的配筋率 $\rho_{st}=0.59\%>\rho_{st,\min}$。箍筋直径为8 mm。

纵向钢筋截面重心至混凝土边缘的最小距离为 $a_s=20+8+10/2=33(\mathrm{mm})$,实际取 $a_s=35\ \mathrm{mm}$。

截面钢筋布置如图6.15所示。

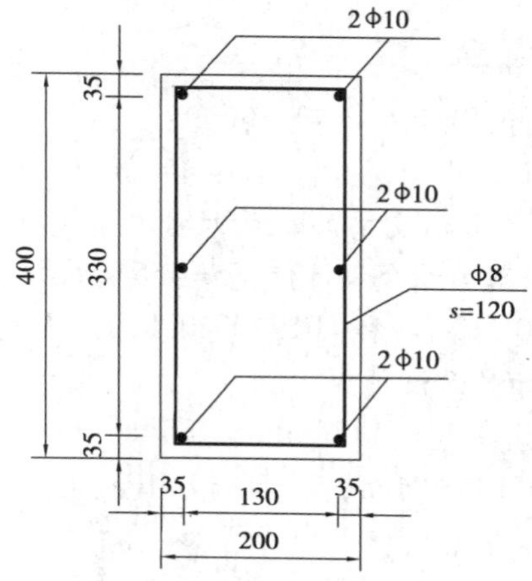

图6.15　例6.1截面钢筋布置(尺寸单位:mm)

(2)截面复核

①计算截面参数。

实际 $a_s=35\ \mathrm{mm}$,截面有效高度 $h_0=h-a_s=400-35=365(\mathrm{mm})$。

主筋的保护层厚度 $c=35-\frac{11.6}{2}=29.2(\mathrm{mm})$。

截面核心混凝土尺寸 $b_{cor}=200-2\times 29.2=142(\mathrm{mm})$,$h_{cor}=400-2\times 29.2=342(\mathrm{mm})$。

截面核心混凝土周长 $U_{cor}=2(h_{cor}+b_{cor})=2\times(342+142)=968(\mathrm{mm})$。

截面核心混凝土面积 $A_{cor}=h_{cor}b_{cor}=342\times 142=48\ 564(\mathrm{mm}^2)$。

截面受扭塑性抵抗矩

$$W_t=\frac{1}{6}b^2(3h-b)=\frac{1}{6}\times 200^2\times(3\times 400-200)=6.667\times 10^6(\mathrm{mm}^3)$$

②截面适用条件检查。

$$0.51\sqrt{f_{cu,k}}=0.51\times\sqrt{30}=2.79(\mathrm{N/mm}^2)$$

$$0.50f_{td}=0.50\times 1.39=0.695(\mathrm{N/mm}^2)$$

$$\frac{\gamma_0 T_d}{W_t}=\frac{1.0\times 6.2\times 10^6}{6.667\times 10^6}=0.93(\mathrm{N/mm}^2)$$

因为 $0.50f_{td}<\frac{\gamma_0 T_d}{W_t}<0.51\sqrt{f_{cu,k}}$，所以截面尺寸符合要求。

③承载力计算。

由式(6.3)可得到：

$$\zeta=\frac{f_{sd}A_{st}s_v}{f_{sv}A_{sv1}U_{cor}}=\frac{250\times471\times120}{250\times50.3\times968}=1.16$$

满足配筋强度比 $0.6\leqslant\zeta\leqslant1.7$ 的要求。

$$\begin{aligned}T_u&=0.35f_{td}W_t+1.2\sqrt{\zeta}\frac{f_{sv}A_{sv1}A_{cor}}{s_v}\\&=0.35\times1.39\times6.667\times10^6+1.2\times\sqrt{1.16}\times\frac{250\times50.3\times48\ 564}{120}\\&=9.8\times10^6(\mathrm{N\cdot mm})\\&=9.8\ \mathrm{kN\cdot m}>\gamma_0 T_d=6.2\ \mathrm{kN\cdot m}\end{aligned}$$

抗扭承载力满足要求。

【例6.2】钢筋混凝土矩形截面简支梁的截面尺寸为 $b\times h=300\ \mathrm{mm}\times600\ \mathrm{mm}$，截面上弯矩组合设计值 $M_d=175\ \mathrm{kN\cdot m}$，剪力组合设计值 $V_d=155\ \mathrm{kN}$，扭矩组合设计值 $T_d=13.95\ \mathrm{kN\cdot m}$，采用 C30 的混凝土，HPB300 级箍筋和 HRB400 级纵筋，Ⅰ类环境条件，安全等级为二级，设计使用年限为50年。试进行截面设计。

解：

查表可得相关参数为：$f_{cd}=13.8$ MPa、$f_{td}=1.39$ MPa、$f_{cu,k}=30$ MPa、$f_{sd}=330$ MPa、$f_{sv}=250$ MPa、$\xi_b=0.53$、$\gamma_0=1.0$。

(1)计算截面参数

假定 $a_s=40$ mm，箍筋内表面至构件表面距离为30 mm，则截面有效高度 $h_0=h-a_s=600-40=560$(mm)。

截面核心混凝土尺寸 $b_{cor}=300-2\times30=240$(mm)，$h_{cor}=600-2\times30=540$(mm)。

截面核心混凝土周长 $U_{cor}=2(h_{cor}+b_{cor})=2\times(540+240)=1\ 560$(mm)。

截面核心混凝土面积 $A_{cor}=h_{cor}b_{cor}=540\times240=129\ 600(\mathrm{mm}^2)$。

截面受扭塑性抵抗矩

$$W_t=\frac{1}{6}b^2(3h-b)=\frac{1}{6}\times300^2\times(3\times600-300)=2.25\times10^7(\mathrm{mm}^3)$$

(2)截面适用条件检查

$$0.51\sqrt{f_{cu,k}}=0.51\times\sqrt{30}=2.79(\mathrm{N/mm^2})$$

$$0.50f_{td}=0.50\times1.39=0.695(\mathrm{N/mm^2})$$

$$\frac{\gamma_0 V_d}{bh_0}+\frac{\gamma_0 T_d}{W_t}=\frac{1.0\times155\times10^3}{300\times560}+\frac{1.0\times13.95\times10^6}{2.25\times10^7}=1.54(\mathrm{N/mm^2})$$

因为 $0.50f_{td}<\frac{\gamma_0 V_d}{bh_0}+\frac{\gamma_0 T_d}{W_t}<0.51\sqrt{f_{cu,k}}$，所以截面尺寸符合要求，但需要通过计算配置抗弯剪扭钢筋。

(3)抗弯纵筋的计算

假设为单筋截面并布置一层绑扎钢筋骨架，则由式(3.13)可得：

$$\gamma_0 M_d = f_{cd} bx\left(h_0 - \frac{x}{2}\right)$$

$$1.0 \times 175 \times 10^6 = 13.8 \times 300x\left(560 - \frac{x}{2}\right)$$

整理得：

$$x^2 - 1\,120x + 84\,571 = 0$$

解得：

$$x = 81 \text{ mm} < \xi_b h_0 = 0.53 \times 560 = 297(\text{mm})$$

由式(3.12)可得所需纵向钢筋的面积为：

$$A_s = \frac{f_{cd} bx}{f_{sd}} = \frac{13.8 \times 300 \times 81}{330} = 1\,016\ (\text{mm}^2)$$

$45f_{td}/f_{sd} = 45 \times 1.39/330 = 0.19$，故最小配筋率 $\rho_{min} = 0.2\%$，计算配筋率为：

$$\rho = \frac{A_s}{bh_0} = \frac{1\,016}{300 \times 560} = 0.60\% > \rho_{min}$$

满足最小配筋率的要求。

(4)抗剪箍筋的计算

由式(6.11)计算剪扭构件受扭承载力降低系数为：

$$\beta_t = \frac{1.5}{1 + 0.5\dfrac{V_d W_t}{T_d bh_0}} = \frac{1.5}{1 + 0.5 \times \dfrac{155 \times 10^3 \times 2.25 \times 10^7}{13.95 \times 10^6 \times 300 \times 560}} = 0.86$$

只设置抗剪箍筋，在斜截面投影长度范围内正截面纵向钢筋的计算配筋率为 $p = 100\rho = 0.60$，则由式(6.10)可得剪扭构件抗剪配箍率为：

$$\rho_{sv} = \left[\frac{\gamma_0 V_d}{0.5 \times 10^{-4} \times \alpha_1 \alpha_3 (10 - 2\beta_t) bh_0}\right]^2 \div \left[(2 + 0.6p)\ \sqrt{f_{cu,k}} f_{sv}\right]$$

$$= \left[\frac{1.0 \times 155}{0.5 \times 10^{-4} \times 1.0 \times 1.0 \times (10 - 2 \times 0.86) \times 300 \times 560}\right]^2 \div \left[(2 + 0.6 \times 0.60) \times \sqrt{30} \times 250\right]$$

$$= 0.001\,54$$

选用双肢闭合箍筋，则可以得到：

$$\frac{A_{sv1}}{s_v} = \frac{b\rho_{sv}}{2} = \frac{300 \times 0.001\,54}{2} = 0.23(\text{mm}^2/\text{mm})$$

(5)抗扭箍筋的计算

取 $\zeta = 1.2$，则由式(6.12)可得所需的抗扭箍筋为：

$$\frac{A_{sv1}}{s_v} = \frac{\gamma_0 T_d - 0.35\beta_t f_{td} W_t}{1.2\sqrt{\zeta} f_{sv} A_{cor}}$$

$$= \frac{1.0 \times 13.95 \times 10^6 - 0.35 \times 0.86 \times 1.39 \times 2.25 \times 10^7}{1.2 \times \sqrt{1.2} \times 250 \times 129\,600}$$

$$= 0.107(\text{mm}^2/\text{mm})$$

(6)抗剪扭箍筋的设计

由已经算得的抗剪箍筋和抗扭箍筋计算值,可得到构件所需的箍筋总量计算值 $A_{sv1}/s_v = 0.23 + 0.107 = 0.337(\text{mm}^2/\text{mm})$,取 $s_v = 120$ mm,则所需的箍筋截面面积 $A_{sv1} = 0.337 \times 120 = 40.44(\text{mm}^2)$。选用双肢Φ8 闭合式箍筋,则 $A_{sv1} = 50.3\ \text{mm}^2 > 40.44\ \text{mm}^2$,相应的配箍率为:

$$\rho_{sv} = \frac{2A_{sv1}}{bs_v} = \frac{2 \times 50.3}{300 \times 120} = 0.28\%$$

由式(6.15)得最小配箍率为:

$$\begin{aligned}\rho_{sv,\min} &= (2\beta_t - 1)\left(0.055\frac{f_{cd}}{f_{sv}} - c\right) + c \\ &= (2 \times 0.86 - 1) \times \left(0.055 \times \frac{13.8}{250} - 0.0014\right) + 0.0014 \\ &= 0.26\%\end{aligned}$$

实际配筋率 $\rho_{sv} > \rho_{sv,\min}$,满足要求。

(7)抗扭纵向钢筋的计算

由式(6.3)可求得所需抗扭纵向钢筋的面积为:

$$A_{st} = \frac{\zeta f_{sv} A_{sv1} U_{cor}}{f_{sd} s_v} = \frac{1.2 \times 250 \times 50.3 \times 1\,560}{330 \times 120} = 594(\text{mm}^2)$$

相应的抗扭纵向钢筋的配筋率为:

$$\rho_{st} = \frac{A_{st}}{bh} = \frac{594}{300 \times 600} = 0.33\%$$

由式(6.16)可计算得最小抗扭纵向钢筋配筋率为:

$$\rho_{st,\min} = 0.08(2\beta_t - 1)\frac{f_{cd}}{f_{sd}} = 0.08 \times (2 \times 0.86 - 1) \times \frac{13.8}{330} = 0.24\%$$

$\rho_{st} > \rho_{st,\min}$,满足要求。

(8)钢筋配置

将抗扭钢筋沿截面高度分 4 层布置,则每层所需抗扭纵筋面积为 $A_{st}/4$,则有:

截面底层纵筋由受弯构件计算所得的受拉钢筋与底层的受扭钢筋叠加确定,即所需的钢筋总面积为 $A_{s,sum} = A_s + A_{st}/4 = 1\,016 + 594/4 = 1\,164.5(\text{mm}^2)$,现选择 4 ⌀20 的钢筋,提供的面积为 $A_{s,sum} = 1\,256\ \text{mm}^2$。钢筋截面重心至混凝土边缘的最小距离为 $a_s = 20 + 8 + 22.7/2 = 39.35(\text{mm})$,实际取 $a_s = 40$ mm。

截面顶层纵筋为一层抗扭纵筋,故所需的面积为 $A_{st}/4 = 594/4 = 148.5(\text{mm}^2)$,选择 2 ⌀12 的钢筋,提供的面积为 226 mm²,为了便于施工,顶层钢筋截面重心至混凝土表面的距离仍取 40 mm。

截面中间纵筋为两层抗扭纵筋,每层所需的面积为 $A_{st}/4 = 594/4 = 148.5(\text{mm}^2)$,每层选择 2 ⌀12 的钢筋,提供的面积为 226 mm²。

截面钢筋配置如图 6.16 所示,钢筋净间距 $s_n = (300 - 2 \times 40 - 3 \times 22.7)/3 = 50.6(\text{mm})$,满足规范要求。

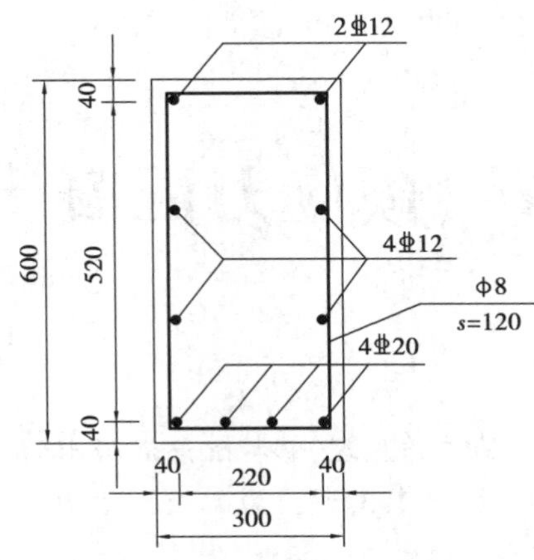

图 6.16　例 6.2 截面钢筋布置(尺寸单位:mm)

第 6 章工程案例

思考题

1. 钢筋混凝土纯扭构件的破坏特征是什么?
2. 在抗扭钢筋骨架中,纵筋和箍筋有什么作用?
3. 根据抗扭配筋率的多少,钢筋混凝土矩形截面的破坏形态有哪些?
4. 什么是配筋强度比?
5. 在利用基本公式进行抗扭承载力计算时,为什么要限制截面尺寸?
6. 采用叠加法进行截面配筋计算的步骤是什么?

练习题

1. 钢筋混凝土矩形截面梁的截面尺寸为 $b \times h = 250\ \text{mm} \times 500\ \text{mm}$,扭矩组合设计值 $T_d = 20\ \text{kN} \cdot \text{m}$,拟采用 C30 的混凝土,HPB300 级箍筋,HRB400 级纵筋,Ⅰ类环境条件,安全等级为二级,设计使用年限为 50 年。试进行配筋设计与截面复核。

2. 钢筋混凝土矩形截面简支梁的截面尺寸为 $b \times h = 250\ \text{mm} \times 600\ \text{mm}$,截面上弯矩组合设计值 $M_d = 117\ \text{kN} \cdot \text{m}$,剪力组合设计值 $V_d = 109\ \text{kN}$,扭矩组合设计值 $T_d = 12\ \text{kN} \cdot \text{m}$,拟采用 C30 的混凝土,HPB300 级箍筋和 HRB400 级纵筋,Ⅰ类环境条件,安全等级为二级,设计使用年限为 50 年。试进行截面设计。

第 7 章　预应力混凝土结构

知识目标

(1)理解预应力混凝土构件的工作原理,掌握配筋混凝土的分类;

(2)了解预加应力的方法和设备,熟悉预应力混凝土结构对混凝土和钢材的要求,掌握预应力钢筋的种类及强度指标;

(3)掌握预应力损失的种类,了解预应力损失的计算以及其他的预应力混凝土。

7.1　概述

知识点

①预应力混凝土结构的基本原理;

②预应力混凝土结构的分类和特点。

由前面的知识可知,钢筋混凝土结构主要存在以下两方面的缺点:

①带裂缝工作。由于裂缝的存在,不仅使构件刚度下降,而且使钢筋混凝土构件不能应用于不允许出现开裂的场合。

②无法充分利用高强度材料。即使允许混凝土开裂,但为了满足耐久性的要求,需将裂缝的宽度限制在 0.2 mm 以内。通过试验发现,当混凝土的裂缝为 0.2 ~ 0.25 mm 时,钢筋的应力一般为 150 ~ 250 MPa,因此高强度钢筋无法在钢筋混凝土结构中充分发挥其强度的优势。如果通过增加截面尺寸或者增加钢筋用量来控制截面的裂缝和变形是不经济的,并且还会使构件自重增加,桥涵结构的跨度受到限制。

要使钢筋混凝土结构在工程中得到更广泛的应用,既不能使自重的占比过大,也不能使混凝土过早的开裂,于是工程师们创造出了预应力混凝土结构。

7.1.1　预应力混凝土结构的基本原理

对混凝土或钢筋混凝土梁的受拉区预先施加压应力,使之建立一种人为的应力状态,这种应力的大小和分布规律,能有利于抵消使用荷载作用下产生的拉应力,因而使混凝土构件在使用荷载作用下不致开裂,或推迟开裂,或者使裂缝宽度减小。这种由配置预应力钢筋再通过张拉或其他方法建立预应力的混凝土结构,称为预应力混凝土结构。

预应力混凝土的基本原理

现以简支梁为例,说明预应力混凝土结构的基本原理,如图 7.1 所示。设混凝土梁计算跨径为 L,截面为 $b \times h$,承受均布荷载 q(包括自重),其跨中最大弯矩 $M = qL^2/8$,此时跨中截面上、下缘的应力[图 7.1(c)]为:

上缘
$$\sigma_{cu}=\frac{6M}{bh^2}(\text{压应力})$$

下缘
$$\sigma_{cb}=-\frac{6M}{bh^2}(\text{拉应力})$$

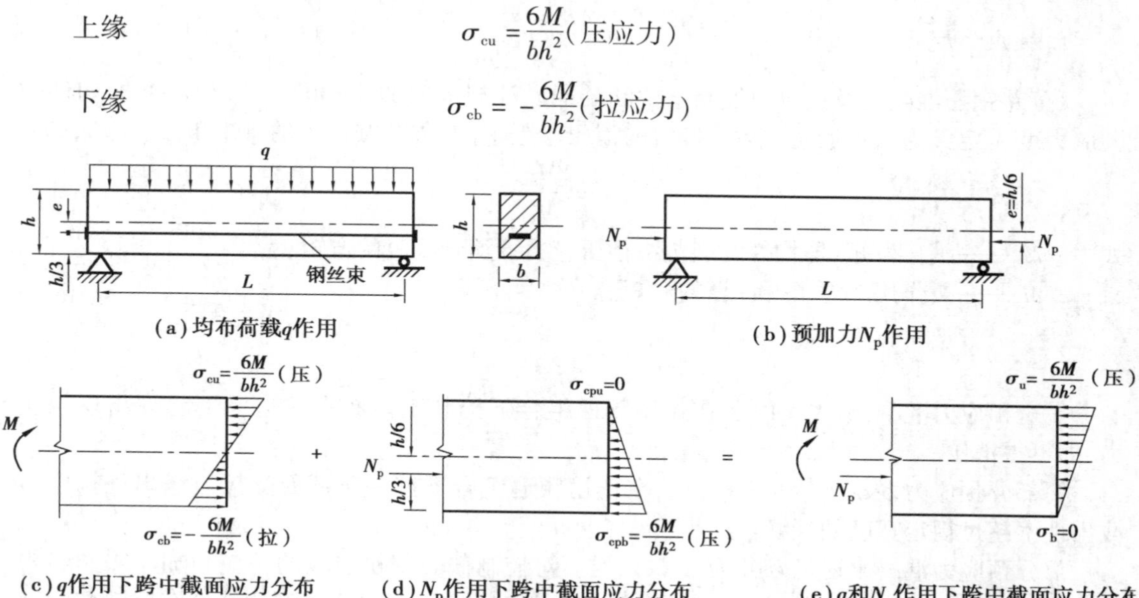

图 7.1　预应力混凝土结构基本原理

现在离梁下缘 $h/3$(偏心距 $e=h/6$)处,设置高强钢丝束,并在梁的两端对拉锚固,如图 7.1(a)所示,使钢束产生拉应力 N_p,其弹性回缩的压力将作用于梁端混凝土截面与钢束同高的位置,如图 7.1(b)所示,回缩力的大小也为 N_p。如令 $N_p=3M/h$,则同样可求得 N_p 作用下梁上、下缘所产生的应力[图 7.1(d)]为:

上缘
$$\sigma_{cpu}=\frac{N_p}{bh}-\frac{N_p\cdot e}{bh^2/6}=0$$

下缘
$$\sigma_{cpb}=\frac{N_p}{bh}+\frac{N_p\cdot e}{bh^2/6}=\frac{6M}{bh^2}(\text{压应力})$$

将上述两项应力叠加,即可求得梁在 q 和 N_p 共同作用下,跨中截面上、下缘的总应力[图 7.1(e)]为:

上缘
$$\sigma_u=\sigma_{cu}+\sigma_{cpu}=0+\frac{6M}{bh^2}=\frac{6M}{bh^2}(\text{压应力})$$

下缘
$$\sigma_b=\sigma_{cb}+\sigma_{cpb}=\frac{6M}{bh^2}-\frac{6M}{bh^2}=0$$

由于预先给混凝土梁施加了预压应力,使混凝土梁在均布荷载 q 作用时下边缘所产生的拉应力全部被抵消,因而可避免混凝土出现裂缝,此时混凝土梁可以全截面参加工作,这就相当于改善了梁中混凝土的抗拉性能,而且可以达到充分利用高强钢筋的目的。

7.1.2　配筋混凝土结构的分类

我国通常把配有受力钢筋的混凝土结构称为配筋混凝土结构。在我国工程界,常见的配筋混凝土结构有全预应力混凝土结构、部分预应力混凝土结构、钢筋混凝土结构 3 种。

1)预应力度的定义

《公路钢筋混凝土及预应力混凝土桥涵结构设计规范》(JTG 3362—2018)将受弯构件的预应力度 λ 定义为由预加应力大小确定的消压弯矩 M_0 与外荷载产生的弯矩 M_s 的比值,即:

$$\lambda = \frac{M_0}{M_s}$$

式中 M_0——消压弯矩,即构件抗裂边缘预压应力抵消到零时的弯矩;

M_s——按作用频遇组合计算的弯矩。

2)配筋混凝土的分类

①全预应力混凝土($\lambda \geqslant 1$)。在作用频遇组合下控制正截面受拉边缘不允许出现拉应力,即不得消压。

②部分预应力混凝土($0 < \lambda < 1$)。在作用频遇组合下控制正截面受拉边缘出现拉应力或出现不超过规定宽度的裂缝。

部分预应力混凝土还可以分为 A、B 两类。对控制截面受拉边缘的拉应力加以限制的构件称为 A 类预应力混凝土构件,一般要求拉应力不超过混凝土的抗拉强度;允许控制截面受拉边缘的拉应力超过混凝土的抗拉强度而开裂,但对裂缝宽度予以限制的构件称为 B 类预应力混凝土构件。

③钢筋混凝土($\lambda = 0$)。不施加预应力的混凝土构件,即前面章节所讲的钢筋混凝土构件。

7.1.3 预应力混凝土结构的优缺点

与钢筋混凝土结构相比,预应力混凝土结构主要具有下列优点:

①提高了构件的抗裂度和刚度。对构件施加预应力后,使构件在使用荷载作用下可以不出现裂缝(全预应力混凝土和 A 类部分预应力混凝土构件),或可使裂缝大大推迟出现(B 类部分预应力混凝土构件),有效地改善了构件的使用性能,提高了构件的刚度,增加了结构的耐久性。

②可以节省材料,减轻自重。由于预应力混凝土可以合理地使用高强材料,因而可减小构件截面尺寸,降低结构物的自重。这对以恒载作用为主的大跨度桥梁来说,更有优越性。

③可以减少混凝土梁的竖向剪力和主拉应力。预应力混凝土梁的曲线钢筋(束),可使梁中支座附近的竖向剪力减小。又由于混凝土截面上预压应力的存在,使荷载作用下的混凝土主拉应力也相应地减小。

④可以提高结构的耐疲劳性能,对承受动荷载的桥涵结构来说是很有利的。

预应力混凝土结构除了具有上述优点以外,还有以下缺点:

①预应力上拱度不易控制。预制梁存放时间过久再进行安装,可能因预应力作用使上拱度过大,造成桥面不平顺。

②预应力混凝土结构的开工费用较大,对于跨径小、构件数量少的工程,成本较高。

③工艺较复杂,对施工质量要求很高,因而需要配备一支技术较熟练的专业队伍。

④需要一定的专门设备,如张拉机具、灌浆设备等。先张法需要有张拉台座;后张法要耗用数量较多且质量可靠的锚具。

7.2　预加应力的方法与设备

知识点

①先张法和后张法的施工工艺；
②常见施加预应力的机具设备。

7.2.1　预加应力的主要方法

1) 先张法

先张法

先张法主要工序

所谓先张法，即先张拉钢筋，后浇筑混凝土的方法。如图 7.2 所示，先在张拉台座上按设计规定的拉力张拉预应力钢筋，并进行临时锚固，再浇筑构件混凝土，待混凝土达到规定强度后（设计未规定时应不低于设计强度等级值的 80%，弹性模量应不低于混凝土 28 d 弹性模量的 80%），将临时锚固松开，缓慢放松张拉力，让预应力钢筋回缩，通过预应力钢筋与混凝土间的黏结作用，将钢筋的回缩力传递给混凝土，使混凝土获得预压应力。这种在台座上张拉预应力筋后浇筑混凝土并通过黏结力传递而建立预加应力的混凝土构件就称为先张法预应力混凝土构件。

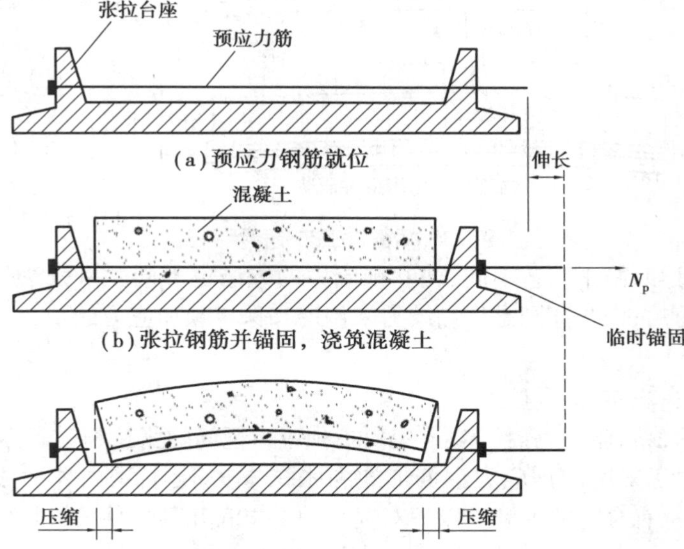

图 7.2　先张法工艺流程示意图

先张法施工工序简单，预应力钢筋靠黏结力进行自锚，临时固定所用的锚具可以重复使用，因此大批量生产先张法预应力构件比较经济，质量也比较稳定。目前，先张法在我国一般仅用于生产直线配筋的中小型构件。大型构件需考虑弯矩和剪力的分布而采用曲线配筋，使施工设备和工艺复杂化，且需要配备庞大的张拉台座，因而很少采用先张法。

2)后张法

后张法

后张法是先浇筑构件混凝土，待混凝土结硬后，再张拉预应力钢筋并锚固的方法。如图7.3所示，先浇筑构件混凝土，并在其中预留孔道，待混凝土达到要求强度后(设计未规定时应不低于设计强度等级值的80%，弹性模量应不低于混凝土28 d弹性模量的80%)，将预应力钢筋穿入预留孔道内，再将千斤顶支撑于混凝土构件端部，张拉预应力钢筋，使构件受到反力而被压缩。待张拉到控制拉力后，即用特制的锚具将预应力钢筋锚固于混凝土构件上，使混凝土获得并保持其预压应力。最后，在预留管道内压注水泥浆，以保护预应力钢筋不被锈蚀，并使预应力钢筋与混凝土黏结成整体。这种在混凝土结硬后通过张拉预应力筋并锚固而建立预应力的构件称为后张法预应力混凝土构件。

后张法主要工序

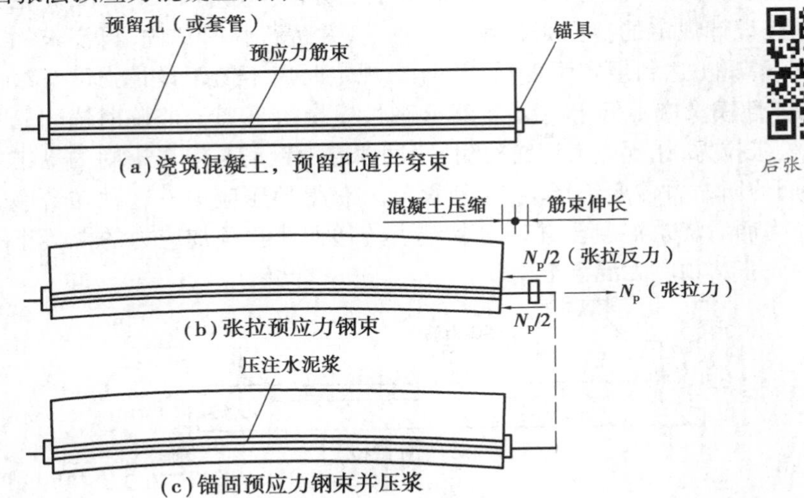

图7.3　后张法工艺流程示意图

由以上对比可知，施工工艺不同，建立预应力的方法也不同。后张法是靠工作锚具来传递和保持预加应力的；先张法则是靠黏结力来传递和保持预加应力的。

7.2.2　预应力钢筋的锚固体系

预应力钢筋的锚固体系(张拉体系)主要指预应力钢筋的张拉和锚固方法，以及一些构造和操作的细节。由于采用的预应力钢筋形式和张拉方法不同，国内外形成了上百种锚固体系，并且各个公司都有自己的专利。以下对锚具的要求和几种常见的锚具进行简要介绍。

1)锚具的要求

如前所述，先张法预应力混凝土构件，其预应力钢筋是临时固定于台座或钢模上的，需要锚具和夹具；后张法预应力混凝土构件，其预应力钢筋必须靠锚具传递压力，并将预应力钢筋永久锚固在构件上。因此，锚具是保证预应力混凝土构件安全可靠工作的关键部件，为此，无论是设计、制造还是选用锚具，均应注意满足下列要求：

①锚具的零部件一般选用优质碳素结构钢制作，除了强度要求外，尚应满足规定的硬度

要求，加工精度高，工作安全，受力可靠；

②引起的预应力损失较小；

③构造简单、制作方便、价格便宜；

④张拉锚固简便、传力迅速。

2）锚具类型

锚具的种类繁多，分类方法多种多样，但按照其传力锚固的受力原理可以分为以下 3 类。

（1）依靠摩擦力锚固的锚具

摩擦力锚固的原理是利用锥形块（或楔形块）的侧向力产生的摩擦力来防止钢丝滑动。这个侧向力最初是由千斤顶推动（或锤击）锥形块（或楔形块）而产生的，然后当钢丝受力时，锥形块（或楔形块）将会被钢丝带动向里滑动，这个滑动又会带紧锥形块（或楔形块），于是增加了侧向力，直至两者平衡为止，钢丝即被卡紧。

①锥形锚。锥形锚主要用于钢丝束的锚固，它由锚圈和锚塞（也称为锥销）两部分组成，如图 7.4 所示。锥形锚是通过张拉钢丝时顶压锚塞，把预应力钢丝楔紧在锚圈和锚塞之间，借助于两者之间的摩擦力进行锚固。在锚固时利用钢丝的回缩力又带动锚塞向锚圈内滑动，使钢丝进一步被挤紧，最后靠锥形锚塞的侧向力所产生的摩擦力来锚固钢丝。此时锚圈承受很大的横向（径向）拉力，一般约等于钢丝张拉力的 4 倍，因此对锚圈的设计和制造应引起足够的重视。

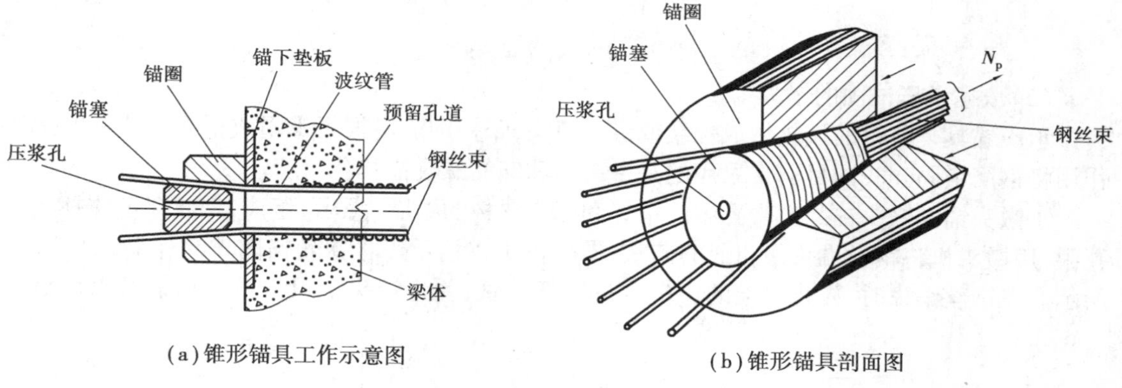

（a）锥形锚具工作示意图　　（b）锥形锚具剖面图

图 7.4　锥形锚具

目前公路桥涵中常采用锚固 $18\phi^P$ 5 mm 和 $24\phi^P$ 5mm 的钢丝束两种，并配用三作用千斤顶张拉（三作用是指张拉、顶塞和退楔 3 种功能）。这种张拉体系由于主要用来锚固钢丝，故也称为拉丝体系。锚塞用优质钢经热处理制成，其硬度不应低于所锚钢丝的硬度，否则容易滑丝，一般硬度为洛氏硬度 HRC55 ~ 58 单位，以便顶塞后，锚塞齿纹能稍微压入钢丝表面，以获得可靠锚固。锚圈应抽取一定数量的产品进行探伤检验，锚圈内孔壁表面硬度应比钢丝表面略低。

锥形锚锚固方便，锚具面积小便于在梁体上分散布置。但锚固时钢丝的回缩量较大，会产生较大的预应力损失。不能重复张拉和接长，使钢丝束的设计长度受到千斤顶行程的限制。

②夹片锚。夹片锚固体系主要用于锚固钢绞线束。由于钢绞线与周围接触的面积小，且强度高，硬度大，故对锚具的锚固性能要求很高。夹片式锚具种类很多，我国从 20 世纪 60 年

代开始研究锚固钢绞线的夹片锚具，先后开发了 JM 锚具、XM 锚具、QM 锚具和 OVM 锚具。目前桥梁结构中常用 OVM 锚具系列。

夹片式锚具由带锥孔的锚板和夹片组成，如图 7.5 所示。张拉时，每个锥孔穿进一根钢绞线，张拉后各自用夹片将孔中的钢绞线抱夹锚固，每个锥孔各自成为一个独立的锚固单元。每个夹片锚具能锚固 1 ~55 根不等的 ϕ^s 15.2 mm 和 ϕ^s 12.7 mm 钢绞线所组成的预应力钢束，其最大锚固吨位可以达到 1 100 t，故夹片锚又称为大吨位钢绞线群锚体系。其特点是各根钢绞线均独立工作，即使一根钢绞线锚固失效也不会影响全锚，只需对失效锥孔的钢绞线进行补拉即可。但预留孔端部，因锚板孔布置的需要，必须扩孔，故工作锚下的一段预留孔道一般需要设置成喇叭形，或配套设置专门的铸铁喇叭形锚垫板。

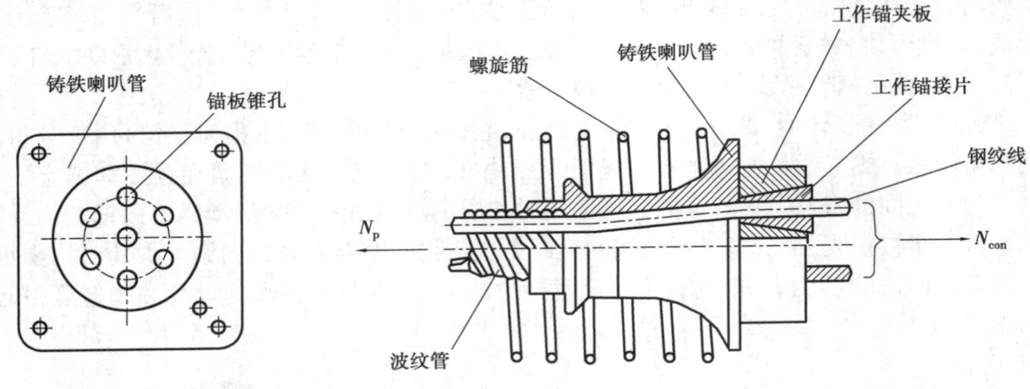

图 7.5　夹片锚具配套示意图

(2)依靠承压锚固的锚具

承压锚具是将钢筋端头做成螺纹或镦成粗头，张拉钢筋后拧紧螺帽或锚圈与垫板的承压作用将钢筋锚固。我国目前常采用的是镦头锚和钢筋螺纹锚具。

①镦头锚。镦头锚是由带孔眼的锚杯和固定锚杯的锚圈(螺帽)组成，钢丝穿过锚杯上的孔眼，用镦头机将钢丝端头镦粗成蘑菇状，借镦粗头直接承压将钢丝锚固于锚杯上，如图 7.6 所示。在钢丝编束时，先将钢丝的一端穿过锚杯孔管，并将端头镦粗。另一端钢丝束通过构

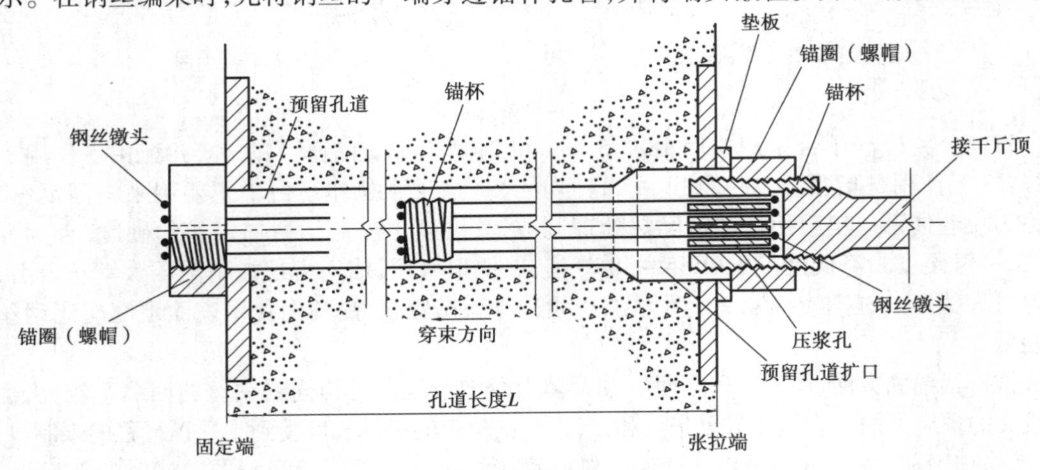

图 7.6　镦头锚工作示意图

件的预留管道,并穿过另一端的锚杯孔眼之后再镦粗。预留管道两端均设置扩张段。在张拉端,先将与千斤顶连接的拉杆旋入锚杯杯内,再将千斤顶支撑于梁顶上进行张拉,待达到设计张拉力时,将锚圈(螺帽)拧紧,再慢慢放松千斤顶,退出拉杆,此时钢丝束的回缩力就通过锚圈、垫板传递到梁体混凝土而获得锚固。

镦头锚锚固可靠,不会出现锥形锚那样的滑丝问题。锚固时的应力损失很小。一般情况下墩头工艺操作简便,施工方便,但预应力钢筋张拉吨位过大,钢丝束很多时,施工也会比较麻烦。此外,镦头锚对钢丝的下料长度要求很精确,否则张拉时各钢丝受力不均易引起个别钢丝断丝。

②钢筋螺纹锚具。当采用高强粗钢筋作为预应力钢筋束时,可采用螺纹锚具固定,即借粗钢筋两端的螺纹,在钢筋张拉后直接拧上螺帽进行锚固,钢筋的回缩力由螺帽经支承垫板承压传递给梁体而获得预应力,如图 7.7 所示。

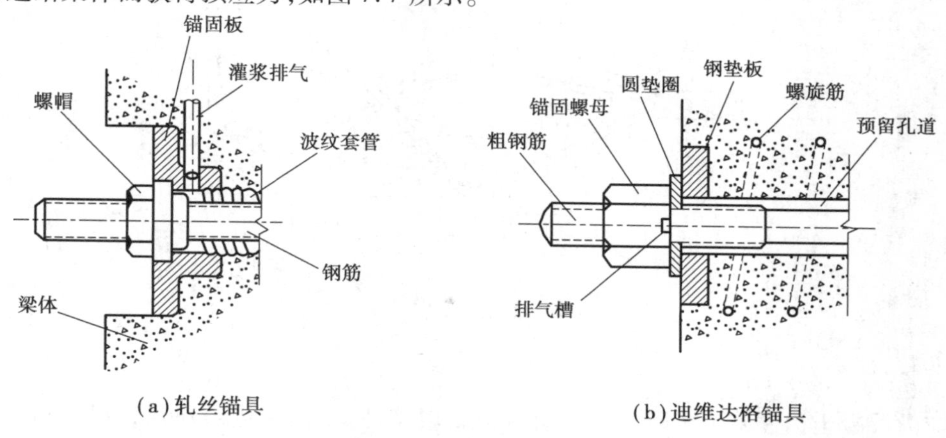

图 7.7　钢筋螺纹锚具

钢筋螺纹锚具的制作关键是螺纹的加工。为了避免端部螺纹削弱钢筋截面,常采用特制的钢模冷轧成纹,使阴纹压入钢筋圆周内,而阳纹挤压钢筋圆周之外,这样可使螺纹段的平均直径与圆直径相差无几,而通过冷轧还可以提高钢筋的强度。由于螺纹是冷轧而成,故又将这种螺纹锚具称为轧系锚。

螺纹锚具具有受力明确,锚固可靠,预应力损失小,构造简单,施工方便,并能重复张拉、放松和拆卸,并且可以简便地采用套筒接长。

(3)依靠黏结力锚固的锚具

黏着锚固是将钢丝端头浇在高强混凝土或合金溶液中,靠混凝土或合金溶液的黏结力锚固钢筋。此类锚具一般用于一端张拉的固定端(非张拉端)的锚固,故也称为固定端锚具。

①挤压锚具。挤压锚具是利用压机头将套在钢绞线端头的软钢套筒与钢绞线一起强行顶压,通过规定的模具孔挤压而成,如图 7.8 所示。为增加套筒与钢绞线之间的摩阻力,挤压前在钢绞线与套筒之间放置一硬钢丝螺旋圈,以便在挤压后使硬钢丝分别压入钢绞线与套筒内壁之内。

②压花锚具。压花锚具是用压花机将钢绞线端头压制成梨花形的散花状,如图 7.9 所示。将端部裸露钢绞线的每根钢丝弯折,张拉前预先埋入混凝土内,待混凝土结硬后,弯折的钢丝将可靠地锚固于混凝土内。这种锚固方式可节省造价,但占用空间大,需进行专门的构造设计,只适用于有黏结预应力混凝土结构的受力较小的部位。

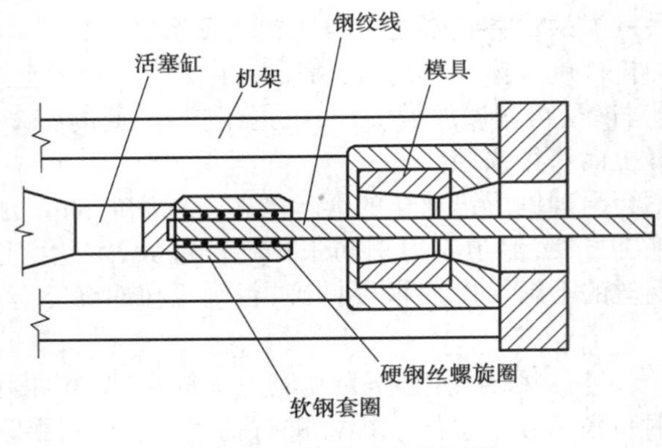

图 7.8　压头机的工作原理

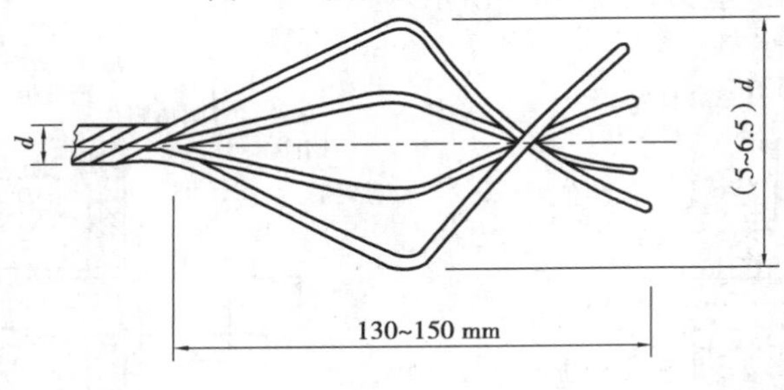

图 7.9　压花锚具

3)其他设备

预应力混凝土构件施工中所使用的机具设备较多,除了前述内容所讲以外,还有以下一些设备。

(1)千斤顶

张拉机具是制作预应力混凝土构件时,对预应力钢筋施加预应力的专用设备。常用的有各类液压拉伸机(由千斤顶、油泵、连接油管组成)和电动或手动张拉机等。液压千斤顶按其作用可分为单作用、双作用和三作用 3 种形式;按其构造特点可分为台座式、拉杆式、穿心式和锥锚式 4 种形式。与夹片锚具配套的张拉设备,是一种大直径的穿心式千斤顶,如图 7.10 所示。其他锚具也都有各自适用的张拉千斤顶,需要时可查阅各生产厂家的产品目录。

(2)制孔器

对后张法预应力构件,需预先留好混凝土结硬后钢束穿入的孔道。目前,国内常用的制孔器有预埋金属波纹管、预埋塑料波纹管、预埋铁皮管、预埋钢管和抽芯成型等。

现简要介绍常用的预埋金属波纹管。在浇筑混凝土之前,将波纹管按钢束设计位置绑扎于与箍筋焊连的钢筋托架上,再浇筑混凝土,结硬后即可形成穿束的孔道。使用波纹管制孔的穿束方法有先穿法和后穿法两种。先穿法是在波纹管定位后浇筑混凝土之前将钢束穿入波纹管中,然后浇筑混凝土。后穿法是指浇筑混凝土成孔之后再穿入钢束。金属波纹管具有质量轻,纵向弯曲性能很好,径向刚度较大,连接方便,与混凝土黏结良好,与钢束的摩擦系数小等优点,是后张预应力混凝土构件中较理想的制孔器。

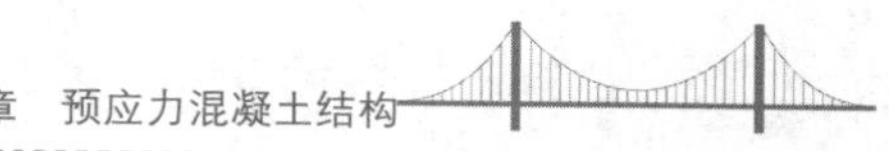

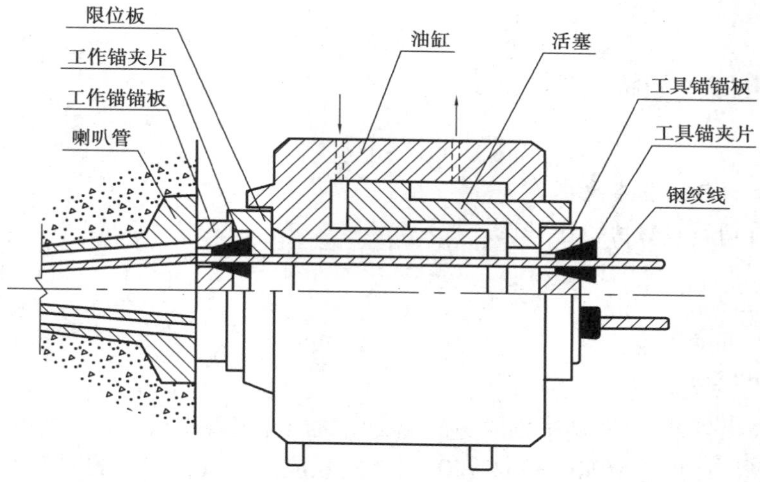

图 7.10　夹片锚张拉千斤顶安装示意图

(3)连接器

连接器有两种:当钢绞线束 N_1 锚固后,需要再连接钢绞线束 N_2 时,采用锚头连接器,如图 7.11(a)所示;当两段未张拉的钢绞线束 N_1、N_2 需要直接接长时,可采用接长连接器,如图 7.11(b)所示。

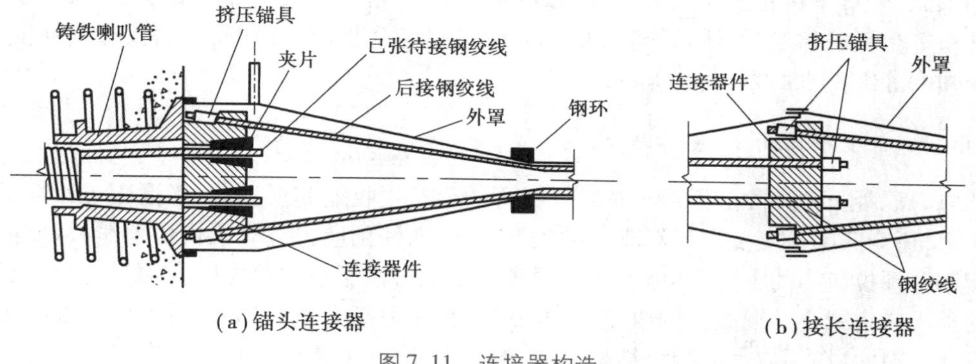

图 7.11　连接器构造

(4)穿索机

在桥梁悬臂施工或尺寸较大的构件中,一般都采用后穿法穿束。对大跨径桥梁,有的钢束很长,人工穿束十分困难,需采用穿索机。

(5)压浆机

压浆机是孔道灌浆的主要设备,主要由水泥浆搅拌桶、贮浆桶和压送水泥浆的压浆泵以及供水系统组成。

压浆机应采用活塞式可连续作业的压浆泵,其压力表的最小分度值不大于0.1 MPa,最大量程应使实际工作压力在其25% ~75%的量程范围内。压浆泵需要的压力,以能将水泥浆压入并充满管道孔隙为原则,一般在出浆口应先后排出空气、水、稀浆和浓浆。

(6)张拉台座

采用先张法制作预应力混凝土构件时,则需要设置用作张拉和临时锚固钢束的张拉台座。因需要承受张拉钢束的巨大回缩力,设计时应保证台座具有足够的强度、刚度和稳定性。批量生产时,有条件的尽量设计成长线式台座,以提高生产效率。

7.3 预应力混凝土结构材料

知识点

①对混凝土材料的基本要求；

②预应力用钢筋的物理力学性能。

7.3.1 混凝土

1)强度要求

为了与预应力钢筋匹配,用于预应力的混凝土抗压强度要求较高,《公路钢筋混凝土及预应力混凝土桥涵设计规范》(JTG 3362—2018)规定预应力混凝土构件的混凝土强度等级不应低于 C40。钢材的强度越高,混凝土的强度等级也应相应提高,只有这样才能充分发挥高强钢材的抗拉强度,有效地减小构件截面尺寸,减轻结构自重。

用于预应力混凝土结构中的混凝土,不仅要求强度高,还要求有很高的早期强度,以便于早日施加预应力,从而提高构件的生产效率和设备的利用率。目前所说的高强混凝土,一般指采用水泥、砂石原料和常规工艺配置,依靠添加高效减水剂或掺加粉煤灰、磨细矿渣、F 矿粉或硅粉等活性矿物材料,使新拌混凝土具有良好的工作性能,并在硬化后具有高强度、高密实性的强度等级为 C50 及以上的混凝土。

2)收缩、徐变的影响

预应力混凝土构件除了混凝土在结硬过程中会产生收缩变形外,由于混凝土长期承受着预压应力,还会产生徐变变形。混凝土的收缩和徐变,使预应力混凝土构件缩短,从而引起预应力钢筋中预拉应力的下降,亦即预应力损失。预应力钢筋中的预拉应力损失也会引起混凝土中的预压应力减小。混凝土的收缩、徐变越大,预应力损失值就越大,对预应力混凝土结构就越不利。因此,在预应力混凝土结构设计、施工中,应尽量减少混凝土的收缩、徐变。

3)混凝土的配制要求与措施

为了获得强度高和收缩、徐变小的混凝土,应尽可能地采用高强度等级的水泥,减少水泥用量,降低水灰比,选用优质坚硬的集料,并采取以下措施:

①严格控制水灰比。高强度混凝土的水灰比一般取 0.25 ~ 0.35,为增加和易性,可掺和适量的高效减水剂。

②选用强度等级不低于 52.5 级的水泥并控制水泥的用量不宜大于 500 kg/m^3。以硅酸盐水泥为宜,不得已采用矿渣水泥时,应适当掺加早强剂,以改善其早期强度较低的缺点。

③选用优质的活性掺合料,如硅粉、F 矿粉等。硅粉混凝土不仅可使收缩减小,而且可使徐变显著减小。

④施工中加强混凝土的振捣和养生,并注意混凝土耐久性的要求。

7.3.2 预应力钢材

预应力混凝土结构中配置有预应力钢筋和非预应力钢筋，非预应力钢筋也称为普通钢筋。普通钢筋已经在前面的内容中进行了讲解，本部分仅讲解预应力钢筋。

预应力钢材

1）对预应力钢筋的要求

（1）高强度

预应力钢筋中有效预应力的大小取决于预应力钢筋张拉控制应力的大小，考虑到预应力结构在施工以及使用过程中将出现的各种预应力损失，只有采用高强度材料才有可能建立较高的有效预应力。

提高钢材的强度通常有3种不同的方法，一是在钢材成分中增加某些合金元素，如碳、锰、硅、铬等；二是采用冷拔、冷拉等方法来提高钢材的屈服强度；三是通过调制热处理、高频感应热处理、余热处理等方法。

（2）较好的塑性和焊接性能

由于预应力钢筋需要弯曲和转折，在锚夹具中还要受到较高的局部应力，为实现预应力结构的延性破坏和满足结构内力重分布等要求，必须保证预应力钢筋有足够的塑性性能。高强度钢材的塑性性能较弱，故不是所有的高强度钢材都能用作预应力钢材。良好的焊接性能是保证钢筋加工质量的重要条件。

（3）较好的黏结性能

在先张法预应力构件中，预应力钢筋和混凝土之间应具有可靠的黏结力，以确保钢筋的预应力能可靠传递至混凝土。在后张法预应力构件中，预应力钢筋与孔道中后灌水泥浆之间应有一定的黏结强度，以使预应力钢筋与周围的混凝土形成整体来共同承受荷载。因此，在选用钢丝作为预应力钢筋时，宜选用刻痕钢丝或者钢绞线，以增加钢丝和混凝土之间的黏结性能。

2）预应力钢筋的种类

（1）高强钢丝

预应力混凝土用高强钢丝是用优质碳素钢轧制成盘圆条后，用盘圆条通过拔线模或轧辊经冷加工而成的产品，以盘卷供货的钢丝，也称为冷拉钢丝。对冷拉钢丝进行一次性连续消除应力处理生产的钢丝，称为消除应力钢丝，如图7.12所示，图中d为公称直径，D_1为基圆直径，D和D_2为外接圆直径。

高强钢丝按其外形又可以分为光圆钢丝、螺旋肋钢丝和刻痕钢丝，如图7.12（a）、（b）、（c）所示。

（2）钢绞线

钢绞线是由2根、3根、7根、19根高强钢丝扭结而成并经消除内应力后盘卷的钢丝束，其代号分别为1×2、1×3、1×7、1×19，其抗拉强度标准值为1 470～1 960 MPa，如图7.13（a）、（b）所示。最常用的是1×7，它是由6根钢丝围绕着一根芯丝顺一个方向扭结而成的七股钢绞线，芯丝的直径比外围钢丝的直径大5%～7%，以使各根钢丝紧密接触，钢丝扭矩一般为钢

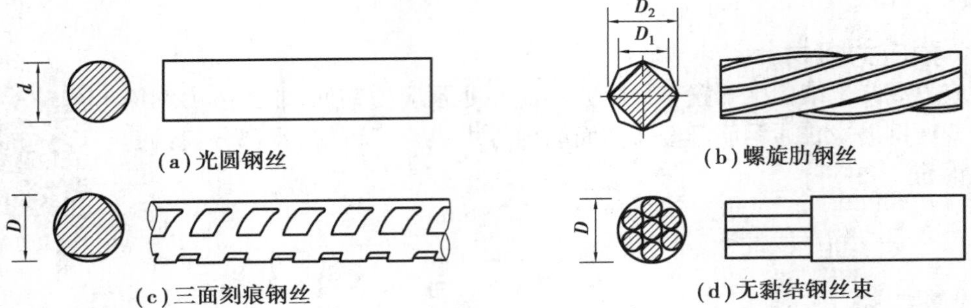

图 7.12 常用的预应力高强钢丝

绞线公称直径的 12 ~ 16 倍。

预应力钢绞线的产品标记由预应力钢绞线、结构代号、公称直径、强度级别和标准号组成，如 1 ×7-15.20-1860-GB/T 5224—2014，表示预应力钢绞线的代号为 1 ×7，公称直径为 15.20 mm，强度级别为 1 860 MPa，采用的标准为《预应力混凝土用钢绞线》(GB/T 5224—2014)，其中钢绞线的公称直径是指外接圆的直径 D_n，如图 7.13(d)所示。

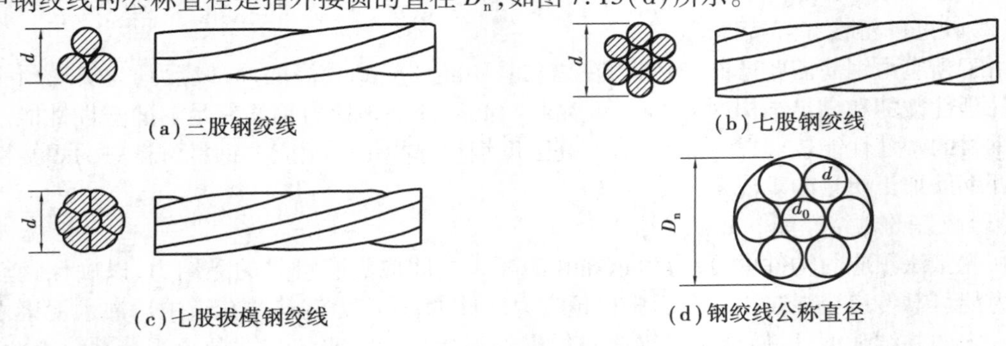

图 7.13 常用的预应力钢绞线

图 7.13(c)所示为拔模成型钢绞线，它是在捻制成型时通过模孔拉拔而成。钢丝互相挤紧成近似六边形，使钢绞线内部空隙和外径大为减小，在相同预留孔道的条件下，可增加预拉力约为 20%，且周边与锚具接触的面积增加，有利于锚固。

钢绞线具有截面集中，比较柔软便于盘圆运输，与混凝土黏结性能好，可大大简化现场成束的工序，是一种较理想的预应力钢筋。

(3)预应力螺纹钢筋

预应力螺纹钢筋是一种热轧成沿钢筋纵向带有不连续的外螺纹的直条钢筋，钢筋在任意截面处均可用带有匹配形状的内螺纹的连接器或锚具进行连接或锚固。因此，不需要再加工螺丝，也不需要焊接。目前，预应力螺纹钢筋仅用于中、小型预应力混凝土构件或作为箱梁的竖向和横向预应力钢筋。

3)预应力钢筋的强度和变形

(1)高强度钢丝和钢绞线

高强度钢丝和钢绞线的单向拉伸试验的应力-应变曲线如图7.14所示。当试件的拉伸应力达到其比例极限 σ_a 之前(曲线上的 a 点)，应力-应变关系呈直线变化，此时钢筋具有理想的弹性性质，其中比例极限 σ_a 约为极限抗拉强度 σ_b 的 0.65 倍。超过曲线上的 a 点之后，钢筋的应力和应变持续增长，但应力-应变关系已经不再是直线变化，并且应力-应变关系曲线上没有明显的屈服流幅，到达极限拉伸强度 σ_b 后（曲线上的 b 点），出现钢筋的颈缩现象。b 点以后，应力-应变曲线开始下降，图中的 c 点意味着试件被拉断。

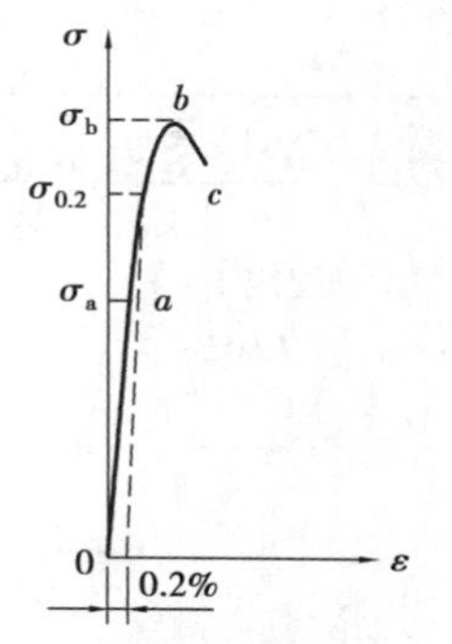

图 7.14　高强钢丝和钢绞线的应力-应变曲线

在工程设计中，抗拉强度不能作为钢筋强度取值的依据，一般取残余应变为 0.2% 所对应的应力 $\sigma_{0.2}$ 作为强度限值，通常称为条件屈服强度，我国国家标准中也将其称为非比例伸长应力。

国家标准《预应力混凝土用钢丝》（GB/T 5223—2014）规定，消除应力的光圆及螺旋肋钢丝规定的非比例伸长应力 $\sigma_{0.2}$ 值对于低松弛钢丝应不小于公称抗拉强度的 88%，对于普通松弛钢筋钢丝应不小于公称抗拉强度的 85%。对于钢绞线，国家标准《预应力混凝土用钢绞线》（GB/T 5224—2014）规定，采用的是整根钢绞线的非比例延伸力 $F_{p0.2}$ 值不小于整根钢绞线实际最大力 F_{max} 的 88% ~95%。

（2）预应力螺纹钢筋

与普通钢筋相似，预应力螺纹钢筋试件单向拉伸试验的应力-应变曲线具有明显的屈服点和流幅，故预应力螺纹钢筋也是以屈服强度划分等级，其代号为“PSB”加上屈服强度最小值来表示，例如 PSB830 表示屈服强度最小值为 830 MPa 的预应力螺纹钢筋。我国常见的预应力螺纹钢筋的强度等级有 PSB785、PSB830、PSB930 和 PSB1080。

高强钢丝、钢绞线和预应力螺纹钢筋的变形指标为规定长度试件的最大拉力总伸长率 A_{gt}，要求 A_{gt} 应不小于 3.5%。

《公路钢筋混凝土及预应力混凝土桥涵设计规范》（JTG 3362—2018）规定，对于高强钢丝和钢绞线的材料性能分项系数取 1.47；预应力螺纹钢筋材料性能分项系数取 1.2。预应力混凝土用钢筋的强度标准值和强度设计值的规定见表 7.1 和表 7.2，预应力钢筋的弹性模量见表 7.3。

表 7.1　预应力钢筋抗拉强度标准值（MPa）

钢筋种类		符号	公称直径 d/mm	f_{pk}/MPa
钢绞线	1 ×7	A^S	9.5,12.7,15.2,17.8	1 720,1 860,1 960
			21.6	1 860
消除应力钢丝	光面螺旋肋	A^P A^H	5	1 570,1 770,1 860
			7	1 570
			9	1 470,1 570
预应力螺纹钢筋		A^T	18,25,32,40,50	785,930,1 080

注：抗拉强度标准值为 1 960 MPa 的钢绞线作为预应力钢筋作用时，应有可靠工程经验或充分试验验证。

表 7.2　预应力钢筋抗拉、抗压强度设计值(MPa)

钢筋种类	f_{pk}/MPa	f_{pd}/MPa	f'_{pd}/MPa
钢绞线 1×7（7 股）	1 720	1 170	390
	1 860	1 260	
	1 960	1 330	
消除应力钢丝	1 470	1 000	410
	1 570	1 070	
	1 770	1 200	
	1 860	1 260	
预应力螺纹钢筋	785	650	400
	930	770	
	1 080	900	

表 7.3　预应力钢筋的弹性模量

预应力钢筋种类	钢绞线	消除应力钢丝	预应力螺纹钢筋
E_p($\times 10^5$ MPa)	1.95	2.05	2.00

7.4　张拉控制应力及预应力损失

①预应力损失的估算及减小的措施;

②有效预应力的计算。

7.4.1　预应力钢筋的张拉控制应力

在预应力结构的施工及使用过程中,由于张拉工艺、材料特性以及环境条件等原因的影响,预应力钢筋中的拉应力是不断降低的。这种预应力钢筋的预应力随着张拉、锚固过程和时间推移而降低的现象称为预应力损失。

满足设计需要的预应力钢筋中的拉应力,应是张拉控制应力扣除预应力损失以后的应力,即有效预应力 σ_{pe}。因此,一方面需要预先确定预应力钢筋张拉时的初始应力,称为张拉控制应力 σ_{con};另一方面要准确估算预应力损失值 σ_l。张拉控制应力 σ_{con} 是指预应力钢筋锚固前张拉钢筋的千斤顶所显示的总拉力除以预应力钢筋截面面积所求得的钢筋应力值,对有锚圈口摩阻损失的锚具,张拉控制应力应扣除锚圈口摩擦损失后的锚下拉应力值。因此,有效预应力 σ_{pe} 为:

$$\sigma_{pe} = \sigma_{con} - \sigma_l \tag{7.1}$$

从提高预应力钢筋的利用率来说,张拉控制应力 σ_{con} 应尽量高一些,从而使构件混凝土

获得较大的预压应力值以提高构件的抗裂性，同时减少钢筋的用量。但采用较大的张拉控制应力 σ_{con}，会存在以下一些问题：

①由于同一束中各根钢筋中的应力不可能完全相同，其中少数钢筋的应力必然超过 σ_{con}，如果 σ_{con} 定得过高，个别钢筋就可能屈服甚至被拉断。如果设计中需要进行超张拉，这种个别钢筋先被拉断的现象就会更明显。

②由于气温的降低，也可能使张拉后的预应力钢筋在混凝土完全黏结之前突然断裂。

③σ_{con} 越大，则预应力钢筋的应力松弛也就越大，由应力松弛产生的预应力损失也就越大。

④高应力状态下可能使构件出现纵向裂缝，并且过高的应力也降低了构件的延性。

因此，预应力钢筋的张拉控制应力 σ_{con} 不能定得太高，而应留有适当的余地，一般宜在比例极限之下。不同的预应力钢筋其 σ_{con} 值的规定也是不一样的，对钢丝与钢绞线，因为拉伸应力-应变曲线无明显的屈服台阶，塑性性能较差，故其 σ_{con} 与抗拉强度标准值 f_{pk} 的比值就定得低一些；预应力螺纹钢筋一般具有较明显的屈服台阶，塑性性能也较好，故其 σ_{con} 与抗拉强度标准值 f_{pk} 的比值就定得高一些。《公路钢筋混凝土及预应力混凝土桥涵设计规范》（JTG 3362—2018）规定，构件预加应力时预应力钢筋在构件端部（锚下）的控制应力 σ_{con} 应符合下列规定。

对于钢丝、钢绞线：

$$\sigma_{con} \leqslant 0.75 f_{pk} \tag{7.2}$$

对于预应力螺纹钢筋：

$$\sigma_{con} \leqslant 0.85 f_{pk} \tag{7.3}$$

式中　f_{pk}——预应力钢筋的抗拉强度标准值。

当对构件进行超张拉或计入锚圈口摩擦损失时，预应力钢筋最大控制应力（千斤顶油泵上显示的值）可增加 $0.05f_{pk}$，即对于钢丝、钢绞线 $\sigma_{con} \leqslant 0.80f_{pk}$；对于预应力螺纹钢筋 $\sigma_{con} \leqslant 0.90f_{pk}$。

7.4.2　预应力损失的估算

在预应力混凝土构件中引起预应力损失的原因很多，产生的时间也先后不一。在进行预应力钢筋应力计算时，一般要考虑由下列因素引起的预应力损失。

①预应力钢筋与孔道壁之间的摩擦引起的预应力损失 σ_{l1}；

②锚具变形、钢筋回缩和接缝压缩引起的预应力损失 σ_{l2}；

③预应力钢筋和台座之间的温差引起的预应力损失 σ_{l3}；

④混凝土弹性压缩引起的预应力损失 σ_{l4}；

⑤预应力钢筋的应力松弛引起的预应力损失 σ_{l5}；

⑥混凝土的收缩、徐变引起的预应力损失 σ_{l6}。

由于引起预应力损失的原因很复杂，预应力损失值需要根据试验确定，当无可靠试验资料时，可以按以下方法进行估算。

1）预应力钢筋与孔道壁之间的摩擦引起的预应力损失 σ_{l1}

在后张法中，由于张拉时预应力钢筋与管道壁之间接触而产生摩阻力，此项摩阻力与预应力筋所受拉应力的方向相反,因此预应力钢筋中的实际拉应力较张拉端的拉应力要小。由于摩擦力的影响,离张拉端越远的地方,预应力钢筋中的拉应力越小,即造成了预应力钢筋中的应力损失。

此项预应力损失 σ_{l1} 可按下式计算:

$$\sigma_{l1} = \sigma_{con}[1 - e^{-(\mu\theta + kx)}] \tag{7.4}$$

式中 μ——钢筋与管道壁之间的摩擦系数,按表 7.4 采用;

θ——张拉端至计算截面曲线管道部分切线的夹角,rad,如图 7.15 所示;如果管道为竖平面内和水平面内同时弯曲的三维空间曲线管道,则 $\theta = \sqrt{\theta_H^2 + \theta_V^2}$,$\theta_H$ 和 θ_V 为管道在水平面内和竖平面内的弯曲角。

k——管道每米局部偏差对摩擦的影响系数,按表 7.4 采用;

x——张拉端至计算截面的曲线管道长度,单位为 m,可近似地以其在构件纵轴上的投影长度代替,如图 7.15 所示。

表 7.4　系数 k 和 μ 值

管道成型方式	k	μ	
		钢绞线、钢丝束	预应力螺纹钢筋
预埋金属波纹管	0.001 5	0.20 ~ 0.25	0.50
预埋塑料波纹管	0.001 5	0.15 ~ 0.20	—
预埋铁皮管	0.003 0	0.35	0.40
预埋钢管	0.001 0	0.25	—
抽芯成型	0.001 5	0.55	0.60

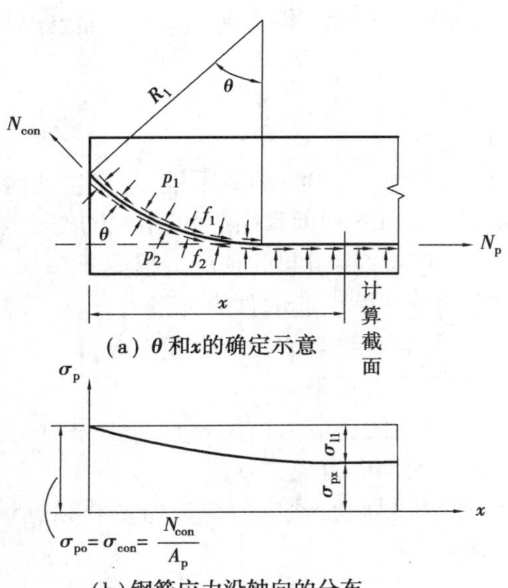

图 7.15　管道摩擦引起的预应力损失

为了减小摩擦引起的预应力损失,一般可以采用以下措施:

(1)两端张拉

采用两端张拉时,曲线的切线夹角 θ 及管道的计算长度 x 均可以减小一半。

(2)超张拉

采用超张拉会使张拉端的应力比较大,从而抵消摩阻损失后传到跨中截面的应力也会比较大。超张拉的施工工艺如下:

对于钢绞线束:

$0\rightarrow$初应力$(0.1\sim0.25)\sigma_{con}\rightarrow1.05\sigma_{con}$(持荷5 min)$\rightarrow\sigma_{con}$(锚固)

对于钢丝束:

$0\rightarrow$初应力$(0.1\sim0.25)\sigma_{con}\rightarrow1.05\sigma_{con}$(持荷5 min)$\rightarrow0\rightarrow\sigma_{con}$(锚固)

应当注意,当采用具有自锚性能的夹片式锚具时,不宜采用超张拉工艺。因为对于钢筋回缩自锚式锚具,超张拉后的钢筋拉应力无法在锚固前回降至 σ_{con},一回降钢筋就会回缩,同时就会带动夹片进行锚固,这就相当于提高了 σ_{con} 值,而不是真正意义上的超张拉,对于低松弛预应力钢筋的张拉工序为:

$0\rightarrow$初应力$\rightarrow\sigma_{con}$(持荷5 min锚固)

2)锚具变形、钢筋回缩和接缝压缩引起的预应力损失 σ_{l2}

预应力直线形钢筋由锚具变形、钢筋回缩和接缝压缩引起的预应力损失 σ_{l2} 可按式(7.5)计算:

$$\sigma_{l2} = \frac{\sum \Delta l}{l}E_p \tag{7.5}$$

式中　Δl——锚具变形、钢筋回缩和接缝压缩值之和,mm,按表7.5取用;

l——张拉端至锚固段的距离,mm。

表7.5　一个锚具、一个接缝和钢筋回缩值(mm)

锚具、接缝类型		Δl
钢丝束的钢制锥形锚具		6
夹片式锚具	有顶压时	4
	无顶压时	6
带螺母锚具的螺母缝隙		1~3
镦头锚具		1
每块后加垫板的缝隙		2
水泥砂浆接缝		1
环氧树脂砂浆接缝		1

注:带螺母锚具采用一次张拉锚固时,Δl 宜取2~3 mm;采用二次张拉锚固时,Δl 可取1 mm。

从式(7.5)可以看出,该式假定 Δl 沿预应力长度方向是均匀分布的,未考虑钢筋回缩时摩擦影响,所以 σ_{l2} 沿钢束全长不变,这种方法只能近似地用于直线管道的情况。对曲线管道,如果预应力钢筋在孔道内无摩擦作用也可成立。如果孔道内存在摩擦的作用,则由于锚具变形所引起的钢筋回缩同样也会受到孔道摩擦的影响，这种摩擦力与钢筋张拉时的摩擦力方向相反，称为反摩擦或反向摩擦，此时采用式(7.5)计算 σ_{l2} 与实际情况不符，而应考虑反摩擦的影响。

《公路钢筋混凝土及预应力混凝土桥涵设计规范》(JTG 3362—2018)指出，后张法构件预应力曲线钢筋由锚具变形、钢筋回缩和接缝压缩引起的预应力损失 σ_{l2}，应考虑锚固后反摩擦的影响，具体的计算方法可参见《公路钢筋混凝土及预应力混凝土桥涵设计规范》(JTG 3362—2018)附录 G 计算。

可以采取以下两个措施减小 σ_{l2}：

①选用变形量较小的锚具，尽可能少用锚垫板。对于分块拼装的构件应尽量减少分块数，以减少接缝压缩损失。

②采用超张拉的施工方法。

3)预应力钢筋和台座之间的温差引起的预应力损失 σ_{l3}

采用先张法制作预应力混凝土构件时，张拉钢筋是在常温下进行的。当混凝土采用蒸汽养护时，而张拉台座由于埋在地下，温度基本不发生变化，就会形成钢筋与台座之间的温度差。升温时，混凝土尚未结硬，钢筋受热自由伸长，产生温度变形，从而引起钢筋松弛，应力降低，即引起了应力损失，也称为温差损失。降温时，混凝土已经结硬且与钢筋之间产生了黏结作用，又由于二者具有相近的温度膨胀系数，将会随温度降低而产生相同的收缩，故升温时所产生的应力损失 σ_{l3} 无法恢复。

温差损失与蒸汽养护时的加热温度有关，可按式(7.6)进行计算：

$$\sigma_{l3} = \alpha(t_2 - t_1)E_p \tag{7.6}$$

取预应力钢筋的弹性模量 $E_p = 2 \times 10^5$ MPa，则有 $\sigma_{l3} = 2(t_2 - t_1)$。

式中 α——预应力钢筋的温度线膨胀系数，一般取 $\alpha = 1 \times 10^{-5}$ ℃$^{-1}$；

σ_{l3}——温差损失，MPa；

t_1——张拉钢筋时制造场地的温度，℃；

t_2——混凝土加热养护时，受拉钢筋的最高温度，℃。

当张拉台座和构件共同受热时，可以不必考虑由温差引起的预应力损失。

一般可以采用两次升温的方法来减小温差应力损失，即第一次由常温升温至 20 ℃以内，待混凝土达到一定强度(7.5 ~ 10 MPa)能够阻止钢筋在混凝土中自由滑移后，再将温度升至 t_2 进行养护，此时钢筋将与混凝土一起变形，不会因二次升温而引起应力损失，引起预应力损失的温差只是第一次升温时的温差。

4)混凝土弹性压缩引起的预应力损失 σ_{l4}

当预应力混凝土构件受到预压应力而产生压缩变形时，则对于已经张拉并锚固于该构件上的预应力钢筋来说，将产生一个压缩变形，而该压缩变形与预应力筋重心处混凝土的压缩变形相等，即 $\varepsilon_p = \varepsilon_c$，从而产生预应力损失，也就是混凝土弹性压缩损失 σ_{l4}，它与构件的预应力施加方法有关。

(1)先张法构件

在先张法构件中,放张预应力钢筋对混凝土施加预压应力时,钢筋与混凝土已经黏结,两者将共同变形,此时混凝土所产生的全部弹性压缩应变将引起预应力钢筋的应力损失,其值为:

$$\sigma_{l4} = \varepsilon_p E_p = \varepsilon_c E_p = \frac{\sigma_{pc}}{E_c} E_p = \alpha_{Ep} \sigma_{pc} \tag{7.7}$$

$$\sigma_{pc} = \frac{N_{p0}}{A_0} + \frac{N_{p0} e_p^2}{I_0}$$

式中　α_{Ep}——预应力钢筋的弹性模量 E_p 与混凝土弹性模量 E_c 的比值;

σ_{pc}——先张法预应力构件计算截面钢筋重心处,由预加力 N_{p0} 产生的混凝土预压应力;

N_{p0}——全部钢筋的预加力,但应扣除相应阶段的预应力损失,即已经发生的预应力损失应该扣除;

A_0,I_0——构件全截面换算截面的截面面积和惯性矩;

e_p——预应力钢筋重心至换算截面重心轴的距离。

(2)后张法构件

在后张预应力混凝土结构中,混凝土的弹性压缩发生在张拉过程中,张拉完毕后,混凝土的弹性压缩也随即完成,故对于一次张拉完成的后张法构件,无须考虑混凝土弹性压缩引起的应力损失。在实际工程中,由于受到张拉设备的限制,钢筋往往是分批进行张拉锚固,并且在多数情况下是采用逐束进行张拉锚固的。当张拉第二批钢筋时,混凝土所产生的弹性压缩会使第一批已张拉锚固的钢筋产生预应力损失。同理,当张拉第三批钢筋时,又会使第一、第二批已张拉锚固的钢筋都产生预应力损失,依次类推。这种在后张法中的弹性压缩损失又称为分批张拉预应力损失。

先张拉的钢筋由后张拉钢筋所引起的混凝土弹性压缩应力损失可按下列公式计算:

$$\sigma_{l4} = \alpha_{Ep} \sum \Delta\sigma_{pc} \tag{7.8}$$

式中　$\sum \Delta\sigma_{pc}$——在计算截面钢筋重心处,由张拉各批钢筋产生的混凝土法向应力之和,MPa。

当同一截面的预应力钢筋逐束张拉时,由混凝土弹性压缩引起的预应力损失可按下列简化公式计算:

$$\sigma_{l4} = \frac{m-1}{2} \alpha_{Ep} \Delta\sigma_{pc} \tag{7.9}$$

式中　m——预应力钢筋的束数;

$\Delta\sigma_{pc}$——在计算截面钢筋重心处,由张拉一束钢筋产生的混凝土法向应力,一般取各束的平均值,MPa。

分批张拉时,由于每批钢筋的应力损失不同,导致实际各批的有效预应力不相等,可以采取以下方法减小预应力的损失:

①重复张拉先张拉过的预应力钢筋;

②超张拉先张拉的预应力钢筋。

5）预应力钢筋的应力松弛引起的预应力损失 σ_{l5}

钢筋在一定的拉力作用下，长度保持不变，则其应力将随时间的增加而逐渐降低，这种现象称为钢筋的应力松弛。图 7.16 所示为预应力钢筋的松弛曲线，其具有以下特点：

①钢筋的初拉应力越大，其应力松弛就越大。

②钢筋松弛量的大小主要与钢筋的品质有关。我国的预应力钢丝和钢绞线依据加工工艺不同而分为Ⅰ级松弛（普通松弛）和Ⅱ级松弛（低松弛）两种，低松弛钢筋的松弛值一般不到普通松弛钢筋的 1/3。

③钢筋松弛与时间有关。初期发展最快，第 1 小时内松弛最大，24 h 内可完成 50%，以后渐趋稳定（图 7.16）。

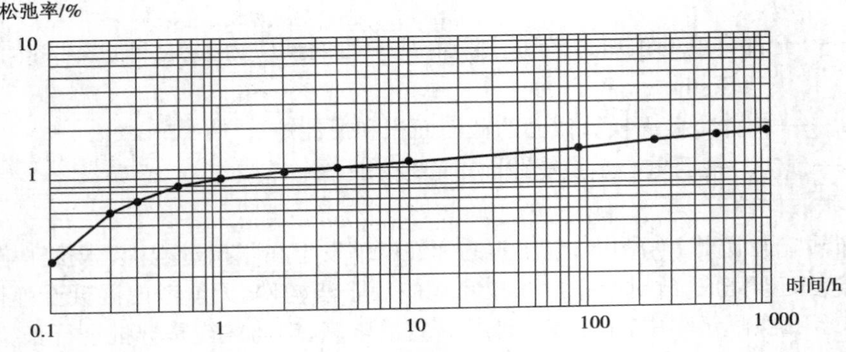

图 7.16　预应力钢筋的松弛曲线

④采用超张拉，即用超过设计拉应力 5% ~10% 的应力张拉并保持数分钟后，再回降至设计拉应力值，可使钢筋应力松弛减少 40% ~60%。

⑤钢筋松弛与温度变化有关，其值随温度升高而增加。当采用蒸汽养护的时候尤其应注意钢筋松弛的影响。

由钢筋松弛引起的应力损失终值可按下列公式计算：

对于预应力螺纹钢筋：

一次张拉

$$\sigma_{l5} = 0.05\sigma_{con} \tag{7.10}$$

超张拉

$$\sigma_{l5} = 0.035\sigma_{con} \tag{7.11}$$

对于预应力钢丝和钢绞线：

$$\sigma_{l5} = \psi\zeta\left(0.52\frac{\sigma_{pe}}{f_{pk}} - 0.26\right)\sigma_{pe} \tag{7.12}$$

式中　ψ——张拉系数。一次张时取 $\psi = 1.0$；超张拉时取 $\psi = 0.9$；

ζ——钢筋松弛系数，Ⅰ级松弛（普通松弛）取 $\zeta = 1.0$；Ⅱ级松弛（低松弛）取 $\zeta = 0.3$；

σ_{pe}——传力锚固时钢筋的应力，对于先张法构件，$\sigma_{pe} = \sigma_{con} - \sigma_{l2}$；对于后张法构件，$\sigma_{pe} = \sigma_{con} - \sigma_{l1} - \sigma_{l2} - \sigma_{l4}$。

《公路钢筋混凝土及预应力混凝土桥涵设计规范》（JTG 3362—2018）规定，对于预应力钢丝和钢绞线，当 $\sigma_{pe}/f_{pk} \leqslant 0.5$ 时，应力松弛损失值为零。

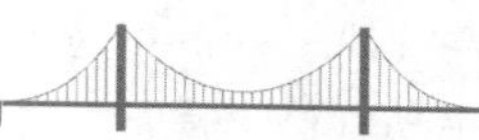

钢筋应力松弛损失的计算，应根据构件不同受力阶段的持荷时间进行。对于先张法构件，在预加应力阶段，即从钢筋张拉到与混凝土黏结阶段，一般按松弛损失值的一半计算，认为剩下的一半在使用阶段完成。对于后张法预应力构件，其应力松弛损失认为全部在使用阶段完成。

6）混凝土的收缩、徐变引起的预应力损失 σ_{l6}

收缩和徐变是混凝土固有特性，由于混凝土的收缩和徐变，使预应力混凝土构件缩短，预应力钢筋也随之缩短，造成预应力损失。而收缩与徐变的变形性能相似，影响因素也大都相同，故将混凝土收缩与徐变引起的应力损失值综合在一起进行计算。

对由混凝土收缩、徐变引起的构件受拉区和受压区预应力钢筋的预应力损失可按下列公式计算：

$$\sigma_{l6}(t)=\frac{0.9[E_p\varepsilon_{cs}(t,t_0)+\alpha_{Ep}\sigma_{pc}\phi(t,t_0)]}{1+15\rho\rho_{ps}} \tag{7.13}$$

$$\sigma'_{l6}(t)=\frac{0.9[E_p\varepsilon_{cs}(t,t_0)+\alpha_{Ep}\sigma'_{pc}\phi(t,t_0)]}{1+15\rho'\rho'_{ps}} \tag{7.14}$$

$$\rho=\frac{A_p+A_s}{A},\rho'=\frac{A'_p+A'_s}{A} \tag{7.15}$$

$$\rho_{ps}=1+\frac{e_{ps}^2}{i^2},\rho'_{ps}=1+\frac{e'^2_{ps}}{i^2} \tag{7.16}$$

$$e_{ps}=\frac{A_pe_p+A_se_s}{A_p+A_s},e'_{ps}=\frac{A'_pe'_p+A'_se'_s}{A'_p+A'_s} \tag{7.17}$$

式中　$\sigma_{l6}(t)$，$\sigma'_{l6}(t)$——构件受拉区、受压区全部纵向钢筋截面重心处由混凝土收缩、徐变引起的预应力损失；

σ_{pc}，σ'_{pc}——构件受拉区、受压区全部纵向钢筋截面重心处由预应力产生的混凝土法向压应力。此时，预应力损失值仅考虑预应力钢筋锚固时（第一批）的损失，普通钢筋应力 $\sigma_{l6}(t)$、$\sigma'_{l6}(t)$ 应取为0；σ_{pc}，σ'_{pc} 值不得大于传力锚固时混凝土立方体抗压强度 f'_{cu} 的0.5倍；当 σ'_{pc} 为拉应力时，应取为0。计算 σ_{pc}，σ'_{pc} 时，可根据构件制作情况考虑自重的影响；

E_p——预应力钢筋的弹性模量；

α_{Ep}——预应力钢筋弹性模量与混凝土弹性模量的比值；

ρ，ρ'——构件受拉区、受压区全部纵向钢筋配筋率；

A——构件截面面积，对先张法构件，$A=A_0$；对后张法构件，$A=A_n$；

i——截面回转半径，$i^2=I/A$，先张法构件取 $I=I_0$，$A=A_0$；后张法构件取 $I=I_n$，$A=A_n$；

e_p，e'_p——构件受拉区、受压区预应力钢筋截面重心至构件截面重心的距离；

e_{ps}，e'_{ps}——构件受拉区、受压区预应力钢筋和普通钢筋截面重心至构件截面重心的距离；

$\varepsilon_{cs}(t,t_0)$——预应力钢筋传力锚固龄期为 t_0，计算考虑的龄期为 t 时的混凝土收缩应变，按《公路钢筋混凝土及预应力混凝土桥涵设计规范》（JTG 3362—2018）附录C计算。其终极值 $\varepsilon_{cs}(t_u,t_0)$ 可按表7.6取用；

$\varphi(t,t_0)$——加载龄期为 t_0，计算考虑的龄期为 t 时的徐变系数，按《公路钢筋混凝土及预应力混凝土桥涵设计规范》(JTG 3362—2018)附录 C 计算。其终极值 $\phi(t_u,t_0)$ 可按表 7.6 取用或通过可靠的试验数据确定。

表 7.6　混凝土徐变应变和收缩系数终极值

项目	受荷时混凝土龄期 t_0/d	大气条件							
		$40\% \leqslant RH < 70\%$				$70\% \leqslant RH < 99\%$			
		构件理论厚度 $h=\frac{2A}{\mu}$/mm							
		100	200	300	≥600	100	200	300	≥600
徐变系数终极值 $\phi(t_u,t_0)$	3	3.78	3.36	3.14	2.79	2.73	2.52	2.39	2.20
	7	3.23	2.88	2.68	2.39	2.32	2.15	2.05	1.88
	14	2.83	2.51	2.35	2.09	2.04	1.89	1.79	1.65
	28	2.48	2.20	2.06	1.83	1.79	1.65	1.58	1.44
	60	2.14	1.91	1.78	1.58	1.55	1.43	1.36	1.25
	90	1.99	1.76	1.65	1.46	1.44	1.32	1.26	1.15
收缩系数终极值 $\varepsilon_{cs}(t_u,t_0)$ $(\times 10^{-3})$	3～7	0.50	0.45	0.38	0.25	0.30	0.26	0.23	0.15
	14	0.43	0.41	0.36	0.24	0.25	0.24	0.21	0.14
	28	0.38	0.38	0.34	0.23	0.22	0.22	0.20	0.13
	60	0.31	0.34	0.32	0.22	0.18	0.20	0.19	0.12
	90	0.27	0.32	0.30	0.21	0.16	0.19	0.18	0.12

注：1. 本表适用于由一般的硅酸盐类水泥或快硬水泥配置而成的混凝土。

2. 本表适用于季节性变化的平均温度 $-20\sim40$ ℃。

3. 表中数值系按强度等级 C40 混凝土计算所得，对 C50 及以上混凝土，表中数值应乘以 $\sqrt{32.4/f_{ck}}$，式中 f_{ck} 为混凝土轴心抗压强度标准值，MPa。

4. 计算时，表中年平均相对湿度 $40\% \leqslant RH < 70\%$，取 $RH=55\%$；$70\% \leqslant RH < 99\%$，取 $RH=80\%$。

5. 表中理论厚度 $h=2A/\mu$，A 为构件截面面积；μ 为构件与大气接触的周边长度。当构件为变截面时，A 和 μ 可取其平均值。

6. 表中数值按 10 年的延续期计算。

7. 构件的实际传力锚固龄期、加载龄期或理论厚度为表中数值中间值时，可按直线内插法取值。

减小混凝土收缩和徐变引起的预应力损失的措施有：

①采用高强度等级的水泥，减少水泥用量，降低水灰比，采用干硬性混凝土。

②采用级配较好的集料，加强振捣，提高混凝土的密实性。

③加强养护，以减少混凝土的收缩。

以上各项预应力损失的估算值可作为一般设计的依据。但由于材料、施工条件等不同，实际的预应力损失值与按上述方法计算的数值会有所出入。为了确保预应力混凝土结构在施工、使用阶段的安全，除加强施工管理外，还应做好应力损失值的实测工作，用所测得的实际应力损失值来调整张拉应力。

7.4.3　钢筋的有效预应力计算

1)预应力损失的组合

前述所列各项预应力损失在不同的施工方法中所考虑的也不相同。从损失完成的时间上看,有些损失出现在混凝土预压完成以前,有些出现在混凝土预压之后;有些损失很快就完成,有些损失则需要延续很长时间。通常按损失完成的时间将其分成两批:

第一批损失 $\sigma_{1\mathrm{I}}$。传力锚固时的损失,损失发生在混凝土预压过程之中,即预加应力阶段。

第二批损失 $\sigma_{1\mathrm{II}}$。传力锚固后的损失,损失发生在混凝土预压过程完成以后的若干年内,即使用阶段。

不同施工方法所考虑的各阶段预应力损失值组合情况列于表7.7。

表7.7　各阶段预应力损失值的组合

预应力损失值的组合	先张法构件	先张法构件
传力锚固时的损失(第一批)$\sigma_{1\mathrm{I}}$	$\sigma_{l2}+\sigma_{l3}+\sigma_{l4}+0.5\sigma_{l5}$	$\sigma_{l1}+\sigma_{l2}+\sigma_{l4}$
传力锚固后的损失(第二批)$\sigma_{1\mathrm{II}}$	$0.5\sigma_{l5}+\sigma_{l6}$	$\sigma_{l5}+\sigma_{l6}$

2)钢筋的有效预应力

预加应力阶段,预应力钢筋中的有效预应力为:

$$\sigma_{pe}=\sigma_{con}-\sigma_{1\mathrm{I}} \tag{7.18}$$

使用阶段,预应力钢筋中的有效预应力(即永存预应力)为:

$$\sigma_{pe}=\sigma_{con}-\sigma_{1\mathrm{I}}-\sigma_{1\mathrm{II}} \tag{7.19}$$

7.5　其他预应力混凝土结构

知识点

①部分预应力的工作原理;

②无黏结预应力和体外预应力的概念。

7.5.1　部分预应力混凝土结构

对于预应力混凝土结构而言,早期都是按照全预应力混凝土来设计的。当时的工程师认为施加预应力的目的只是用混凝土承受的预压应力来抵消外加作用引起的混凝土拉应力,只要保证混凝土不受拉应力,就不会出现裂缝,即全预应力混凝土。

全预应力混凝土结构虽然有刚度大、抗疲劳、防渗漏等优点,但是在工程实践中也发现了一些严重缺点。例如结构构件的反拱过大,在恒载小、活载大、预加力大时,梁的反拱会不断增加,影响行车平顺性;当预应力过大时,锚下混凝土横向拉应变超出极限拉应变时,会出现沿预应力钢筋纵向不能恢复的水平裂缝。

部分预应力混凝土结构是针对全预应力混凝土在理论和实践中存在的这些问题发展起来的一种预应力混凝土结构。它是介于全预应力混凝土结构和钢筋混凝土结构之间的预应力混凝土结构,这种结构在进行正常使用极限状态设计时,在作用频域组合下容许截面边缘出现拉应力或裂缝。部分预应力混凝土的提出促进了预应力混凝土结构设计理论的重大发展,使设计人员可以根据结构使用要求来选择适当的预应力度,进行合理的结构设计。

1)部分预应力混凝土结构的受力特征

为了理解部分预应力混凝土梁的工作性能,需要观察不同预应力度条件下梁的作用-挠度曲线,如图 7.17 所示。图中曲线 a、b、c 分别表示具有相同正截面承载能力 M_u 的全预应力混凝土梁($\lambda \geqslant 1$)、部分预应力混凝土梁($0<\lambda<1$)、钢筋混凝土梁($\lambda=0$)的弯矩-挠度关系曲线示意图。由图中可以看出:

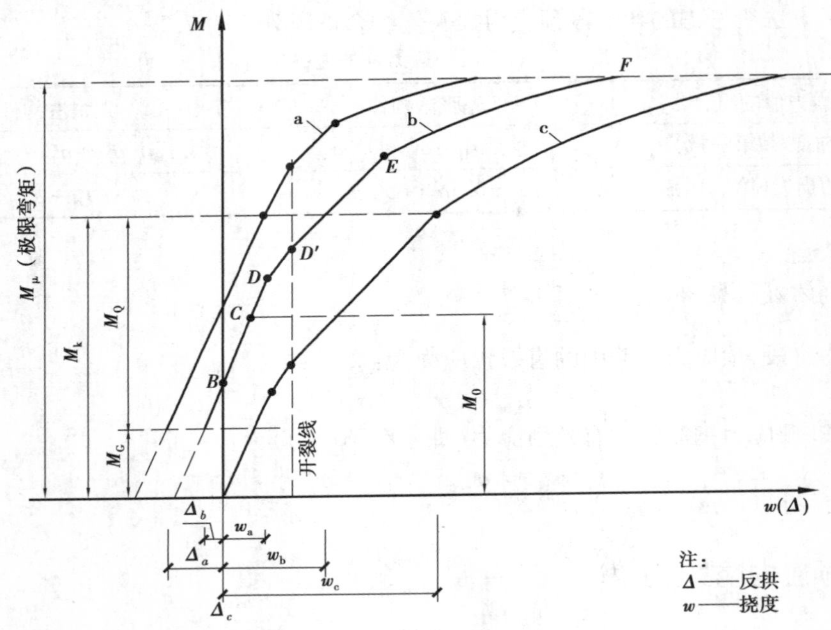

图 7.17　弯矩-挠度曲线

①当作用较小时,部分预应力混凝土梁受力特征与全预应力混凝土梁相似。在自重与有效预加力 N_{pe}(扣除相应阶段的预应力损失)作用下,它具有反拱度 Δ_b,但其值较全预应力混凝土梁的反拱度 Δ_a 要小。当作用增加,弯矩 M 达到 B 点时,表示外加作用使梁产生的下挠度与预应力反拱度相等,两者正好相互抵消,此时梁的挠度为 0,但受拉区边缘混凝土的应力并不为 0。

②当作用继续增加,达到 C 点时,外加作用在梁底混凝土产生的拉应力刚好将梁底混凝土的有效预应力相互抵消,使梁底受拉边缘的混凝土应力为 0,此时相应的外加作用引起的弯矩 M_0 称为消压弯矩。

③继续加载至 D 点,混凝土的边缘拉应力达到极限抗拉强度。随着外加荷载的增加,受拉区混凝土进入塑性阶段,构件的刚度下降,达到 D'点时表示构件即将出现裂缝,此时相应的

弯矩称为预应力混凝土构件的开裂弯矩 M_{pcr}。显然 $M_{pcr}-M_0$ 就相当于钢筋混凝土构件的截面抗裂弯矩 M_{cr}，即 $M_{cr}=M_{pcr}-M_0$。

④从 D' 点开始，随着外加作用的加大，裂缝开展，刚度下降，挠度增加速度加快。而到达 E 点时，受拉钢筋屈服。E 点以后，裂缝进一步扩展，刚度进一步下降，挠度增加速度更快，直到 F 点构件达到承载能力极限状态而破坏。

2）非预应力钢筋

实现部分预应力，可行的方法主要有以下3种：

①全部采用高强钢筋，将其中的一部分张拉到最大容许张拉应力，保留一部分作为非预应力钢筋，这样可以节省锚具和张拉工作量。

②将全部预应力钢筋都张拉到一个较低的应力水平。

③用普通钢筋代替一部分预应力高强钢筋，即混合配筋。

对于B类预应力混凝土构件，最常采用的是第三种配筋方法，由于采用了预应力高强钢筋与非预应力普通钢筋的混合配筋，既具有两种配筋的优点，又基本排除了两者的缺点。构件中的预应力钢筋可以平衡一部分荷载，提高抗裂度，减小挠度，并提供部分或大部分的承载力。非预应力钢筋可以改善裂缝的分布，增加结构的极限承载力和提高破坏时的延性。非预应力钢筋还可以配置在结构中难以配置预应力钢筋的部分。部分预应力混凝土结构中配置的非预应力筋，一般采用中等强度的带肋钢筋，这种钢筋对分散裂缝的分布、限制裂缝宽度以及提高破坏时的延性更为有效。

根据非预应力钢筋在结构中的功能不同，可以分为以下3种：

①非预应力钢筋用来加强应力传递时梁的承载力，如图7.18(a)、(b)、(c)所示。这类非预应力钢筋主要在梁上施加预应力时发挥作用，按照非预应力筋在梁中位置的不同，承担施加预应力时可能出现的拉应力或过高的预压应力。

②非预应力钢筋用来承受临时作用或意外作用，包括运输、堆置和吊装过程中的特殊荷载。

③非预应力钢筋用来改善梁的结构性能以及提高梁的承载能力。这些非预应力钢筋在正常使用极限状态与承载能力极限状态下都会发挥重要作用，它有利于裂缝较分散地分布、限制裂缝的宽度，并能增加梁的抗弯承载力和提高破坏时的延性。在悬臂梁和连续梁的尖峰弯矩区配置这种非预应力钢筋，作用会更加明显，如图7.18(d)、(e)所示。

7.5.2 无黏结预应力混凝土结构

无黏结预应力混凝土是指配置的主筋为无黏结预应力钢筋的后张法预应力混凝土，而无黏结预应力钢筋是指由单根或多根高强钢丝、钢绞线或者粗钢筋，沿其全长涂有专用防腐油脂涂料层和外包层，使之与周围混凝土不建立黏结力，张拉时可沿着纵向发生相对滑动的预应力钢筋。

无黏结预应力钢筋的一般制作方法是将预应力钢筋沿其全长的外表面涂刷沥青、油脂等润滑防腐材料，然后用纸带或塑料带包裹或套以塑料管。在施工时，像普通钢筋一样先铺设在支好的模板内，然后浇筑混凝土，待混凝土达到规定强度后再进行张拉锚固。无黏结预应力施工工艺如图7.19所示，其主要施工工序如下。

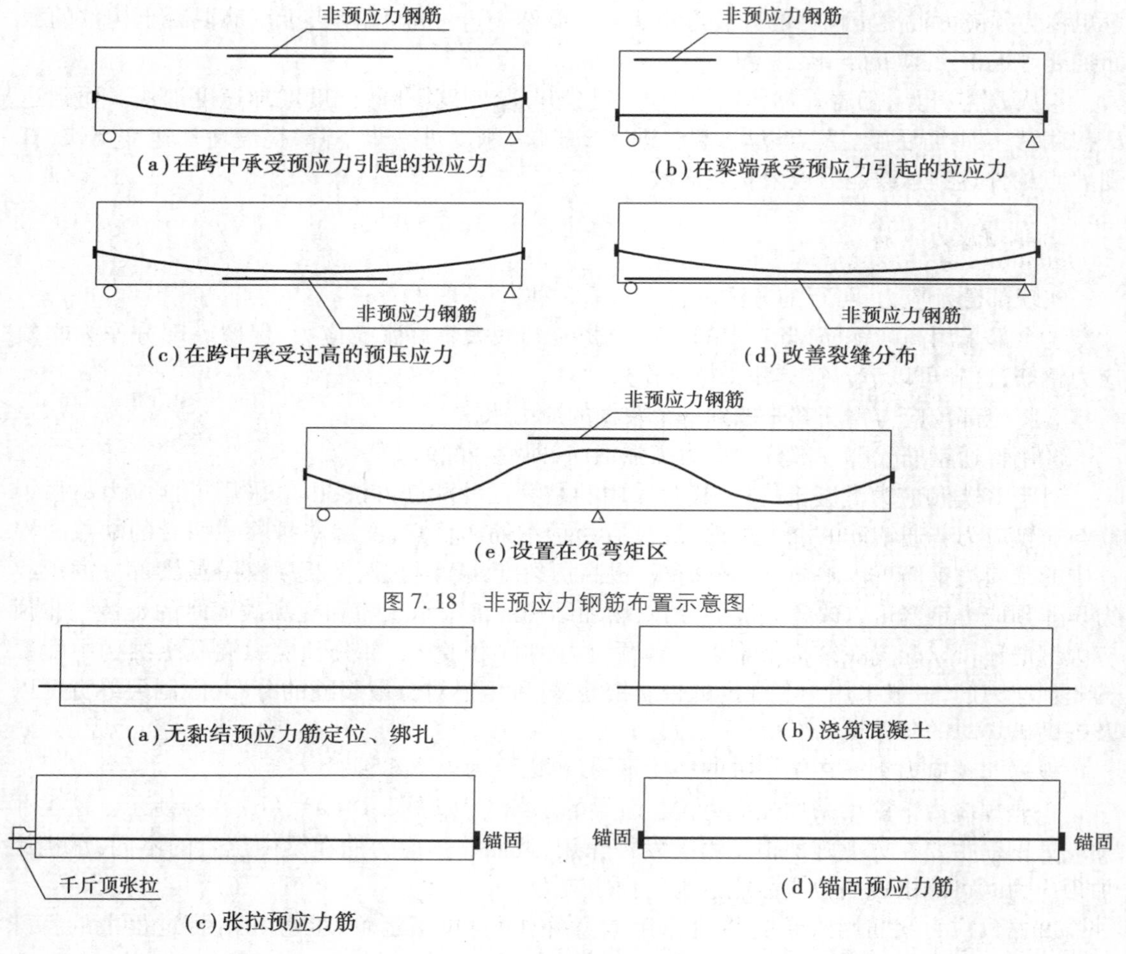

图 7.18　非预应力钢筋布置示意图

图 7.19　无黏结预应力施工工艺

①将无黏结预应力钢筋准确定位,并与普通钢筋一起绑扎形成钢筋骨架,然后浇筑混凝土。

②待混凝土达到预期强度后,利用构件本身作为受力台座进行张拉,可以是一端锚固一端张拉或者两端同时张拉。在张拉预应力钢筋的同时,使混凝土受到预压。

③张拉完成后,在张拉端用锚具将预应力钢筋锚固,形成无黏结预应力混凝土构件。

无黏结预应力施工工艺的基本特点与有黏结后张法预应力比较相似,主要区别在于:

①由于避免了预留孔道、穿预应力钢筋和压力灌浆等施工工序,可以像非预应力钢筋那样,按照设计确定的数量、间距铺放在模板内即可,因此无黏结预应力的施工过程比较简单。

②由于无黏结预应力钢筋通常与混凝土无黏结,其预应力的传递完全依靠构件两端的锚具,因此无黏结预应力对锚具的要求较高。

7.5.3　体外预应力

体外预应力是指对布置于承载结构主跨本体之外的钢束(体外束)张拉而产生的预应力,仅将锚固区钢束设置在结构本体内,转向块可设在结构体内或体外。体外预应力施工工艺如

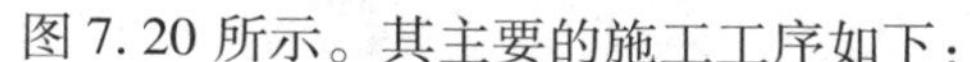
图 7.20 所示。其主要的施工工序如下：

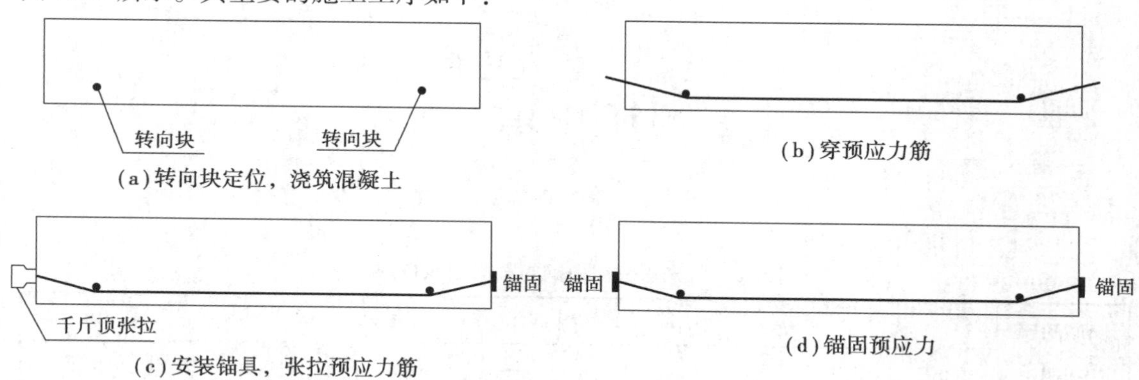

图 7.20　体外预应力施工工艺

①先浇筑好混凝土构件，并在构件中预埋预应力钢筋转向块。

②待混凝土达到预期强度后，穿入预应力钢筋，并定位。

③利用构件本身作为受力台座进行张拉，可以是一端锚固一端张拉或者两端同时张拉，在张拉预应力钢筋的同时，使混凝土受压预压。

张拉完毕后，在张拉端用锚具将预应力钢筋锚固，从而形成体外预应力。

与有黏结后张法预应力结构相比，体外预应力结构具有预应力钢筋布置灵活，在使用期间，可重复调整预应力值，更换预应力钢筋的优点。但是预应力钢筋的防火、防腐蚀以及防冲撞等措施较为复杂。

第 7 章工程案例

思考题

1. 什么是预应力混凝土结构？与钢筋混凝土结构相比，它有什么特点？
2. 预应力混凝土结构分为哪几类？
3. 简述预应力的施加方法及工艺。
4. 预应力混凝土结构对材料有什么要求？
5. 什么是张拉控制应力和有效预应力？
6. 预应力损失有哪些类型？减小预应力损失的措施有哪些？
7. 部分预应力、无黏结预应力、体外预应力的概念。

附　录

附录 1　每米板宽度内钢筋截面面积(mm^2)

钢筋间距/mm	钢筋直径/mm								
	6	8	10	12	14	16	18	20	22
70	404	719	1 121	1 616	2 199	2 872	3 636	4 487	5 430
75	377	671	1 047	1 508	2 053	2 681	3 393	4 188	5 081
80	354	629	981	1 414	1 924	2 513	3 181	3 926	4 751
85	333	592	924	1 331	1 811	2 365	2 994	3 695	4 472
90	314	559	872	1 257	1 710	2 234	2 828	3 490	4 223
95	298	529	826	1 190	1 620	2 116	2 679	3 306	4 001
100	283	503	785	1 131	1 539	2 011	2 545	3 141	3 801
105	269	479	748	1 077	1 466	1 915	2 424	2 991	3 620
110	257	457	714	1 028	1 399	1 828	2 314	2 855	3 455
115	246	437	683	984	1 339	1 749	2 213	2 731	3 305
120	236	419	654	942	1 283	1 676	2 121	2 617	3 167
125	226	402	628	905	1 232	1 608	2 036	2 513	3 041
130	218	387	604	870	1 184	1 547	1 958	2 416	2 924
135	209	372	582	838	1 140	1 490	1 885	2 327	2 816
140	202	359	561	808	1 100	1 436	1 818	2 244	2 715
145	195	347	542	780	1 062	1 387	1 755	2 166	2 621
150	189	335	523	754	1 026	1 340	1 697	2 084	2 534
155	182	324	507	730	993	1 297	1 642	2 027	2 452
160	177	314	491	707	962	1 257	1 590	1 964	2 376
165	171	305	476	685	933	1 219	1 542	1 904	2 304
170	166	296	462	665	906	1 183	1 497	1 848	2 236
175	162	287	449	646	876	1 149	1 454	1 795	2 172

续表

钢筋间距 /mm	钢筋直径/mm								
	6	8	10	12	14	16	18	20	22
180	157	279	436	628	855	1 117	1 414	1 746	112
185	153	272	425	611	832	1 087	1 376	1 694	2 035
190	149	265	413	595	810	1 058	1 339	1 654	2 001
195	145	258	403	580	789	1 031	1 305	1 611	1 949
200	141	251	393	565	770	1 005	1 272	1 572	1 901

附录2　普通钢筋截面面积、质量表

公称直径 /mm	在下列钢筋根数时的截面面积 A_s									质量/ (kg · m^{-1})	带肋钢筋	
	1	2	3	4	5	6	7	8	9		公称直径 /mm	外径 /mm
6	28.3	57	85	113	141	170	198	226	254	0.222	6	7.0
8	50.3	101	151	201	251	302	352	402	452	0.395	8	9.3
10	78.5	157	236	314	393	471	550	628	707	0.617	10	11.6
12	113.1	226	339	452	566	679	792	905	1 018	0.888	12	13.9
14	153.9	308	462	616	770	924	1 078	1 232	1 385	1.21	14	16.2
16	201.1	402	603	804	1 005	1 206	1 407	1 608	1 810	1.58	16	18.4
18	254.5	509	763	1 018	1 272	1 527	1 781	2 036	2 290	2.00	18	20.5
20	314.2	628	942	1 256	1 570	1 884	2 200	2 513	2 827	2.47	20	22.7
22	380.1	760	1 140	1 520	1 900	2 281	2 661	3 041	3 421	2.98	22	25.1
25	490.9	982	1 473	1 964	2 454	2 945	3 436	3 927	4 418	3.85	25	28.4
28	615.8	1 232	1 847	2 463	3 079	3 695	4 310	4 926	5 542	4.83	28	31.6
32	804.2	1 608	2 413	3 217	4 021	4 826	5 630	6 434	7 238	6.31	32	35.8

附录3　圆形截面钢筋混凝土偏心受压构件正截面相对抗压承载力 n_u

$\eta\frac{e_0}{r}$	$\rho\frac{f_{sd}}{f_{cd}}$																	
	0.06	0.09	0.12	0.15	0.18	0.21	0.24	0.27	0.30	0.40	0.50	0.60	0.70	0.80	0.90	1.00	1.10	1.20
0.01	1.048 7	1.078 3	1.107 9	1.137 5	1.167 1	1.196 8	1.226 4	1.256 1	1.285 7	1.384 6	1.483 5	1.582 4	1.681 3	1.780 2	1.879 1	1.978 0	2.076 9	2.175 8
0.05	1.003 1	1.031 6	1.060 1	1.088 5	1.116 9	1.145 4	1.173 8	1.202 2	1.230 6	1.325 4	1.420 1	1.514 8	1.609 5	1.704 2	1.798 9	1.893 7	1.988 4	2.083 1
0.10	0.943 8	0.971 1	0.998 4	1.025 7	1.052 9	1.080 2	1.107 4	1.134 5	1.161 7	1.252 1	1.342 3	1.432 5	1.522 6	1.612 7	1.702 7	1.792 7	1.882 6	1.972 6
0.15	0.882 7	0.909 0	0.9352	0.961 4	0.987 5	1.013 6	1.039 6	1.065 6	1.091 6	1.178 1	1.264 3	1.350 3	1.436 2	1.522 0	1.607 7	1.693 4	1.779 0	1.864 6
0.20	0.820 6	0.845 8	0.870 9	0.896 0	0.921 0	0.946 0	0.970 9	0.995 8	1.020 6	1.103 3	1.185 6	1.267 7	1.349 6	1.431 3	1.513 0	1.594 5	1.676 0	1.757 4
0.25	0.758 9	0.782 9	0.806 7	0.830 2	0.854 0	0.877 8	0.901 6	0.925 4	0.949 1	1.027 9	1.106 3	1.184 5	1.262 5	1.340 4	1.418 0	1.495 6	1.573 1	1.650 4
0.30	0.700 3	0.724 7	0.748 6	0.772 1	0.795 3	0.818 1	0.840 8	0.863 2	0.885 5	0.959 0	1.031 6	1.103 6	1.175 2	1.249 1	1.322 8	1.396 4	1.469 9	1.543 3
0.35	0.643 2	0.668 4	0.692 8	0.716 5	0.739 7	0.762 5	0.784 9	0.807 0	0.829 0	0.900 8	0.971 2	1.040 8	1.109 7	1.178 3	1.246 5	1.314 5	1.382 4	1.450 0
0.40	0.587 8	0.614 2	0.639 3	0.663 5	0.686 9	0.709 7	0.732 0	0.754 0	0.775 7	0.846 1	0.914 7	0.982 2	1.048 9	1.115 0	1.180 7	1.246 1	1.311 3	1.376 2
0.45	0.534 6	0.562 4	0.588 4	0.613 2	0.636 9	0.659 9	0.682 2	0.704 1	0.725 5	0.794 9	0.861 9	0.927 5	0.992 1	1.056 1	1.119 5	1.182 5	1.245 2	1.307 7
0.50	0.483 9	0.513 3	0.540 3	0.565 7	0.589 8	0.613 0	0.635 4	0.657 3	0.678 6	0.747 0	0.812 6	0.876 5	0.939 3	1.001 2	1.062 5	1.123 3	1.183 8	1.244 1
0.55	0.435 9	0.467 0	0.495 1	0.521 2	0.545 8	0.569 2	0.591 7	0.613 5	0.634 7	0.702 2	0.766 6	0.828 9	0.889 9	0.950 0	1.009 4	1.068 2	1.126 6	1.184 8
0.60	0.391 0	0.423 8	0.453 0	0.479 8	0.504 7	0.528 3	0.550 9	0.572 7	0.593 8	0.660 5	0.723 7	0.784 6	0.844 0	0.902 3	0.959 8	1.016 8	1.073 3	1.129 5
0.65	0.349 5	0.384 0	0.414 1	0.441 4	0.466 7	0.490 5	0.513 1	0.534 8	0.555 8	0.621 7	0.683 7	0.743 2	0.801 1	0.857 8	0.913 6	0.968 9	1.023 6	1.077 9
0.70	0.311 6	0.347 5	0.378 4	0.406 2	0.431 7	0.455 6	0.478 2	0.499 8	0.520 6	0.585 7	0.646 6	0.704 7	0.761 1	0.816 3	0.870 5	0.924 1	0.977 1	1.029 7
0.75	0.277 3	0.314 3	0.345 9	0.373 9	0.399 6	0.423 5	0.446 0	0.467 4	0.488 1	0.552 3	0.612 0	0.668 9	0.723 9	0.777 6	0.830 3	0.882 3	0.933 7	0.984 7
0.80	0.246 8	0.284 5	0.316 4	0.344 6	0.370 2	0.394 0	0.416 4	0.437 7	0.458 1	0.521 4	0.579 9	0.635 6	0.689 2	0.741 5	0.792 7	0.843 2	0.893 1	0.942 6
0.85	0.219 9	0.257 9	0.289 9	0.318 0	0.343 6	0.367 2	0.389 3	0.410 4	0.430 5	0.492 8	0.550 2	0.604 5	0.656 9	0.707 8	0.757 7	0.806 7	0.855 2	0.903 2
0.90	0.196 3	0.234 3	0.266 1	0.294 0	0.319 3	0.342 7	0.364 6	0.385 3	0.405 1	0.466 3	0.522 5	0.575 7	0.626 7	0.676 3	0.724 9	0.772 6	0.819 7	0.866 3

0.95	0.175 9	0.213 4	0.244 8	0.272 4	0.297 4	0.320 4	0.342 0	0.362 4	0.381 8	0.441 9	0.496 9	0.548 8	0.598 6	0.647 0	0.694 2	0.740 6	0.786 4	0.831 7
1.00	0.158 2	0.195 0	0.225 9	0.253 0	0.277 5	0.300 1	0.321 3	0.341 3	0.360 4	0.419 3	0.473 1	0.523 8	0.572 4	0.619 5	0.665 5	0.710 7	0.755 3	0.799 3
1.10	0.129 9	0.164 6	0.193 9	0.219 8	0.243 3	0.264 9	0.285 2	0.304 4	0.322 7	0.379 1	0.430 5	0.478 9	0.525 1	0.569 9	0.613 6	0.656 4	0.698 6	0.740 2
1.20	0.108 7	0.141 0	0.168 5	0.192 9	0.215 2	0.235 8	0.255 1	0.273 4	0.290 9	0.344 6	0.393 7	0.439 8	0.483 8	0.526 4	0.567 9	0.608 6	0.648 6	0.688 1
1.30	0.092 7	0.122 4	0.1481	0.171 0	0.192 0	0.211 5	0.229 9	0.247 2	0.263 9	0.315 0	0.361 8	0.405 7	0.447 6	0.488 2	0.527 6	0.566 3	0.604 3	0.641 8
1.40	0.080 4	0.107 7	0.131 6	0.153 1	0.172 8	0.191 2	0.208 6	0.225 0	0.240 8	0.289 5	0.334 0	0.375 9	0.415 8	0.454 4	0.492 0	0.528 8	0.564 9	0.600 6
1.50	0.070 8	0.095 9	0.118 0	0.138 1	0.156 7	0.174 1	0.190 5	0.206 1	0.221 0	0.267 3	0.309 7	0.349 6	0.387 7	0.424 5	0.460 3	0.495 4	0.529 8	0.563 8
1.60	0.063 0	0.086 2	0.106 8	0.125 6	0.143 1	0.159 5	0.175 0	0.189 7	0.203 9	0.247 9	0.288 4	0.326 4	0.362 8	0.397 9	0.432 1	0.465 5	0.498 4	0.530 9
1.70	0.056 7	0.078 2	0.097 4	0.115 0	0.131 5	0.146 9	0.161 6	0.175 6	0.189 1	0.231 0	0.269 5	0.305 8	0.340 5	0.374 1	0.406 8	0.438 7	0.470 2	0.501 2
1.80	0.051 5	0.071 4	0.089 4	0.106 0	0.121 5	0.136 1	0.150 0	0.163 3	0.176 1	0.216 0	0.252 8	0.287 5	0.320 7	0.352 8	0.384 0	0.414 6	0.444 7	0.474 3
1.90	0.047 2	0.065 7	0.082 6	0.098 2	0.112 8	0.126 6	0.139 8	0.152 5	0.164 6	0.202 7	0.237 8	0.271 0	0.302 8	0.333 5	0.363 5	0.392 8	0.421 6	0.450 0
2.00	0.043 5	0.060 8	0.076 7	0.091 4	0.105 2	0.118 3	0.130 9	0.142 9	0.154 5	0.190 8	0.224 4	0.256 2	0.286 7	0.316 2	0.344 9	0.373 0	0.400 7	0.427 9
2.50	0.031 1	0.044 1	0.056 2	0.067 6	0.078 4	0.088 8	0.098 7	0.108 3	0.117 6	0.147 0	0.174 4	0.200 5	0.225 5	0.249 8	0.273 5	0.296 8	0.319 7	0.342 2
3.00	0.024 1	0.034 5	0.044 2	0.053 5	0.062 3	0.070 7	0.078 9	0.086 9	0.094 6	0.119 1	0.142 1	0.164 0	0.185 2	0.205 7	0.225 8	0.245 6	0.265 0	0.284 1
3.50	0.019 7	0.028 3	0.036 4	0.044 1	0.051 6	0.058 7	0.065 7	0.072 4	0.079 0	0.099 9	0.119 6	0.138 5	0.156 8	0.174 6	0.191 9	0.209 0	0.225 8	0.242 5
4.00	0.016 6	0.024 0	0.030 9	0.037 6	0.044 0	0.050 2	0.056 2	0.062 0	0.067 7	0.085 9	0.103 2	0.119 8	0.135 8	0.151 4	0.166 7	0.181 8	0.196 6	0.211 2
4.50	0.014 4	0.020 8	0.026 9	0.032 7	0.038 3	0.043 7	0.049 0	0.054 2	0.059 2	0.075 4	0.090 7	0.105 4	0.119 7	0.133 6	0.147 3	0.160 7	0.174 0	0.187 0
5.00	0.012 7	0.018 3	0.023 7	0.028 9	0.033 9	0.038 8	0.043 5	0.048 1	0.052 6	0.067 1	0.080 9	0.094 1	0.107 0	0.119 5	0.131 9	0.144 0	0.155 9	0.167 7
5.50	0.011 3	0.016 4	0.021 3	0.025 9	0.030 4	0.034 8	0.039 1	0.043 3	0.047 4	0.060 5	0.072 9	0.085 0	0.096 7	0.108 1	0.119 3	0.130 4	0.141 2	0.152 0
6.00	0.010 2	0.014 9	0.019 3	0.023 5	0.027 6	0.031 6	0.035 5	0.039 3	0.043 0	0.055 0	0.066 4	0.077 5	0.088 2	0.098 7	0.108 9	0.119 1	0.129 1	0.139 0
6.50	0.009 3	0.013 6	0.017 6	0.021 5	0.025 2	0.028 9	0.032 5	0.036 0	0.039 4	0.050 4	0.061 0	0.071 1	0.081 0	0.090 7	0.100 2	0.109 6	0.118 8	0.128 0
7.00	0.008 6	0.012 5	0.016 2	0.019 8	0.023 3	0.026 6	0.030 0	0.033 2	0.036 4	0.046 6	0.056 3	0.065 8	0.075 0	0.084 0	0.092 8	0.101 5	0.110 1	0.118 6
7.50	0.008 0	0.011 6	0.015 0	0.018 3	0.021 6	0.024 7	0.027 8	0.030 8	0.033 8	0.043 3	0.052 4	0.061 2	0.069 7	0.078 1	0.086 4	0.094 5	0.102 5	0.110 4

续表

$\eta\frac{e_0}{r}$	$\rho\frac{f_{sd}}{f_{cd}}$																	
	0.06	0.09	0.12	0.15	0.18	0.21	0.24	0.27	0.30	0.40	0.50	0.60	0.70	0.80	0.90	1.00	1.10	1.20
8.00	0.007 4	0.010 8	0.014 0	0.017 1	0.020 1	0.023 0	0.025 9	0.028 7	0.031 5	0.040 4	0.048 9	0.057 2	0.065 2	0.073 0	0.080 8	0.088 4	0.095 9	0.103 4
8.50	0.006 9	0.010 1	0.013 1	0.016 0	0.018 8	0.021 6	0.024 3	0.026 9	0.029 5	0.037 9	0.045 9	0.053 6	0.061 2	0.068 6	0.075 9	0.083 0	0.090 1	0.097 1
9.00	0.006 5	0.009 4	0.012 3	0.015 0	0.017 7	0.020 3	0.022 8	0.025 3	0.027 8	0.035 6	0.043 2	0.050 5	0.057 7	0.064 6	0.071 5	0.078 3	0.085 0	0.091 6
9.50	0.006 1	0.008 9	0.011 6	0.014 2	0.016 7	0.019 1	0.021 5	0.023 9	0.026 2	0.033 7	0.040 8	0.047 7	0.054 5	0.061 1	0.067 6	0.074 0	0.080 4	0.086 7
10.00	0.005 8	0.008 4	0.011 0	0.013 4	0.015 8	0.018 1	0.020 4	0.022 6	0.024 8	0.031 9	0.038 7	0.045 3	0.051 7	0.058 0	0.064 1	0.070 2	0.076 3	0.0822

参考文献

[1] 中华人民共和国国家标准. GB 50153—2008 工程结构可靠性设计统一标准[S]. 北京:中国建筑工业出版社,2009.

[2] 中华人民共和国行业标准. JTG 2120—2020 公路工程结构可靠性设计统一标准[S]. 北京:人民交通出版社股份有限公司,2020.

[3] 中华人民共和国国家标准. GB/T 50081—2019 混凝土物理力学性能试验方法标准[S]. 北京:中国建筑工业出版社,2019.

[4] 中华人民共和国行业标准. JTG D60—2015 公路桥涵设计通用规范[S]. 北京:人民交通出版社股份有限公司,2015.

[5] 中华人民共和国行业标准. JTG 3362—2018 公路钢筋混凝土及预应力混凝土桥涵设计规范[S]. 北京:人民交通出版社股份有限公司,2018.

[6] 中华人民共和国国家标准. GB 50010—2010 混凝土结构设计规范(2015 版)[S]. 北京:中国建筑工业出版社,2015.

[7] 中华人民共和国行业标准. JTG/T 3310—2019 公路工程混凝土结构耐久性设计规范[S]. 北京:人民交通出版社股份有限公司,2019.

[8] 中华人民共和国行业标准. JTG B01—2014 公路工程技术标准[S]. 北京:人民交通出版社股份有限公司,2014.

[9] 中华人民共和国行业标准. JTG/T 3650—2020 公路桥涵施工技术规范[S]. 北京:人民交通出版社股份有限公司,2020.

[10] 中华人民共和国行业标准. JTG 3420—2020 公路工程水泥及水泥混凝土试验规程[S]. 北京:人民交通出版社,2020.

[11] 中华人民共和国行业标准. CJJ 11—2011 城市桥梁设计规范(2019版)[S]. 北京:中国建筑工业出版社,2019.

[12] 叶见曙. 结构设计原理[M]. 4 版. 北京:人民交通出版社股份有限公司,2019.

[13] 孙元桃. 结构设计原理[M]. 5 版. 北京:人民交通出版社股份有限公司,2021.

[14] 东南大学,天津大学,同济大学. 混凝土结构(上册)-混凝土结构设计原理[M]. 7 版. 北京:中国建筑工业出版社,2020.

[15] 李国平. 预应力混凝土结构设计原理[M]. 2 版. 北京:人民交通出版社,2009.

[16] 杨福源,冯国明,叶见曙. 结构设计原理计算示例[M]. 北京:人民交通出版社,2007.

[17] 李辉. 市政工程力学与结构[M]. 3 版. 北京:中国建筑工业出版社,2020.

配套微课资源索引

序号	资源名称	页码	序号	资源名称	页码
1	混凝土的强度	4	31	影响斜截面抗剪承载力的因素	84
2	混凝土的应力-应变关系	9	32	抗剪承载力计算公式及适用条件	87
3	混凝土的徐变	11	33	等高度简支梁腹筋的初步设计	89
4	混凝土的收缩	13	34	斜截面抗弯承载能力计算	93
5	钢筋与混凝土之间的黏结	20	35	纵向受拉钢筋的弯起位置	95
6	钢筋混凝土结构的工作机理	22	36	第 3 章工程案例	135
7	第 1 章工程案例	23	37	轴心受压构件概述	141
8	结构的功能要求	25	38	普通箍筋柱的破坏特征	144
9	结构的极限状态	26	39	轴心受压短柱的破坏特征	145
10	作用组合	33	40	轴心受压长柱的破坏特征	146
11	第 2 章工程案例	37	41	普通箍筋柱截面设计及构造要求	149
12	受弯构件构造要求	39	42	螺旋箍筋柱的破坏特征	153
13	板内钢筋构造	40	43	螺旋箍筋柱的破坏形式	154
14	梁内钢筋骨架	41	44	螺旋箍筋柱的承载力计算方法	154
15	正截面受力全过程	44	45	大偏心受压破坏	159
16	正截面破坏形态	48	46	大偏心受压构件的破坏过程	159
17	超筋梁破坏过程	48	47	小偏心受压破坏	160
18	适筋梁破坏过程	48	48	小偏心受压构件的破坏过程	161
19	少筋梁破坏过程	49	49	N-M 相关曲线	163
20	基本假定	49	50	纵向弯曲	166
21	压区混凝土等效矩形应力图形	51	51	第 4 章工程案例	199
22	基本公式及适用条件	54	52	第 5 章工程案例	211
23	受压钢筋的应力	62	53	第 6 章工程案例	232
24	双筋矩形截面基本公式及适用条件	62	54	预应力混凝土的基本原理	233
25	T 形矩形截面基本公式及适用条件	74	55	先张法	236
26	无腹筋简支梁斜裂缝出现前后的受力状态	81	56	先张法主要工序	236
27	无腹筋梁斜截面破坏形态	82	57	后张法	237
28	斜拉破坏过程	82	58	后张法主要工序	237
29	剪压破坏过程	82	59	预应力钢材	244
30	斜压破坏过程	83	60	第 7 章工程案例	260